天勤计算机考研高分笔记系列

计算机组成原理高分笔记

（2023 版　天勤第 11 版）

周　伟　主编

机械工业出版社

本书针对近几年全国计算机学科专业综合考试大纲的"计算机组成原理"部分进行了深入解读，以一种独创的方式对考试大纲知识点进行了讲解，即从考生的视角剖析知识难点；以通俗易懂的语言取代晦涩难懂的专业术语；以成功考生的亲身经历指引复习方向；以风趣幽默的笔触缓解考研压力。读者对书中的知识点讲解有任何疑问都可与作者进行在线互动，以便及时解决复习中的疑难问题，提高复习效率。

　　根据计算机专业研究生入学考试形势的变化（逐渐实行非统考），书中对大量非统考知识点进行了讲解，使本书所包含的知识点除覆盖统考大纲的所有内容外，还包括了各大自主命题高校所要求的知识点。

　　本书可作为参加计算机专业研究生入学考试的复习指导用书（包括统考和非统考），也可作为全国各大高校计算机专业或非计算机专业的学生学习"计算机组成原理"课程的辅导用书。

　　（编辑邮箱：jinacmp@163.com）

图书在版编目（CIP）数据

计算机组成原理高分笔记：2023版：天勤第11版 /
周伟主编. -2版. 一北京：机械工业出版社，2021.12
（天勤计算机考研高分笔记系列）
ISBN 978-7-111-69766-4

Ⅰ.①计… Ⅱ.①周… Ⅲ.①计算机组成原理-研究
生-入学考试-自学参考资料 Ⅳ.①TP301

中国版本图书馆 CIP 数据核字（2021）第 248329 号

机械工业出版社（北京市百万庄大街22号 邮政编码100037）
策划编辑：吉 玲 责任编辑：吉 玲
责任校对：王雅新 封面设计：鞠 杨
责任印制：张 博
中教科（保定）印刷股份有限公司印刷
2022 年 1 月第 2 版第 1 次印刷
184mm×260mm · 20.75 印张 · 523 千字
标准书号：ISBN 978-7-111-69766-4
定价：65.00 元

电话服务　　　　　　　网络服务
客服电话：010-88361066　机 工 官 网：www.cmpbook.com
　　　　　010-88379833　机 工 官 博：weibo.com/cmp1952
　　　　　010-68326294　金 书 网：www.golden-book.com
封底无防伪标均为盗版　机工教育服务网：www.cmpedu.com

序

2023 版《数据结构高分笔记》《计算机组成原理高分笔记》《操作系统高分笔记》《计算机网络高分笔记》等辅导教材问世了，这对于有志考研的同学是一大幸事。"他山之石，可以攻玉"，参考一下亲身经历过考研并取得优秀成绩的师兄们的经验，必定有益于对考研知识点的复习和掌握。

能够考上研究生，这是无数考生的追求，能够以优异的成绩考上名牌大学的全国数一数二的计算机或软件工程学科的研究生，更是许多考生的梦想。如何学习或复习相关课程，如何打好扎实的理论基础、练好过硬的实践本领，如何抓住要害、掌握主要的知识点并获得考试的经验，先行者已经给考生们带路了。"高分笔记"的作者们在认真总结了考研体会，整理了考研的备战经验，参考了多种考研专业教材后，精心编写了本系列辅导书。

"天勤计算机考研高分笔记系列"辅导教材的特点是：

✧ 贴近考生。编者们都亲身经历了考研，他们的视角与以往的辅导教材不同，是从复习考研的学生的立场理解教材的知识点——哪些地方理解有困难，哪些地方需要整理思路，处处替考生着想，有很好的引导作用。

✧ 重点突出。编者们在复习过程中做了大量习题，并经历了考研的严峻考验，对重要的知识点和考试出现频率高的题型都了如指掌。因此，在复习内容的取舍上进行了充分的考虑，使得读者可以抓住重点，有效地复习。

✧ 分析透彻。编者们在复习过程中对主要辅导教材的许多习题都进行了深入分析并亲自解答，对重要知识点进行了总结，因此，解题思路明确，叙述条理清晰，问题求解的步骤详细，对结果的分析透彻，不但可以扩展考生的思路，还有助于考生举一反三。

计算机专业综合基础考试已经考过 14 年，今后考试的走向如何，可能是考生最关心的问题了。我想，这要从考试命题的规则入手来讨论。

以清华大学为例，学校把研究生入学考试定性为选拔性考试。研究生入学考试试题主要测试考生对本学科的专业基础知识、基本理论和基本技能掌握的程度。因此，出题范围不应超出本科教学大纲和硕士生培养目标，并尽可能覆盖一级学科的知识面。通常本学科、本专业本科毕业的优秀考生会取得及格以上的成绩。

实际上，全国计算机专业研究生入学联考的命题原则也是如此，各学科的重要知识点都是命题的重点。一般知识要考，比较难的知识（较深难度的知识）也要考。通过对 2009 年以来的考试题进行分析可知，考试的出题范围基本符合考试大纲，都覆盖到各大知识点，但题量有所侧重。因此，考生一开始不要抱侥幸心理去押题，应踏踏实实读好书，认认真真做好复习题，仔仔细细归纳问题解决的思路，夯实基础，增长本事，然后再考虑重点复习。这里有几条规律可供参考：

✧ 出过题的知识点还会有题，出题频率高的知识点，今后出题的可能性也大。

◇ 选择题的大部分题目涉及基本概念，主要考查对各个知识点的定义和特点的理解，个别选择题会涉及相应延伸的概念。

　　◇ 综合应用题分为两部分：简做题和设计题。简做题的重点在于设计和计算；设计题的重点在于算法、实验或综合应用。

　　常言道："学习不怕根基浅，只要迈步总不迟。"只要大家努力了，收获总会有的。

清华大学　殷人昆

前　言

"天勤计算机考研高分笔记系列"丛书简介

高分笔记系列书籍包括《数据结构高分笔记》《计算机组成原理高分笔记》《操作系统高分笔记》《计算机网络高分笔记》等，是一套针对计算机考研的辅导书。它们于 2010 年夏天诞生于一群考生之手，其写作风格突出表现为：以考生的视角剖析知识难点；以通俗易懂的语言取代晦涩难懂的专业术语；以成功考生的亲身经历指引复习方向；以风趣幽默的笔触缓解考研压力。相信该丛书带给考生的将是更高效、更明确、更轻松、更愉快的复习过程。

2023 版《计算机组成原理高分笔记》简介

2023 版修订说明：本书严格按照去年最新的考研大纲改编，将大纲要求的部分以知识点为单位进行细分讲解。

推荐教材一：《计算机组成原理》（第 2 版），作者：唐朔飞。

推荐教材二：《计算机组成原理》（第 4 版），作者：白中英。

1．总体风格

本书包括以下 4 个方面的特色：

1）通俗易懂，用故事来帮助大家理解考点、难点。

2）使用日常生活中的语言讲解知识点，让考生有一种与编者时时刻刻在交流的感觉。

3）对易混、易错知识点进行深度总结。

4）最详细的习题解析。

2．创作流程

1）编者将前述两本推荐教材全部通读了一遍，以把握整体的写作框架，同时将考生在教材中难以理解的句子标记出来，然后在编写每一章时，将标记的句子在高分笔记中进行详细讲解。

2）在学习本书前，编者给跨专业的考生讲解了学习计算机组成原理所需要的辅助知识。

3）如果编者认为此知识点易考、易混淆，或者觉得此知识点需要借助教材上没有的知识点作为铺垫，将会在知识点讲解完后，做相应的知识点补充。

4）每编写完一章，交给近 10 名刚参加完研究生入学考试的同学进行勘误，在勘误的过程中，如果发现哪个知识点的讲解不是很好，而勘误者的讲解方式可能比编者的更好，编者将根据反馈意见修改相关内容，以期精益求精。

5）初稿完成后，发放印刷版给正在准备考研的同学（10 位）试读，根据他们的反馈意见再进行修改，最后成书。

参加本书编写的人员有：周伟，王征兴，王征勇，霍宇驰，孙肇博，董明昊，王辉，郑华斌，王长仁，刘泱，刘桐，章露捷，刘建萍，刘炳瑞，刘菁，孙琪，施伟，金苍宏，蔡明婉，吴雪霞，周政强，孙建兴，周政斌，叶萍，孔蓓，张继建，胡素素，邱纪虎，率方杰，李玉兰，率秀颂。

3. 阅读建议

编者建议考生针对计算机组成原理这门课，备考时按照大纲的知识点顺序来阅读相关教材，阅读过程中对那些比较难理解的语句可以先做标记，然后带着这些疑问阅读本书，相信会收到更好的效果。

编　者

2023 天勤计算机考研服务

◆本书配套免费视频讲解（刮刮卡兑码）（微信扫码可见）：

◆天勤官方微信公众号：

◆高分笔记系列丛书实时更新微信公众号：

◆23 天勤考研交流群：

◆本书由率辉负责修订。

目　　录

第1章 计算机系统概述

大纲要求

（一）计算机的发展历程

（二）计算机系统层次结构

1. 计算机系统的基本组成

2. 计算机硬件的基本组成

3. 计算机软件和硬件的关系

4. 计算机的工作过程

（三）计算机性能指标

吞吐量、响应时间；CPU 时钟周期、主频、CPI、CPU 执行时间；MIPS、MFLOPS、GFLOPS、TFLOPS、PFLOPS

考点与要点分析

核心考点

1.（★★★）冯·诺依曼计算机的基本特点与指令执行过程

2.（★★）计算机的各种性能指标

基础要点

1. 计算机硬件和软件的发展过程

2. 计算机系统的基本组成

3. 计算机硬件的基本组成

4. 计算机指令执行的完整流程

5. 计算机性能指标

本章知识体系框架图

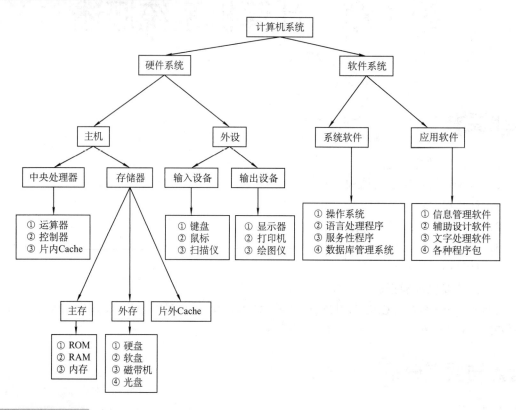

知识点讲解

1.1 计算机的发展历程

1.1.1 计算机硬件的发展

计算机从 20 世纪 40 年代诞生至今，已有几十年的历史。计算机的发展历程既是计算机硬件技术的发展历史，也是计算机软件技术的发展历史。

1. 计算机的发展历程

（1）第一代计算机（1946—1957 年）——电子管时代

主要特点：①电子管作为开关器件；②使用机器语言；③可以存储信息；④输入/输出很慢。

（2）第二代计算机（1958—1964 年）——晶体管时代

主要特点：①晶体管代替电子管；②采用磁心存储器；③汇编语言取代机器语言。

（3）第三代计算机（1965—1971 年）——中小规模集成电路时代

主要特点：①中小规模的集成电路代替晶体管；②操作系统问世。

（4）第四代计算机（1972 年至今）——超大规模集成电路时代

主要特点：①采用集成度很高的电路；②微处理器问世。

从第一代到第四代，计算机的体系结构都是相同的，即都由**控制器、存储器、运算器、**

输入设备和输出设备组成，称为**冯·诺依曼**体系结构。

（5）第五代计算机——智能计算机（了解）

主要特点：①具备人工智能，像人一样思维；②运算速度极快；③软件系统能够处理知识信息。神经网络计算机是智能计算机的重要代表。

（6）第六代计算机——生物计算机与量子计算机（了解）

主要特点：未来计算机发展的方向和趋势。

2．计算机的分类

计算机按用途可以分为**专用计算机**和**通用计算机**。

专用计算机针对某类问题能显示出最有效、最快速和最经济的特性，但它的适应性较差，不适合其他方面的应用。

通用计算机适应性很强，应用面很广，但其运行效率、速度和经济性依据不同的应用对象会受到不同程度的影响。通用计算机按其规模、速度和功能等又可分为巨型机、大型机、中型机、小型机、微型机及单片机 6 类。这些类型之间的基本区别通常在于其体积、结构复杂程度、功率消耗、性能指标、数据存储容量、指令系统和设备、软件配置等的不同。

此外，计算机按照指令和数据流可以分为：

（1）单指令流单数据流（SISD），即传统的冯·诺依曼体系结构。

（2）单指令流多数据流（SIMD），包括阵列处理器和向量处理器系统。

（3）多指令流单数据流（MISD），这种计算机实际上不存在。

（4）多指令流多数据流（MIMD），包括多处理器和多计算机系统。

3．计算机硬件的更新换代

（1）摩尔定律。当价格不变时，集成电路上可容纳的元器件的数目，约每隔 18～24 个月便会增加一倍，性能也将提升一倍。换言之，每一美元所能买到的计算机性能，将每隔 18～24 个月翻一倍以上。这一定律揭示了信息技术进步的速度。

（2）半导体存储器的发展。1970 年，仙童公司生产出第一个较大容量的半导体存储器，至今半导体存储器经历了多代变化：单芯片 1KB、4KB、…、16MB、64MB、…、1GB、2GB、4GB 和现在的 8GB 与 16GB。

（3）微处理器的发展。1971 年，Intel 公司开发出第一个微处理器 Intel 4004，之后经历了 Intel 8008（8 位）、Intel 8086（16 位）、Intel 80286（16 位）、Intel 80386（32 位）、Intel 80486（32 位）、Pentium（32 位）、Pentium pro（64 位）、Pentium II（64 位）、Pentium III（64 位）、Pentium 4（64 位）、CORE（64 位）等。这里的 16 位、32 位、64 位指机器字长，是指计算机进行一次整数运算所能处理的二进制数据的位数。

1.1.2　计算机软件的发展

计算机软件（Software，也称软件）是指计算机系统中的程序及其文档，程序是计算任务的处理对象和处理规则的描述；文档是为了便于了解程序所需的阐明性资料。程序必须装入机器内部才能工作，文档一般是给人看的，不一定装入机器。这里只介绍编程语言和操作系统的发展。

计算机语言的发展主要从面向机器的机器语言和汇编语言，到面向问题的高级语言过渡。其中高级语言的发展真正促进了软件的发展，早期产生的高级语言包括科学计算和工程计算的 Fortran、结构化程序设计 Pascal，之后出现了通用编程语言 C 语言、面向对象的 C++语言和适应网络环境的 Java 语言。

操作系统直接影响计算机系统性能，主要经历了 DOS 到 UNIX、Linux 再到 Windows 的发展过程。

1.2　计算机系统层次结构

1.2.1　计算机系统的基本组成

计算机系统由硬件和软件两部分组成。硬件包括中央处理器、存储器和外部设备等；软件是指计算机的运行程序和相应的文档。

　📖 **补充知识点**：软硬件在逻辑上是等效的（注意选择题）。

解析：对于某一功能来说，其既可以用软件实现，也可以用硬件实现，则称为软硬件在逻辑上是等效的。一般来说，一个功能使用硬件实现效率较高，但硬件成本远高于软件；使用软件实现可以提高灵活性，但是效率往往不如硬件实现高。

1.2.2　计算机硬件的基本组成

计算机硬件主要由存储器、运算器、控制器、输入设备和输出设备组成（输入/输出设备统称 I/O 设备），它们之间的关系如图 1-1 所示。

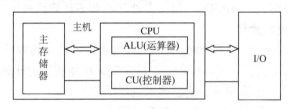

图 1-1　计算机硬件的基本组成

其中，**运算器+控制器=CPU，CPU+主存储器=主机，I/O** 设备又称为外部设备。

1. 存储器

存储器分为主存储器（简称主存，也称为内存储器）和辅助存储器（简称辅存，也称为外存储器）。CPU 能够直接访问的存储器是主存储器。主存储器是存放程序和数据的部件，是计算机实现"存储程序控制"的基础。辅助存储器用于帮助主存储器记忆更多的信息，辅助存储器中的信息必须调入主存后，才能被 CPU 访问。

　📖 **补充知识点**：与存储相关的那些名词。

解析：有关存储的概念类包含存储元、存储单元、存储体、存储字和存储字长等，见表 1-1。

表 1-1　有关存储的概念总结

存储的概念类	说　　　　明
存储元	也可称为存储元件和存储基元，用来存放一位二进制信息
存储单元	由若干个存储元组成，能存放多位二进制信息
存储体	许多存储单元可组成存储体（存储矩阵）
存储字	每个存储单元中二进制代码的组合即为存储字，可代表数值、指令和地址等
存储字长	每个存储单元中二进制代码的位数就是存储字长

　　主存储器由许多存储单元组成，每个存储单元包括多个存储元，每个存储元存储一位二进制代码 "0" 或 "1"。故存储单元可存储一串二进制代码，称这串代码为存储字，这串代码的位数称为存储字长，存储字长一般为一个字节（8 bit）或字节的偶数倍。许多存储单元共同构成了一个存储体。

　　存储器的基本结构如图 1-2 所示。

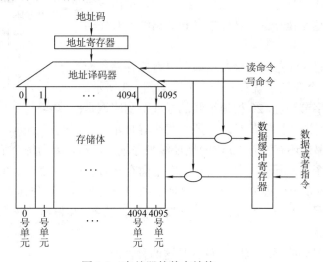

图 1-2　存储器的基本结构

　　存储体用于存放二进制信息。地址寄存器（MAR）存放访存地址，经过地址译码器译码后找到所选的存储单元。数据寄存器（MDR）用于暂存从主存中读或写的信息。

　　注意：地址寄存器（MAR）与数据寄存器（MDR）虽然是存储器的一部分，但是在现代计算机中存在于 CPU 中。

　　📖 补充知识点：寻址范围的概念和数据寄存器的位数。

　　寻址范围的概念怎么理解？例如，地址线 20 根，数据线 16 根，按字节寻址为什么是 1MB，而不是 2MB？按字寻址为什么是 512KB，而不是 1MB？提问如后者的考生思维方式基本都是在算寻址范围时马上将数据线的位数算进去。其实按字节寻址时和数据线没有任何关系（仅当按字寻址时才考虑数据线，通过数据线来判断字长），只和地址线有关。下面通过实例进行讲解。

　　一般求寻址范围有两种题型。

　　1）直接给出存储器的容量和字长，然后按字节、半字、字、双字寻址。

　　【例 1-1】　已知计算机的字长为 32 位，存储器的容量为 1MB，如果按字节、半字、字、双字寻址，寻址范围各是多少？

　　解：首先 1MB=8Mbit（为了在后面的计算中单位统一）

　　按字节寻址时，寻址范围为：8Mbit/8bit=1M。

　　按半字寻址时，寻址范围为：8Mbit/16bit=512K。

　　按字寻址时，寻址范围为：8Mbit/32bit=256K。

　　按双字寻址时，寻址范围为：8Mbit/64bit=128K。

　　友情提示：寻址范围的单位一定不含 **B** 和 **bit** 等，因为在计算的时候约掉了。

2）不给出存储器的容量，只给出地址线和数据线的位数。

【例 1-2】　假设 CPU 有 20 根地址线和 32 根数据线，试问按字节和字寻址，寻址范围分别是多少？

解答：解答这类题目时首先要清楚地址线的位数对应的都是按字节寻址，如果是按字寻址，则需要拿出地址线来做字内字节寻址。还有一点就是，不要一看到是按字节寻址，就马上从数据线拿出 4 根地址线，即 $2^{20} \times 32 = 2^{22} \times 8$，得出按字节寻址是 4MB，这是错误的。**寻址本身和数据线没有任何关系。**

字地址	字节地址			
0	0	1	2	3
4	4	5	6	7
8	8	9	10	11

图 1-3　字地址和字节地址的关系

正确解题思路：首先，32 根数据线可以看成存储字长是 32 位，那么一个存储字就有 4 个字节，如图 1-3 所示。

假设现在按字节寻址，20 根地址线的寻址范围应该是 $2^{20} = 1$MB，然后因为是按字节寻址，所以以每个寻址单元已经是最小的，不需要字内寻址。如果是按字寻址，那么还有没有 20 位的地址线来寻址？没有，因为每个字有 4 个字节。这 4 个字节的区分，如图 1-3 所示，字号为 0 的字里面有 0 号、1 号、2 号、3 号共 4 个字节，只能从 20 根地址线里拿出两根来作为字内寻址。两根地址线的信号分别为 00、01、10、11，分别代表字内的 0 号、1 号、2 号、3 号字节。这样，只剩 18 根地址线来寻址，按字寻址的寻址范围是 $2^{18} = 256$K。

注意：以后遇到的寻址范围题目就是这两种情况。

☞ **可能疑问点：**什么是字地址？

解析：按字节编址时，一个字可能占用几个存储单元，字地址就是这几个连续存储单元地址中的**最小值**，例如，假定机器中一个字为 32 位，按字节编址，那么字地址指具有 4 的倍数的那些地址，如 0、4、8、12、…；对应的还有半字地址（2 的倍数，如 0、2、4、6、…）、双字地址（8 的倍数，如 0、8、16、…）。

📖 **扩展知识点：**考生可能会遇到下面这样的题目。

一个 16K×32 位的存储器，其地址线和数据线总共多少根？相信这种题目考生都会做，地址线和数据线分别是 14 根和 32 根，共 46 根。但是如果题目是这样：已知存储器的容量为 1MB，那地址线和数据线一共多少根？因为有无数种书写方式，写成 1M×8、512K×16、256K×32，对应的数据线和地址线总和分别为 28、35、50，哪个是对的？记住一点，只要写成 nMB 的形式，一律默认为 nM×8，应该是 28 根。

另外，在介绍存储器结构时讲过，从存储器中取出的信息要先存放在数据寄存器，因此数据寄存器的位数应该和一个存储单元的大小一致（如果小于存储单元，则放不下；如果大于存储单元，则浪费），即数据寄存器的位数和存储字长要相等。

2．运算器

运算器是对信息进行处理和运算的部件，主要功能是进行算术和逻辑运算，其核心是算术逻辑单元（ALU）。算术运算主要包括：加、减、乘、除。逻辑运算主要包括：与、或、非、异或、比较、移位等运算。

注意：考研大纲基本上没有涉及逻辑运算，讨论的都是算术运算。

运算器包括若干通用寄存器，用于暂存操作数和中间结果，如累加器（ACC）、乘商寄存器（MQ）、操作数寄存器（X）、变址寄存器（IX）、基址寄存器（BR）等，其中前三个寄存器是必须有的。另外还有程序状态字寄存器（PSW），用来保留各类运算指令或测试指令结果的各类状态信息，以表征系统运行状态。运算器和控制器的知识将在第 5 章中央处理器部分详细介绍，本节主要帮助考生描绘计算机硬件的基本框架。

3．控制器

控制器是整个计算机的"指挥中心"，它使计算机各个部件自动协调工作。计算机中有两种信息在流动：一种是控制信息；另一种是数据信息。

控制器由程序计数器（PC）、指令寄存器（IR）和控制单元（CU）组成。PC 用来存放当前欲执行指令的地址，可以自动+1 形成下一条指令的地址，它与主存的 MAR 之间有一条直接通路。IR 用来存放当前的指令，其内容来自主存的 MDR。指令中的操作码字段 OP（IR）送至 CU，用以分析指令并发出各种微操作命令序列；指令中的地址码字段 Ad（IR）送往 MAR 来取操作数。

☞ **可能疑问点**：计算机如何判断取出的是数据还是指令？因为数据和指令需要送往不同的地方？

解析：1）通常完成一条指令可分为取指阶段和执行阶段。在取指阶段，通过访问存储器可将指令取出；在执行阶段，通过访问存储器可以将操作数取出。这样，虽然指令和数据都是以二进制代码形式存放在存储器中，但 CPU 可以判断在取指阶段访问存储器取出的二进制代码是指令，而在执行阶段访问存储器取出的二进制代码是数据。

2）指令寄存器的操作码送入操作码译码器进行译码，然后与时钟和节拍脉冲发生器合作产生一个时序控制信号，并且和操作码译码器的结果一起送入微操作控制器。很明显，每次都是把"一个操作"+"一个时间"送入微操作控制器，说明秩序非常好。

3）指令的地址码需要送入地址形成部件。若是转移地址，则送入 PC；若是操作数地址，则送入存储器的地址译码器去取操作数，取出的操作数先放在数据寄存器，然后送往运算器进行运算。

4）每读取一条指令，PC 的内容自动加 1。

5）重复前 4 个步骤，直至打印出结果，最后执行停机指令，机器便自动停机。

4．输入设备

输入设备是将人们所熟悉的信息形式转换成计算机可以接收并识别的信息形式的设备，如键盘，当按下一个键时，此键被翻译成 ASCII 码传输给计算机，而 ASCII 码就是计算机可以接收并识别的信息形式。

5．输出设备

输出设备可将二进制信息转换成人类或其他设备可以接收或识别的信息，如显示器。

📖 **补充知识点**：冯·诺依曼计算机的特点总结（注意选择题）。

解析：1945 年，数学家冯·诺依曼提出了"存储程序"的概念（在此之前，存储器只存放数据，不存放程序）。以此概念为基础的各类计算机统称为冯·诺依曼计算机。它的特点如下：

1）计算机由运算器、存储器、控制器、输入设备和输出设备五大部件组成。

2）指令和数据以同等地位保存于存储器内，并可按地址访问存储器。

3）指令和数据均用二进制代码表示。

4）指令由操作码和地址码组成，操作码用来表示操作的性质（是加法还是减法，或者其他操作），地址码用来表示操作数在存储器中的位置。

5）指令在存储器内按顺序存放。通常指令是按顺序执行的，在特定条件下，可根据运算结果或设定的条件改变执行顺序。

6）机器以运算器为中心，输入/输出设备与存储器之间的数据传送通过运算器完成。

【例 1-3】 （2009 年统考真题）冯·诺依曼计算机中指令和数据均以二进制形式存放在存储器中，CPU 区分它们的依据是（　　　）。

A．指令操作码的译码结果　　　　B．指令和数据的寻址方式
C．指令周期的不同阶段　　　　　D．指令和数据所在的存储单元

解析： 答案为选项 C。在冯·诺依曼计算机中，指令和数据均以二进制形式存放在同一个存储器中。CPU 可以根据指令周期的不同阶段来区分指令和数据，通常在取指阶段取出的是指令，其他阶段取出的是数据。

归纳总结： 除去根据指令周期的不同阶段来区分指令和数据外，还有一个方法，即取指令和取数据时地址的来源是不同的，指令地址来源于程序计数器，而数据地址来源于地址形成部件或指令的地址码字段。

解题技巧： 本题较容易误选为 A。需要搞清楚的是，CPU 只有在确定取出的是指令之后，才会将其操作码部分送去译码，因此不可能依据译码的结果来区分指令和数据。

☞ **可能疑问点：为什么有些书上说机器以存储器为中心？哪个正确？**

解析： 都正确。在微处理器问世之前，运算器和控制器是两个分离的功能部件，加上当时的存储器还是以磁心存储器为主，计算机存储的信息量较少，因此早期冯·诺依曼提出的计算机结构是以运算器为中心的，其他部件通过运算器完成信息的传递。

随着微电子技术的进步，人们成功研制出了微处理器。微处理器将运算器和控制器两个主要功能部件合二为一，集成到一个芯片中。同时，随着半导体存储器代替磁心存储器，存储容量成倍扩大，加上需要计算机处理、加工的信息量与日俱增，以运算器为中心的结构已不能满足计算机发展的需求，甚至会影响计算机的性能。为适应发展的需要，现代计算机组织结构逐步转化为以**存储器**为中心。但是，现代计算机的基本结构仍然遵循冯·诺依曼思想。

6．五大部件之间的关系

五大部件之间的关系如图 1-4 所示。

流程分析：

1）通过与控制器之间的信号请求，输入设备首先输入信息给存储器，这里的信息一定是包含**数据和程序**两者（如果只包含数据，则不知道如何操作；若只包含程序，则计算机不知道对谁操作，所以两者缺一不可）。

2）控制器调用相应的指令来运行程序，然后发出相应的操作命令给运算器（如果需要使用运算器），控制器给出操作数的地址，使用该地址从存储器调用操作数给运算器进行运算。

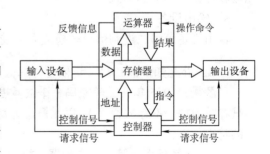

图 1-4　五大部件之间的关系

3）运算结果返回给存储器，若需要打印，则通过输出设备与控制器之间的信号请求，打印出结果。

1.2.3 计算机软件的分类

软件是由人们事先编制的具有各类特殊功能的程序。它们通常存放在计算机的主存或辅存中。

计算机的软件通常分为两大类：**系统软件和应用软件**。

系统软件又称为系统程序，主要用来管理整个计算机系统，使系统资源得到合理的调度、高效运行，例如操作系统、编译程序、文件系统等都是系统软件。

应用软件又称为应用程序，它是用户根据任务需要所编写的各种程序，如 QQ、Word 等都是应用软件。

另外计算机的编程语言也可以分为三大类：**机器语言、汇编语言和高级语言**。

机器语言用二进制代码"0"或"1"描述不同的指令，编程人员需要记忆每一条指令的二进制编码。机器语言的优点是计算机可以直接识别和执行。

汇编语言的实质和机器语言是相同的，都是直接对**硬件**操作，只不过指令采用了英文缩写的标识符，更容易识别和记忆。汇编语言的程序必须经过一个称为汇编程序的系统软件翻译，将其转换为计算机的机器语言后，才能在计算机的硬件系统上执行。

高级语言（如 C、C++、Java 等）需要经过编译程序编译成汇编语言程序，然后经过汇编程序得到机器语言程序，或者直接由高级语言程序翻译成机器语言程序。高级语言的优点是方便编程人员写出解决问题的处理方案和解题过程。

> 📖 **补充知识点**：编译程序、解释程序、汇编程序的区别。
> **解析**：汇编程序是一种把用汇编语言书写的程序翻译成与之等价的机器语言程序的系统软件，与编译程序、解释程序完全不是一个概念。

由于计算机不能直接执行高级语言程序，因此需要一个"翻译人员"来对高级语言进行翻译，通常有两种方式：一种是编译执行方式；另一种是解释执行方式。那两者有什么区别？先记住一句话：**"用嘴来解释，用手来编译"**。假设现在有一个日本人在做演讲，但我们不懂日语（类似于机器要执行一段完全看不懂的 C 语言程序），现在有两种解决方法：

第一种方法就是请一个口译，日本人说一句，口译人员翻译一句给你听，但是最后演讲完，没有一张中文演讲稿，因为是口译。

第二种方法就是请一个笔译，等日本人讲完将其演讲稿直接全文翻译成中文给你看，这样就可以保留一张中文演讲稿。

总结：1）解释程序是高级语言翻译程序的一种，它将源语言书写的源程序作为输入，解释一句就提交给计算机执行一句，并不形成目标程序。

2）编译程序把高级语言源程序作为输入，进行翻译转换，产生出机器语言的目标程序，然后让计算机去执行这个目标程序，得到计算结果。

可见，编译程序与解释程序最大的区别在于：前者生成目标代码，而后者不生成。此外，编译程序产生目标代码的执行速度比解释程序的执行速度要快（若遇到循环程序，则解释程序要不断地重复解释，而编译程序只需执行一次即可）。

1.2.4 计算机的工作过程

计算机的工作过程其实就是不断地从存储器中逐条取出指令，然后送至控制器，经分析后由 CPU 发出各种操作命令，指挥各部件完成各种操作，直至程序中全部指令执行结束。

1.2.5 计算机系统的层次结构

就像计算机网络中分层的概念一样，对于某一层次的观察者来说，观察者只需关注此层的一些概念，不用理会下层是如何工作和实现的。同理，现代计算机也不是一种简单的电子设备，而是由硬件与软件结合而成的复杂整体。它通常由 5 个不同的层次组成，在每一层上都能够进行程序设计，如图 1-5 所示。

1）第 1 级。微程序机器级。微指令由硬件直接执行（微程序将在第 5 章中讲解）。

2）第 2 级。传统机器级（机器语言）。它用微程序解释机器指令系统。

3）第 3 级。操作系统级。用机器语言程序解释作业控制语句。

4）第 4 级。汇编语言机器级。用汇编程序翻译成机器语言程序。

5）第 5 级。高级语言机器级。用编译程序翻译成汇编程序或直接翻译成机器语言。

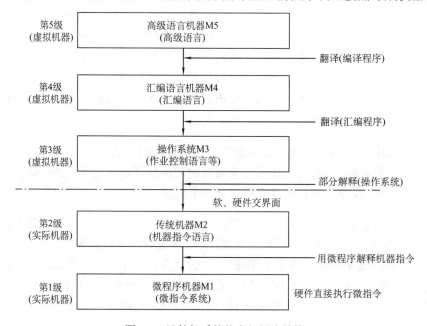

图 1-5 计算机系统的多级层次结构

1.3 计算机性能指标

考研主要涉及以下计算机性能指标：

（1）吞吐量

吞吐量是指信息流入、处理和流出系统的速率。它取决于 CPU 能够多快地取指令，数据能够多快地从内存取出或存入，以及所得结果能够多快地从内存送到输出设备。这些决定因素中的任一步骤都与主存紧密相关，因此吞吐量主要取决于主存的存取周期。

（2）响应时间

响应时间是指从提交作业到该作业得到 CPU 响应所经历的时间。响应时间越短，吞吐量越大。

（3）主频

　　主频是指机器内部主时钟的频率，是衡量机器速度的重要参数，其常用单位为 Hz、MHz 等。如果主频为 8MHz，则可以计算出时钟周期为 $1/8×10^{-6}$s=0.125μs（即每秒有 8M 个时钟周期）。

（4）CPU 周期

　　CPU 周期又称为机器周期，通常用从内存读取一条指令字的最短时间来定义。一个指令周期常由若干个 CPU 周期构成。

（5）CPU 时钟周期

　　主频的倒数，是 CPU 中最小的时间单位。

（6）CPI、MIPS 和 FLOPS（三者为衡量运算速度的指标）

　　CPI（Clock Cycle Per Instruction）：执行一条指令所需要的时钟周期数。

　　MIPS（Million Instructions Per Second）：每秒可执行百万条指令数，如某机器每秒可以执行 800 万条指令，则记作 8MIPS。

　　FLOPS（Floating-point Operations Per Second）：每秒执行的浮点运算次数。

　　MFLOPS（Million Floating-point Operations Per Second）：每秒百万次浮点运算，与 MIPS 类似。

　　GFLOPS（Giga Floating-point Operations Per Second）：每秒十亿次浮点运算。

　　TFLOPS（Tera Floating-point Operations Per Second）：每秒万亿次浮点运算。

　　PFLOPS（Peta Floating-point Operations Per Second）：每秒千万亿次浮点运算。

　　补充：IPC（Instructions Per Clock Cycle）：CPU 的每一个时钟周期内所执行的指令数。

（7）CPU 执行时间

　　CPU 执行时间指 CPU 对某特定程序的执行时间，例如，对于程序 A 和程序 B，CPU 执行程序 A 和程序 B 分别使用了 2s 和 4s，则对于程序 A 和程序 B 而言，CPU 执行时间分别是 2s 和 4s。

　　【例 1-4】（2011 年统考真题）下列选项中，描述浮点数操作速度指标的是（　　）。

　　A．MIPS　　　　　B．CPI　　　　　C．IPC　　　　　D．MFLOPS

　　解析：答案为选项 D。MFLOPS 表示每秒百万次浮点运算。

　　☞ **可能疑问点：CPU 的时钟频率越高，机器的速度就越快，对吗？**

　　答：在其他因素不变的情况下，CPU 的时钟频率越高，机器的速度肯定越快。但是，程序执行的速度除了与 CPU 的速度有关外，还与存储器和 I/O 模块的存取速度、总线的传输速度、Cache 的设计策略等都有很大的关系。因此，机器的速度不是只由 CPU 的时钟频率决定的。

　　☞ **可能疑问点：执行时间（响应时间）与 CPI 是什么关系？**

　　答：通常，一条特定指令的 CPI 是一个确定的值，而某个程序的 CPI 是一个平均值。一个程序的执行时间取决于该程序所包含的指令数、CPI 和时钟周期。在指令数和时钟周期一定的情况下，CPI 越大，执行时间越长。

1.4　辅助知识点

　　在近 5 年的考研辅导过程中，有非常多的跨专业考生，甚至包括本科是计算机专业的考生，都会有一个疑问：复习计算机组成原理科目之前，要不要先看数字电路等基础知识？直接看教材可以理解吗？想必以上问题是 95%跨专业考生必问的。当然，编者作为零基础的跨专业考生，也曾问过类似的问题。现在编者以一个过来者的身份很肯定地回答你：只需学习一些基础的辅助知识（考研范围的要求）即可，不需要专门系统地学习其他基础课程。

接下来的讲解就是整个计算机组成原理科目需要用到的入门知识，也就是说考生只要掌握以下入门知识，就可以轻松地学透计算机组成原理的每一个知识点，让我们开始学习的旅程吧！

辅助知识点 1：门电路

在考研知识范围内，门电路不会考得很复杂，考生只需了解几个基本的门电路即可。

顾名思义，"门"起到开关的作用，如某公司要招聘员工，公司对待招聘员工的要求是既要懂技术，又要沟通能力好，因此只要应聘的人同时满足这两个要求就有可能被公司录用。然而，不同的公司对员工有不同的要求，如另外一家公司可能只要技术和沟通能力满足其一即可，那么又可以形成新的"门"。同理，在计算机中，如果有多个输入端，此"门"就可以对这些输入端"提出"要求，如每个输入端都是高电平，"门"才打开；或者多个输入端中只要有一个是高电平，"门"就打开。以上就是门电路的基本含义。

下面介绍常用的 6 种门电路，以下假设都只有两个输入端，实际情况则可能有多个输入端。

（1）与门（有假即假）

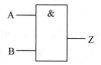

说明：当所有输入同时为"1"电平时，输出才为"1"电平，否则输出为"0"电平，见表 1-2。

表 1-2 与门

A	B	Z
0	0	0
0	1	0
1	0	0
1	1	1

（2）或门（有真即真）

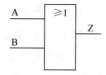

说明：多个输入端只要有一个输入端为"1"电平，输出就为"1"电平，只有所有输入端同时为"0"电平，输出才为"0"电平，见表 1-3。

表 1-3 或门

A	B	Z
0	0	0
0	1	1
1	0	1
1	1	1

（3）非门（取反运算）

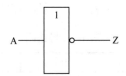

说明：输入"1"电平，输出"0"电平；输入"0"电平，输出"1"电平（图中小圈表示取反），见表 1-4。

表 1-4　非门

A	Z
0	1
1	0

（4）或非门

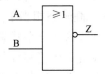

说明：和"或"门基本一样，只是将结果取反而已（图中小圈表示取反），见表 1-5。

表 1-5　或非门

A	B	Z
0	0	1
0	1	0
1	0	0
1	1	0

（5）与非门

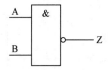

说明：和"与"门基本一样，只是将结果取反而已，见表 1-6。

表 1-6　与非门

A	B	Z
0	0	1
0	1	1
1	0	1
1	1	0

（6）异或门

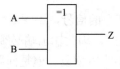

说明：输入电平相同时，输出"0"电平；输入电平不同时，输出"1"电平。助记：同号相乘为正（0），异号相乘为负（1），见表 1-7，后续章节中会用到"异或门"或"异或"操作。

表 1-7　异或门

A	B	Z
0	0	0
0	1	1
1	0	1
1	1	0

注意： 在输入端也可以使用小圈，只要记住图中小圈表示取反即可。

辅助知识点 2：三态门

三态门：逻辑门的输出端除有高、低电平两种状态外，还有第 3 种状态——高阻态（电路图参考图 1-6）。高阻态相当于隔断状态（因为实际电路中不可能去断开它，所以设置这样一个状态，使它处于隔断状态）。例如，内存中的一个存储单元，当读写控制线处于低电平时，存储单元被打开，可以写入数据；当处于高电平时，可以读

图 1-6　三态门

出数据；当不读不写时，就要用高阻态，就像把该存储单元隔离开来一样。更直白的解释是：高阻态就是一个开关，当处于高阻态时，逻辑门什么也不能做。

说明：当 A 为高电平时，C→B 导通；当 A 为低电平时，C→B 不导通，此时为高阻态。

辅助知识点 3：片选译码器

该知识点主要介绍最常用的 3-8 译码器（或称 74138 译码器，属于存储器与 CPU 连接中的片选译码器），其他译码器的（如 2-4 译码器、4-16 译码器）原理都相似。常用的 3-8 译码器如图 1-7 所示。

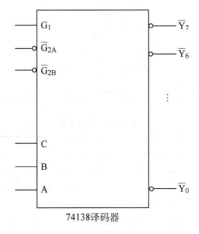

图 1-7　常用的 3-8 译码器

先记住一句话，只要"头上有杠"的信号，不管是输入端还是输出端都应该加小圈，表示低电平有效。由于 $\overline{Y_i}$ 的"头上有杠"，因此输出端必须要加小圈（若某个 $\overline{Y_i}$ 被选中，则输出低电平，即 0），遇到门电路时再用小圈恢复。但是问题又来了，有些考生说这个岂不是很

麻烦，直接用高电平有效不就得了？答案是，一般都使用低电平有效，而不使用高电平有效，这个大家记住即可，无需深究，考试的时候不会让你解释原因。

G_1 端、$\overline{G_{2A}}$ 端、$\overline{G_{2B}}$ 端分别表示高电平有效、低电平有效、低电平有效。只有当 G_1 端、$\overline{G_{2A}}$ 端、$\overline{G_{2B}}$ 端分别为高电平、低电平、低电平时，才能使译码器正常工作。其实只需要一个访存控制信号 $\overline{MREQ}$ 即可，但有些学校的考题却一定要同时使用 G_1 端、$\overline{G_{2A}}$ 端、$\overline{G_{2B}}$ 端和访存控制信号 $\overline{MREQ}$，这时我们就只能具体情况具体分析了，本书后续章节也有一些题目涉及这方面的内容，请大家要注意。

可能疑问点：根据近几年的答疑情况，很多同学误解了一点。上面讲到"只有当 G_1 端、$\overline{G_{2A}}$ 端、$\overline{G_{2B}}$ 端分别为高电平、低电平、低电平时，才能使译码器正常工作。"这句话被不少同学误解，因为很多同学认为 $\overline{G_{2A}}$ 端表示低电平有效，而 $\overline{G_{2A}}$ 端前面又有一个小圈取反，应该输入高电平才能使其正常工作。其实并不是这样，不能将 $\overline{G_{2A}}$ 上面的"杠"与小圈进行中和，不能负负得正。总之记住一句话，译码器左上的 G_1、$\overline{G_{2A}}$、$\overline{G_{2B}}$ 输入端，没有小圈就输入高电平 1，有小圈就输入低电平 0。正因为这样，$\overline{G_{2A}}$、$\overline{G_{2B}}$ 经常与低电平的 $\overline{MREQ}$ 相连，而 G_1 端经常被接入+5V 的高电平信号。接下来就是输入端 C、B、A 和输出端 $\overline{Y_0}$、$\overline{Y_1}$、…、$\overline{Y_7}$ 之间的对应关系，见表 1-8。

表 1-8　输入端 C、B、A 和输出端 $\overline{Y_0}$，$\overline{Y_1}$，…，$\overline{Y_7}$ 之间的对应关系

C	B	A	含　义
0	0	0	$\overline{Y_0}$ 端有效，$\overline{Y_0}$ 对应的存储芯片组被选中
0	0	1	$\overline{Y_1}$ 端有效，$\overline{Y_1}$ 对应的存储芯片组被选中
0	1	0	$\overline{Y_2}$ 端有效，$\overline{Y_2}$ 对应的存储芯片组被选中
0	1	1	$\overline{Y_3}$ 端有效，$\overline{Y_3}$ 对应的存储芯片组被选中
1	0	0	$\overline{Y_4}$ 端有效，$\overline{Y_4}$ 对应的存储芯片组被选中
1	0	1	$\overline{Y_5}$ 端有效，$\overline{Y_5}$ 对应的存储芯片组被选中
1	1	0	$\overline{Y_6}$ 端有效，$\overline{Y_6}$ 对应的存储芯片组被选中
1	1	1	$\overline{Y_7}$ 端有效，$\overline{Y_7}$ 对应的存储芯片组被选中

辅助知识点 4：那些可怕的专业术语

（1）系列机

系列机是指一个厂家生产的具有相同系统结构、不同组成和实现的一系列不同型号的机器。它们应在指令系统、数据格式、字符编码、中断系统、控制方式、输入/输出控制方式等方面保持统一，从而保证软件的兼容性。

（2）阿姆代尔定律（Amdahl's Law）

阿姆代尔定律是指系统优化某部件所获得的系统性能的改善程度，取决于该部件被使用的频率，或占用总执行时间的比例。该定律很好地刻画了改善"系统瓶颈"性能的重要性。

（3）基准测试程序

基准测试程序是专门用来进行性能评价的一组程序，这些程序能够很好地反映机器在运行实际负载时的性能。可以在不同机器上运行相同的基准测试程序来比较不同机器的运行时间，从而比较其性能。

（4）最低有效位、最高有效位、最低有效字节、最高有效字节

最低有效位：一个二进制数中的最低位，如二进制数 1110 中的"0"。

最高有效位：一个二进制数中的最高位，如二进制数 0111 中的"0"。

最低有效字节：一个二进制数中的最低字节，如二进制数 0000 0000 1111 1111 1111 0000 中的"1111 0000"。

最高有效字节：一个二进制数中的最高字节，如二进制数 1111 1111 0000 0000 1111 0000 中的"1111 1111"。

（5）基数

若进位计数制的"基数"为 R，第 n 位数的权即为 R^{n-1}，则只要将各位数字与它的权相乘，并将其积累加，和数就是十进制数。例如，二进制数的基数是"2"，十进制数的基数为"10"，十六进制的基数为"16"。

（6）逻辑数据

逻辑数据用来表示命题的"真"和"假"，分别用"1"和"0"来表示。进行逻辑运算时，应按位进行。

辅助知识点 5：与字、字长相关的那些名词

1B=8bit，这个是规定，没有错误。但是很多考生认为一个字等于两个字节，因为他们脑海中的固有概念：一个汉字占用两个字节。但是计算机中的字和汉字中的字的概念并不一样。计算机中的字通常由一个或多个（一般是字节的整数倍）字节构成。现在常用的都是 32 位（4个字节）字长的机器。

以前是存储字长等于机器字长，因为机器字长是机器一次能处理的比特数，这样一次取一个等长的存储字便于机器处理。**现在**的机器字长一般大于存储字长。

本书默认为：字长=机器字长=存储字长。

辅助知识点 6：与周期相关的那些名词

有关周期的概念见表 1-9。

表 1-9　有关周期的概念

名　　称	说　　明
指令周期	从一条指令的启动到下一条指令启动所经历的时间，通常由多个机器周期组成
时钟周期 （节拍周期）	计算机主频周期，通常将一个时钟周期定义为一个节拍
总线周期	CPU 通过总线对存储器或 I/O 端口进行一次访问所需要的时间
机器周期 （CPU 周期）	在计算机中，为了便于管理，常把一条指令的执行过程划分为若干个阶段，每一个阶段完成一项工作，如取指令、存储器读、存储器写等，每一项工作称为一个基本操作。完成一个基本操作所需的时间称为机器周期。一般情况下，一个机器周期由若干个时钟周期构成
微指令周期	读出微指令的时间加上执行该条微指令的时间 **注意：微指令周期常取成和机器周期相等**
存取周期 （存储周期）	需要和存取时间区分开。存取时间又称为存储器的访问时间，指启动一次存储器操作（读或写）到完成该操作所需的全部时间。存取时间分为读出时间和写入时间两种 存取周期指存储器进行连续两次独立的存储器操作（要么连续两次读操作，要么连续两次写操作）所需的最小间隔时间，通常存取周期大于存取时间

习题

微信扫码看本章题目讲解视频

1．冯·诺依曼型计算机的设计思想主要有（　　）。

Ⅰ．存储程序　　　　　　　　　　Ⅱ．二进制表示

Ⅲ．微程序方式　　　　　　　　　Ⅳ．局部性原理

A．Ⅰ、Ⅲ　　　　　　　　　　　B．Ⅱ、Ⅲ

C．Ⅱ、Ⅳ　　　　　　　　　　　D．Ⅰ、Ⅱ

2．下列关于计算机操作的单位时间的关系中，正确的是（　　）。

A．时钟周期>指令周期>CPU 周期

B．指令周期>CPU 周期>时钟周期

C．CPU 周期>指令周期>时钟周期

D．CPU 周期>时钟周期>指令周期

3．在计算机系统中，作为硬件与应用软件之间的界面是（　　）。

A．操作系统　　　　　　　　　　B．编译程序

C．指令系统　　　　　　　　　　D．以上都不是

4．下列描述中，正确的是（　　）。

A．控制器能理解、解释并执行所有指令以及存储结果

B．所有数据运算都在 CPU 的控制器中完成

C．ALU 可存放运算结果

D．输入、输出装置以及外界的辅助存储器称为外部设备

5．完整的计算机系统应该包括（　　）。

A．运算器、存储器、控制器　　　B．外部设备和主机

C．主机和应用程序　　　　　　　D．主机、外部设备、配套的软件系统

6．CPU 中不包括（　　）。

A．操作码译码器　　　　　　　　B．指令寄存器

C．地址译码器　　　　　　　　　D．通用寄存器

7．在计算机系统中，表明系统运行状态的部件是（　　）。

A．程序计数器　　　　　　　　　B．指令寄存器

C．程序状态字　　　　　　　　　D．累加寄存器

8．指令寄存器的位数取决于（　　）。

A．存储器的容量　　　　　　　　B．指令字长

C．机器字长　　　　　　　　　　D．存储字长

9．计算机中（　　）负责指令译码。

A．算术逻辑单元　　　　　　　　B．控制单元（或者操作码译码器）

C．存储器译码电路 D．输入/输出译码电路

10．在下列部件中，CPU 存取速度由慢到快的排列顺序正确的是（   ）。

A．外存、主存、Cache、寄存器 B．外存、主存、寄存器、Cache

C．外存、Cache、寄存器、主存 D．主存、Cache、寄存器、外存

11．下列关于配备 32 位微处理器的计算机的说法中，正确的是（   ）。

Ⅰ．该机器的通用寄存器一般为 32 位

Ⅱ．该机器的地址总线宽度为 32 位

Ⅲ．该机器能支持 64 位操作系统

Ⅳ．一般来说，64 位微处理器的性能比 32 位微处理器的高

A．Ⅰ、Ⅱ B．Ⅰ、Ⅲ

C．Ⅰ、Ⅳ D．Ⅰ、Ⅱ、Ⅳ

12．假定机器 M 的时钟频率为 200MHz，程序 P 在机器 M 上的执行时间为 12s。对 P 优化时，将其所有乘 4 指令都换成了一条左移两位的指令，得到优化后的程序 P'。若在 M 上乘法指令的 CPI 为 102，左移指令的 CPI 为 2，P 的执行时间是 P'执行时间的 1.2 倍，则 P 中的乘法指令条数为（   ）。

A．200 万 B．400 万 C．800 万 D．1600 万

13．只有当程序要执行时，它才会去将源程序翻译成机器语言，而且一次只能读取、翻译并执行源程序中的一行语句，此程序称为（   ）。

A．目标程序 B．编译程序

C．解释程序 D．汇编程序

14．（2015 年统考真题）计算机硬件能够直接执行的是（   ）。

Ⅰ．机器语言程序 Ⅱ．汇编语言程序 Ⅲ．硬件描述语言程序

A．仅Ⅰ B．仅Ⅰ、Ⅱ

C．仅Ⅰ、Ⅲ D．Ⅰ、Ⅱ、Ⅲ

15．（2016 年统考真题）将高级语言源程序转换为机器目标代码文件的程序是（   ）。

A．汇编程序 B．链接程序

C．编译程序 D．解释程序

16．已知计算机 A 的时钟频率为 800MHz，假定某程序在计算机 A 上运行需要 12s。现在硬件设计人员想设计计算机 B，希望该程序在 B 上的运行时间能缩短为 8s，使用新技术后可使 B 的时钟频率大幅度提高，但在 B 上运行该程序所需要的时钟周期数为在 A 上的 1.5 倍。那么，机器 B 的时钟频率至少应为（   ）才能达到所希望的要求。

A．800MHz B．1.2GHz

C．1.5GHz D．1.8GHz

17．（   ）可区分存储单元中存放的是指令还是数据。

A．存储器 B．运算器 C．用户 D．控制器

18．CPU 中的译码器主要用于（   ）。

A．地址译码 B．指令译码

C．数据译码 D．控制信号译码

19．假定编译器对高级语言的某条语句可以编译生成两种不同的指令序列，A、B 和 C 三类指令的 CPI 和执行两种不同序列所含的三类指令条数见下表。

指令类	CPI	序列一的指令条数	序列二的指令条数
A	1	2	4
B	2	1	1
C	3	2	1

则以下结论错误的是（　　）。

Ⅰ．序列一比序列二少 1 条指令

Ⅱ．序列一比序列二的执行速度快

Ⅲ．序列一的总时钟周期数比序列二多 1 个

Ⅳ．序列一的 CPI 比序列二的 CPI 大

A．Ⅰ、Ⅱ　　　　　　　　　　B．Ⅰ、Ⅲ

C．Ⅱ、Ⅳ　　　　　　　　　　D．Ⅱ

20．（2010 年统考真题）下列选项中，能缩短程序执行时间的措施是（　　）。

Ⅰ．提高 CPU 时钟频率　　Ⅱ．优化数据通路结构　　Ⅲ．对程序进行编译优化

A．仅Ⅰ、Ⅱ　　　　　　　　　　B．仅Ⅰ、Ⅲ

C．仅Ⅱ、Ⅲ　　　　　　　　　　D．Ⅰ、Ⅱ、Ⅲ

21．（2012 年统考真题）假设基准程序 A 在某计算机上的运行时间为 100s，其中 90s 为 CPU 时间，其余为 I/O 时间。若 CPU 速度提高 50%，I/O 速度不变，则运行基准程序 A 所耗费的时间是（　　）。

A．55s　　　　B．60s　　　　C．65s　　　　D．70s

22．（2013 年统考真题）某计算机主频为 1.2GHz，其指令分为 4 类，它们在基准程序中所占比例及 CPI 见下表。

指令类型	所占比例	CPI
A	50%	2
B	20%	3
C	10%	4
D	20%	5

该机的 MIPS 数是（　　）。

A．100　　　　B．200　　　　C．400　　　　D．600

23．（2014 年统考真题）程序 P 在机器 M 上的执行时间是 20s，编译优化后，P 执行的指令数减少到原来的 70%，而 CPI 增加到原来的 1.2 倍，则 P 在 M 上的执行时间是（　　）。

A．8.4s　　　　B．11.7s　　　　C．14s　　　　D．16.8s

24．设有主频 24MHz 的 CPU，平均每条指令的执行时间为两个机器周期，每个机器周期由两个时钟周期组成，试求：

1）机器的工作速度。

2）假如每个指令周期中有一个是访存周期，需插入两个时钟周期的等待时间，求机器的工作速度。

25．用一个时钟频率为 40MHz 的处理器执行标准测试程序，它所包含的混合指令数和响应所需的时钟周期见表 1-10。试求出有效的 CPI、MIPS 速率和程序的执行时间（假设有 N 条指令）。

表 1-10　测试程序包含的混合指令数和响应所需的时钟周期

指令类型	CPI	指令混合比
算术和逻辑	1	60%
高速缓存命中的访存	2	18%
转移	4	12%
高速缓存失效的访存	8	10%

习题答案

1. 解析：D。冯·诺依曼型计算机的设计思想主要有两项：一项是将十进制改为二进制，从而大大简化了计算机的结构和运算过程；另一项是存储程序的思想，即将程序与数据一起存储在计算机内，使得计算机的全部运算成为真正的自动过程。

III、IV 都是干扰项。

2. 解析：B。

指令周期：从一条指令的启动到下一条指令的启动所经历的时间，通常由多个机器周期组成。

机器周期（CPU 周期）：在计算机中，为了便于管理，常把一条指令的执行过程划分为若干个阶段，每一阶段完成一项工作，如取指令、存储器读、存储器写等，每一项工作称为一个基本操作。完成一个基本操作所需要的时间称为机器周期。一般情况下，一个机器周期由若干个时钟周期组成。

综上所述，指令周期包含多个机器周期（CPU 周期），机器周期包含多个时钟周期，故选 B。

3. 解析：A。操作系统（Operating System，OS）是管理计算机硬件与软件资源的计算机程序，同时也是计算机系统的核心与基石。操作系统需要处理如管理与配置内存、决定系统资源供需的优先次序、控制输入与输出装置、操作网络与管理文件系统等基本事务。应用程序需要通过操作系统来使用各种硬件资源。

4. 解析：D。A 选项错在存储结果，运算结果应该存储在存储装置，而不是控制器；所有运算应该在运算器中完成，故 B 选项错误；ALU 在第 2 章中会讲到，ALU 属于组合逻辑电路，没有记忆功能，故没有存储功能，运算结果应该存放在通用寄存器中。

5. 解析：D。完整的计算机系统应该包括五大部件加配套的软件系统。A 选项其实就是主机，少了外部设备和软件系统；B 选项五大部件齐全，缺少了软件系统；C 选项缺少了外部设备。

6. 解析：C。地址译码器在存储器中，而 CPU 不包含存储器，故选 C。

7. 解析：C。程序状态字（PSW）是计算机系统的核心部件，属于控制器的一部分。PSW 用来存放两类信息：

1）当前指令执行结果的各种状态信息，如有无进位、有无溢出、结果正负、结果是否为零、奇偶标志位等。

2）存放控制信息，如允许中断等。

有些机器中将 PSW 称为标志寄存器（Flag Register，FR）。

8．解析：B。指令寄存器是用来存放当前正在执行的指令，因此指令寄存器的位数取决于指令字长。

9．解析：B。控制器基本结构中详细介绍过。

10．解析：A。一般来讲，容量越小的部件价格越昂贵，价格越昂贵速度就越快。容量从小到大的排列顺序：寄存器、Cache、主存、外存，因此速度由慢到快的排列顺序：外存、主存、Cache、寄存器。

11．解析：C。

微处理器的位数是指该CPU一次能够处理的数据长度，称为机器字长。通常机器字长等于通用寄存器的长度。故Ⅰ正确。

地址总线宽度决定了CPU可以访问的物理地址空间，简单地说就是CPU到底能够使用多大容量的内存。而CPU位数与地址字长无关，更不用说地址总线宽度了。故Ⅱ错误。

Ⅲ错误，64位操作系统（通常向下兼容）需要64位CPU的支持，64位操作系统不仅是寻址范围增加到2^{64}，同时要求机器字长为64位。

Ⅳ正确，一般来说，计算机的字长越长，其性能越好。

12．解析：B。P′的执行时间为10s，P的执行时间为P′的1.2倍，即为12s，多了2s，即多了200M×2=4×10^8个时钟周期，每条乘法指令比左移指令多100个时钟周期，即乘法指令数目为$4\times10^8/100=4\times10^6$。

13．解析：C。知识点讲解中讲了这么一句话：**"用嘴来解释，用手来编译"**。口译只能听一句翻一句，因此选择C。

14．解析：A。计算机只能直接执行二进制代码，即机器语言程序。

15．解析：C。编译程序把高级语言源程序作为输入，进行翻译转换，产生机器语言的目标程序，然后让计算机去执行这个目标程序，得到计算结果。解释程序不需要将源程序转换成机器目标代码，而是使用源程序进行解释，解释一句就执行一句。

16．解析：D。

设计算机i的时钟频率为f_i，时钟周期为T_i，时钟周期数（CPI）为N_i。

$T_A\times N_A=N_A/f_A=12s$ ①

$T_B\times N_B=N_B/f_B=8s$ ②

$N_B=1.5N_A$ ③

$f_A=800MHz$ ④

解得$f_B=1.8GHz$。

17．解析：D。控制器可根据不同的周期（取指周期或者执行周期）来区分该地址的存储单元存储的是数据还是指令。

18．解析：B。CPU中的译码器主要用于指令译码，地址译码由存储器中的地址译码器完成，数据和控制信号不需要译码。

19．解析：D。序列一的指令条数为5，序列二的指令条数为6，故Ⅰ正确。

序列一需要总时钟周期数为1×2+2×1+3×2=10，

序列二需要总时钟周期数为1×4+2×1+3×1=9，故Ⅲ正确。

由于序列一和序列二都是由高级语言的某条语句编译而成的，序列一所用时间长，因此序列一的速度比序列二的速度慢，故Ⅱ错误。

序列一的CPI为10/5=2，序列二的CPI为9/6=1.5，故Ⅳ正确。

本题选 D。

【总结】

本题很容易误选 B。因为考生很容易把 CPI 看成是执行速度的衡量。但此处的条件特殊，这两条不同的指令序列是为了实现同一条高级语言语句。也就是任务量是相等的，则所用时间短的序列，执行速度就快。

20．解析：D。"优化"一般是指对性能的提高，自然会使得计算机在执行程序时的用时缩短。从理论上来讲，程序执行时间=程序指令数×每条指令时钟 (CPI)×时钟周期 T，提高时钟频率可以缩短时钟周期；编译优化可能减少程序的指令数或者优化指令结构；优化数据通路结构有可能减少指令时钟。

21．解析：D。首先，需要计算 CPU 速度提高之后的 CPU 时间，即 90/（1+50%）=60s，而 I/O 时间为 10s 是不变的，所以运行基准程序 A 所耗费的时间是 60s+10s=70s。

22．解析：C。首先，可以算得基准程序的 CPI = 2×0.5 + 3×0.2 + 4×0.1 + 5×0.2 = 3；因为 MIPS 为每秒可执行的百万条指令数，为了方便计算可以将计算机的主频 1.2GHz 转换为 1200MHz，于是得到该机器的 MIPS 为 1200/3=400。

23．解析：D。CPI 即执行一条指令所需的时钟周期数。假设 M 机器原时钟周期为 x，原 CPI 为 y，P 程序的指令数为 z，可得 P 程序执行时间为 xyz=20s。编译优化后 M 机器的 CPI 变为 1.2y，P 程序的指令数变为 0.7z，则 P 程序执行时间为 1.2×0.7xyz，故其执行时间为 16.8s。

24．解析：

1）主频为 24MHz 的意思是每秒中包含 24M 个时钟周期，又因为执行一条指令需要 4 个时钟周期，故机器每秒可以执行的指令数为 24M/4=6M 条，即 600 万条。

2）插入两个时钟周期，即执行每条指令需要 6 个时钟周期，故机器每秒可以执行的指令数为 24M/6=4M 条，即 400 万条。

25．解析：

CPI 即执行一条指令所需的时钟周期数。本标准测试程序共包含 4 种指令，那么 CPI 就是这 4 种指令的数学期望，故

$$CPI = 1 \times 60\% + 2 \times 18\% + 4 \times 12\% + 8 \times 10\% = 2.24$$

MIPS 即每秒执行百万条指令数。已知处理器的时钟频率为 40MHz，即每秒包含 40M 个时钟周期，故

$$MIPS = 40/CPI = 40/2.24 \approx 17.9$$

程序执行时间自然就等于程序包含的指令数×CPI×时钟周期的长度，故

$$程序执行时间 = N \times 2.24 \times 1/40MHz = 5.6N \times 10^{-8}s$$

第2章 数据的表示和运算

大纲要求

（一）数制与编码

1. 进位计数制及其相互转换

2. 真值和机器数

3. BCD 码

4. 字符与字符串

5. 校验码

（二）定点数的表示和运算

1. 定点数的表示

无符号数的表示，有符号数的表示。

2. 定点数的运算

定点数的移位运算，原码定点数的加/减运算，补码定点数的加/减运算，定点数的乘/除运算，溢出的概念和判别方法。

（三）浮点数的表示和运算

1. 浮点数的表示

IEEE 754 标准。

2. 浮点数的加/减运算

（四）算术逻辑单元（ALU）

1. 串行加法器和并行加法器

2. 算术逻辑单元的功能和结构

考点与要点分析

核心考点

1.（★★★★★）定点数的加/减/乘/除运算（选择题为主）

2.（★★★★★）浮点数的加/减运算，特别注意各种规格化和舍入处理（选择题为主）

3.（★★★★）溢出的基本概念、判别方法以及定点数溢出和浮点数溢出之间的区别

4.（★★★★）IEEE 754 标准（选择题为主）

5.（★★★）原码、补码、反码、移码之间的转换关系（选择题为主）

6.（★★★）海明码、循环冗余校验码的基本原理（选择题为主）

7.（★★）全加器与半加器之间的区别

基础要点

1．各种进制的相互转换
2．各种校验码
3．定点数的无符号、有符号表示
4．各种机器数的表示方式（原码、补码、反码、移码）
5．定点数的加/减/乘/除运算
6．溢出的基本概念及判别方法
7．IEEE 754 标准
8．浮点数的加/减运算
9．加法器的内部结构以及各种进位链的基本原理
10．算术逻辑单元的功能和结构

本章知识体系框架图

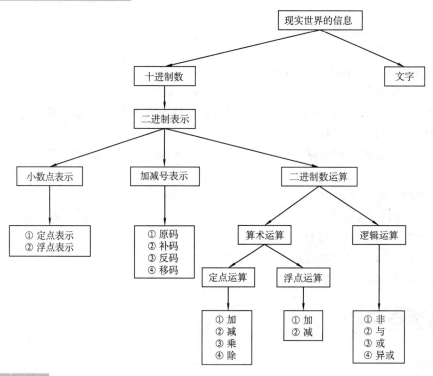

知识点讲解

2.1　数制与编码

2.1.1　进位计数制及其相互转换

事实上，该知识点并不局限于计算机组成原理这门课程，很多课程都会讲授相关的知识。

在此，按照大纲要求梳理基本的知识，已掌握的考生可以跳过本知识点。

1．二进制、八进制、十进制、十六进制的基本概念

数制也称为计数制，是指用一组固定的符号和统一的规则来表示数值的方法。按进位的方法进行计数，称为进位计数制。在日常生活和计算机中，采用的都是进位计数制。一般来说，比较常用的进位计数制包括二进制、八进制、十进制和十六进制。

十进制（Decimalism）：日常生活中的进位计数制都是十进制。十进制的表示方式为$(1234567890)_{10}$、1234567890。

二进制（Binary）：二进制是计算技术中使用最广泛的一种数制，使用 0 和 1 两个数码来表示。在计算机中，以电平的高低来表示二进制，通常高电平为"1"，低电平为"0"。二进制的基数为 2，进位规则是"逢二进一"，借位规则是"借一当二"，由 17 世纪德国数理哲学大师莱布尼茨发明。二进制具有实现简单、适合计算机运算、可靠性高等优点，但也存在着一定的不足，如表示效率太低，书写不便，如$(255)_{10}=(11111111)_2$，十进制 255 需要由二进制的 8 位来表示，当数码很大时，书写起来相当费事。由此，便引进了八进制和十六进制。二进制的表示方式为$(10)_2$、10**B**。

八进制（Octal）和十六进制（Hexadecimal）：规则和二进制相似，八进制由 0～7 表示数码，进位规则是"逢八进一"，借位规则是"借一当八"；十六进制由 0～9、A～F（a～f）表示数码，A～F（a～f）分别对应于十进制的 10～15，进位规则是"逢十六进一"，借位规则是"借一当十六"。之所以"引进"这两种进制，主要是为了书写方便（具体解释见二进制、八进制及十六进制的转换），在机器内的表示并无区别，都仍为二进制。八进制的表示方式为$(12345670)_8$、12345670**Q**（这里之所以用 Q，而不是 Octal 的首字母 O，主要是为了书写中和数字 0 区别开）；十六进制的表示方式为$(1234567890ABCDEF)_{16}$、1234567890ABCDEF**H**、**0x**1234567890ABCDEF（编程中常使用十六进制的方式，如一些内存地址都是用这种方式表示的）。

2．二进制、八进制、十进制、十六进制的相互转换

二进制、八进制、十六进制转换为十进制：仅以二进制转换为十进制为例，八进制和十六进制转换为十进制的方法是一样的，只需调整每一位的权重即可。

【例 2-1】　将$(10001.10)_2$转换为十进制。

解：每位的位权见表 2-1。

表 2-1　每位的位权

位权	2^4	2^3	2^2	2^1	2^0	2^{-1}	2^{-2}
数位	1	0	0	0	1	1	0

每位的位权乘以各自的数位，得到的和相加：

$$2^4×1+2^3×0+2^2×0+2^1×0+2^0×1+2^{-1}×1+2^{-2}×0=17.5$$

至此，得到的 17.5 即为该二进制数对应的十进制数（八进制和十六进制，只需把位权中的基数 2 换为 8 和 16，其余步骤一样）。

十进制转换为二进制、八进制、十六进制：这里仍然以十进制转换为二进制为例。

【例 2-2】　将$(19.6875)_{10}$转换为二进制数。

解：在这个转换中，整数部分和小数部分应当分开来计算。整数部分的计算规则可以归纳为"除 2 取余，由下而上"：

19/2=9　余 1

9/2=4　余 1

4/2=2　余 0

2/2=1　余 0

1/2=0　余 1

（结束标志为相除之后的商为 0）

然后，将所有余数按照从下往上的顺序写出：10011，此即为十进制数 19 转换为二进制数的表示。

小数部分的计算规则可以归纳为"乘 2 取整，由上而下"：

0.6875×2=1.375　　取 1　余 0.375

0.375×2=0.75　　取 0　余 0.75

0.75×2=1.5　　取 1　余 0.5

0.5×2=1　　取 1　余 0

（结束标志为取 1 后的余数为 0）

然后，将所取的数按照从上往下的顺序写出（**整数部分是从下往上，不要混淆**）：0.1011，此即为十进制数 0.6875 转换为二进制数的表示。

综上所述，转换成二进制数为 $(10011.1011)_2$。

二进制数转换为八进制数、十六进制数：从最低有效位（LSD）开始，3 位一划分，组成八进制数；4 位一划分，组成十六进制数。高位不足用 0 来补齐。

【例 2-3】 将二进制数 110101111001 分别转换为八进制数和十六进制数。

解：<u>110</u>　<u>101</u>　<u>111</u>　<u>001</u>　⟶　6571**Q**

　　<u>1101</u>　<u>0111</u>　<u>1001</u>　⟶　D79**H**

八进制数、十六进制数转换为二进制数：与二进制数转换为八进制数、十六进制数的方法正好相反，每位八进制数用其 3 位二进制表示来"替换"；每位十六进制数用其 4 位二进制表示来"替换"。

注意：在八进制数、十进制数和十六进制数的相互转换中，一个较为容易的方法就是以二进制数作为中介，例如，将一个八进制数转换为十六进制数，直接转换显得有点难，可以先将八进制数转换为二进制数，再将二进制数 4 位分成 1 组，进而转换为十六进制数。

☞ **可能疑问点：计算机内部为什么将所有信息用二进制来编码？**

答：主要有以下三个方面的原因：

1）二进制系统只有两个基本符号："0"和"1"。所以，它的基本符号少，易于用稳态电路实现。

2）二进制的编码、计数、运算等的规则简单。

3）二进制中的"0"和"1"与逻辑命题的"真"和"假"的对应关系简单。

☞ **可能疑问点：计算机内都用二进制表示信息，为什么还要引入八进制和十六进制？**

答： 计算机内部在进行信息的存储、传送和运算时，都是以二进制形式来表示信息的。在屏幕上或书本上书写信息时，由于二进制信息位数多，阅读、记忆也不方便，而十六进制、八进制和二进制的对应关系简单，所以引入十六进制或八进制。在开发程序、调试程序、阅读机器内部代码时，人们经常使用八进制或十六进制来等价地表示二进制信息。

2.1.2　真值和机器数

日常生活中我们经常看到+5、−8、−0.1、+3.6 等这些带有"+"或者"−"符号的数，称为真值。那么如果要用计算机处理这些数，计算机不认识"+"或者"−"符号怎么办？此时需要具备的思维能力：一想到具有两种状态的事物，都应该联想到二进制的 0 和 1，恰好"+""−"是两种状态，于是就可以使用二进制的 0 和 1 来表示。那就再做一个规定：**0 表示正号，1 表示负号**。这样就可以将一个真值完全数字化了，而被数字化的数就称为机器数（机器数分为原码、补码、反码和移码，参考 2.2.1 小节）。

2.1.3　BCD 码

二进制编码的十进制数（Binary-Coded Decimal，BCD）是以二进制数来编码表示十进制的 0～9。具体的编码规则，则根据不同的 BCD 码而有所不同。

常见的 BCD 码分为两类：**有权 BCD 码**[如 8421（**最常用**）、2421、5421 等]和**无权 BCD 码**（如余 3 码、格雷码等）。这里主要介绍最常用的 8421 码、余 3 码和 2421 码。

注意： 一般不加以说明的都是指 8421 BCD 码，考研基本上也只需要掌握 8421 BCD 码。

（1）8421 码

8421 BCD 码就是使用四位二进制数来表示一位十进制数 '0'～'9'，其二进制数每位的权重由高到低分别是 8、4、2、1。意思就是，对一个多位的十进制数来说，将它的每一位"替换"为相应的 4 位二进制代码，再用十六进制数 C 表示"+"号，用十六进制数 D 表示"−"号，而且均放在数字串的最后，于是便得到该十进制数的 8421 BCD 码表示，见表 2-2。

但是，当十进制数的位数为偶数时，在第一个字节的高 4 位补"0"，见表 2-3。

值得注意的是，**8421 BCD 码遇见 1001 就产生进位，不像普通的二进制码，遇到 1111 才产生进位 10000。**

☞ 可能疑点：不少考生在论坛中问同样一个问题，$(101001)_{BCD}=?$

解析： 可以 4 位划分一组，不够就在高位补 0，即 0010 1001，其中 0010 代表 2，1001 代表 9，故 $(101001)_{BCD}=29$。

表 2-2　8421 BCD 码示例一

+325	0011	0010	0101	1100
−325	0011	0010	0101	1101

表 2-3　8421 BCD 码示例二

+56	0000	0101	0110	1100
−56	0000	0101	0110	1101

（2）余 3 码

余 3 码是一种无权 BCD 码，是在 8421 码的基础上加上十进制数 3（二进制 0011）形成的，因而称为余 3 码。例如，十进制数 9 的 8421 BCD 码为 1001，在 1001 的基础上加上 0011，1001+0011=1100，故十进制数 9 的余 3 码为 1100。

（3）2421 码

2421 BCD 码是另外一种有权码，与 8421 码不同之处在于，其最高位权重为 2 而不是 8。

另外值得注意的是，2421 BCD 码表示十进制数时，若十进制数大于等于 5，则 2421 码的最高位是 1；若十进制数小于 5，则 2421 码的最高位是 0。故当表示十进制数 5 时，其对应的 2421 码应该为 1011 而不是 0101，0101 就是一种非法编码。

2.1.4　字符和字符串

1. 字符编码 ASCII 码

计算机中的信息包括数据信息和控制信息，数据信息又分为数值和非数值信息。非数值信息和控制信息包括字母、各种控制符号、图形符号等，它们都以二进制编码方式存入计算机并得以处理，这种对字母和符号进行编码的二进制代码称为字符代码（Character Code）。在计算机中，最常用的字符编码是 **ASCII 码**。

如图 2-1 所示，基本的 ASCII 码字符集共有 128 个字符，其中有 96 个可打印字符，包括

低四位	十进制	字符	ctrl	代码	字符解释	十进制	字	ctrl	代码	字符解释	十进制	字	十进制	字	十进制	字	十进制	字	十进制	字	十进制	字	ctrl
		ASCII 非打印控制字符									ASCII 打印字符												
		0000					0001				0010		0011		0100		0101		0110		0111	
		0					1				2		3		4		5		6		7	
0000	0	SLAKK NULL	^0	NUL	空	16	▶	^P	DLE	数据链路转意	32		48	0	64	@	80	P	96	`	112	p	
0001	1	☺	^A	SOH	头标开始	17	◀	^Q	DC1	设备控制1	33	!	49	1	65	A	81	Q	97	a	113	q	
1110	2	●	^B	STX	正文开始	18	↕	^R	DC2	设备控制2	34	"	50	2	66	B	82	R	98	b	114	r	
0011	3	♥	^C	ETX	正文结束	19	‼	^S	DC3	设备控制3	35	#	51	3	67	C	83	S	99	c	115	s	
0100	4	♦	^D	EOT	传输结束	20	¶	^T	DC4	设备控制4	36	$	52	4	68	D	84	T	100	d	116	t	
0101	5	♣	^E	ENQ	查询	21	§	^U	NAK	反确认	37	%	53	5	69	E	85	U	101	e	117	u	
0110	6	♠	^F	ACK	确认	22	■	^V	SYN	同步空闲	38	&	54	6	70	F	86	V	102	f	118	v	
0111	7	●	^G	BBL	震铃	23	↨	^W	ETB	传输块结束	39	'	55	7	71	G	87	W	103	g	119	w	
1000	8	◘	^H	BS	遮格	24	↑	^X	CAN	取消	40	(	56	8	72	H	88	X	104	h	120	x	
1001	9	○	^I	TAB	水平制表符	25	↓	^Y	EN	媒体结束	41	)	57	9	73	I	89	Y	105	i	121	y	
1010	A	◎	^J	LF	执行/新行	26	→	^Z	SUB	替换	42	*	58	:	74	J	90	Z	106	j	122	z	
1011	B	♂	^K	VT	竖直制表符	27	←	^[	ESC	转盘	43	+	59	;	75	K	91	[	107	k	123	{	
1100	C	♀	^L	FF	换页/新页	28	∟	^\	FS	文件分隔符	44	,	60	<	76	L	92	\	108	l	124			
1101	D	♪	^M	CR	回车	29	↔	^]	GS	组分隔符	45	−	61	=	77	M	93	]	109	m	125	}	
1110	E	♫	^N	SO	移出	30	▲	^6	RS	记录分隔符	46	.	62	>	78	N	94	^	110	n	126	~	
1111	F	☼	^O	SI	移入	31	▼	^_	US	单元分隔符	47	/	63	?	79	O	95	_	111	o	127	△	^Sack space

图 2-1　ASCII 码示意图

注：表中的 ASCII 字符可以用 Alt+“小键盘上的数字键”输入。

常用的字母、数字、标点符号等，另外还有 32 个控制字符。考生不需要死记硬背整个 ASCII 码表，但对于同时考查"数据结构"科目的考生来说，记住 ASCII 码表中常用的字符大写字母"A"、小写字母"a"与数字"0"是有意义的，考生可以借助这些字母对应的 ASCII 码，推出其他大小写字母和数字的 ASCII 码，进而将程序代码中的字符型变量转换成整型变量参与计算。例如，大写字母"A"的 ASCII 码为十进制数 65，则可以推出大写字母"B"的 ASCII 码为十进制数 65+1=66 以及大写字母"Z"的 ASCII 码为 65+25=90。

虽然标准 ASCII 码是 7 位编码，但由于计算机基本处理单位为字节（1B=8bit），因此一般仍以一个字节来存放一个 ASCII 字符。每一个字节中多余出来的一位（最高位）在计算机内部通常保持为 0（**在数据传输时可用作奇偶校验位**）。

2. 汉字编码

汉字编码主要包括汉字的输入编码、汉字内码和汉字字形码三种。区位码和国标码是输入编码。**区位码**是国家标准局于 1981 年颁布的标准，用两个字节表示一个汉字，每个字节用七位二进制编码，将汉字和图形符号排列在一个 94 行 94 列（94 的二进制表示需要 7 位二进制数）的二维代码表中。**国标码**是将十进制的区位码转换成十六进制后，再在每个字节加上 20H，即加上 2020H。若将国标码的两个字节的最高位都改为"1"，就是汉字内码。故三种汉字编码的关系为（十六进制表示）：

国标码=（区位码）$_{16}$ + 2020H

汉字内码=（国标码）$_{16}$ + 8080H

3. 字符串大小端存放

在了解字符编码的基础上，就不难理解字符串编码了。简单来说，字符串就是字符的"集合"，在计算机的存储中，通常在存储器中占用连续的多个字节空间，每个字节存储一个字符（若是汉字字符串，则是两个字节存储一个汉字）。有一种情况需要知道，当主存字由 2 个或 4 个字节组成时，在同一个主存字中，既可按从低位字节向高位字节的顺序存放字符串的内容，也可按从高位字节向低位字节的顺序存放字符串的内容，这个取决于使用的机器（在第 4 章将会详细讲解高低字节的区别，即大小端）。

注意：2012 年的考研真题就针对小端方式进行了考查。

2.1.5 校验码

检错编码：就是通过一定的编码和解码，能够在接收端解码时检查出传输的错误，但不能纠正错误。常见的检错编码有奇偶校验码和循环冗余校验（CRC）码。

1. 奇偶校验码

奇偶校验码就是在信息码的基础上加一位校验码，可以加在信息码前面或后面（考生根据考题定义进行判断），分为**奇校验**和**偶校验**。

奇校验：添加一位校验码后，使得整个码字里面 1 的个数是奇数；接收端收到数据后就校验数据里 1 的个数，如果正好为奇数，则认为传输没有出错；如果检测到偶数个 1，则说明传输过程中，数据发生了改变，要求重发。

偶校验：添加一位校验码后，使得整个码字里面 1 的个数是偶数；接收端收到数据后就校验数据里 1 的个数，如果正好为偶数，则认为传输没有出错；如果检测到奇数个 1，则说明传输过程中，数据发生了改变，要求重发。

可见，在数据中，有一位数据发生改变，通过奇偶校验能够检测出来，但并不知道是哪位出错了；进一步来讲，如果数据中同时有两位数发生改变，则奇偶校验是检测不到数据出错的，因此它的查错能力有限。例如，信息数据是 1100010，经过奇校验编码后，就变成 11000100，如果收到的数据变成 01000100，因为 1 的个数不为奇数，所以检测出数据出错了；如果收到的数据是 01100100，则无法检测出它出错了。

> 📖 **补充知识点**：奇偶校验码在实际使用时又分为垂直奇偶校验、水平奇偶校验与水平垂直奇偶校验，上面讲的属于水平奇偶校验。垂直奇偶校验与水平垂直奇偶校验不需要掌握，考生了解即可。

2. 循环冗余校验（CRC）码

奇偶校验码的检错率较低，不太实用。目前，在计算机网络和数据通信中，用得最广泛的就是检错率高、开销小、易实现的<u>循环冗余校验码</u>。

循环冗余校验码又称多项式校验码，它的构造过程与多项式运算有关，下边是构造过程中涉及的两个多项式：

$M(x)$ 代表发送信息的多项式，$G(x)$ 为生成多项式，代表校验位信息。

下边以一个具体例子来展示一下循环冗余校验码的构造过程。

假设 $M(x)=x^3+1$；$G(x)=x^3+x+1$

1）写出 $M(x)$ 和 $G(x)$ 所代表的二进制码：

$M(x)$ 代表的二进制码为：1001

$G(x)$ 代表的二进制码为：1011

以 $M(x)$ 为例，下面说一下由多项式导出其对应二进制码的过程。

$M(x)=1\times x^3+0\times x^2+0\times x^1+1\times x^0$

多项式各项次数代表位置，系数为该位置上二进制位的值，因此从左到右由第 3 位到第 0 位的二进制值分别为 1001。

2）将 $M(x)$ 所代表的二进制码左移 $G(x)$ 的最高次数，这里是左移 3 位，得到 1001000。

3）将 1001000 对 1011 做模 2 除法得到余数为 110，将其与被除数 1001 合并得到 1001110，即为循环冗余校验码。关于模 2 除法的具体做法，下边用一个更为复杂的例子来讲解。

试计算 10110010000 模 2 除 11001。

解析：解题技巧包括以下 **3** 个方面。

1）$0\pm1=1$，$0\pm0=0$，$1\pm0=1$，$1\pm1=0$（可以简化为做"异或"运算，在除法过程中，计算部分余数，全部使用"异或"操作，相同则为 0，不同则为 1）。

2）上商的规则是看部分余数的首位，如果为 1，商上 1；如果为 0，商上 0。

3）当部分余数的位数小于除数的位数时，该余数即为最后余数。

```
                1101010
        11001 ╱10110010000
              11001
               11110
               11001
                11110
                11001
                 11100
                 11001
                  1010
```

步骤分析：首先将 10110010000 中的前 5 位 10110 看成部分余数，首位为 1，商上 1；结果为 11110，首位为 1，商仍然上 1；结果为 01111，首位为 0，商上 0，上面计算中省略了这一步（平常做普通十进制除法时，也将会省去），直接到 11110，首位为 1，商上 1；结果为 01110，首位为 0，商上 0，仍然省略了这一步，又直接到 11100，首位为 1，商上 1；结果为 01010，首位为 0，商上 0；结果为 1010，部分余数小于除数的位数，即最后的余数为 1010。

循环冗余校验码进行检错的重要特性：

1）具有 r 检测位的多项式能够检测出所有小于或等于 r 的突发错误。

2）长度大于 r+1 的错误逃脱的概率是 $1/2^r$。

注意：循环冗余校验码只有在生成多项式选得非常合适的情况下，才具有纠错功能，这通常是很困难的，因此可默认循环冗余校验码无纠错功能，只需掌握其检错功能即可。

3．海明码

纠错编码：就是在接收端不但能检查出错误，而且能纠正检查出来的错误。常见的纠错编码为海明码。

海明码又称为汉明码，是在信息字段中插入若干位数据，用于监督码字里的哪一位数据发生了变化，**具有一位纠错能力**。假设信息位有 k 位，整个码字的长度就是 k+r；每一位的数据只有两种状态，不是 1 就是 0，有 r 位数据就应该能表示出 2^r 种状态。若每一种状态代表一个码元发生了错误，则有 k+r 位码元，就要有 k+r 种状态来表示，另外还要有一种状态来表示数据正确的情况，$2^r-1 \geqslant k+r$ 才能检查一位错误，即 $2^r \geqslant k+r+1$。例如，信息数据有 4 位，由 $2^r \geqslant k+r+1$ 得 $r \geqslant 3$，也就是至少需要 3 位监督数据才能发现并改正 1 位错误。再如，给 8 个学员进行编号，可以用 3 位数来编码：学号为 000，001，…，111；也可以用 5 位数来编码：学号为 00000，00001，00010，…，00111，但是没有必要用 5 位，只要能满足编码的要求就可以了，因此只需求出满足条件的最小 k 值即可。

海明码求解的具体步骤如下：

1）确定校验码的位数 r。

2）确定校验码的位置。

3）确定数据的位置。

4）求出校验位的值。

下面开始实战练习。假设要推导 D=101101 这串二进制数的海明码，应按照以下步骤进行。

（1）确定校验码的位数 r

数据的位数 k=6，按照上面介绍的公式来计算满足条件 r 的最小值，如下：

$$2^r-1 \geqslant k+r$$

即 $2^r \geqslant 7+r$，解此不等式，满足不等式的最小 r=4，也就是说，D=101101 的海明码应该有 6+4=10（位），其中原数据 6 位，校验码 4 位。

（2）确定校验码的位置

不妨设这 4 位校验码分别为 P_4、P_3、P_2、P_1；6 位数据码从左到右为 D_6，D_5，…，D_1。编码后的数据共有 6+4=10 位，设为 M_{10}，M_9，…，M_1。

校验码 P_i（i 取 1、2、3、4）在编码中的位置为 2^{i-1}，见表 2-4。

（3）确定数据的位置

这个很简单，除了校验码的位置，其余的就是数据的位置，填充进去就可以了。可以把数据信息先填进去，见表 2-5 中的"乙"行，然后就是最关键的部分——求出校验位的值。

表 2-4　校验码 P_i 在编码中的位置

	M_{10}	M_9	M_8	M_7	M_6	M_5	M_4	M_3	M_2	M_1
甲			P_4				P_3		P_2	P_1

表 2-5　确定数据的位置

	M_{10}	M_9	M_8	M_7	M_6	M_5	M_4	M_3	M_2	M_1
甲	D_6	D_5	P_4	D_4	D_3	D_2	P_3	D_1	P_2	P_1
乙	1	0		1	1	0		1		

（4）求出校验位的值

每个数据码都由多个校验码共同校验，但要满足一个条件：被校验数据码的海明位号等于校验该数据码的各校验码海明位号之和，且校验码不需要再被校验。例如，D_1 的海明位号为 3（D_1 放在 M_3 的位置上），则 D1 由 P_2P_1 校验（P_2 放在 M_2 的位置上，P_1 放在 M_1 的位置上，3=2+1）；D_6 的海明位号为 10（D_1 放在 M_3 的位置上），则 D_6 由 P_4P_2 校验（P_4 放在 M_8 的位置上，P_2 放在 M_2 的位置上，10=8+2）；其他以此类推，即 D_2 由 P_3P_1 校验，D_3 由 P_3P_2 校验，D4 由 $P_3P_2P_1$ 校验，D_5 由 P_4P_1 校验。

此时，校验位 P_i 的值即为所有需要 P_i 校验的数据位求异或。

因此可以利用如下公式求出校验位的值：

$$P_1=D_1\oplus D_2\oplus D_4\oplus D_5=1\oplus 0\oplus 1\oplus 0=0$$
$$P_2=D_1\oplus D_3\oplus D_4\oplus D_6=1\oplus 1\oplus 1\oplus 1=0$$
$$P_3=D_2\oplus D_3\oplus D_4=0\oplus 1\oplus 1=0$$
$$P_4=D_5\oplus D_6=0\oplus 1=1$$

把 P_i 的值填写到表 2-5 中就可以得到海明码，见表 2-6。

表 2-6　得到的海明码

	M_{10}	M_9	M_8	M_7	M_6	M_5	M_4	M_3	M_2	M_1
甲	D_6	D_5	P_4	D_4	D_3	D_2	P_3	D_1	P_2	P_1
丙	1	0	1	1	1	0	0	1	0	0

最后的海明码为 1011100100。

（5）海明码的校验

假设出错位为 e_1、e_2、e_3、e_4，现在需要将 M_1，M_2，…，M_{10} 和 e_1、e_2、e_3、e_4 的关系对应出来，只要有了这个关系，所有问题都解决了。例如，M_1 下标中的 1 可以表示成 0001，这里的 0001 分别对应 e_4、e_3、e_2、e_1（倒过来看），由于 e_1 的值为 1，因此 M_1 只和 e_1 有关；M_3 下标中的 3 可以表示成 0011，M_3 和 e_1、e_2 有关；M_7 下标中的 7 可以表示成 0111，M_7 和 e_1、e_2、e_3 有关；其他以此类推，只需要将这些有关的用"异或"符号"$\oplus$"连接起来即可，最后可得如下公式：

$$e_1=M_1\oplus M_3\oplus M_5\oplus M_7\oplus M_9$$
$$e_2=M_2\oplus M_3\oplus M_6\oplus M_7\oplus M_{10}$$
$$e_3=M_4\oplus M_5\oplus M_6\oplus M_7$$

$$e_4=M_8 \oplus M_9 \oplus M_{10}$$

然后将表 2-6 中的数据对应过来，即

$$e_1=P_1 \oplus D_1 \oplus D_2 \oplus D_4 \oplus D_5\_0 \oplus 1 \oplus 0 \oplus 1 \oplus 0=0$$

$$e_2=P_2 \oplus D_1 \oplus D_3 \oplus D_4 \oplus D_6\_0 \oplus 1 \oplus 1 \oplus 1 \oplus 1=0$$

$$e_3=P_3 \oplus D_2 \oplus D_3 \oplus D_4\_0 \oplus 0 \oplus 1 \oplus 1=0$$

$$e_4=P_4 \oplus D_5 \oplus D_6=1 \oplus 0 \oplus 1=0$$

可以看出，若海明码没有错误信息，则 e_1、e_2、e_3、e_4 都为 0，等式右边的值也得为 0。

现在假设第 5 位出错了（M_5，即 D_2），也就是第 5 位在传输的过程中发生了错误，即由原来的"0"改为"1"，即得到的数据为 1011110100。现在要找出错误的位置（假设现在不知道出错的位置）。

继续使用：

$$e_1=M_1 \oplus M_3 \oplus M_5 \oplus M_7 \oplus M_9=0 \oplus 1 \oplus 1 \oplus 1 \oplus 0=1$$

$$e_2=M_2 \oplus M_3 \oplus M_6 \oplus M_7 \oplus M_{10}=0 \oplus 1 \oplus 1 \oplus 1 \oplus 1=0$$

$$e_3=M_4 \oplus M_5 \oplus M_6 \oplus M_7=0 \oplus 1 \oplus 1 \oplus 1=1$$

$$e_4=M_8 \oplus M_9 \oplus M_{10}=1 \oplus 0 \oplus 1=0$$

按照 e_4、e_3、e_2、e_1 的排序方式得到的二进制序列为 0101，恰好对应十进制数 5，这样就找到了出错的位置：第 5 位。

下面再来总结一下。

编写海明码的过程：

1）确定校验位的位数。

2）把海明码按序写出来 M_N，…，M_1，校验码 P_i（i 取 1，2，3，…，m）在编码中的位置为 2^{i-1}，将校验码的位置写出来，然后将数据位按序填入海明码。

3）根据校验位和数据位的关系，依次计算出校验码 P_i（i 取 1，2，3，…，m），将 Pi 填入海明码。

校验海明码的过程：

1）直接写出出错位 e_1，…，e_m 与 M_1，…，M_N 的对应关系，计算 e_1，…，e_m 的值。

2）求出二进制序列 e_m，…，e_1 对应十进制的值，则此十进制数就是出错的位数，取反即可得到正确的编码。

📖 **补充知识点：**

1）海明码如果要检测出 d 位错误，那么需要一个海明距为 d+1 的编码方案；如果要纠正 d 位错误，那么需要一个海明距为 2d+1 的编码方案，应该理解到什么样的程度？

解析： 首先，解释码距的概念。码距反映的是两个码字不一样的程度，就是把两个码字对齐以后，有几位不相同，则称为码距，又称为海明距离，例如，码字 110 和码字 111，对齐之后，发现只有第 3 位不一样，故码距为 1。其次，什么是海明距为 1 的编码方案？一个编码方案一般都对应许多码字，而定义许多码字的海明距只需要看最小的即可，例如，某个编码方案中有码字 110、001、111，尽管 110 和 001 的码距为 3，但是 110 和 111 的码距为 1，因此取最小的。依此类推，考生应该不难理解海明距为 d+1 的编码方案。从这里应该可以得到一个很明显的结论，对于海明距为 1 的编码方案是不能检测出任何错误的，只要 d 取 0 即可。

考生在相关教材中见过如下公式：

$$L-1=D+C \qquad 且 \ D \geqslant C$$

如果要纠正 d 位错误，则<u>至少要检测出 d 位错误</u>（当然可以检测更多），代入即可得到 L−1=d+d，即 L=2d+1；同理，如果只要求检测出 d 位错误（默认纠错为 0，即 C 等于 0），代入即可得到 L=d+1，于是就有了补充知识点 1）的那段话。

2）海明码的纠错能力恒小于或等于检错能力（见上面的公式）。

2.2　定点数的表示和运算

2.2.1　定点数的表示

请考生思考一个问题，假如现在要存取一个数到计算机，其真值为−9.87，问需要考虑几个问题？答案是需要考虑 3 个问题，即**符号位、数码（即 987）、小数点**，下面我们来一一讨论。

符号位的处理：一般来讲，符号位的处理有以下两种方式：

1）一种是干脆不要符号位，采用无符号表示。

2）另一种是要符号位。既然要符号位，前面讲过真值转换成机器数，就需要把符号位数码化，即"0"表示正号，"1"表示负号。

以上两种情况分别引出了**无符号数和有符号数**。

1．无符号数的表示

无符号数是指整个机器字长的全部二进制位均为数值位，没有符号位，相当于数的绝对值。若机器字长为 8 位，则数的表示范围为 0～(2^8−1)，即 0～255。

2．有符号数的表示

前面已经讲过，有符号数需要将其符号数字化，即"0"表示正号，"1"表示负号。下面介绍 3 种有符号数的表示方法：**原码、补码、反码**。

友情提示：不少考生觉得运算器比较复杂难懂，很大程度上是因为分段函数，例如：

$$[x]_{\text{补}} = \begin{cases} x & 1 > x \geqslant 0 \\ 2+x & 0 > x \geqslant -1 \end{cases}$$

这些分段函数对考研作用不大，计算真值的原码、补码、反码、移码更简单的方法，就是用下面 3 句话来解决问题，简单易懂。

第 1 句：3 种机器数的最高位均为符号位。符号位和数值部分之间可用"．"（对于小数）或"，"（对于整数）隔开。

第 2 句：当真值为正数时，原码、补码和反码的表示形式均相同，即符号位用"0"表示，数值部分与真值相同。

第 3 句：当真值为负数时，原码、补码和反码的表示形式不同，但其符号位都用"1"表示，而数值部分有这样的关系，即补码是原码的"每位求反加 1"，反码是原码的"每位求反"。需要注意的是，上面所谓的"每位求反"均不包括符号位，只是对数值部分进行求反，且原码除了符号位为"1"，数值部分仍然与真值相同。

下面分别对定点整数和定点小数举例说明，以帮助考生加深对以上 3 句话的理解。

【例 2-4】 有符号数的表示示例见表 2-7。

从表 2-7 中可以得出一个结论：通过分段函数来变换原码、补码和反码是很烦琐的，而通过上面第 2 句和第 3 句话来转换是相当简单的。

☞ 可能疑问点：假设[x]$_补$=1.0000，很显然对应的真值为-1，现在按照上面的规则转换为原码，再求真值，结果还会是-1 吗？**1.0000 取反 1.1111，然后再加 1，1.1111+1=10.0000，mod 2 后，得[x]$_原$=0.0000，显然真值是 0，哪里出了问题？**

解析：其实这里有一个误区，即误认为 1.0000 是-1 的补码。算错是因为-1 其实在原码中并不存在，不能按照补码取反加 1 得到原码。

表 2-7　有符号数的表示示例

假设 x=+1110，根据上面的第 2 句话，[x]$_原$=0,1110
假设 x=-1110，根据上面的第 3 句话，[x]$_原$=1,1110
假设 x=+0.1101，根据上面的第 2 句话，[x]$_原$=0.1101
假设 x=-0.1101，根据上面的第 3 句话，[x]$_原$=1.1101
假设 x=+1010，根据上面的第 2 句话，[x]$_补$=0,1010
假设 x=-1101，根据上面的第 3 句话，[x]$_补$=1,0011
假设 x=+0.1001，根据上面的第 2 句话，[x]$_补$=0.1001
假设 x=-0.0110，根据上面的第 3 句话，[x]$_补$=1.1010
假设 x=+1101，根据上面的第 2 句话，[x]$_反$=0,1101
假设 x=-1101，根据上面的第 3 句话，[x]$_反$=1,0010
假设 x=+0.0110，根据上面的第 2 句话，[x]$_反$=0.0110
假设 x=-0.0110，根据上面的第 3 句话，[x]$_反$=1.1001

📖 **补充知识点：**

1）原码变补码、原码变反码可以使用上面的两句话来实现，而补码变回原码、反码变回原码仍然可以使用上面的第 2 句和第 3 句话。

【例 2-5】 设 x=-1101，那么[x]$_原$、[x]$_补$、[x]$_反$分别是 1,1101、1,0011、1,0010，现在需要将[x]$_补$转换为[x]$_原$，将 1,0011 除符号位外的各位取反加 1，得到 1,1101，和原来的结果是一样的，其他的转换依此类推，不再赘述。

2）"0"的原码、补码和反码见表 2-8。

[-0.0000]$_补$=0.0000 需要解释一下，首先[-0.0000]$_补$是[-0.0000]$_原$除符号位的各位取反加 1，[-0.0000]$_原$=1.0000，各位取反加 1 得到 10.0000，由于采用了模 2 原则，即 10.0000 mod 2=0.0000，因此[-0.0000]$_补$=0.0000。还有一种说法就是，**直接将最高符号的进位舍去**，也可得到[-0.0000]$_补$=0.0000。

综上所述："0"的原码和反码都有两种，补码只有唯一的一种。

从上面的结论又可以得出一个结论，既然"0"在补码中只有一种表示形式，故补码可以比原码和反码多表示一个负数。表 2-9 对原码、补码、反码的范围做了一个总结（假设机器数字长为 8 位）。

化简后的一般形式（假设机器数字长为 n 位，包含 1 位符号位）见表 2-10。

当然，上面的总结只是定点整数。如果是定点小数，则补码也应该比原码和反码多表示一个数，这个数就是-1，即原码和反码的定点小数范围为（-1，1），而补码定点小数的范围是[-1，1）。

表 2-8　"0"的原码、补码和反码

[+0.0000]$_原$=0.0000	[-0.0000]$_原$=1.0000
[+0.0000]$_补$=0.0000	[-0.0000]$_补$=0.0000
[+0.0000]$_反$=0.0000	[-0.0000]$_反$=1.1111

表 2-9　原码、补码、反码的范围

原码	-127~127
补码	-128~127
反码	-127~127

表 2-10　化简后的一般形式

原码	$-(2^{n-1}-1)\sim(2^{n-1}-1)$
补码	$-2^{n-1}\sim(2^{n-1}-1)$
反码	$-(2^{n-1}-1)\sim(2^{n-1}-1)$

3）已知$[x]_补$，求$[-x]_补$。

证明过程不作要求，记住结论即可。不论真值是正是负，只需将$[x]_补$连同符号位在内每位取反，末位加 1，即可得$[-x]_补$，参考例 2-6。

【**例 2-6**】　已知$[x]_补$=1.0010010，那么首先将 1.0010010 连同符号位取反，得到 0.1101101，然后再加 1，得到$[-x]_补$=0.1101110。

3．无符号数和有符号数的范围区别

同样是一个字节，无符号数的最大值是 255，而有符号数的最大值是 127，原因是有符号数中的最高位被用于表示符号了。由于最高位的权值也是最高的（对于一个字节的数来说是2^7=128），因此仅仅少了一位，最大值立即减半。

不过，有符号数的优点是它可以表示负数。因此，虽然它的最大值"缩水"了，却在负值的方向上出现了"伸展"。下面仍以一个字节的数值进行对比：

无符号数 x：0≤x≤255。

有符号数 x：-128≤x≤127。

同样是一个字节，无符号数的最小值是 0，而有符号数的最小值是-128。因此，二者能表达的不同的数值的个数都是 256 个，只不过无符号数表达的是 0～255 这 256 个数，而有符号数表达的是-128～127 这 256 个数。

4．移码

在介绍移码的概念之前，首先介绍补码的缺点。举例说明：

十进制数 x=21，对应的二进制数为+10101，则$[x]_补$=0，10101

十进制数 x=-21，对应的二进制数为-10101，则$[x]_补$=1，01011

十进制数 x=31，对应的二进制数为+11111，则$[x]_补$=0，11111

十进制数 x=-31，对应的二进制数为-11111，则$[x]_补$=1，00001

上述补码表示中"，"在计算机内部是不存在的。因此，从代码形式上看，符号位也是一位二进制数。将这些 6 位二进制代码比较大小，会得出 101011>010101，100001>011111，其实恰好相反，这就是补码的缺点，但是可以通过移码来弥补。下面引入移码的概念。

上面的例子中，如果对每一个真值加上一个2^n（n 为整数的位数，如上面的例子中 n=5），情况就发生了变化。例如：

x=10101 加上2^5可得 10101+100000=110101。

x=-10101 加上2^5可得-10101+100000=001011。

x=11111 加上2^5可得 11111+100000=111111。

x=-11111 加上2^5可得-11111+100000=000001。

比较结果可知，110101>001011，111111>000001，这样真值的大小就可以很容易地从 6 位代码本身看出来。

而上面在真值上加2^n就是移码，前面讲过，在计算机中假设机器字长是 n 位（在这里假设不包含符号位时有 n 位），那么其补码的表示范围是-2^n～(2^n-1)。很显然，移码的表示范围就是在区间两端各加2^n后的区间范围，即 0～$(2^{n+1}-1)$（但在后边关于 IEEE 754 标准的浮点数中，其阶码用移码表示时有特殊规定，需要注意）。

原码转换为补码、反码都有简单的记忆方式，那转换为移码有没有简单的记忆方式呢？答案是肯定的。首先分析补码和移码的符号位（以上例为例），见表 2-11。

从表 2-11 中可以得出一个结论：移码就是补码的符号位取反。当然，从另一个角度也可以解释，假设补码的符号位为 0，如果加上 2^n，则 0 就变成 1；如果补码的符号位是 1，加上 2^n，则变成了 10，由于最高符号位进位需要舍弃，因此又变成了 0。

表 2-11　分析补码和移码的符号位

补码	移码
010101	110101
101011	001011
011111	111111
100001	000001

　　另外，由于"0"的补码形式是唯一的，既然移码是补码的符号位取反，因此可以得出"0"的移码表示也是唯一的。

由移码的定义可知，当 n=5 时，其最小的真值为 -2^5，而移码就是在真值上加 2^5，因此最小真值的移码为全 0，这符合人们的思维习惯。利用移码这一特点，当浮点数的阶码用移码表示时，就能很方便地判断阶码的大小。

数码的处理：采用二进制来表示数码。为什么一定要用二进制？这与计算机表示数码的方式有关。通常，在计算机中，数码是由电平的高低来表示的，一般高电平用数字"1"表示，低电平用数字"0"表示，采用二进制容易实现。但是问题也就出来了，使用二进制来表示数码的效率太低了，书写起来也很冗长，例如，十进制的 255，二进制需要 8 位来表示（11111111），更大一点的数表示更麻烦。因此需要改变，从而引进了组合二进制数，即八进制和十六进制，例如：

$$110101111001$$
$$\underline{110}\ \underline{101}\ \underline{111}\ \underline{001}\ \longrightarrow\ 6571\mathbf{Q}$$
$$\underline{1101}\ \underline{0111}\ \underline{1001}\ \longrightarrow\ \mathbf{D79H}$$

可以发现，不管是二进制、八进制，还是十六进制，在计算机内部的表示都是 110101111001，因此说组合二进制数的引入完全是为了书写方便。

小数点的处理：假设在寄存器中存储了 10100011，那么计算机怎么知道哪些是小数点前面的数，哪些是小数点后面的数？下面引入阶码来解释这个问题。任意一个二进制数 S 都可以表示为

$$S=2^E\times(M_0.M_1M_2\cdots M_n)$$

式中，E 称为阶码；M_0 是符号位；$M_0.M_1M_2\cdots M_n$ 称为尾数。

下面用几个例子来做说明：

1）+100.100 可以表示成：$2^3\times(0.100100)$，其中小数点前面的 0 表示这个数是正数。

2）-0.00111 可以表示成：$2^{-2}\times(1.111)$，其中小数点前面的 1 表示这个数是负数。

从上面的例子可以看出，要研究小数点，就得研究阶码 E。很明显，E 有以下 3 种情况：

1）若 E=0，则表示的是纯小数，例如，0.1111 表示+0.1111，1.1111 表示-0.1111。

2）若 E=n，则表示的是纯整数，例如，01111 表示+1111，11111 表示-1111。

3）若 E=m，且 0<m<n，那么小数点可以在中间 n 个数内浮动，此时公式变为

$$S=r^E\times M$$

式中，r 为浮点数阶码的底，与尾数的基数相等，通常为 2，也可以为 4、8 等；E 和 M 都是带符号位的定点数，E 称为阶码，M 称为尾数。在大多数计算机系统中，尾数为定点小数，常用原码或者补码表示；阶码为定点整数，常用移码或者补码表示。

以上 **3 种情况分别引出定点数和浮点数。其中：1）代表定点小数；2）代表定点整数；3）代表浮点数**。

定点数表示的相关知识点已讲解完毕，浮点数的相关知识点在后面会详细讲解。

☞ 可能疑问点：为什么要引入无符号数表示？

答： 一般在全部是正数运算且结果不出现负值的场合下，可以省略符号位，使用无符号数表示。例如，在进行地址运算时可用无符号数。

2.2.2　定点数的运算

在讲解定点数运算之前，先来讨论一个问题，在计算机中，数到底是通过原码、补码、反码还是移码来表示的？下面进行分析。

（1）假设采用原码

采用原码进行加减运算。原码就是符号位用"0"或者"1"表示，然后其余各位用于表示该数绝对值的大小（**原码也经常被称为绝对值表示**）。

先用一个简单的加法运算来说明计算机是不能用原码来表示数的。

【例 2-7】　$0.1000+(-0.1011)=?$ 可以看出答案为 -0.0011。若采用原码运算，设机器字长为 5 位，其中一位为符号位，则 $[0.1000]_原+[-0.1011]_原=0.1000+1.1011=0.0011$（最高符号位进位舍去），很明显这是一个正数，所以计算机不能使用原码来表示数。

（2）假设采用补码

假设机器字长为 4 位，其中一位为符号位，由前面的讲解可知，补码可以表示 $-8\sim7$。下面将十进制 $-8\sim7$ 的补码分别列出，以便观察其设计原理（并一一列出其优点）。

0000	0	1000	-8
0001	1	1001	-7
0010	2	1010	-6
0011	3	1011	-5
0100	4	1100	-4
0101	5	1101	-3
0110	6	1110	-2
0111	7	1111	-1

优点一： 细心的考生可能会发现，补码的设计是可以满足 $x+(-x)=0$ 的，例如，1 和 -1 的补码相加，即 0001+1111=0000（高位进位舍去）。前面还讲过，已知 $[x]_补$，求 $[-x]_补$，即 $[x]_补$ 连同**符号位在内**每位取反，末位加 1，即可得 $[-x]_补$。现在验证一下，2 的补码是 0010，连同符号位取反加 1 就是 1110，和 -2 的补码恰好相等，其他由考生自行验证。

优点二： 补码还有一个优势，就是"0"的补码只有一种。从数学的角度出发，如果在一个运算规则中，零元不唯一，那么就称这种运算是不可逆的。故从这点出发，计算机就不应该选取原码和反码来表示数。

优点三： 采用补码运算，符号位作为代码可以与数位一起参加运算，无须单独设置符号位处理线路，而原码需要单独的符号位处理线路，后续知识点中会详细讲解。

优点四： 采用补码运算后，补码可以将正数加负数转化为正数加正数，又可以将减法转换为加法运算，这样只设加法器就可以了。

优点五： 采用补码可以方便地解决补码数的扩充问题。因为在补码表示中，全"1"代表了 -1，所以对负数补码进行扩充，可以直接补符号位，如 1001 扩充成 8 位，可以写成 11111001；0111 扩充成 8 位，可以写成 00000111。

综合以上五大优点，决定了大多数计算机系统都采用补码来表示机器数。

补码性质总结：

1）无论机器字长是多少，−1 的补码永远是全"1"。机器字长为 8 位，−1 的补码就是 8 个 1；机器字长为 32 位，−1 的补码就是 32 个 1（为了方便，可以利用补码循环的特性来记忆，如 0 的补码表示是 00000000，而−1 加一个 1 就是 0，又因为全 1 加 1 正好是全 0，所以−1 的补码表示就是 11111111。又如，当 01111111 加 1 时，又跳到最小的负数了，就像循环队列一样）。

2）最小负数的补码永远是首位为 1，后面全"0"。机器字长为 8 位，能表示的最小负数为−128，即 10000000。机器字长为 16 位，最小负数的补码为 1000000000000000，依此类推。

3）补码比原码和反码多表示一位数，为什么不是多表示一位正数呢？1000 不恰好是二进制的+8 吗？为什么是−8 呢？肯定不能这样理解，1000 中的 1 是符号位，不是数值部分，既然表示了符号位，怎么能"一只脚踏两条船"呢？另外，考生可以从−7 的补码出发去思考，−7 的补码是 1001，−7 减掉 1 就是−8，这样也可以得出结论。

☞ **可能疑问点：为什么现代计算机都用补码来表示整数？**

答：补码表示定点整数时，和原码、反码相比，有以下 4 点好处：

1）符号位可以和数值位一起参加运算。

2）可以用加法方便地实现减法运算。

3）零的表示唯一。

4）可以多表示一个最小负数。

所以，现代计算机都用补码来表示定点整数。

（3）假设采用反码

缺点一：前面总结过，"0"的反码有两种表示方法，见表 2-12。在运算时，如果出现 1.1111，则需要通过逻辑电路将其变为 0.0000。

缺点二（知道就行）：反码如果最高位有进位，则不能直接舍去，舍去后还需要在运算结果中加 1。

表 2-12 "0"的反码表示方法

$[+0.0000]_反=0.0000$	$[-0.0000]_反=1.1111$

综上所述，计算机系统也不能采用反码来表示数。

从以上的讨论中可以发现，在现在的计算机系统中，可以说 99%都是采用补码运算，这个说明了什么？如果要研究运算方法和运算器，那么讨论的所有运算都应该以补码运算为主，但是也不是全部的计算机系统都采用补码，原码也有研究的必要，如原码乘法和原码除法。

两原码表示的数相加减，首先要考虑它们的符号：若为同号，则数值部分相加，结果的符号取被加数或加数的符号；若为异号，数值部分相减，结果的符号取绝对值大的数的符号。原码一般不用来进行加减运算，而多用来进行乘除运算，进行加减运算时，多用补码。这里仅列出原码定点数的加/减法运算规则，不做重点讲解。

1. 定点数的移位运算

其实每个人在小学时就已经接触了移位操作，例如，1m 等于 100cm，只从数字上来分析，100 相当于 1 相对于小数点向左移动了两位，并在小数点前面添加了两个 0；同样，1 也相当于 100 相对于小数点向右移动了两位，并删去了小数点后面的两个 0。

综上所述，可以得出一个结论：当某个十进制数相对于小数点做 n 位左移时，相当于该数乘以 10^n；右移 n 位时，相当于该数除以 10^n。

按上面的结论可以推出：当某个二进制数相对于小数点做 n 位左移或者右移时，相当于

该数乘以或除以 2^n。由于计算机中的机器字长都是固定的，当机器数左移或者右移时，都会使其 n 位低位或者 n 位高位出现空缺。对于空缺的位置是补 0 还是补 1 呢？这个与机器数采用有符号数还是无符号数有关。下面分别引出两种移位：**逻辑移位和算术移位**。

（1）逻辑移位

逻辑移位规则：逻辑左移时，高位移丢，低位补 0；逻辑右移时，低位移丢，高位添 0。例如，寄存器的内容为 10001010，逻辑左移为 00010100，逻辑右移为 01000101。

（2）算术移位

介绍算术右移规则之前，先引出一个概念。分析任意负数的补码可知，当对其由低位向高位找到第一个"1"时，并且以这个"1"为分界，可以很清楚地发现，在此"1"左边的各位均与对应的反码相同，而在此"1"右边的各位（包括此"1"在内）均与对应的原码相同，以下举例说明。

原码：1.10101000；补码：1.01011000；反码：1.01010111。

补码为 1.01011000 由其低位向高位找到第一个"1"（加粗带有下划线的"1"），即 1.0101**1**000，并且以这个"1"为分界，可以很清楚地发现，在此"1"左边的各位均与对应的反码相同，而在此"1"右边的各位（包括此"1"在内）均与对应的原码相同。

算术移位规则：

（1）当机器数为正时

1）原码：左移右移都补 0。

2）补码：左移右移都补 0。

3）反码：左移右移都补 0。

（2）当机器数为负时

1）原码：由于负数原码的数值部分与真值相同，因此在移位时只要使符号位不变，其空位均添加 0 即可。

2）反码：由于负数的反码各位（除符号位）与负数的原码正好相反，因此移位后所添加的代码应与原码相反，即全部添加 1。

3）补码：根据前面引出的概念可知，负数补码左移时，因空位出现在低位，故添加补码的代码应该与原码相同，即补 0；当负数补码右移时，因空位出现在高位，故添加的补码应与反码相同，即补 1（记忆方式：在数轴上，由于 0 是在 1 的左边，因此左移添加 0，右移添加 1）。

算术移位规则总结见表 2-13。

假设寄存器的内容为 01010011（第一位为符号位），算术左移和算术右移都补 0，算术左移一位为 00100110；算术右移一位为 00101001。

又假设寄存器的内容是 10110010（第一位为符号位），若将其视为原码，算术右移一位为 10011001；若将其视为补码，算术右移一位为 11011001；若将其视为反码，算术右移一位为 11011001（和补码一样）。

表 2-13　算术移位规则总结

	码制	添补代码
正数	原码、补码、反码	0
负数	原码	0
	补码	左移添 0
		右移添 1
	反码	1

📖 **补充知识点**：原码、补码、反码中哪种情况下的移动影响精度？哪种情况下的移动结果出错？下面进行一个详细的总结。

解析：首先，对于正常的一个数来讲，高位上的权重肯定比低位上的权重大很多。前面讲过，8 位机器字长拿出一位作为符号位，其最大值立刻减少一半，说明如果高位丢失了，结果就会出错，而低位丢失了只是影响精度。上面说得很清楚，对于一个正常的真值来说，在原码、补码、反码中，只有原码和真值的数值位一样，因此可以得出以下结论。

1）对于正数，原码、补码、反码的数值位都和真值一样，因此机器数为正时，左移时最高数位丢 1，结果出错；右移时最低数位丢 1，影响精度。

2）对于负数，需要分以下 3 种情况。

原码：不管是正数还是负数，原码的数值位永远和真值是一样的，因此左移时最高数位丢 1，结果出错；右移时最低数位丢 1，影响精度。

反码：当机器数为负数时，反码的数值位和原码恰好相反，因此原码丢 1，对应反码丢 0 才对，故应该为左移时最高数位丢 0，结果出错；右移时最低数位丢 0，影响精度。

补码：补码右移丢低位和原码一样，左移丢高位和反码一样，故应该为右移时最低数位丢 1，影响精度；左移时最高数位丢 0，结果出错。

若采用双符号位来表示数，则最高符号位永远是真正的符号位，因此在算术移位时只有高符号位保留不变，低符号位要参与移位，例如，11.110011（采用双符号位，假设采用补码表示）算术左移一位和算术右移一位分别变成 11.100110 和 11.111001。

2．原码定点数的加/减运算

假设$[x]_原=x_0.x_1x_2\cdots x_n$和$[y]_原=y_0.y_1y_2\cdots y_n$，在进行加/减运算时规则如下：

1）**加法规则：**先判断符号位，若相同，绝对值相加，结果符号位不变；若不同，则做减法，绝对值大的数减去绝对值小的数，结果符号与绝对值大的数相同。

2）**减法规则：**两个原码表示的数相减，首先将减数符号取反，然后将被减数与符号取反后的减数按原码加法进行运算。

3．补码定点数的加/减运算

（1）补码加法

两个数的补码相加，符号位参加运算，且两数和的补码等于两数的补码之和，公式如下：

$$[x+y]_补=[x]_补+[y]_补$$

【例 2-8】　x=+0.1011，y=-0.1001，求$[x+y]_补$。

解：可以口算出米，预期的答案是 0.0010。下面按照公式再计算一遍，$[x]_补$=0.1011，$[y]_补$=1.0111，则 0.1011+1.0111=0.0010（符号位进位舍去），即$[x+y]_补$=0.0010，可知真值为+0.0010，和预期的答案完全一样。加法记住这个公式即可。

（2）补码减法

依据正常做题思维来讨论，$[x]_补-[y]_补=[x-y]_补$，但是前面讲过，运算器仅仅包含加法器，并没有减法器，那减法怎么做？这就需要用到前面的一个结论，即$[y]_补$与$[-y]_补$的关系，下面来推导一下。

$$[x-y]_补=[x+(-y)]_补=[x]_补+[-y]_补$$

故　　　　　　　　　　　　$$[x-y]_补=[x]_补+[-y]_补$$

这样减法的问题最终归结为求$[-y]_补$的问题。既然已经知道$[y]_补$与$[-y]_补$的关系，减法问题就可以轻松解决了。下面以例 2-9 来熟悉一下补码减法公式。

【例 2-9】 已知[x]$_补$=0.0010, [y]$_补$=1.1010, 求[x−y]$_补$=?

解： 已知[y]$_补$=1.1010, 可以得知[−y]$_补$=0.0110, 则[x−y]$_补$=[x]$_补$+[−y]$_补$=0.0010+0.0110=0.1000。

【例 2-10】 1）已知[x]$_补$=0.1011, [y]$_补$=0.0111, 求[x+y]$_补$=?

2）已知[x]$_补$=1.0101, [y]$_补$=1.1001, 求[x+y]$_补$=?

解： 按照正常思维，直接相加即可，0.1011+0.0111=1.0010，1.0101+1.1001=0.1110。

这就奇怪了，怎么两个正数相加等于负数，两个负数相加等于正数。是不是以前的运算公式是错误的？当然不是，这个就是接下来需要重点讲解的知识点：**溢出**。为什么溢出会造成这样的结果？到底是什么原因产生了溢出，下面加以详细介绍。

4．溢出的概念和判别方法

（1）溢出产生的原因

溢出的概念：假设机器字长固定，不妨设为 8 位（包含一位符号位），根据前面掌握的知识，补码的取值范围应该是−128～127，若现在两个数相加大于 127，或者小于−128，则称为溢出，**其中两数相加大于上界 127，称为上溢或者正溢出；两数相加小于下界−128，称为下溢或者负溢出。** 定点小数的情况相同，若两个定点小数相加大于或等于 1，则称为上溢；若两个定点小数相加小于−1，则称为下溢。

（2）为什么溢出会造成上文提到的结果

因为两数相加一旦产生了溢出，数值位就需要扩充。也就是说，数值位"跑"到符号位中去了，于是就改变了符号的性质，产生了与预期不一样的结果。

计算机只能检验溢出，一旦检验有溢出，计算机会停止计算等待用户的处理（机器是不会把溢出的结果自行处理成不溢出的），那么计算机是怎么判断溢出的呢？一共有以下 3 种方法。

1）方法一：从两个数的符号位出发。

讲解之前先介绍两个必须知道的概念：

① 对于加法，只有在正数加正数或负数加负数两种情况下才有可能出现溢出，符号不同的两个数相加是不会溢出的。

② 对于减法，只有在正数减负数或负数减正数两种情况下才有可能出现溢出，符号相同的两个数相减是不会溢出的。

由于减法运算在机器中是用加法器实现的，因此可得出如下结论：不论是做加法，还是做减法，只要实际参加操作的两个数（减法时即为被减数和"求补"以后的减数）符号相同，结果又与原操作数的符号不同，即认为溢出。

从例 2-10 中可以看出，两个操作数的符号分别是 0、0，相加后变成 1；两个操作数的符号分别是 1、1，相加后变成 0。

为了加深理解，可进一步参考例 2-11 和例 2-12。

【例 2-11】 已知[x]$_补$=1.0101, [y]$_补$=1.1001, 求[x+y]$_补$=?

解：

$$[x+y]_补=[x]_补 = 1.0101$$

$$+[y]_补 = \frac{1.1001}{0.1110} \quad （符号位进位舍去）$$

两个操作数符号位均为 1，结果的符号位为 0，故为溢出。

【例 2-12】 已知[x]$_补$=1.1000, [y]$_补$=1.1000, 求[x+y]$_补$=?

解：

$$[x+y]_\text{补}=[x]_\text{补} = 1.1000$$
$$+[y]_\text{补} = \underline{1.1000}$$
$$1.0000 \quad (符号位进位舍去)$$

两个操作数符号位均为 1，结果的符号位也为 1，故未溢出。在定点小数的情况下，补码可以比原码和反码多表示一个-1，此题的结果恰好是-1，千万不要误认为是溢出。

2）方法二：仍然是从两个数的符号位出发。

在计算机中，一般都是通过数值部分最高位的进位（或者称为最高有效位）和符号位产生的进位进行"异或"操作，然后按照"异或"的结果进行判断（"异或"就是两数不同时为 1，两数相同时为 0）。若"异或"结果为 1，则为溢出；若"异或"结果为 0，则无溢出。虽然例 2-11 中的数值最高位无进位，但是在符号位却有进位，即 1⊕0=1，故溢出。例 2-12 中数值最高位和符号位都有进位，即 1⊕1=0，故无溢出。

3）方法三：用两位符号位判断溢出。

从上面判断溢出的方法中可以看出，它们只是能判断是否溢出，而无法判断是正溢出还是负溢出，而现在引入两位符号位就可以达到这样一种效果：不但可以检测是否溢出，还可以检测是正溢出还是负溢出。采用两位符号位的补码，又称为变形补码，它是以 4 为模的。采用变形补码做加法时，有以下两个特点：

① 两位符号位要连同数值部分一起参加运算。

② 高位符号位产生的进位直接丢弃。

变形补码判断溢出的原则：当两位符号位不同时，表示溢出，否则，无溢出。无论是否发生溢出，<u>高位符号位永远代表真正的符号位</u>。再深入分析一下：假设现在运算结果的符号位为 01，而高位符号代表的是真正的符号位，可以判断这个结果一定是一个正数，既然是正数则肯定是正溢出；反之，运算结果的符号位是 10，则是负溢出。

为了加深理解，参考例 2-13 和例 2-14。

【例 2-13】 已知[x]$_\text{补}$=00.1011，[y]$_\text{补}$=00.0111，求[x+y]$_\text{补}$=？

解：

$$[x+y]_\text{补}=[x]_\text{补} = 00.1011$$
$$+[y]_\text{补} = \underline{00.0111}$$
$$01.0010$$

此时，符号位为"01"，表示溢出，且高符号位为"0"，表示这是一个正数，既然是正数，肯定是超出所表示范围的上界，故是正溢出。

【例 2-14】 已知[x]$_\text{补}$=11.0101，[y]$_\text{补}$=11.1001，求[x+y]$_\text{补}$=？

解：

$$[x+y]_\text{补}=[x]_\text{补} = 11.0101$$
$$+[y]_\text{补} = \underline{11.1001} \quad (高符号位的 1 丢掉)$$
$$110.1110$$

此时，符号位为"10"，表示溢出，且高符号位为"1"，表示这是一个负数，既然是负数，肯定是超出所表示范围的下界，故是负溢出。

注意：如果采用两位符号位，只要是正确的数，符号要么是"00"，要么是"11"。因此，机器中存储器或者寄存器中的数只需保存一位符号位即可，仅仅在相加时，寄存器中所存操作数的符号位才同时送到加法器的两位符号位的输入端，这样才能使用变形补码来做加/减运算。

5．定点数的乘法运算

关于这个知识点，不管相关教材讲得多么复杂，先把运算器乘法所需要掌握的全部算法列出来，然后各个"击破"，这样有目的地去复习才会比较有方向感和成就感。运算器的乘法包括原码乘法和补码乘法两大类，原码乘法又分为原码一位乘和原码二位乘，补码乘法也分为补码一位乘和补码二位乘，其中原码一位乘和补码一位乘是重中之重，要重点把握，至于原码二位乘和补码二位乘，考生稍作了解即可。

（1）原码一位乘

讲解原码加/减运算规则时提过，进行原码加/减运算时符号位是需要单独处理的，原码的乘法当然也不例外，进行原码乘法时符号位需要单独的电路来处理。很明显，这种处理方式和平常做的乘法是一模一样的，即异号相乘，符号为负，同号相乘，符号为正。细心的考生应该马上联想到，前面讲过的"异或"操作不就是这种运算规则吗？即 $1\oplus1=0$，$1\oplus0=1$，$0\oplus1=1$，$0\oplus0=0$。符号位处理的电路只需要一个类似于**异或门**的操作就可以轻而易举地解决了。另外，因为原码的数值部分（除了符号位）和真值是一样的，所以可将原码的乘法转换成两个数的绝对值相乘（即两个正数相乘）。按照上面的分析，原码乘法问题不就解决了吗？先看例 2-15。

【例 2-15】　假设 x=0.1101，y=-0.1011，试利用原码一位乘来计算 xy。

解：首先，不需要考虑符号位，单独提出符号位进行"异或"操作，$0\oplus1=1$，最后结果是一个负数，然后求 x 和 y 的绝对值，分别为 0.1101 和 0.1011，并对其做乘法，运算过程如下：

$$
\begin{array}{r}
0.1101 \\
\times\ 0.1011 \\
\hline
0.1101 \\
0.1101 \\
0.0000 \\
0.1101 \\
\hline
0.10001111
\end{array}
$$

从最后结果可以得出：$[x]_{原}\times[y]_{原}=-0.10001111$。

注意：这个过程很好地演示了乘法确实是可以通过加法和移位操作来实现的，例 2-15 就是通过 4 次加法和 4 次移位实现的（为什么是 4 次移位和 4 次加法？可查看例 2-16 的详细讲解）。

分析：上面的手算过程计算机可以实现吗？如果可以实现，那么原码一位乘就是这么简单。但是事实上，加法器并不能实现上面的手算过程，因为存在如下 3 个问题：

1）手算过程中小数点是移动的，但加法器却无法实现小数点移动加法。

2）n 位数相乘，就有 n 个数需要相加，这个在加法器中是肯定无法实现的，因为常规的加法器只能实现两个数的相加。

3）n 位数相乘，需要使用 2n+1 位的运算器，而平常使用的都是 n 位运算器。如果采用 2n+1 位运算器，那么将造成存储空间的浪费和运算时间的增加。

在考虑性价比的前提下，要让计算机能够很好地实现所要求的乘法，必须解决以上 3 个问题，我们将其归结为以下 3 个待解决方案：

1）小数点要固定住。

2）永远都只能有两个数相加。

3）避免浪费，n 位数相乘应该由 n 位加法器来实现。

现在引入一种改进算法（不需要知道这种算法是怎么来的，记住即可），首先重温一下例 2-15 的运算过程：

$$0.1101 \quad （此时 y 的最低位为 1）$$
$$0.1101 \quad （此时 y 的倒数第二位为 1）$$
$$0.0000 \quad （此时 y 的倒数第三位为 0）$$
$$0.1101 \quad （此时 y 的最高位为 1）$$

从以上过程中很容易得到一个启发：在做 xy 的运算中，y 仅仅起到了判断的作用，遇到 y 的位为 1 时，就加 x，然后移位一次；遇到 y 的位为 0 时，就加 0，然后移位一次。因此，可以令 x 不动，将 y 展开，即得下面的式子：

$$xy=x×0.1011=x×(0.1+0.00+0.001+0.0001)$$
$$=0.1x+0.00x+0.001x+0.0001x$$
$$（提取 0.1）=0.1\{x+0.0x+0.01x+0.001x\}$$
$$（提取 0.1）=0.1\{x+0.1\{0+0.1x+0.01x\}\}$$
$$（提取 0.1）=0.1\{x+0.1\{0+0.1\{x+0.1x\}\}\}$$

在二进制中，$0.1=2^{-1}$，于是上面的式子可以写成

$$2^{-1}\{x+2^{-1}\{0+2^{-1}\{x+2^{-1}(x+0)\}\}\}$$

在二进制中，一个数乘以 2^{-1}，从移位的角度来解释就是相对于小数点向右移动了一位。这种改进的算法可以解决上述 3 个待解决方案。下面运用一下这个改进的算法，参考例 2-16。

【例 2-16】　假设 x=0.1101，y=-0.1011，试利用改进的原码一位乘算法来计算 xy。

解：

	0.0000	0
+	0.1101	+x
	0.1101	对应式子中的 x+0
右移一位	0.01101	对应式子中的 $2^{-1}(x+0)$
+	0.1101	+x
	1.00111	对应式子中的 $x+2^{-1}(x+0)$
右移一位	0.100111	对应式子中的 $2^{-1}\{x+2^{-1}(x+0)\}$
+	0.0000	+0
	0.100111	对应式子中的 $0+2^{-1}\{x+2^{-1}(x+0)\}$
右移一位	0.0100111	对应式子中的 $2^{-1}\{0+2^{-1}\{x+2^{-1}(x+0)\}\}$
+	0.1101	+x
	1.0001111	对应式子中的 $x+2^{-1}\{0+2^{-1}\{x+2^{-1}(x+0)\}\}$
右移一位	0.10001111	对应式子中的 $2^{-1}\{x+2^{-1}\{0+2^{-1}\{x+2^{-1}(x+0)\}\}\}$

得到的最终结果为-0.10001111，与例 2-15 得到的结果一样。但是 3 个待解决方案是否真正得到了解决，下面一一分析：

1）小数点要固定住。

从例 2-16 的演算过程中可知，小数点确实是固定的，没有产生任何移动。

2）永远都只能有两个数相加。

从例 2-16 的演算过程中可知，每次都是两个数进行相加。

3）避免浪费，n 位数相乘应该由 n 位加法器来实现。

4 次加法中，进行的都是 4 位加法，后面多余的位数并没有参加运算，直接拼接起来即可。

综上所述，这种改进的算法可以被计算机实现，至于怎么实现也是考生需要知道的。

注意： 如果在考研试卷的综合题中出现了原码一位乘计算，使用例 2-16 中的算法是不标准的，甚至是错误的，应当使用例 2-17 中的标准算法（从计算机角度考虑的算法）。因为在正规的题目中，一般都是指定乘数、被乘数等放在某寄存器中，寄存器的实时状态都要求写出来。

【例 2-17】 假设 x=0.1101，y=-0.1011，试利用计算机实际演算标准步骤的原码一位乘算法来计算 xy。

解： 在演算这种算法前，先来分析在不浪费存储空间的前提下，计算机设计人员是怎么巧妙地设计这种算法的。

运算中，若 y 的位数为 1，做+x 操作；若 y 的位数为 0，做+0 操作。从这点可以看出，y 仅仅起到了判断作用，运算完成后，y 的值是无须保留的，而无须保留又能做什么呢？从上面的分析可以看出，n 位乘法后的结果位数一般为 2n，那岂不是要两个 n 位寄存器来存储吗？不是，这样就浪费了。此时，存放 y 的寄存器就起到作用，y 每运算一次，低位的那一位就可以丢掉，因为那一位的功能已经完成了，即把存放 y 的寄存器右移一位，高位不就空出一位吗？恰好此时部分运算结果需要右移一位，此时右移的一位就可以存放在以前存放 y 的寄存器的高位了（因为相加部分是在高 n 位进行的，所以右移的一位可以存放在存储 y 的寄存器中）。以此类推，等运算结束，y 的值就清空了，恰好留出 n 位的位置来存放最后结果的低 n 位。从以上分析可知，计算机只需要设置 3 个寄存器：一个寄存器存放被乘数（即 x）、一个寄存器存放乘数以及乘积的低位、一个寄存器存放乘积的高位。下面把标准的运算过程列出（考研答题中应该按照表 2-14 来做）。

表 2-14　标准的运算过程

部分积（中间运算结果）	乘　数	说　明
0.0000 +　0.1101	**1011**（加粗、加下划线的 0 和 1 表示乘数 y 在运算过程中的状态）	初始条件，部分积为 0，此时乘数为 1，将存储被乘数 x 的寄存器的内容加过来
0.1101 0.0110 +　0.1101	**1101**	右移一位，形成新的部分积；乘数同时右移一位，乘数为 1，加被乘数 x
1.0011 0.1001 +　0.0000	1 1**110**	右移一位，形成新的部分积；乘数同时右移一位，乘数为 0，加上 0
0.1001 0.0100 +　0.1101	11 111**1**	右移一位，形成新的部分积；乘数同时右移一位，乘数为 1，加被乘数 x
1.0001 0.1000	111 1111	右移一位，形成最终结果

☞ 可能疑问点：表 2-14 中，为什么从第 3 步开始，乘数上面有 1、11、111？

解析： 因为存储乘数的寄存器也需要存储乘积的低位，那怎么分辨呢？只能是把乘积的低位暂时写在上面。之所以这里可以一眼就分辨出哪些是乘积的低位，哪些是乘数，是因为加了下画线，而在其他相关教材中是没有加下画线的。

上述算法过程可归纳如下：

1）乘法运算可用移位和加法来实现，两个 n 位数相乘，共需要进行 n 次加法运算和 n 次移位操作，例如，例 2-17 的 4 位数相乘就进行了 4 次加法操作和 4 次移位操作（**这个要记住，可能在选择题中出现**）。

2）由乘数的末位值确定被乘数是否与原部分积相加，然后右移一位，形成新的部分积；同时乘数也右移一位，由次低位作为新的末位，空出最高位放部分积的最低位。

3）每次做加法时，被乘数仅仅与原部分积的高位相加，其低位被移至乘数所空出的高位位置。运算完后，进行拼接即可。可见，这种只在部分积高位进行加法的运算，不但节省了存储空间，还节省了计算时间。

4）上述运算规则同样适用于整数原码。为了区别于小数乘法，只需在书写上改变一下即可，将"."改为","。

对于上述算法，需要注意以下几点：

1）在原码一位乘运算过程中，由于参与操作的数是真值的绝对值，所以没有正负可言，因此在原码一位乘运算过程中，所有移位均是逻辑移位操作，即在高位添加 0。

2）由于在部分积相加中，可能导致两个小数相加大于 1，因此部分积一般都是使用 n+1 位寄存器。

注意：只要理解了上述所讲的改进算法，相关教材中原码一位乘所需的硬件配置和原码一位乘控制流程可以不用再仔细研究了。

从上述分析可知，n 位数的原码一位乘需要 n 次移位操作和 n 次加法操作，速度太慢。可不可以加快速度？原码二位乘的引入就是为了解决这个问题。

（2）原码二位乘

由于原码二位乘算法本身比较复杂，出题的概率相对较小，大部分的辅导书都没有提及原码二位乘，但是为了应对考试，还需要简单地介绍一下原码二位乘算法。

首先，对照表 2-15，观察原码一位乘和原码二位乘的相同点和不同点。

表 2-15　原码一位乘和原码二位乘的相同点和不同点

相同点	运算过程中，符号位运算和数值位运算都是分开进行的
不同点	原码一位乘每次都采用乘数的一位来决定新的部分积的形成，而原码二位乘采用乘数的两位来决定新的部分积的形成

原码二位乘是用两位来决定新的部分积的形成，自然就会产生 4 种状态，见表 2-16。

下面介绍一下如何实现表 2-16 中的加法操作：

1）当乘数为 00 时，没有加操作。

2）当乘数为 01 时，直接加 x 即可，很容易实现。

3）当乘数为 10 时，直接加 2x，在二进制中，2x 的大小可由 x 左移一位得到，因此也比较容易实现。

表 2-16　产生的 4 种状态

乘数	新的部分积
00	新部分积等于原部分积右移两位
01	新部分积等于原部分积加被乘数后右移 2 位
10	新部分积等于原部分积加 2 倍被乘数后右移 2 位
11	新部分积等于原部分积加 3 倍被乘数后右移 2 位

4）当乘数为 11 时，需要加 3x，可以考虑一下分成两步来操作：第一步先减掉 x，第二步加上 4x，相信大部分考生就是被难在这里的。下面先举一个例子来加深理解加 4 倍的操作。

【例 2-18】　试计算 000.0011 加 4 倍 000.0010。

解：对于 000.0011+4×000.0010,可以先提取一个 4,4×(000.000011+000.0010)=4×(000.001011),

乘以 4 其实就是相当于左移 2 位，最后得到的结果为 000.1011。在加 4 倍的运算中，是不是 000.0010 中的 10 加到 000.0011 的高位上（加阴影的部分）？既然是这样，是不是可以把加 4 倍的操作延迟到上一轮的移位之后再去加（因为恰好要移 2 位）？如果可以，问题不就解决了吗？嗯，这确实是一个巧妙的方法。但是下一轮怎么知道上一轮的事情呢？没错，就是书中所设置的 C_j 触发器，当 C_j 触发器为 1 时，就是需要高 2 位完成加 4 倍操作。

☞ 可能疑问点：首先需要解释一下例 2-18 为什么使用 3 位符号位，前面介绍原码一位乘时讲过，不管使用几位符号位，只有最高符号位才是真正的符号位，而 **x+2y**（因为在运算过程中有加两倍被乘数的操作）很有可能大于 **2**，如果只使用两位符号位，则进位就会影响到符号位，导致结果错误。依此类推，如果相加大于 **4**，就要使用 **4** 位符号位。

下面查看表 2-17，后面会有很简单的理解方式。

表 2-17　原码二位乘的运算规则

乘数判断位 $y_{n-1}y_n$	标志位 C_j	操作内容
00	0	$z \to 2$ 位，$y^* \to 2$ 位，C_j 保持 "0"
01	0	$z+x^* \to 2$ 位，$y^* \to 2$ 位，C_j 保持 "0"
10	0	$z+2x^* \to 2$ 位，$y^* \to 2$ 位，C_j 保持 "0"
11	0	$z-x^* \to 2$ 位，$y^* \to 2$ 位，C_j 置 "1"
00	1	$z+x^* \to 2$ 位，$y^* \to 2$ 位，C_j 置 "0"
01	1	$z+2x^* \to 2$ 位，$y^* \to 2$ 位，C_j 置 "0"
10	1	$z-x^* \to 2$ 位，$y^* \to 2$ 位，C_j 保持 "1"
11	1	$z \to 2$ 位，$y^* \to 2$ 位，C_j 保持 "1"

注明：z 表示部分积，x^* 表示被乘数的绝对值，y^* 表示乘数的绝对值，$\to 2$ 表示右移两位，当进行 $-x^*$ 运算时，一般都采用加 $[-x^*]_{补}$ 来实现。因此，参与运算的操作数都是绝对值的补码（不是原码），且运算中右移两位的操作也必须按补码右移规则来完成（忘记的考生可参考移位的讲解），上面讲过，部分积要取 3 位符号位，才能保证运算过程正确无误。

关于表 2-17 的理解方式：首先把**乘数判断位**看成是这一代有没有人欠我钱，然后 C_j 表示上一代有没有人欠我钱，如果 C_j 等于 1，表示上一代有人欠我钱，这代必须得还，不能再拖到下一代。另外，如果这代欠了 3 元钱，不但不需要还钱，我还给你 1 元钱，然后下代一起还我儿子 4 元钱就行，此时设置 C_j 为 1。有这个前提就简单了，一共是 8 行，下面一一分析。

第 1 行：判断位是 00，C_j 也等于 0，表明这一代和下一代都没有人欠我钱，那我就只能移位了。如果不移位，那么年代不同，肯定钱要贬值的，不同年代肯定要还不同的钱，必须向右移动 2 位。另外，C_j 保持 "0"，因为没有欠到 3 元钱。

第 2 行：判断位是 01，C_j 等于 0，表示这一代有人欠我 1 元钱，上一代没有人欠我钱，那么总共我应该收到 1 元钱，再向右移动两位，因此要加上 x^* 再右移。并且 C_j 保持 "0"，因为还没有欠到 3 元钱。

第 3 行：判断位是 10，C_j 等于 0，表示这一代有人欠我 2 元钱，上一代没有人欠我钱，那么总共我应该收到 2 元钱，再向右移动两位，因此要加上 $2x^*$ 再右移。并且 C_j 保持 "0"，因为仍然没有欠到 3 元钱。

第 4 行：判断位是 11，C_j 等于 0，表示这一代有人欠我 3 元钱，上一代没有人欠我钱，那么总共我应该收到 3 元钱，再向右移动两位，前面讲过欠到 3 元钱这代没法还，而且我还要给他 1 元钱，让他还我儿子 4 元钱，因此减掉 x^* 再右移 2 位，且这时我要告诉我儿子有人欠我 4 元钱，怎么告诉呢？那就是 C_j 置 "1"。

第 5 行：判断位是 00，C_j 等于 1，表示这一代有人欠我 0 元钱，上一代欠我 1 元钱，那么总共我应该收到 1 元钱，再向右移动两位，因此要加上 x^* 再右移。考生这里要清楚，这里的 1 元钱是上一代的，既然别人还了，就千万别忘记将 C_j 置 "0"。

第 6 行：判断位是 01，C_j 等于 1，表示这一代有人欠我 1 元钱，上一代欠我 1 元钱，那么总共我应该收到 2 元钱，再向右移动两位，因此要加上 $2x^*$ 再右移，再将 C_j 置 "0"。

第 7 行：判断位是 10，C_j 等于 1，表示这一代有人欠我 2 元钱，上一代欠我 1 元钱，那么总共我应该收到 3 元钱，再向右移动两位，又到 3 元钱了，不但没法还，我还要给他 1 元钱，因此减掉 x^* 再右移 2 位，再将 C_j 置 "1"。

第 8 行：判断位是 11，C_j 等于 1，表示这一代有人欠我 3 元钱，上一代欠我 1 元钱，那么总共我应该收到 4 元钱，再向右移动两位，恰好现在直接右移 2 位加上 x^* 即可。很多考生可能会问，如果最高位是 11，由于某些原因，没有下一代，怎么收回这个钱？可以把 00 加在乘数的前面，这个方式适合乘数是偶数位的。如果乘数是奇数位的呢？直接在前面加一个 0 即可。

终于介绍完毕，表 2-17 应该理解得很透彻了，虽然只是停留在理论上，但是这些理论已经足够了，原码二位乘几乎不可能考综合题。考生可以找个例子对照上面的讲解巩固一下。注意：计算时记得初始时 C_j 置 "0"。

> 📖 **补充知识点（很有可能出选择题）：当乘数的位数为偶数时，需做 $n/2$ 次移位，最多做（$n/2$）+1 次加法（因为在中间有可能只出现移位，不做加法，所以应该要有 "最多" 修饰才更准确）；当乘数的位数为奇数时，此时需做（$n/2$）+1 次移位，最多需做（$n/2$）+1 次加法，明显比原码一位乘的移位次数和加法次数都要少。**

（3）补码一位乘（重点中的重点）

为什么说乘法中最有可能考查补码一位乘呢？首先，机器都采用补码做加减法，倘若做乘法前再将补码转换成原码，相乘之后又要将原码变为补码形式，这样就增加了许多步骤，反而使运算更复杂。因此，大部分机器还是直接使用补码相乘，既然大部分机器都是使用补码乘法，那补码乘法肯定是考查重点，所以**此知识点必须要重点掌握！**

补码一位乘法主要包含两种算法：**校正法和比较法。**

1）校正法。在介绍校正法来源前，首先引入两个定理，这两个定理记住即可。定理如下：

① 对于补码一位乘，当乘数 y 为正数时，不管被乘数 x 的符号如何，都可以按照原码乘法的运算规则来计算，但是移位应该按照补码的算术移位来操作。

② 对于补码一位乘，当乘数 y 为负数时，不管被乘数 x 的符号如何，都可以按照原码乘法的运算规则来计算，但是移位应该按照补码的算术移位来操作，并且需要在最后的结果上加上 $[-x]_{补}$ 进行校正。

校正法思想的来源：由前面的介绍可知，原码乘法比较简单，机器也很好实现，能不能使得补码的乘法完全按照原码的乘法规则来进行运算，然后对结果校正一下就得到正确的结果呢？这样就可以把以前的东西重复利用了。答案是肯定的，此算法就是下面要介绍的校正法。

既然校正法的运算规则和原码一样，只需对乘数判断正负来确定是否需要校正就可以了。

下面直接看一个校正法的实例。

【例 2-19】　假设[x]_补=0.1101，[y]_补=1.0101，试用校正法来计算[xy]_补。

解：首先需要算出[-x]_补=1.0011，取[y]_补的数值位作为乘数，**乘数符号位不参与运算**。记住，部分积符号位一定要两位，如果是一位符号位，那么计算中有溢出就会出错。计算过程见表 2-18。

表 2-18　例 2-19 计算过程

部分积（中间运算结果）	乘　　数	说　　明
00.0000 +　00.1101	**0101**（加粗、加下划线的 0 和 1 表示乘数 y 在运算过程中的状态）	初始条件，部分积为 0，此时乘数为 1，加[x]_补
00.1101 00.0110 +　00.0000	**1010**	右移一位，形成新的部分积；乘数同时右移一位，乘数为 0，加 0 直接右移一位
00.0110 00.0011 +　00.1101	1 01**01**	右移一位，形成新的部分积；乘数同时右移一位，乘数为 1，加[x]_补
01.0000 00.1000 +　00.0000	01 001**0**	右移一位，形成新的部分积；乘数同时右移一位，乘数为 0，加 0 直接右移一位
00.1000 00.0100 +　11.0011	001 0001	由于乘数 y 小于 0，所以最后需要加上[-x]_补进行校正
11.0111	0001	形成最后结果

最后的结果是 1.01110001，这个是补码的结果，转回原码为 1.10001111，恰好与例 2-17 原码一位乘的结果一样。

> 📖 **补充知识点：**从校正法的原理来看，如果 x 是一个正数，y 是一个负数，那么应该使用一个技巧，将 x 和 y 调换，反正 x 的符号是什么都没有关系。如果 y 是正数，那么就可以省去最后一步加[-x]_补的校正了；如果 x 和 y 都是负数，则必须得校正。由于校正法的运算规则受到了乘数符号的限制，符号不同，运算规则是不一样的，因此设计线路比较复杂，故一般不使用校正法。那为什么讲校正法？因为接下来的比较法是建立在校正法的基础之上的。

2）比较法（又称为 booth 算法，是考试的重点）。比较法的来源：既然因为乘数的符号导致了运算规则的不一样，那么能不能在校正法的基础上改进，形成一种新的算法，这种算法必须满足运算规则是统一的，不随乘数的符号而改变，在这样的背景下，比较法诞生了。

完全没有必要知道比较法的推导过程，只需要记住运算规则即可，归纳如下：

① 被乘数与部分积一般取双符号位，并且符号位参与运算（这点要记住，在校正法中符号位是不参与运算的）。由于原码运算符号位不参与运算，因此并不需要担心数值部分的进位会影响符号位，故原码的运算都是采用单符号位。但是一旦符号位参加运算就一定要使用多符号位，因为一旦溢出，单符号位就会出错。还有一种解释就是，因为补码的右移是要看符号位而定的，如果采用单符号位，一旦数值部分的进位把符号位给移掉了，下次移位的时候就不知道怎么移了。综上所述，必须采用双符号位。

② 乘数取单符号位以决定最后一步是否需要校正，即是否加$[-x]_\text{补}$。

③ 乘数末尾增设附件位 y_{n+1}，初始值为 0。

④ 根据 y_n、y_{n+1} 判断位，进行运算，步骤同上。

⑤ 按上述算法进行 n+1 步，但是第 n+1 步不再移位，仅根据 y_0、y_1 比较结果决定是否要加减$[x]_\text{补}$。

⑥ 按补码移位规则，即部分积为正时，右移过程中有效位最高位补 0；部分积为负时，右移过程中有效位最高位补 1；双符号的移位前面已经讲过了，次高符号位是参与移位的，最高符号位不参与。

以上是比较法的完整步骤，记住即可。

针对步骤④，需要给出一张 y_n、y_{n+1} 状态运算规则表（见表 2-19）。

表 2-19 的记忆技巧：假设 $y_{n+1}-y_n=a$，对应的操作就是部分积先加上 $a\times[x]_\text{补}$，再右移一位（减$[x]_\text{补}$，就是加上$[-x]_\text{补}$）。

表 2-19　y_n、y_{n+1} 状态运算规则

$y_n y_{n+1}$	$y_{n+1}-y_n$	操　作
00	0	部分积右移一位
01	1	部分积加$[x]_\text{补}$，再右移一位
10	−1	部分积加$[-x]_\text{补}$，再右移一位
11	0	部分积右移一位

下面通过一个例子来巩固一下比较法的运算规则。

【例 2-20】　已知$[x]_\text{补}$=1.0101，$[y]_\text{补}$=1.0011，求$[xy]_\text{补}$=？

解：先求$[-x]_\text{补}$=0.1011，详细计算过程见表 2-20。

表 2-20　例 2-20 计算过程

部分积	乘数 y_n	附加位 y_{n+1}	说　明
00.0000 + 00.1011	<u>10011</u> （下划线 01 表示乘数状态）	<u>0</u>	$y_n y_{n+1}=10$，部分积加$[-x]_\text{补}$
00.1011 00.0101 00.0010 + 11.0101	 11001 11<u>100</u>	 1 1	部分积右移一位 $y_n y_{n+1}=11$，部分积右移一位 $y_n y_{n+1}=01$，部分积加$[x]_\text{补}$
11.0111 11.1011 11.1101 + 00.1011	 11 111<u>10</u> 1111<u>1</u>	 <u>0</u> <u>0</u>	部分积右移一位 $y_n y_{n+1}=00$，部分积右移一位 $y_n y_{n+1}=10$，部分积加$[-x]_\text{补}$
00.1000	1111		最后一步不移位，得$[xy]_\text{补}$

考生只要能看懂表 2-20 中的步骤，就能理解补码一位乘了。可能看到这里，前面的算法会忘记不少，提供一个建议给考生：因为运算器的算法基本都是属于理解性的，所以考生只需将每一种算法抄写一个例子在笔记本上，等考前几天再巩固一下即可。

另外，补码一位乘的硬件配置和控制流程可以直接跳过。

在原码乘法中，为了提高速度，可以采用原码两位乘，以加快运算速度。在补码一位乘中，也存在这种问题，因为每次都是以乘数的一位来决定状态，所以可以采用补码两位乘来加快运算速度。下面简单介绍一下补码二位乘。

（4）补码二位乘（了解即可）

补码二位乘的算法步骤就不介绍了，不太可能会考计算题，只需应对选择题即可。而选择题无非考的就是一些概念，下面就总结一些补码二位乘的相关概念。

概念一：在补码一位乘中，比较 $y_n y_{n+1}$ 和 $y_{n-1} y_n$ 是完全独立的两步，而在补码两位乘中是合成一步来完成（至于 $y_{n-1} y_n y_{n+1}$ 的状态表，可以不用看）。

概念二：在补码二位乘中，部分积和被乘数采用 3 位符号位，并且乘数使用双符号位。

概念三：当乘数数值位为偶数时，乘数取两位符号位，共需做 n/2 次移位，最多做 n/2+1 次加法，最后一步不移位；当乘数数值位为奇数时，可补 0 变为偶数位。当然也可以对乘数取一位符号位，这样逻辑操作就会比较复杂，此时需进行 n/2+1 次移位和 n/2+1 次加法。

以上 3 个概念了解即可，如果不懂可直接跳过。

下面再总结两个乘法的性质：

总结一：两个定点小数相乘，不可能会溢出，两个绝对值小于 1 的数相乘，结果的绝对值不可能大于 1。

总结二：两个定点整数相乘可能会溢出，也可能不会溢出。溢出的条件：乘积>定点格式表示的最大数。

讲到这里，运算器乘法的相关知识全部介绍完毕，下面开始介绍运算器的除法。

6．定点数的除法运算

和乘法运算一样，先列举出除法运算需要掌握的所有算法。和原码运算一样，除法也分为两大类：**原码除法和补码除法**。原码除法和补码除法又分别分为恢复余数法和不恢复余数法（加减交替法）。也就是说，除法需要掌握 4 种算法：原码恢复余数法、原码不恢复余数法、补码恢复余数法（**不做要求，不再讲解**）和补码不恢复余数法，下面进行介绍。

（1）原码恢复余数法

前面讲过，只要是原码运算，符号位通通单独处理，除法当然也不例外。其中，符号位的处理仍然使用"异或"操作。另外，由于原码的数值部分（除了符号位）和真值是一样的，因此可将原码的除法转换成两个数的绝对值相除（即两个正数相除）。

原码恢复余数法背景来源：平常手算除法时，上商肯定是心算，看看可以上几，例如，手算 7/8，很明显心算知道 7 小于 8，只能上 0，但是机器并不会心算，怎么办？最笨的方法就是减一下，7-8=-1<0，发现不够减，只能上 0，现在虽然知道上 0 了，但是被除数 7 已经变成-1 了，因此需要恢复余数，即-1+8=7，这样就恢复到了原来的被除数。以上步骤为恢复余数法的大致思路，当然还有移位等规则，下面将详细讲解。

提醒两点：

1）由于小数的取值范围所限，因此小数定点除法对被除数和除数有一定的约束，必须满足下列条件：

$$0<|被除数|<|除数|$$

这里有话要说：有些书中是 0<|被除数|≤|除数|，编者觉得这个等号不能取。假设是原码除法，很明显原码既不可以表示-1，也不可以表示 1，因此取等号是绝对溢出的；假设是补码除法，定点纯小数补码虽然可以表示-1，但是被除数和除数可以同号相等，结果等于 1，还是会溢出。也许取等号仅仅是为了照顾补码可以取-1，不然没有任何理由可以支撑应该取这个等号的理论。

2）考研中定点纯小数除法的讨论前提：被除数、除数、商都是绝对值小于 1 的定点小数。

原码恢复余数法的详细解题步骤如下：

1）符号位单独处理，分别取除数和被除数绝对值进行运算（**注意：和原码二位乘一样**，这里参加运算的也是绝对值的补码，而不是原码）。

2）判断是否满足 0<｜被除数｜<｜除数｜

　　　if（｜被除数｜–｜除数｜≥0）

　　　　　　溢出，停止运算；

　　　else

　　　　　　除法合法，进入 3）；

3）若余数为正（被除数也可看成余数），表示够减，商上 1（这里的商上 1 是从第二次上商开始，因为合法的除法运算第一次上的商肯定是 0，若第一次商就是 1，则溢出），左移一位，减去$[-y]_补$（由于计算机只有加法器，做减法就是加上$[-y]_补$，其中 y 是除数）；若余数为负，表示不够减，商上 0，恢复余数（加上除数），左移一位，加上$[-y]_补$。

4）重复上一步骤 n 次。这里要注意了，机器怎么知道做了 n 次？机器会设置一个计数器来控制循环次数，达到 n 就停止。

5）若最后一步余数为负，需要恢复余数，即加上除数，否则不需要。

总结：从以上步骤可以看出，具有 n 位尾数的合法除法，需要逻辑移位 n 次，上商 n+1 次。

下面根据以上 5 个步骤，来演示一遍整个算法流程，见例 2-21。

【例 2-21】　已知 x=-0.10110，y=0.11111，试用原码恢复余数法计算$[x/y]_原$。

解：首先可知 n=5，说明需要移位 5 次，上商 6 次。也就是说，需要设置一个计数器 count，初始值 count=6。另外，由于$-y^*=-0.11111$，因此$[-y^*]_补=11.00001$。详细计算过程见表 2-21。

表 2-21　例 2-21 计算过程

被除数（余数）	商	步骤说明
00.10110 +　11.00001（减去除数） 　11.10111	0	加上$[-y^*]_补$（减去除数），结果为负数，说明不够减，商上 0，**count=5**
+　00.11111（恢复余数） 　00.10110 　01.01100（左移一位） +　11.00001（减去除数） 　00.01101 　00.11010（左移一位）	01	不够减，那就要恢复余数了，加上$[y^*]_补$，然后左移一位，加上$[-y^*]_补$，发现结果为正数，商上 1，再左移一位。此时 **count=4**
+　11.00001（减去除数） 　11.11011 +　00.11111（恢复余数） 　00.11010 　01.10100（左移一位）	010	加上$[-y^*]_补$，发现为负数，商上 0，恢复余数，然后左移一位，此时 **count=3**
+　11.00001（减去除数） 　00.10101 　01.01010（左移一位） +　11.00001（减去除数） 　00.01011 　00.10110（左移一位） +　11.00001（减去除数）	0101 01011	加上$[-y^*]_补$（减去除数），余数为正，商上 1，左移一位，加上$[-y^*]_补$，此时 **count=2**。 余数为正，商上 1，左移一位加$[-y^*]_补$，此时 **count=1**
11.10111 +　00.11111（恢复余数） 　00.10110	010110	余数为负数，商上 0，此时 **count=0**，停止运算。但是由于此时余数为负数，所以需要恢复，加上$[y^*]_补$

运算前提示一下：运算过程中，既可以采用一位符号位，也可以采用两位符号位，只不过使用两位符号位时符号最高位才是真正的符号位。

由于除数和被除数一正一负，因此最后结果为负数，故商为-0.10110。但是由于余数在计算的过程中被逻辑左移了 5 次，所以需要乘以 2^{-5} 进行恢复，故余数为 0.0000010110。

原码恢复余数法的缺点：细心的考生可能会发现，在利用原码恢复余数法时，虽然上商和移位的步骤是确定的，但是在计算过程中，需要恢复多少次余数是不确定的，这样一来，电路的设计就会复杂很多。如果能设计出一种算法，在余数为负数时不需要恢复，那就太好了，电路设计就会简单得多，不恢复余数法（加减交替法）的出现就是为了解决这一问题的。

（2）原码不恢复余数法（加减交替法）

前面说过，不恢复余数法就是不需要恢复余数，其思路的关键是，能不能把恢复余数的那个步骤定量地表示出来？

提醒：乘以 2 就相当于左移一位，除以 2 就相当于右移一位。

第一，当余数大于 0 时，恢复余数法是将余数左移一位，减去除数。假设当前的余数为 R，那么下一步的余数应该为

$$R'=2R-y^*$$

第二，当余数小于 0 时，恢复余数法是先恢复余数，接着左移一位，再减去除数。假设当前的余数为 R，那么下一步的余数应该为

$$R'=2(R+y^*)-y^*=2R+y^*$$

以上两个式子将恢复余数法的步骤定量化了。也就是说，要么左移一位加上 y^*，要么左移一位减去 y^*，这样加减交替的含义就很明显了。下面继续实例演示，见例 2-22。

【例 2-22】 已知 x=-0.10110，y=0.11111，试用原码不恢复余数法计算[x/y]原。

解： 为了和原码恢复余数法进行比较，此处使用同一个例子，看看结果是不是一样。同样设置一个计数器 count，初始值为 6。详细计算过程见表 2-22。

表 2-22　例 2-22 计算过程

被除数	商	步骤说明
00.10110 +　11.00001（减去除数） 11.10111 11.01110（左移一位） +　00.11111（加上除数）	0	减去除数，余数为负，商上 0，左移一位，加上[y*]补，此时 **count=5**
00.01101 00.11010（左移一位） +　11.00001（减去除数）	01	余数为正，商上 1，左移一位，减去除数，此时 **count=4**
11.11011 11.10110（左移一位） +　00.11111（加上除数）	010	余数为负，商上 0，左移一位，加上[y*]补，此时 **count=3**
00.10101 01.01010（左移一位） +　11.00001（减去除数）	0101	余数为正，商上 1，左移一位，减去除数，此时 **count=2**
00.01011 00.10110（左移一位） +　11.00001（减去除数）	01011	余数为正，商上 1，左移一位，减去除数，此时 **count=1**
11.10111 +　00.11111（加上除数） 00.10110	010110	余数为负，商上 0，此时 **count=0**，停止运算，发现余数小于 0，加上[y*]补恢复

所得结果和原码恢复余数法的结果一致，不再重复写出，参考例 2-21 的结果。

原码除法知识点扩展：

1）如果是定点纯小数的除法运算，那么应满足：0<|被除数|<|除数|；如果是定点纯整数的除法运算，那么应满足：0<|除数|≤|被除数|，否则就会溢出。定点整数除法的算法和定点小数算法一样，不再重复。

2）实现除法运算时，应该尽量避免除数为 0 或被除数为 0。除数为 0，结果为无限大，机器不能表示这个数；被除数为 0，结果一定是 0，这样的除法操作没有任何意义，浪费了机器时间。实际上，在除法运算前，应先检测被除数和除数是否为 0，这两种情况都无须继续做除法运算。

3）上述算法的左移余数，其实可以用右移除数来代替，但是右移除数线路比较复杂，所以不使用。

4）到底是加减交替算法好，还是恢复余数算法好？其实一个算法的好坏不能单单看运算步骤，还需要考查计算机的具体实现过程。很多教材认为加减交替法好，其实不然。尽管恢复余数法需要不断地恢复余数，相当复杂，但是可以在存放余数的寄存器前放置一个"门"来判断。如果送过来的数小于 0，直接"封死"，不让此数修改余数的内容；反之，则修改，这样就不需要恢复余数了，只需不断左移做减法，是不是比加减交替的算法好？答案是肯定的。而前面讲解的恢复余数法是没有"门"的，需要恢复余数，所以很多教材认为恢复余数法差于加减交替法。

（3）补码不恢复余数法（加减交替法）

讲解补码除法之前，先说明一点，对于小数补码运算，商等于"-1"是被允许的，但这个在讲解的过程中不予考虑。相关教材上的算法可直接略过不看，看懂下面的讲解即可。

前面讲到，原码除法商符的形成仅仅需要一个"异或"操作即可，操作起来比较简单，而补码除法的符号位是和数值部分一起参与运算的。从原码的除法过程中可知，除法的关键点无非就是确定商符、上商规则和余数求法，因此补码除法就引出了 3 个急需解决的问题：

1）在确定商值时，一定需要比较被除数（余数）和除数的大小。在原码除法中，操作数均是绝对值的补码，可以直接相减来确定大小，但是在补码除法中，操作数其符号是任意的（可正可负），因此要比较被除数$[x]_补$和除数$[y]_补$的大小时绝对不能简单地用$[x]_补$-$[y]_补$，而需要比较$[x]_补$和$[y]_补$绝对值的大小。同样，在求商的过程中，也是比较余数$[R]_补$和$[y]_补$的绝对值大小。进而引出第一个问题：怎么比较大小来确定商值？

2）在原码除法中，商符是直接通过"异或"操作得到的，而补码除法的符号位是和数值部分一起参与运算的，进而引出第二个问题：怎么形成商符？

3）补码除法符号位参与运算了，新余数的形成还和原码一样吗？进而引出第三个问题：怎么确定新余数？

可见，只要解决了上述 3 个问题，补码除法就迎刃而解。解决方法如下。

对于第一个问题，约定比较算法归结为如下两点：

1）当被除数（余数）与除数同号时，做减法，若得到的余数与除数同号，表示"够减"；否则表示"不够减"。

2）当被除数与除数异号时，做加法，若得到的余数与除数异号，表示"够减"；否则表示"不够减"。解释一下：得到的余数与除数异号，不就是和被除数同号吗？既然被除数减掉除数还保持着原来的符号，说明肯定"够减"，可以用十进制的除法检验一下。

以上两点可以总结为表 2-23 所示的内容。

表 2-23　比较算法总结

比较[x]$_{补}$和[y]$_{补}$符号	求余数	比较[R]$_{补}$和[y]$_{补}$符号
同号	[x]$_{补}$-[y]$_{补}$	同号，表示"够减"
异号	[x]$_{补}$+[y]$_{补}$	异号，表示"够减"

讲到这里，被除数（余数）和除数之间的大小比较已经解决了，下面需要解决第二个问题，先讲解上商规则。

介绍补码时说过，正数的补码就是数值位本身，而负数的补码是数值位从最后一位 1 开始往左，恰好全部相反；往右，全部相同。例如，1.01010 的补码是 1.10110，从最后一位 1 开始往左数就是 1.0101，从加粗的那个 1 开始往左为 010，而补码值是 101，恰好相反。也就是说，在负商的情况下，除末位商以外，其余任何一位的商与真实的商都恰好相反。这样的话，上商就要分两种情况去分析。

提醒：分析之前先约定一下，补码除法商的末位使用"恒置 1"的舍入规则。

1）如果[x]$_{补}$和[y]$_{补}$同号，商为正，则"够减"时上商"1"，"不够减"时上商"0"（按原码规则上商）。

2）如果[x]$_{补}$和[y]$_{补}$异号，商为负，则"够减"时上商"0"，"不够减"时上商"1"（按反码规则上商）。

将被除数（余数）和除数的比较规则结合起来，可以得到表 2-24。

表 2-24　被除数（余数）和除数的比较规则相结合

[x]$_{补}$与[y]$_{补}$	商	[R]$_{补}$与[y]$_{补}$	商值
同号	正	同号，表示"够减"	1
		异号，表示"不够减"	0
异号	负	异号，表示"够减"	0
		同号，表示"不够减"	1

表 2-24 记忆起来的确太麻烦了，需要一个技巧。被除数不就是余数吗？既然是余数，就可以统一起来，不用管前面的[x]$_{补}$与[y]$_{补}$是什么关系，直接看后面的余数关系。另外，再看看余数和除数之间的关系，只要是同号，就上商"1"，异号就上商"0"，根本不用管什么"够减"与"不够减"，于是可以得到下面简化后的表 2-25。

综上所述，上商规则已经介绍清楚了。

在最终解决第二个问题之前，再讨论一个很有趣的隐含规律：

1）当[x]$_{补}$与[y]$_{补}$同号时，可以肯定[x]$_{补}$-[y]$_{补}$必定与[y]$_{补}$异号，否则就是被除数的绝对值大于除数的绝对

表 2-25　简化后的表

[R]$_{补}$与[y]$_{补}$	商值
同号	1
异号	0

值，溢出。根据实际情况，由于[x]$_{补}$与[y]$_{补}$同号，因此商符应该是正的，而当[x]$_{补}$-[y]$_{补}$=[R]$_{补}$与[y]$_{补}$异号时，商应该上 0，恰好和实际情况相符。

2）当[x]$_{补}$与[y]$_{补}$异号时，可以肯定[x]$_{补}$+[y]$_{补}$必定与[y]$_{补}$同号，否则就是被除数的绝对值大于除数的绝对值，溢出。根据实际情况，由于[x]$_{补}$与[y]$_{补}$异号，因此商符应该是负的，而当

$[x]_{补}+[y]_{补}=[R]_{补}$ 与 $[y]_{补}$ 同号时，商应该上 1，恰好和实际情况相符。

综合以上两点，可以得出一个结论：商符可以自动形成，故第二个问题解决。

对于第三个问题，现在可以给出一个答案，补码新余数的获得方法和原码新余数的获得方法基本一样，只不过补码除法不是直接从余数的符号来判断，而是需要借助除数和余数的符号一起来判断，规则见表 2-26。

3 个问题都已经解决了，补码除法也就介绍完了。

提醒： 从上面的分析可以知道，补码加减交替法有两种求解方式，一种是根据表 2-24，另一种是根据表 2-25，那应该用哪种？很明显，只需记住表 2-25 的解法即可，即直接把被除数当成余数。

表 2-26　补码除法中的规则

$[R]_{补}$ 与 $[y]_{补}$	商	新余数 $[R_{i+1}]_{补}$
同号	1	$[R_{i+1}]_{补}=2[R_i]_{补}+[-y]_{补}$
异号	0	$[R_{i+1}]_{补}=2[R_i]_{补}+[y]_{补}$

重点注意： 使用简单的方法会发现最后的商符和真实的商符恰好相反，需要最后进行取反校正。

关于末位恒置 "1" 的方法的一些补充：使用表 2-24 进行计算时，由于商的符号位和真实的商的符号位是一致的，因此只需进行末位恒置 "1"，加上 2^{-n}；而如果按照表 2-25 进行计算，不但需要修正商符，还需要末位恒置 "1"，需要加上 $1+2^{-n}$，其中前面的 1 恰好可以改变商的符号位。下面进行实例演示，参考例 2-23。

【例 2-23】 已知 x=0.1000，y=-0.1010，试用补码加减交替法计算 $[x/y]_{补}$。

解： 首先求 $[x]_{补}=00.1000$，$[y]_{补}=11.0110$，$[-y]_{补}=00.1010$，然后设置一个计数器，这里与原码的计数器的初始值不一样，因为补码除法有一个末位恒置 "1"，所以初始值 count=4。详细计算过程见表 2-27。

表 2-27　例 2-23 的计算过程

被除数	商	说明
00.1000 01.0000（左移一位） +11.0110（加除数）	0	被除数直接看成余数，与 y 的符号相反，商上 0，左移一位，加 $[y]_{补}$，此时 **count=3**
00.0110 00.1100（左移一位） +11.0110（加除数）	00	余数与 y 异号，商上 0，左移一位，加 $[y]_{补}$，此时 **count=2**
00.0010 00.0100（左移一位） +11.0110（加除数）	000	余数与 y 异号，商上 0，左移一位，加 $[y]_{补}$，此时 **count=1**
11.1010 11.0100 +00.1010（减除数）	0001	余数与 y 同号，商上 1，左移一位，加 $[-y]_{补}$，此时 **count=0**，停止运算
11.1110	0001<u>1</u>	末位恒置 "1"

可见，假商=0.001。根据前面的总结，需要加上 $1+2^{-n}$。由于这里的 n=4，因此最后的真实商=0.001+1.0001=1.0011，故

$$[x/y]_{补}=1.0011$$

那余数呢？余数左移了 4 次，最后余数需要乘以 2^{-4}。千万记住，补码的右移是补符号位，这里的余数是负数，右移时需要补 1，即真正的余数为 1.11111110。

总结： 可见，**n 位小数补码除法共上商 n+1 次（恒置 "1" 也算上商一次），且共移位 n**

次，和原码除法一致。

> 📖 **补充知识点：**
> 1）原码除法和补码除法判断溢出的方法是一样的吗？
> **解析：** 不一样，以小数除法为例，原码除法以第一次上商的商值来判断是否溢出，若第一次上商"1"，则为溢出。补码除法以第一次上商的商值（即商的符号位）与两个操作数的符号位"异或"结果进行比较，若比较结果不同，则为溢出，例如，两个操作数符号位"异或"结果为 1，而第一次上商"0"，即为溢出。
> 2）试比较原码和补码在加减交替法的过程中有何相同和不同之处？
> **解析：** 原码和补码在加减交替法过程中的相同之处是形成新余数的规则相同，不同之处有以下 4 点：
> 1）原码除法的商符由两数符号位通过"异或"运算获得，补码除法的商符在求商值的过程中自然形成。
> 2）原码除法参加运算的数是绝对值的补码，补码除法参加运算的数是补码。
> 3）两种除法上商的规则不同。原码除法上商的原则：余数为正，上商"1"，余数为负，上商"0"；补码除法上商的原则：余数和除数同号，上商"1"，余数和除数异号，上商"0"。
> 4）两种除法第一步的操作不同。原码除法第一步进行被除数减除数的操作；补码除法第一步要根据被除数和除数的符号决定做加法还是做减法（同号做减法，异号做加法）。

☞ **可能疑问点：计算机内部如何实现填充（扩展）操作？**

答：在计算机内部，有时需要将一个取来的短数扩展为一个长数，此时要进行填充（扩展）处理。对于无符号整数，只要在高位补 0，进行"零扩展"。对于有符号数，则可能有两种情况：

1）对于定点整数，在符号位后的数值高位进行。
① 原码：符号位不变，数值部分高位补 0。
② 补码：高位直接补符号，称为"符号扩展"方式。
2）对于定点小数表示的浮点数的尾数，则在低位补 0 即可。

2.3 浮点数的表示和运算

2.3.1 浮点数的表示

在现代计算机中，为了便于软件移植，一般均采用 IEEE 754 标准来表示浮点数。在介绍 IEEE 754 标准前，有必要先介绍一下浮点数的表示形式。

既然尾数和阶码分别是定点小数和定点整数，即尾数和阶码都是有符号位的，那么就可以写出浮点数 N 的一般格式，如图 2-2 所示。

从图 2-2 中可知：
1）浮点数阶码的底 r 省略（一般容易出选择题）。
2）阶符和阶码的位数 k 合起来反映浮点数的表示范围及小数点的实际位置。

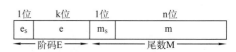

图 2-2 浮点数 N 的一般格式

3）尾数 M 的位数 n 反映了浮点数的精度。

4）尾数的符号为 m_s，它也是整个浮点数的符号位，表示了该浮点数的正负。

在大多数机器中，尾数为纯小数，**常用原码或补码表示**；阶码为定点整数，**常用补码或移码表示。**

下面开始介绍 IEEE 754 标准。采用 IEEE 754 标准来表示浮点数，格式如图 2-3 所示。

图 2-3　采用 IEEE 754 标准表示的浮点数

按照 IEEE 754 标准，常用的浮点数有以下 3 种，见表 2-28。

表 2-28　常用的浮点数

	符号位 S	阶码	尾数	总位数	最大指数	最小指数	指数偏移量
短实数	1	8	23	32	+127	−126	+127
长实数	1	11	52	64	+1023	−1022	+1023
临时实数	1	15	64	80	+16383	−16382	+16383

其中，S 为数符，它表示浮点数的正负，平常数符和尾数都是很"亲密"的，IEEE 把它们分开了，中间插入了一个阶码，阶码中还包括阶符。

在 IEEE 754 标准中，**尾数使用原码**表示大家都知道，那为什么**阶码需要使用移码来表示**？移码有一个优点，就是可以直观地看出数的大小，这样就使得浮点数加减法的对阶操作更方便（**参考 2.3.2 小节**）。当然需要加上一个偏移量，使得最小的数为 0，如短实数、长实数和临时实数的偏移量用十六进制数表示分别为 7FH（127）、3FFH（1023）、3FFFH，而尾数部分通常都是规格化表示。

在 IEEE 754 标准中，有效位为如下形式：

$$1_\Delta \text{ffff}\cdots\text{fff}$$

其中，Δ 为假想的小数点。在实际表示中，对短实数和长实数，这个整数位的 1 省略，称为隐藏位。但是对于临时实数，则不采用隐藏位（了解就行），见例 2-24。

【例 2-24】　若浮点数 x 的 IEEE 754 标准存储格式为 41360000H，试求其浮点数的十进制数值。

解：将十六进制数先展开为二进制，可得二进制数的格式为

0100 0001 0011 0110 0000 0000 0000 0000

按照 IEEE 754 标准的格式排列一下：

0 10000010 01101100000000000000000

指数 e=阶码-127=10000010-127=3

包括隐藏位 1 的尾数 1.M=1.011 0110 0000 0000 0000 0000=1.011011

于是可得

$$x = (-1)^s \times 1.M \times 2^e = +(1.011011) \times 2^3 = +1011.011 = (11.375)_{10}$$

☞ 可能疑问点：为什么要引入浮点数表示？

答：因为定点数不能表示实数，而且表示范围小。所以，要引入浮点数表示。

☞ 可能疑问点：为什么浮点数的阶（指数）要用移码表示？

　　答：因为在浮点数的加减运算中，要进行对阶操作，所以需要比较两个阶的大小。移码表示的实质就是把阶加上一个偏置常数，使得所有数的阶码都是一个正整数，比较大小时，只要按高位到低位的顺序比较就行了，因而引入移码可以简化阶的比较过程。

　　☞ 可能疑问点：浮点数如何表示 0？

　　答：用一种专门的位序列表示 0。例如，IEEE 754 单精度浮点数中，用"0000 0000H"表示+0，用"8000 0000H"表示-0。当运算结果出现阶码过小时，计算机将该数近似表示为 0。

2.3.2　浮点数的加/减运算

　　由于浮点数的加/减运算需要规格化操作，因此讲解之前需要补充一些关于浮点数规格化的必备知识。

　　为了提高浮点数的精度，其尾数必须为规格化的数（因为规格化数精度最高），如果不是规格化数，则要通过修改阶码并同时左右移尾数的办法使得其变成规格化数，而规格化的尾数必须满足如下条件：

　　假设尾数为 W，**且基数为 2**，则当 $1 > |w| \geqslant 1/2$ 时，此浮点数为规格化数。前面讲过，一般来说，浮点数的尾数常用原码和补码来表示，因此要分两种情况来分析：

　　1）当使用原码表示尾数时，要使得 $1 > |w| \geqslant 1/2$，其尾数第一位必须为 1，否则其绝对值一定小于 1/2，故原码表示尾数规格化后的形式：$0.1 \times \times \times \cdots \times$ 或者 $1.1 \times \times \times \cdots \times$。

　　2）当使用补码表示尾数时，要使得 $1 > |w| \geqslant 1/2$，当此浮点数为正数时，和原码一样，最高位必须为 1；当此浮点数为负数时，要使得 $1 > |w| \geqslant 1/2$，最高位必须为 0，否则求反加 1 回到原码时就会造成 $|w| < 1/2$，故补码表示尾数规格化后的形式：$0.1 \times \times \times \cdots \times$ 或者 $1.0 \times \times \times \cdots \times$（如果采用双符号位表示，则是 $00.1 \times \times \times \cdots \times$ 或者 $11.0 \times \times \times \cdots \times$）。

　　注意两个特殊的数：

　　1）当尾数为 -1/2 时，尾数的补码为 11.100⋯0。对于此数，它满足 $1 > |w| \geqslant 1/2$，但是不满足补码的规格化形式，故规定 -1/2 不是规格化的数。

　　2）当尾数为 -1 时，尾数的补码为 11.00⋯0，因为小数补码允许表示 -1，所以特别规定 -1 为规格化的数。

　　在讲解浮点数的加/减运算之前，应该先考虑在机器内的浮点数加/减运算需要解决哪些方面的问题。

　　试计算：100+10=？ 能否按照以下的思路去做？

$$(100)_{10} = (1100100)_2, \quad (10)_{10} = (1010)_2$$

　　1100100 转成浮点数是 $2^7 \times 00.1100100$（尾数采用补码表示）

　　1010 转成浮点数是 $2^4 \times 00.1010000$（尾数采用补码表示）

　　然后直接将尾数相加？

　　这显然是不行的，如果这样都可以，那我天天借钱给你，今天借 1000 元，明天借 100 元，后天借 10 元，这样你就欠我 3000 元了，显然不合理。应该将相同权重的 1 和 0 对齐才可以，因此浮点数的加/减运算也需要对阶。现在的问题是高阶向低阶对齐，还是低阶向高阶对齐？如果是高阶向低阶对齐，那就需要左移，这样就有可能改变符号位，肯定不行，因此对阶一定是低阶向高阶对齐。继续上面的例子，$2^4 \times 00.1010000 = 2^7 \times 00.0001010$，这样就可以直接将尾数相加了。到这里为止，两步操作（对阶、尾数求和）已完成。

尾数求和完成后，又会出现问题，求和后的尾数是规格化的吗？若不是，还得把尾数规格化。前面讲过，如果尾数采用补码表示，则规格化的形式应该为 00.1×××…×或者 11.0×××…×，需要分两种情况分析：

1）当尾数求和后出现 00.0×××…×或者 11.1×××…×，如果不断往右移动，则一直都会保持不变，因为补码的算术右移是补符号位的；必须得左移，左移一位，阶码就减 1。一直移到满足补码规格化的形式为止，**至于要移动多少次是不确定的**，以上步骤称为左规。

2）当尾数求和后出现 01.×××…×或者 10.×××…×，看到这个考生应该想到前面讲解过的变形补码判断溢出的方式，两位符号位不同，表示溢出，可见尾数溢出了。但是，这在浮点数中不算溢出，可以通过右移来纠正。右移一位，阶码加 1。细心的考生可能会发现，**这种形式只要右移一次就可以变成规格化数**，01.×××…×右移一位变成 00.1×××…×；10.×××…×右移一位变成 11.0×××…×（可能会出选择题），以上步骤称为右规。

规格化问题解决了，浮点数的第 3 步操作（规格化）也就完成了。但是在对阶和右移的过程中，很有可能会导致尾数的低位丢失，这样就会引起误差，影响精度。可以使用舍入法来提高尾数的精度，常用的舍入法有以下两种：

1）"0 舍 1 入"法。"0 舍 1 入"法类似于十进制中的"四舍五入"法，即在尾数右移时，被移去的末位为 0，则舍去；被移去的末位为 1，则在尾数的末位加 1。但是这样又很有可能导致尾数溢出，因此此时需要做一次右规，例如，00.1111 末尾加 1，就变成 01.0000，此时需要右规。

2）恒置"1"法。尾数右移时，不论丢掉的最高数值位是"1"或"0"，都使右移后的尾数末位恒置"1"。

对于浮点数的加/减运算，可以总结为以下 4 个步骤：

① 对阶，使两数的小数点位置对齐。

② 尾数求和，将对阶后的两尾数按定点加/减运算规则求和或者求差。

③ 规格化，为增加有效数字的位数，提高运算精度，必须将求和或求差后的尾数规格化。

④ 舍入，为提高精度，要考虑尾数右移时丢失的数值位。

当然，以上 4 个步骤完成后，还需要加上一步，即检查一下最后的结果是否溢出，由于浮点数的溢出完全是用阶码来判断的，假设阶码采用补码来表示，溢出就可以使用双符号位判断溢出的方式来判断此浮点数是否溢出，过程如下：

if（阶符==01）

　　　　上溢，需做中断处理；

else　if（阶符==10）

　　　　下溢，按机器零处理；

else

　　　　结果正确；

以上过程为完整的浮点数加/减运算过程，下面请看实例演示。

【例 2-25】 已知十进制数 x=-5/256，y=+59/1024，按机器补码浮点数运算规则计算 x-y，结果用二进制表示。其中，浮点数格式如下：数的阶符取两位，阶码取 3 位，数符取两位，尾数取 9 位（舍入时采用 0 舍 1 入法）。

解： 首先将 x 和 y 转换成浮点数，如下：

$$x = -5/256 = 2^{-101} \times (11.101000000)$$

$$y = 59/1024 = 2^{-100} \times (00.111011000)$$

由于 j_x=11101，因此[j_x]$_\text{补}$=11011，同理[$-j_y$]$_\text{补}$=00100。

故

$$[x]_\text{补}=11011,11.011000000$$

$$[y]_\text{补}=11100,00.111011000$$

下面可以按照浮点数加/减运算的 5 个步骤来做：

1）对阶。求阶差：$[\Delta_j]_\text{补}=[j_x]_\text{补}-[j_y]_\text{补}=[j_x]_\text{补}+[-j_y]_\text{补}$

$$=11011+00100$$

$$=11111（补码全 1 表示-1，前面讲解过）$$

因此，x 的阶码要低 1，故应该 x 向 y 对齐，x 尾数需要右移一位，阶码加 1，如下：

$$[x]_\text{补}=11100,11.101100000$$

2）尾数求差。

$$\begin{array}{r} 11.101100000 \\ +11.000101000 \\ \hline 10.110001000 \end{array}$$（这里加的是 y 尾数的负数补码）

即[x-y]$_\text{补}$=11100,10.110001000

3）规格化。尾数出现 10.×××…×形式，说明需要右规一次即可，阶码加 1，最后可得

$$[x-y]_\text{补}=11101,11.011000100\;\underline{0}（加了下划线的 0 为右规丢弃的 0）$$

4）舍入处理。由于右规低位丢 0，因此直接舍去。

5）溢出判断。最后阶符为 11，没有溢出，应将[x-y]$_\text{补}$=11101,11.011000100 转换为真值。阶码为 11101，换成原码为 11011，说明真实值为-3；同理，尾数为-0.1001111，故最后的结果为 $2^{-3}\times(-0.1001111)$。

☞ **可能疑问点**：在 **C 语言程序中，为什么关系表达式"123456789= =(int)(float) 123456789"的结果为"假"，而关系表达式"123456= =(int)(float)123456"和"123456789= = (int)(double)123456789"的结果都为"真"？**

答：首先应该明白，在 C 语言中，float 类型对应 IEEE 754 单精度浮点数格式，即 float 型数据的有效位数只有 24 位（相当于有 7 位十进制有效数）；double 类型对应 IEEE 754 双精度浮点数格式，有效位数有 53 位（相当于有 17 位十进制有效数）；int 类型为 32 位整数，有 31 位有效位数（最大数为 $2^{31}-1$=2 147 483 647）。

整数 123 456 789 的有效位数为 9 位，转换为 float 型数据后肯定发生了有效位数丢失，再转换成 int 型数据时，已经不是 123 456 789 了。所以，关系表达式"123456789= =(int)(float) 123456789"的结果为"假"。

整数改为 123 456 后，有效位数只有 6 位，转换为 float 型数据后有效位数没有丢失，因而数值没变，再转换为 int 型数据时，还是 123 456。所以，关系表达式"123456= =(int)(float) 123456"的结果为"真"。

整数 123 456 789 的有效位数为 9 位，转换为 double 型数据后，不会发生有效位数丢失，再转换成 int 型数据时，还是 123 456 789。所以，关系表达式"123456789= =(int)(double) 123456789"的结果为"真"。

2.4 算术逻辑单元

2.4.1 串行加法器和并行加法器

介绍串行加法器和并行加法器之前，先大致了解一下全加器的结构。全加器是一个加法单元，而一个加法单元是一个三端输入、两端输出的加法网络，其结构如图 2-4 所示。其中，A_i、B_i、C_{i-1} 分别代表被加数 A_i、加数 B_i 和低位传来的进位；C_i 代表本位向高位的进位，Σ_i 代表和 S_i。很容易得出一个结论：当 A_i、B_i、C_{i-1} 组成的 3 位二进制数中 1 的个数为奇数时，$\Sigma_i=1$；当 A_i、B_i、C_{i-1} 组成的 3 位二进制数中 1 的个数大于或等于 2 时，$C_i=1$。因此，可以写出如下的逻辑表达式：

图 2-4 加法单元

$$\Sigma_i = A_i\overline{B}_i\overline{C}_{i-1} + \overline{A}_iB_i\overline{C}_{i-1} + \overline{A}_i\overline{B}_iC_{i-1} + A_iB_iC_{i-1}$$

(其实就是当 A_i、B_i、C_{i-1} 的组合为 100、010、001、111 时，$\Sigma_i=1$)

上式化简可得

$$\Sigma_i = A_i \oplus B_i \oplus C_{i-1}$$

$$C_i = A_iB_i\overline{C}_{i-1} + A_i\overline{B}_iC_{i-1} + \overline{A}_iB_iC_{i-1} + A_iB_iC_{i-1}$$

(其实就是当 A_i、B_i、C_{i-1} 的组合为 110、101、011、111 时，$C_i=1$)

上式化简可得

$$C_i = A_iB_i + (A_i \oplus B_i)C_{i-1}$$

其中，A_i 表示此时 A_i 为 1；$\overline{A}_i$ 表示此时 A_i 为 0，其他依此类推。

从上面的两个逻辑表达式不难看出，加法器主要由两部分构成：一个是求和单元；另一个是进位链的问题。下面逐一进行讨论。

> 📖 **补充知识点**：半加器和全加器的区别是什么？
> **解析**：全加器是一个三端输入、两端输出的加法网络，而半加器是一个两端输入、两端输出的加法网络。也就是说，半加器不需要进位信号的输入，而两个半加器又可以组成一个全加器。

1. 串行加法器

只设一个全加器的加法器称为串行加法器。典型的串行加法器只用一个全加器。两个操作数分别放在两个移位寄存器中，并且由移位寄存器从低位到高位串行地提供操作数进行相加。如果操作数长 16 位，就需要分成 16 步进行，每步产生一位和，串行地送入结果寄存器，而产生的进位信号只需要一位触发器，每完成一步，用新的进位覆盖旧的进位。串行加法器的结构如图 2-5 所示。

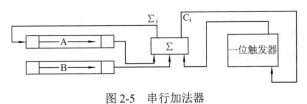

图 2-5 串行加法器

最后所得结果保存在存放操作数 A 的那个寄存器中。但是，这样每次都是一位参与运算，速度太慢。如果此时操作数为 16 位，就要进行 16 次串行操作，显然速度得不到提高，这是设计者不能接受的。那么，为什么不设置多个全加器一起运算？如果操作数有 16 位，就设置 16 个全加器一起运算，显然速度会提升，于是并行加法器就出现了。

2．并行加法器

（1）并行加法器之串行进位链

并行加法器由若干个全加器构成，如图 2-6 所示。多个加法器并行工作到底能不能提升运算速度？能够提升多少？下面详细分析一下。

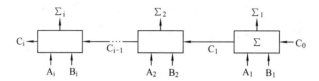

图 2-6　并行加法器的结构

从图 2-6 中可以看出，虽然这种加法器解决了求和的一些延迟问题，但是低位向高位产生的进位却来得太晚了，提高加法器的运算速度仍然是一句空话。这种一级一级传递进位的过程被称为串行进位链（下面会给出串行进位链的逻辑表达式，观察起来会更直观）。有人在琢磨，如果所有进位信号同时产生就好了，于是就出现了并行进位链。

（2）并行加法器之并行进位链

从上面的分析可知，要想提高运算速度，一定要改善进位链，因此接下来主要从进位链着手来解决问题。

通常将各位之间传递进位信号的逻辑连接构成的进位线路称为进位链。要讨论进位链，就要从进位函数开始讨论。

前面介绍过的进位函数的逻辑表达式为

$$C_i = A_i B_i \bar{C}_{i-1} + A_i \bar{B}_i C_{i-1} + \bar{A}_i B_i C_{i-1} + A_i B_i C_{i-1}$$
$$= A_i B_i (\bar{C}_{i-1} + C_{i-1}) + (A_i \bar{B}_i + \bar{A}_i B)_i C_{i-1}$$
$$= A_i B_i + (A_i \oplus B_i) C_{i-1}$$

其中，⊕为"异或"操作。

☞ 可能疑问点：**$(A_i \oplus B_i) C_{i-1}$ 是什么意思？**

解析：低位产生的进位到底能不能向更高位传递，完全取决于 $A_i \oplus B_i$。如果 $A_i \oplus B_i = 0$，那么进位链就断了；如果 $A_i \oplus B_i = 1$，则低位产生的进位就可以通过第 i 位向更高位传递，于是称 $A_i \oplus B_i$ 为进位条件，记作 P_i。该式子也可以这么理解，如果低位产生进位，则当前 A_i 和 B_i 如果是 1 和 0 或者 0 和 1，又可以向前进位了；如果 A_i 和 B_i 都是 0，则肯定不能进位了，这次的进位链就断了。

另外，$A_i B_i$ 项取决于本位参加的两个数，而与低位的进位无关。因此，$A_i B_i$ 为第 i 位的进位函数，或称为本地进位（本位进位），记作 G_i。

综上所述，可将进位函数的逻辑表达式抽象为

$$C_i = G_i + P_i C_{i-1}$$

根据这个表达式，可以得到并行加法器之串行进位链的逻辑表达式为

$$C_1 = G_1 + P_1 C_0$$
$$C_2 = G_2 + P_2 C_1$$
$$C_3 = G_3 + P_3 C_2$$
$$C_4 = G_4 + P_4 C_3$$

从逻辑表达式中可以看出，每一级进位直接依赖于前一级的进位，也就是上面提到的串行进位。

因此，要想提高运算速度，必须将上面逻辑表达式中的链"斩断"，即 C_2、C_3、C_4 不再依赖于前面的进位。

并行加法器中的进位信号是同时产生的，称为并行进位链。

并行进位链又分为两种：**单重分组跳跃进位链和双重分组跳跃进位链**。

1）单重分组跳跃进位链（了解）。单重分组跳跃进位链就是将 n 位全加器分成若干小组，小组内的进位同时产生，小组与小组之间采用串行进位，这种进位又被称为组内并行或组间串行。

仍然以 4 位并行加法器为例，对串行进位链的逻辑表达式进行变换，这种变换应该从数学的角度来思考，即如何把数据相关项消去，很自然地想到代入法，如下：

$$C_1 = G_1 + P_1 C_0$$
$$C_2 = G_2 + P_2 C_1 = G_2 + P_2(G_1 + P_1 C_0) = G_2 + P_2 G_1 + P_2 P_1 C_0$$
$$C_3 = G_3 + P_3 C_2 = G_3 + P_3 G_2 + P_3 P_2 G_1 + P_3 P_2 P_1 C_0$$
$$C_4 = G_4 + P_4 C_3 = G_4 + P_4 G_3 + P_4 P_3 G_2 + P_4 P_3 P_2 G_1 + P_4 P_3 P_2 P_1 C_0$$

这个式子可以同时产生进位，那速度提高了吗？提高了多少？这个不用管了，考研只需要定性地分析速度确实是提高了，而定量分析不需要掌握。

图 2-7 是单重分组跳跃进位链框图。

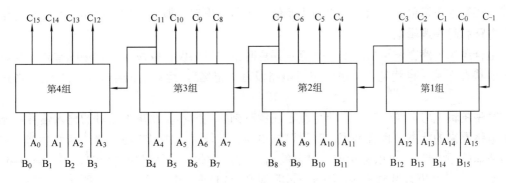

图 2-7　单重分组跳跃进位链框图

从图 2-7 中可以看出，每个小组内的进位是并行的，而小组之间却是串行进位。现在的问题是，这种速度还是比较慢，因为每一小组都依赖于上一小组的最高进位。也就是说，C_4 依赖于 C_3，C_8 依赖于 C_7，C_{12} 依赖于 C_{11}，这样的速度肯定还不是最快的，于是经过改进形成了分组并行进位方式（双重分组跳跃进位链），也就是组内并行，组间也并行。关于单重分组并行进位了解这么多即可。

2）双重分组跳跃进位链（了解）。双重分组并行进位就是将 n 位全加器分成若干大组，每个大组中又包含若干小组，而每个大组内所包含的各个小组的最高位进位是同时产生的，大组与大组之间采用串行进位。因为各个小组最高位进位是同时形成的，所以小组内的其他进位也肯定是同时形成的（**注意：小组内的其他进位与小组的最高进位并不是同时产生的**），如图 2-8 所示。

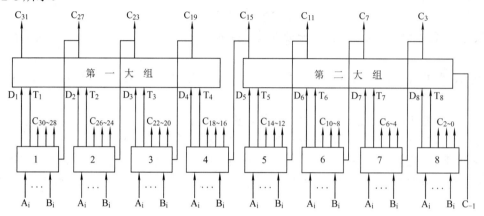

图 2-8　双重分组并行进位链框图

通过图 2-8 来解释上面那段话：

① 每个大组内所包含的各个小组的最高位进位同时产生，即第一大组内的进位 C_{31}、C_{27}、C_{23}、C_{19} 是同时产生的，第二大组内的进位 C_{15}、C_{11}、C_7、C_3 是同时产生的。

② 大组与大组之间采用串行进位，即第二大组向第一大组的进位 C_{15} 采用串行进位。

③ 小组内的其他进位与小组的最高进位并不是同时产生的，即由于时延，尽管是并行进位，$C_0 \sim C_2$ 形成时，C_3 肯定还没有形成。

2.4.2　算术逻辑单元的功能和结构

介绍算术逻辑单元（ALU）之前先了解一下数字电路的概念。数字电路一般可分为**组合逻辑电路和时序逻辑电路**。

组合逻辑电路在逻辑功能上的特点是任意时刻的输出**仅仅取决于该时刻的输入**，与电路原来的状态无关。也就是说，组合逻辑电路没有"记忆"，运算后的结果要立刻送入寄存器保存。

时序逻辑电路在逻辑功能上的特点是任意时刻的输出**不仅取决于当时的输入信号，还取决于电路原来的状态**。也就是说，时序逻辑电路具有记忆元件，即触发器（能够存储一位信号的基本单元电路），可以记录前一时刻的输出状态（CPU 就是一种复杂的时序逻辑电路）。

ALU 是一种**组合逻辑电路**，因此在实际使用 ALU 时，其输入端口 A 和 B 必须与锁存器相连，而且在运算的过程中锁存器的内容是不变的，其输出也必须送至寄存器保存。

☞ **可能疑问点：什么是锁存器？**

解析： 锁存器就是多位触发器，因为触发器只能存储一位，而一般参与运算的操作数都是多位的，所以引入了锁存器。锁存器经常被用作运算器中的**数据暂存器**。以后看到锁存器就把它想象成一个临时存放数据的地方。

ALU 的主要功能： ALU 的功能不仅是执行各种算术（加、减、乘、除）和逻辑运算（"与"、

"或"、"非"、"异或"等）操作的部件，还具有先行进位逻辑。其实在并行加法器之并行进位链里面就使用了 ALU，只是当时还没有介绍 ALU 的概念，下面将会和前面的内容联系起来讲解。

ALU 的电路框架如图 2-9 所示。其中，A_i、B_i 为输入变量，K_i 为控制信号，K_i 的不同取值可以决定该电路进行哪一种算术运算或哪一种逻辑运算，F_i 为输出函数。

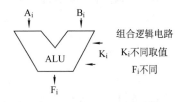

图 2-9　ALU 的电路框架

现在 ALU 电路已制成集成电路芯片，最常用的算术逻辑运算部件为 74181 芯片，当然还需要先行进位部件 74182 芯片来一起完成更快速的进位。下面着重讲解如何使用这两种芯片来设计需要的运算部件。这是考研中 74181 芯片和 74182 芯片的唯一考点。

74181 芯片是 4 位的 ALU 电路，可见用 4 片 74181 芯片可以组成一个 16 位全加器按 4 位一组的单重分组跳跃进位链。74181 芯片可完成 **16 种算术运算和 16 种逻辑运算**。

> 📖 **补充知识点：什么是正逻辑和负逻辑？**
>
> **解析：** 若门电路的输入、输出电压的高电平定义为逻辑"1"，低电平定义为逻辑"0"，则是正逻辑；若门电路的输入、输出电压的低电平定义为逻辑"1"，高电平定义为逻辑"0"，则是负逻辑。同一个逻辑门电路，在正逻辑定义下则实现"与"门功能，在负逻辑定义下则实现"或"门功能。数字系统设计中，不是采用正逻辑就是采用负逻辑，不能混合使用。

由于 4 位进位是同时产生的，因此说 74181 芯片是组内并行（74181 芯片内的 4 位并行），组间（74181 芯片间）串行。当需要进一步提高进位速度时（也就是组间也要并行），就需要 74182 芯片先行进位部件来辅助一下了。74182 芯片的作用就是将 74181 芯片间的进位变成并行进位，这个又类似于双重分组跳跃进位链了，因此可以将双重分组中的大组看成 74182 芯片，小组看成 74181 芯片，故两片 74182 芯片和 8 片 74181 芯片就可组成 32 位的双重分组跳跃进位链；同理，4 片 74182 芯片和 16 片 74181 芯片就可组成 64 位的双重分组跳跃进位链。图 2-10 所示为由两片 74182 芯片和 8 片 74181 芯片组成的 32 位双重分组跳跃进位链。此图仅仅是让考生形成一个设计框架，没有考虑一些细节，如最低位进位 C_{-1} 就没有画出来。

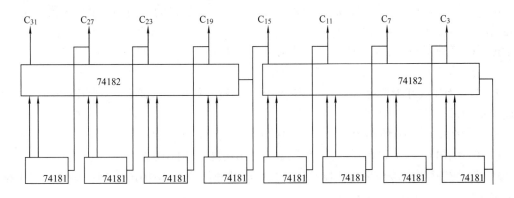

图 2-10　32 位双重分组跳跃进位链

习题

微信扫码看本章题目讲解视频

1. 某机字长 8 位，含一位数符，采用原码表示，则定点小数所能表示的非零最小正数为（　　）。

A. 2^{-9}　　　　B. 2^{-8}　　　　C. 2^{-7}　　　　D. 2^{-6}

2. 下列关于进制的说法中，正确的是（　　）。

Ⅰ．任何二进制整数都可用十进制表示

Ⅱ．任何二进制小数都可用十进制表示

Ⅲ．任何十进制整数都可用二进制表示

Ⅳ．任何十进制小数都可用二进制表示

A. Ⅰ、Ⅲ　　　　　　　　　　B. Ⅰ、Ⅱ、Ⅲ

C. Ⅰ、Ⅱ、Ⅲ、Ⅳ　　　　　　D. Ⅱ、Ⅳ

3. 为了表示无符号十进制整数，下列哪些是合法的 8421 BCD 码？（　　）

Ⅰ．0111 1001　　　　　　　　Ⅱ．1101 0110

Ⅲ．0000 1100　　　　　　　　Ⅳ．1000 0101

A. Ⅰ、Ⅱ　　　　　　　　　　B. Ⅱ、Ⅲ

C. Ⅰ、Ⅳ　　　　　　　　　　D. Ⅰ、Ⅱ、Ⅲ

4. （2016 年统考真题）某计算机字长为 32 位，按字节编址，采用小端（Little Endian）方式存放数据。假定有一个 double 型变量，其机器数表示为 1122 3344 5566 7788H，存放在 0000 8040H 开始的连续存储单元中，则存储单元 0000 8046H 中存放的是（　　）。

A. 22H　　　B. 33H　　　C. 66H　　　D. 77H

5. 常用的（n，k）海明码中，冗余位的位数为（　　）。

A. n+k　　　　B. n–k　　　　C. n　　　　D. k

6. 信息序列 16 位，若想构成能纠正一位错、发现两位错的海明码，至少需要加（　　）位校验位。

A. 4　　　　　　　　　　　　B. 5

C. 6　　　　　　　　　　　　D. 7

7. 假设有 7 位信息码 0110101，则低位增设偶校验位后的代码和低位增设奇校验位后的代码分别为（　　）。

A. 01101010　　01101010　　　　B. 01101010　　01101011

C. 01101011　　01101010　　　　D. 01101011　　01101011

8. 假设在网络中传送采用偶校验码，当收到的数据位为 10101010 时，则可以得出结论（　　）。

A. 传送过程中未出错　　　　　　B. 出现偶数位错

C．出现奇数位错　　　　　　　　　D．未出错或出现偶数位错

9．下列编码中，能检测出所有长度小于或等于校验位（检测位）长度的突发错的校验码是（　　）。

A．循环冗余校验码　　　　　　　　B．海明码

C．奇校验码　　　　　　　　　　　D．偶校验码

10．计算机中表示地址时，采用（　　）。

A．原码　　　　　　　　　　　　　B．补码

C．移码　　　　　　　　　　　　　D．无符号数

11．（2012 年统考真题）假设编译器规定 int 和 short 类型长度分别为 32 位和 16 位，若有下列 C 语言语句：

```
unsigned short x=65530;
unsigned int y=x;
```

得到 y 的机器数为（　　）。

A．0000 7FFAH　　　　　　　　　B．0000 FFFAH

C．FFFF 7FFAH　　　　　　　　　D．FFFF FFFAH

12．（2016 年统考真题）有如下 C 语言程序段：

short si=-32767；

unsigned short　　usi=si；

执行上述两条语句后，usi 的值为（　　）。

A．-32767　　　B．32767　　　C．32768　　　D．32769

13．在 C 语言程序中，以下程序段最终的 f 值为（　　）。

```
float f=2.5+1e10;
f=f-1e10;
```

A．2.5　　　B．250　　　C．0　　　D．3.5

14．下列说法正确的是（　　）。

A．当机器采用补码表示时，0 有两种编码方式

B．当机器采用原码表示时，0 有两种编码方式

C．当机器采用反码表示时，0 有一种编码方式

D．无论机器数采用何种码表示，0 都有两种编码方式

15．假设机器字长为 16 位，用定点补码小数表示时，一个字所能表示的范围是（　　）。

A．$0 \sim (1-2^{-15})$　　　　　　　　B．$-(1-2^{-15}) \sim (1-2^{-15})$

C．$-1 \sim 1$　　　　　　　　　　　D．$-1 \sim (1-2^{-15})$

16．4 位机器内的数值代码，则它所表示的十进制真值可能为（　　）。

Ⅰ．16　　　　　Ⅱ．-1　　　　　Ⅲ．-8　　　　　Ⅳ．8

A．Ⅰ、Ⅱ、Ⅲ　　　　　　　　　　B．Ⅱ、Ⅳ

C．Ⅱ、Ⅲ、Ⅳ　　　　　　　　　　D．只有Ⅳ

17．某机器字长为 8 位，采用原码表示法（其中一位为符号位），则机器数所能表示的范围是（　　）。

A．$-127 \sim +127$　　　　　　　　B．$-127 \sim +128$

C．$-128 \sim +127$　　　　　　　　D．$-128 \sim +128$

18. 十进制数-0.3125 的 8 位移码编码为（　　）。

A. D8H　　　　　　B. 58H　　　　　　C. A8H　　　　　　D. 28H

19. 下列为 8 位移码机器数 $[x]_{移}$，当求 $[-x]_{移}$ 时，（　　）将会发生溢出。

A. 1111 1111　　　　　　　　　B. 0000 0000

C. 1000 0000　　　　　　　　　D. 0111 1111

20. 对于相同位数（设为 N 位，且各包含 1 位符号位）的二进制补码小数和十进制小数，（二进制小数所表示的数的个数）/（十进制小数所能表示的数的个数）为（　　）。

A. $(0.2)^N$　　　　B. $(0.2)^{N-1}$　　　　C. $(0.02)^N$　　　　D. $(0.02)^{N-1}$

21. $[x]_{补}=1.x_1x_2x_3x_4$，当满足下列（　　）时，$x>-1/2$ 成立。

A. x_1 必须为 1，$x_2 \sim x_4$ 至少有一个为 1

B. x_1 必须为 1，$x_2 \sim x_4$ 任意

C. x_1 必须为 0，$x_2 \sim x_4$ 至少有一个为 1

D. x_1 必须为 0，$x_2 \sim x_4$ 任意

22. 设 x 为整数，$[x]_{补}=1,x_1x_2x_3x_4x_5$，若要 $x<-16$，$x_1 \sim x_5$ 应满足的条件是（　　）。

A. $x_1 \sim x_5$ 至少有一个为 1

B. x_1 必须为 1，$x_2 \sim x_5$ 至少有一个为 1

C. x_1 必须为 0，$x_2 \sim x_5$ 至少有一个为 1

D. x_1 必须为 0，$x_2 \sim x_5$ 任意

23.（2009 年统考真题）一个 C 语言程序在一台 32 位机器上运行，程序中定义了 3 个变量 x、y、z，其中 x 和 z 是 int 型，y 为 short 型。当 x=127，y=-9 时，执行赋值语句 z=x+y 后，x、y、z 的值分别是（　　）。

A. x=0000007FH，y=FFF9H，z=00000076H

B. x=0000007FH，y=FFF9H，z=FFFF0076H

C. x=0000007FH，y=FFF7H，z=FFFF0076H

D. x=0000007FH，y=FFF7H，z=00000076H

24.（2010 年统考真题）假定有 4 个整数用 8 位补码分别表示：r1=FEH，r2=F2H，r3=90H，r4=F8H，若将运算结果存放在一个 8 位寄存器中，则下列运算会发生溢出的是（　　）。

A. r1×r2　　　　　　　　　　B. r2×r3

C. r1×r4　　　　　　　　　　D. r2×r4

25.（2014 年统考真题）若 x=103，y=-25，则下列表达式采用 8 位定点补码运算时，会发生溢出的是（　　）。

A. x+y　　　　B. -x+y　　　　C. x-y　　　　D. -x-y

26.（2015 年统考真题）由 3 个"1"和 5 个"0"组成的 8 位二进制补码，能表示的最小整数是（　　）。

A. -126　　　　B. -125　　　　C. -32　　　　D. -3

27. 假设寄存器的内容为 00000000，若它等于-128，则该机器采用了（　　）。

A. 原码　　　　　　　　　　B. 补码

C. 反码　　　　　　　　　　D. 移码

28. 在定点机中执行算术运算时会产生溢出，其根本原因是（　　）。

A. 主存容量不够　　　　　　B. 运算结果无法表示

C．操作数地址过大　　　　　　　D．栈溢出

29．当定点运算发生溢出时，应（　　）。

A．向左规格化　　　　　　　　　B．向右规格化

C．舍入处理　　　　　　　　　　D．发出出错信息

30．下列关于定点数原码一位乘算法的描述正确的是（　　）。

Ⅰ．符号位不参加运算，根据数值位的乘法运算结果确定结果的符号位

Ⅱ．在原码一位乘算法过程中，所有移位均是算术移位操作

Ⅲ．假设两个 n 位数进行原码一位乘，部分积至少需要使用 n 位寄存器

A．Ⅱ、Ⅲ　　　　　　　　　　　B．只有Ⅱ

C．只有Ⅲ　　　　　　　　　　　D．全错

31．在补码一位乘中，若判断位 $Y_nY_{n+1}=01$，则应执行的操作为（　　）。

A．原部分积加$[-x]_补$，然后右移一位

B．原部分积加$[x]_补$，然后右移一位

C．原部分积加$[-x]_补$，然后左移一位

D．原部分积加$[x]_补$，然后左移一位

32．在原码两位乘中，符号位单独处理，参加操作的数是（　　）。

A．原码　　　　　　　　　　　　B．绝对值的补码

C．补码　　　　　　　　　　　　D．绝对值

33．在补码加减交替除法中，参加操作的数和商符分别是（　　）。

A．绝对值的补码　　　　在形成商值的过程中自动形成

B．补码　　　　　　　　在形成商值的过程中自动形成

C．补码　　　　　　　　由两数符号位"异或"形成

D．绝对值的补码　　　　由两数符号位"异或"形成

34．假设机器字长为 8 位（含两位符号位），若机器数 DAH 为补码，则算术左移一位和算术右移一位分别得（　　）。

A．B4H　EDH　　　　　　　　　B．F4H　6DH

C．B5H　EDH　　　　　　　　　D．B4H　6DH

35．下列关于各种移位的说法中正确的是（　　）。

Ⅰ．假设机器数采用反码表示，当机器数为负时，左移时最高数位丢 0，结果出错；右移时最低数位丢 0，影响精度

Ⅱ．在算术移位的情况下，补码左移的前提条件是其原最高有效位与原符号位要相同

Ⅲ．在算术移位的情况下，双符号位的移位操作中只有低符号位需要参加移位操作

A．Ⅰ、Ⅲ　　　　　　　　　　　B．只有Ⅱ

C．只有Ⅲ　　　　　　　　　　　D．Ⅰ、Ⅱ、Ⅲ

36．若浮点数用补码表示，则判断运算结果为规格化数的方法是（　　）。

A．阶符与数符相同，则为规格化数

B．小数点后第一位为 1，则为规格化数

C．数符与小数点后第 1 位数字相异，则为规格化数

D．数符与小数点后第 1 位数字相同，则为规格化数

37．在浮点机中，判断原码规格化的形式的原则是（　　）。

A. 尾数的符号位与第一数位不同

B. 尾数的第一数位为 1，数符任意

C. 尾数的符号位与第一位相同

D. 阶符与数符不同

38. 在浮点机中，（　　）是隐藏的。

A. 阶码　　　　　　B. 数符　　　　　　C. 尾数　　　　　　D. 基数

39. 关于浮点数在 IEEE 754 标准中的规定，下列说法中错误的是（　　　）。

Ⅰ. 浮点数可以表示正无穷大和负无穷大两个值

Ⅱ. 如果需要，也允许使用非格式化的浮点数

Ⅲ. 对任何形式的浮点数都要求使用隐藏位技术

Ⅳ. 对 32 位浮点数的阶码采用了偏移值为 127 的移码表示，尾数用原码表示

A. Ⅰ、Ⅲ　　　　　　　　　　　　　　B. Ⅱ、Ⅲ

C. 只有Ⅲ　　　　　　　　　　　　　　D. Ⅰ、Ⅲ、Ⅳ

40.（2009 年统考真题）浮点数加/减运算过程一般包括对阶、尾数运算、规格化、舍入和判断溢出等步骤。设浮点数的阶码和尾数均采用补码表示，且位数分别为 5 位和 7 位（均含两位符号位）。若有两个数，即 $x=2^7 \times 29/32$，$y=2^5 \times 5/8$，则用浮点数加法计算 x+y 的最终结果是（　　　）。

A. 00111 1100010　　　　　　　　　　B. 00111 0100010

C. 01000 0010001　　　　　　　　　　D. 发生溢出

41.（2010 年统考真题）假定变量 i、f、d 的数据类型分别为 int、float、double（int 用补码表示，float 和 double 用 IEEE 754 标准中的单精度和双精度浮点数据格式表示），已知 i=785，f=1.5678e3，d=1.5e100，若在 32 位机器中执行下列关系表达式，则结果为真的是（　　　）。

Ⅰ. i==(int)(float)i　　　　　　　　　Ⅱ. f==(float)(int)f

Ⅲ. f==(float)(double)f　　　　　　　　Ⅳ. (d+f)-d==f

A. 仅Ⅰ、Ⅱ　　　　　　　　　　　　　B. 仅Ⅰ、Ⅲ

C. 仅Ⅱ、Ⅲ　　　　　　　　　　　　　D. 仅Ⅲ、Ⅳ

42.（2011 年统考真题）float 型数据通常用 IEEE 754 标准中的单精度浮点数格式表示。如果编译器将 float 型变量 x 分配在一个 32 位浮点寄存器 FR1 中，且 x=-8.25，则 FR1 的内容是（　　　）。

A. C104 0000H　　　　　　　　　　　B. C242 0000H

C. C184 0000H　　　　　　　　　　　D. C1C2 0000H

43.（2012 年统考真题）float 类型（即 IEEE 754 标准中的单精度浮点数格式）能表示的最大整数是（　　　）。

A. $2^{126}-2^{103}$　　　　　　　　　　　B. $2^{127}-2^{104}$

C. $2^{127}-2^{103}$　　　　　　　　　　　D. $2^{128}-2^{104}$

44.（2014 年统考真题）float 型数据常用 IEEE 754 单精度浮点格式表示。假设两个 float 型变量 x 和 y 分别存放在 32 位寄存器 f1 和 f2 中，若（f1）=CC90 0000H，（f2）=B0C0 0000H，则 x 和 y 之间的关系为（　　　）。

A. x<y 且符号相同　　　　　　　　　　B. x<y 且符号不同

C. x>y 且符号相同　　　　　　　　　　D. x>y 且符号不同

45．（2015 年统考真题）下列关于浮点数加减法运算的叙述中，正确的是（　　）。

Ⅰ．对阶操作不会引起阶码上溢或下溢

Ⅱ．右归和尾数舍入都可能引起阶码上溢

Ⅲ．左归时可能引起阶码下溢

Ⅳ．尾数溢出时结果不一定溢出

A．仅Ⅱ、Ⅲ　　　　　　　　　　B．仅Ⅰ、Ⅱ、Ⅲ

C．仅Ⅰ、Ⅲ、Ⅳ　　　　　　　　D．Ⅰ、Ⅱ、Ⅲ、Ⅳ

46．在 C 语言程序中，下列表达式中值为 True 的有（　　）。

Ⅰ．123456789==(int)(float)123456789

Ⅱ．123456==(int)(float)123456

Ⅲ．123456789==(int)(double)123456789

A．Ⅰ、Ⅱ　　　　　　　　　　　B．Ⅰ、Ⅲ

C．Ⅱ、Ⅲ　　　　　　　　　　　D．Ⅰ、Ⅱ、Ⅲ

47．一个浮点数 N 可以用下式表示：

$N = m \times r_m^e$，其中，$e = r_e^g$；

m：尾数的值，包括尾数采用的码制和数制；

e：阶码的值，一般采用移码或补码，整数；

r_m：尾数的基；

r_e：阶码的基；

p：尾数长度，这里的 p 不是指尾数的二进制位数，当 $r_m=16$ 时，每 4 个二进制位表示一位尾数；

q：阶码长度，由于阶码的基通常为 2，因此，在一般情况下，q 就是阶码部分的二进制位数。

研究浮点数表示方式的主要目的是用尽量短的字长（主要是阶码字长 q 和尾数字长的和）实现尽可能大的表述范围和尽可能高的表数精度。根据这一目的，上述 6 个参数中只有 3 个参数是浮点数表示方式要研究的对象，它们是（　　）。

A．m、e、r_m　　　　　　　　　B．r_m、e、r_m

C．r_e、p、q　　　　　　　　　D．r_m、p、q

48．加法器采用先行进位的根本目的是（　　）。

A．优化加法器的结构　　　　　　B．快速传递进位信号

C．增强加法器的功能　　　　　　D．以上都不是

49．组成一个运算器需要多个部件，但下面所列（　　）不是组成运算器的部件。

A．通用寄存器组　　　　　　　　B．数据总线

C．ALU　　　　　　　　　　　　D．地址寄存器

50．并行加法器中，每位全和的形成除与本位相加两数数值位有关外，还与（　　）有关。

A．低位数值大小　　　　　　　　B．低位数的全和

C．高位数值大小　　　　　　　　D．低位数送来的进位

51．ALU 属于（　　）。

A．时序电路　　　　　　　　　　B．控制器

C．组合逻辑电路　　　　　　　　　D．寄存器

52．串行运算器结构简单，其运算规律是（　　　）。

A．由低位到高位先行进行进位运算

B．由低位到高位先行进行借位运算

C．由低位到高位逐位运算

D．由高位到低位逐位运算

53．（2013 年统考真题）某数采用 IEEE 754 标准中的单精度浮点数格式表示为 C640 0000H，则该数的值是（　　　）。

A．-1.5×2^{13}　　　　　　　　　　B．-1.5×2^{12}

C．-0.5×2^{13}　　　　　　　　　　D．-0.5×2^{12}

54．（2013 年统考真题）某字长为 8 位的计算机中，已知整型变量 x、y 的机器数分别为 $[x]_{补}=1\ 1110100$，$[y]_{补}=1\ 0110000$。若整型变量 z=2x+y/2，则 z 的机器数为（　　　）。

A．1 1000000　　　　　　　　　　　B．0 0100100

C．1 0101010　　　　　　　　　　　D．溢出

55．（2013 年统考真题）用海明码对长度为 8 位的数据进行检/纠错时，若能纠正一位错，则校验位数至少为（　　　）。

A．2　　　　　　B．3　　　　　　C．4　　　　　　D．5

56．已知有效信息位为 1100，试用生成多项式 G(x)=1011 将其编成 CRC 码。

57．写出一个定点 8 位字长的二进制数在下列情况中所能表示的真值（数值）范围：

1）不带符号数表示。

2）原码表示。

3）补码表示。

4）反码表示。

5）移码表示。

58．设浮点数字长为 16 位，其中阶码 5 位（含一位阶符），尾数 11 位（含一位数符），将十进制数+13/128 写成二进制定点数和浮点数，并分别写出它在定点机和浮点机中的机器数形式。

59．浮点数的阶码为什么通常采用移码？

60．在定点机和浮点机中分别如何判断溢出？

61．写出浮点数补码规格化形式。当尾数出现什么形式时需要规格化？如何规格化？

62．（2011 年统考真题）假定在一个 8 位字长的计算机中运行如下类 C 程序段：

```
unsigned int x=134;
unsigned int y=246;
int m=x;
int n=y;
unsigned int z1=x-y;
unsigned int z2=x+y;
int k1=m-n;
int k2=m+n;
```

若编译器编译时将 8 个 8 位寄存器 R1～R8 分别分配至变量 x、y、m、n、z1、z2、k1 和

k2，则回答下列问题（提示：带符号整数用补码表示）：

1）执行上述程序段后，寄存器 R1、R5 和 R6 的内容分别是什么（用十六进制表示）？

2）执行上述程序段后，变量 m 和 k1 的值分别是多少（用十进制表示）？

3）上述程序段涉及带符号整数加/减、无符号整数加/减运算，这 4 种运算能否利用同一个加法器及辅助电路实现？简述理由。

4）计算机内部如何判断带符号整数加/减运算的结果是否发生溢出？上述程序段中，哪些带符号整数运算语句的执行结果会发生溢出？

63．将下列十进制数表示成浮点规格化数，阶码 4 位（包含一位阶符），分别用补码和移码表示；尾数 9 位（包含一位数符），用补码表示。

1）27/64。

2）-27/64。

64．假设机器字长为 16 位，其中阶码 6 位（包含两位阶符），尾数 10 位（包含两位数符）。已知十进制数 x=125，y=-18.125，试计算$[x-y]_{补}$（其结果用二进制真值表示，舍入时采用 0 舍 1 入法）。

65．已知两个实数 x=-68，y=-8.25，它们在 C 语言中定义为 float 型变量，分别存放在寄存器 A 和 B 中。另外，还有两个寄存器 C 和 D。A、B、C、D 都是 32 位寄存器。请问（要求用十六进制表示二进制序列）：

1）寄存器 A 和 B 中的内容分别是什么？

2）x 和 y 相加后的结果存放在寄存器 C 中，寄存器 C 中的内容是什么？

3）x 和 y 相减后的结果存放在寄存器 D 中，寄存器 D 中的内容是什么？

注：float 型变量在计算机中都被表示成 IEEE 754 单精度格式。

66．假设某字长为 8 位的计算机中，带符号整数采用补码表示，x=-68，y=-80，x 和 y 分别存放在寄存器 A 和 B 中。请回答下列问题（要求最终用十六进制表示二进制序列）：

1）寄存器 A 和 B 中的内容分别是什么？

2）若 x 和 y 相加后的结果存放在寄存器 C 中，则寄存器 C 中的内容是什么？运算结果是否正确？此时，溢出标志（OF）、符号标志（SF）和零标志（ZF）各是什么？加法器最高位的进位 C_n 是什么？

3）若 x 和 y 相减后的结果存放在寄存器 D 中，则寄存器 D 中的内容是什么？运算结果是否正确？此时，溢出标志（OF）、符号标志（SF）和零标志（ZF）各是什么？加法器最高位的进位 C_n 是什么？

4）若将加法器最高位的进位 C_n 作为进位标志（CF），则能否直接根据 CF 的值对两个带符号整数的大小进行比较？

67．设浮点数字长 32 位，其中阶码部分 8 位（含 1 位阶符），尾数部分 24 位（含 1 位数符），当阶码的基值分别是 2 和 16 时：

1）说明基值 2 和 16 在浮点数中如何表示。

2）当阶码和尾数均用补码表示，且尾数采用**规格化**形式时，给出这两种情况下所能表示的最大正数真值和非零最小正数真值。

3）在哪种基值情况下，数的表示范围大？

4）两种基值情况下，对阶和规格化操作有何不同？

68．一位程序员在一台字长为 32 位的计算机上写出了下面的代码，从计算机计算能力是否充分利用的角度来看，该代码是否高效，如果高效请说明原因，如果还有缺点请指出，并提出解决方法并附上改进后的代码。（char 为 8 位存储空间，int 为 32 位存储空间）

```
int compare(char *A,char *B)
{
    if(A==B)
        return strlen(A);
    int len,i;
    if(strlen(A)>strlen(B))
        len=strlen(A);
    else
        len=strlen(B);
    for(i=0;i<len&&A[i]==B[i];i++);
    return i;
}
```

69. 1991 年 2 月 25 日，海湾战争中，美国在沙特阿拉伯的达摩地区设置了爱国者导弹，用以拦截伊拉克的飞毛腿导弹，结果失败了，致使飞毛腿导弹击中了美国的一个兵营，造成 28 名士兵死亡。拦截失败的原因是由于一个浮点数的精度问题造成的。爱国者导弹系统中有一个内置时钟，用计数器实现，每隔 0.1s 计数一次。程序用 0.1 乘以计数器的值得到以秒为单位的实际值。0.1 的二进制表示一个无限循环序列：0.00011[0011]B（方括号中的序列是重复的）。请问：

1）假定用一个类型为 float 的变量 x 来表示 0.1，则变量 x 在机器中的机器数是什么（要求写成十六进制形式）？绝对值|x-0.1|的值是什么（要求用十进制表示）？

2）爱国者系统启动时计数器的初始值为 0，并开始持续计数。假定当时系统运行了 200h，则程序计算的时间和实际时间的偏差为多少？如果爱国者根据飞毛腿的速度乘以它被侦测到的时间来预测位置，且飞毛腿的速度为 2000m/s，则预测偏差的距离为多少？

70.（2017 年统考真题）已知 $f(n) = \sum_{i=0}^{n} 2^i = 2^{n+1} - 1 = \overbrace{11\cdots\cdots11}^{n+1位}B$，计算 f（n）的 C 语言函数 f1 如下：

```
int f1(unsigned n){
    int sum=1, power=1;
    for(unsigned i=0;i<=n-1;i++){
        power *= 2;
        sum += power;
    }
}
```

将 f1 中的 int 都改为 float，可得到计算 f(n)的另一个函数 f2。假设 unsigned 和 int 型数据都占 32 位，float 采用 IEEE 754 单精度标准。请回答下列问题。

1）当 n=0 时，f1 会出现死循环，为什么？若将 f1 中的变量 i 和变量 n 都定义为 int 型，则 f1 是否还会出现死循环？为什么？

2）f1（23）和 f2（23）的返回值是否相等？机器数格式是什么（用十六进制表示）？

3）f1（24）和 f2（24）的返回值分别为 33554431 和 33554432.0，为什么不相等？

4）f（31）=2^{32}-1，而 f1（31）的返回值却为-1，为什么？若使 f1（n）的返回值与 f（n）相等，则最大的 n 是多少？

5）f2（127）的机器数为 7F80 0000H，对应的值是什么？若使 f2（n）的结果不溢出，则最大的 n 是多少？若使 f2（n）的结果精确（无舍入），则最大的 n 是多少？

习题答案

1．解析：C。求最小的非零正数，符号位为 0，数值位取非 0 中原码最小值，该 8 位数据编码为 0.0000001，表示的值是 2^{-7}，所以选 C。

2．解析：B。在计算机中，小数和整数不一样，整数可以连续地表示，但小数是离散的，因此并不是每一个十进制小数都可以用二进制来表示，故只有Ⅳ是错误的。

3．解析：C。考生应该稍微注意一下 BCD 码，可能出概念题。在 8421 BCD 码中，1010～1111 是不使用的，故Ⅱ、Ⅲ都是不合法的 BCD 码。

4．解析：A。按字节编址，每个存储单元可存放 8 位二进制数即 2 位十六进制数。采用小端方式存放数据，即从低位到高位依次存放数据。在 0000 8040H 存储单元中存放 88H，则在 0000 8046H 存储单元中存放 22H。

5．解析：B。（n，k）海明码是指其数据位为 k 位，校验位（或称冗余位）为 n-k 位，数据编码共 n 位。

6．解析：C。假设需要加 r 位的校验位，则 r 必须满足不等式 $2^r \geq 16+1+r$，解得 r 至少为 5。但 r=5 只能纠正一位错误（这个可根据海明码的定义得知）。若要发现两位错误，则需要再增加一位校验位，故至少需要加 6 位校验位。

7．解析：B。只要清楚奇偶校验码的简单概念即可回答。假设有 n 位信息位，偶校验就是配置后的 n+1 位代码中"1"的个数为偶数；奇校验就是配置后的 n+1 位代码中"1"的个数为奇数。

8．解析：D。如果采用偶校验码，当收到的数据位为偶数个 1 时，此时可能未出错，也可能出现偶数位错误；同理，如果采用奇校验码，当收到的数据位为奇数个 1 时，此时可能未出错，也可能出现偶数位错误，故选 D。

9．解析：A。循环冗余校验码进行检错的重要特性：

1）具有 r 检测位的多项式能够检测出所有长度小于或等于 r 的突发错误。

2）长度大于 r+1 的错误逃脱的概率是 $1/2^r$。

10．解析：D。由于地址都是正数，肯定不需要浪费 1bit 来表示符号位，故采取无符号数来表示内存的地址，故选 D。

11．解析：B。考查以下两个知识点。

1）怎么快速地将 65530 转换成十六进制？这里主要考查考生的一个逆向思维过程。考生应该记住对于 16 位无符号整数的最大值为 65535（2^{16}-1），其十六进制为 FFFFH，那么就可以很轻松地得到 65530 的十六进制为 FFFAH（F-5=A）。

2）无符号短整型转换成无符号整型只需在高位补 0 即可。所以，最终得到 y 的机器数为 0000 FFFAH。

12．解析：D。考查强制类型转换，有符号变量 si 对应的二进制代码为 1000 0000 0000 0001，赋值给无符号变量 usi 后，usi 对应的二进制代码仍然为 1000 0000 0000 0001，但由于无符号变量没有符号位，因此变量 usi 的值为 2^15+2^0=32769。

注意：对于有符号变量与无符号变量之间的强制类型转换，变量所对应的二进制代码的每一位都不改变，只是解释二进制代码的方式发生了变化，有符号变量最高位为符号位，无符号变量无符号位。

13．解析：C。首先我们知道 float 类型采用 IEEE 754 单精度浮点数格式表示，IEEE 754 标准单精度浮点数格式为

符号位 S	偏移的阶码	尾数
1 位	8 位	23 位

其中尾数隐含了一位，即尾数有 24 位二进制有效位数。因为 $1e10=10^{10}\approx 10\times 2^{30}\approx 2^{33}$，数量级大约为 2^{33}，而 2.5 的数量级为 2^1，因此在计算 2.5+1e10 进行对阶时，两数阶码的差为 32。也就是说，2.5 的尾数要右移 32 位，从而使得 24 位有效数字全部丢失，尾数变为全 0。然后再与 1e10 的位数相加，结果就是 1e10 的尾数，因此 f=2.5+1e10 的运算结果仍为 1e10，这样，再执行 f=f-1e10 时结果就为 0。

故本题正确答案为 C。

14．解析：B。

15．解析：D。在小数定点机中，若采用补码表示，则 0 的编码是唯一的，因此补码可以比原码和反码多表示一个-1，至于为什么，已经在前面知识点中很详细地讲解过了。另外，假设机器字长为 n 位，不管原码、补码、反码，上限都是 $1-2^{-(n-1)}$。

16．解析：D。题意已说明 4 位都是数值位，故不存在符号位，因此负数是无法表示出来的，而 4 位的数值代码最多能表示 0～15（2^4-1）。

17．解析：A。假设机器数字长为 n 位，包含一位符号位，则原码、补码、反码的表示范围见表 2-29。

表 2-29　习题 17 中机器数的原码、补码、反码的表示范围

原码	$-(2^{n-1}-1)\sim(2^{n-1}-1)$
补码	$-2^{n-1}\sim(2^{n-1}-1)$
反码	$-(2^{n-1}-1)\sim(2^{n-1}-1)$

18．解析：B。首先写出 0.3125 的二进制表示形式为 1010 1000（首位为符号位，小数点隐藏在符号位之后），然后可以直接写出补码的表示形式为 1101 1000，移码即为补码的符号位取反，即 0101 1000，转换成十六进制数为 58H。

19．解析：B。0000 0000 移码表示的真值为-128，即 x=-128；可以从补码的角度理解，补码就是移码的符号位取反，即 1000 0000，因此是-128。而-x=+128，超出了 8 位移码所能表示的最大正数+127，故溢出，其他选项以此类推。

20．解析：B。本题结果说明并不是任何十进制小数都可以用二进制表示，仅有$(0.2)^{N-1}$ 的概率可以精确地用二进制表示。

N 位二进制补码定点小数（含 1 位符号位）可以表示 2^N 个数，十进制的可以表示 $2\times 10^{N-1}$ 个数（最高位只能取 0 或 1，以表示正负），两者的商为 $(0.2)^{N-1}$，故选 B。

21．解析：A。首先，-1/2 的补码表示为 1.1000；其次，需要引出一个结论：**当使用补**

码表示时，如果符号位相同，则数值位越大，码值越大（记住即可）。因此，要使得 x>-1/2 成立，x_1 必须为 1，$x_2 \sim x_4$ 至少有一个为 1。

22．解析：D。首先-16 的补码是 1,10000（第一个 1 为符号位），再次引用该结论：**当使用补码表示时，如果符号位相同，则数值位越大，码值越大**。因此，要使得 x<-16，第一位必须为 0，后面则可以任意，即 1,0××××，故选 D。

23．解析：D。x 和 z 为 int 型，说明 x 和 z 都占 32 位的存储空间。127 换成二进制为 0000 0000 0000 0000 0000 0000 0111 1111，对应的十六进制为 0000007FH。z 进行运算后变成 118，换成二进制为 0000 0000 0000 0000 0000 0000 0111 0110，对应的十六进制为 00000076H。另外，因为 y 为 short 型，所以 y 所占存储空间为 16 位，且在计算机中使用补码表示（默认的）。-9 的二进制表示为 1000 0000 0000 1001，因此-9 的补码表示为 1111 1111 1111 0111（符号位不变，其余位取反加 1），对应的十六进制为 FFF7H。

24．解析：B。本题看上去较为复杂，因为涉及乘法运算。但本题的考查目的在于对补码的范围和溢出的理解。补码的最高位是符号位，相乘中只参与正负运算；溢出就是（本题中是 8 位）无法表示得到的结果。因此，如果按照书本上的方式来算出每个结果再判定，这肯定会浪费时间。正确的解题方法如下：

8 位补码所表示的十进制范围为-128～+127，可把 4 个十六进制数全部转换为十进制，进行口算相乘（适合数字很小的运算），得出的结果中，最大的就是会溢出的。

r1=FEH=1111 1110，符号位为 1，说明为负数。除符号位取反加 1，即 1000 00010，故 r1=-2。

同理可得，r2=-14，r3=-112，r4=-8，故

r1×r2=28	r2×r3=1568
r1×r4=16	r2×r4=112

因此，只有 r2×r3 超出了-128～+127 范围。

总结：对于此种类型的题目，最重要的还是对基础知识的掌握，对各种进制的转换要熟悉，并且对各种码制所能表达的范围要理解透彻。

25．解析：C。8 位定点补码的表示范围为-128～127，若运算结果超出这个范围则会发生溢出。A 选项 x+y=103-25=78，排除；B 选项-x+y=-103-25=-128，排除；D 选项 -x-y=-103+25=-78，排除；C 选项 x-y=103+25=128，超出表示范围，故选 C。

26．解析：B。最小整数一定是一个负数，最高位符号位应该为 1。还剩 2 个"1"和 5 个"0"用来组成绝对值最大的负数，用补码表示负数时，负数的绝对值越大，其对应的补码越小，故其补码表示应该为 10000011（含符号位），即十进制数-125。

27．解析：D。当使用 8 位补码来表示-128 时，是 10000000（假设采用一位符号位，两位类似），而移码恰好是补码的符号位取反，结果为 00000000。

28．解析：B。此题属于概念题，定点机中执行算术运算时会产生溢出的根本原因是运算所得结果的数值超出了所能表示的范围。

29．解析：D。定点数运算如果发生溢出，则必须发出出错信息进行中断处理，不要和浮点数的尾数溢出混淆。

30．解析：D。

Ⅰ：在原码一位乘中，符号位是不参与运算的，结果的符号位是被乘数的符号位和乘数的符号位"异或"的结果，故Ⅰ错误。

Ⅱ：在原码一位乘算法中，由于参与操作的数是真值的绝对值，因此没有正负可言，故

在原码一位乘法运算过程中所有的移位均是逻辑移位操作，即在高位添加 0，故Ⅱ错误。

Ⅲ：由于在部分积相加中，可能导致两个小数相加大于 1，因此部分积至少需要使用 n+1 位寄存器，故Ⅲ错误。

综上所述，Ⅰ、Ⅱ、Ⅲ全错。

31．解析：B。在前面知识点讲解中，总结了该操作的简单记忆方式，即假设 $y_{i+1}-y_i=a$，那么对应的操作就是部分积先加上 a*[x]$_补$，再右移一位。

注：减[x]$_补$，就是加上[-x]$_补$。

此题中，$y_{i+1}-y_i=1$，故原部分积加[x]$_补$，然后右移一位。这里也要记住，一定是右移，不存在左移。

32．解析：B。此题属于概念题，在前面知识点讲解中，多次强调原码乘法采用的是绝对值的补码。

33．解析：B。首先做补码除法时，符号位是和数值位一起参加运算的（故采用的肯定不是绝对值的补码），因此商符在形成商值的过程中自动形成。

34．解析：A。先将机器数 DAH 表示成二进制，即 11011010，在前面知识点讲解中，提过两位符号位的算术移位思想，即高位符号位不参与移位，低位符号位需要参与移位，算术左移变成 10110100(补码算术左移,低位补 0),转成十六进制，即 B4H；算术右移变成 11101101（补码算术右移，高位添加符号位，此题应该补 1），转成十进制，即 EDH。

35．解析：D。

Ⅰ和Ⅱ看前面的总结，故Ⅰ、Ⅱ都是正确的。

Ⅲ：为了防止左移操作造成溢出，补码的算术左移需要一个前提条件，即其原最高有效位需要与符号位相同。对于这句话的理解，使用两位符号位更为方便。正常情况下，采用两位符号位时，符号位为 00 或 11 表示正常。如果最高数值位和符号位不一样，那么左移就会导致符号位为 10 或者 01，造成溢出。

综上所述，Ⅰ、Ⅱ、Ⅲ都是正确的，故选 D。

36．解析：C。判断运算结果是否规格化和阶符没有关系。如果是双符号位，则**规格化的形式为符号位和小数部分最高位相异**（由于任何正确的数，两个符号位的值总是相同的，因此前提是两位符号位要相同）。此外，左规是当尾数运算后没有发生溢出但不符合规格化标准时进行的操作，而右规是当尾数发生溢出时进行的操作。

37．解析：B。如果浮点数采用原码表示，则尾数的规格化形式为 0.1×××…×或者 1.1×××…×。

38．解析：D。此题属于概念题，前面重点提示过，在浮点机中，基数默认为 2，故可以隐藏。

39．解析：C。

Ⅰ：这个是规定的，浮点数可以表示正无穷大和负无穷大两个值。

Ⅱ：在特殊的场合当然可以使用非规格化的浮点数，只是在做加减运算时，如果不使用规格化浮点数，就没有办法进行运算。

Ⅲ：只对**规格化的浮点数**才使用隐藏位技术（隐藏最高位 1）。

Ⅳ：浮点数 IEEE 754 标准规定，对 32 位浮点数的阶码用偏移值为 127 的**移码**表示，尾数用**原码**表示。

40．解析：D。首先，可将 x、y 分别记为 00,111；00.11101 和 00,101；00.10100，然后

根据浮点数的加法步骤进行计算。

第一步：对阶。x、y 阶码相减，即 00,111−00,101=00,111+11,011=00,010，当然这里就不用计算了，从题目给出的条件也可以看出，x 的阶码比 y 的阶码大 2。根据小阶向大阶看齐的原则，将 y 的阶码加 2，尾数右移 2 位，即 y 变成 00,111；00.00101。

第二步：尾数相加，即 00.11101+00.00101=01.00010，尾数相加结果符号位为 01，故需进行右规。

第三步：规格化。将尾数右移 1 位，阶码加 1，得 x+y 为 01,000；00.10001，阶码符号位为 01，说明发生溢出，且为正溢出。

41．解析：B。分析：首先应当明确，int→float→double，表达数据的精度是不断提高的，并且从低到高的转换一般不损失精度，而从高到低的转换可能损失精度。此题中需要找出结果为真的，按照前面说的规则，Ⅰ、Ⅲ 很容易就可以判断出，一定是真（此时便可以写出结果，但出于严谨，继续判断）；而 Ⅱ 因为先将一个浮点型数转换为整数，后又转为浮点型，那么精度一定会有损失，必为假；Ⅳ 看上去是相等的，但在计算机的执行中，d+f 会被自动转换为双精度浮点数格式，所以等式左边的精度最终为双精度，而等式右边的 f 为单精度，故 Ⅳ 为假。

42．解析：A。此题着重考查 IEEE 754 单精度浮点数格式。只要知道格式，基本上就是硬套公式了。首先，将 x 表示成二进制，即−1000.01=−1.00001×2^3。其次，应该计算阶码（不妨设为 E），根据 IEEE 754 单精度浮点数格式有 E−127=3，故 E=130，换成二进制为 1000 0010。最后要记住，最高位 "1" 是被隐藏的。

因此，根据 IEEE 754 格式：符号（1 位）+偏移的阶码（8 位）+尾数（23 位），即

$$1+1000\ 0010+0000\ 1000\ 0000\ 0000\ 000$$

转换成十六进制：1100 0001 0000 0100 0000 0000 0000 0000，即 C1040000H。

43．解析：D。首先，最大整数肯定是正数，取数符 m_s=0；其次，要使得该数最大，尾数必须最大，即尾数 m=.11…1，其值为 1.11…1（小数点前面的 1 隐藏），该数怎么转换为十进制？因为尾数后面有 23 个 1，显然加上一个 2^{-23} 的结果为 10.00…0，即 2。所以 1.11…1=2−2^{-23}。

由于采用单精度格式，因此阶码为 8 位（采用移码表示），最大是否为全 1？显然不行，阶码全 0 和全 1 都是不可取的，因此最大可以取到 11111110，即十进制 254，然后再减去偏移量 127，最后可得最大指数 127。

综上所述，可以得到 float 类型（即 IEEE 754 单精度浮点数格式）能表示的最大整数是 $2^{127}×(2−2^{-23})$，即 $2^{128}−2^{104}$。

【总结】

IEEE 754 标准浮点数的表示范围，见表 2-30。

表 2-30　IEEE 754 标准浮点数的表示范围

格　式	最小值	最大值
单精度	m_s=1，m=0，值为 $1.0×2^{1-127}=2^{-126}$	m_s=0，m=.11…1，值为 $1.11…1×2^{254-127}=2^{127}×(2−2^{-23})$
双精度	m_s=1，m=0，值为 $1.0×2^{1-1023}=2^{-1022}$	m_s=0，m=.11…1，值为 $1.11…1×2^{2046-1023}=2^{1023}×(2−2^{-52})$

44．解析：A。（f1）和（f2）对应的二进制分别是 $(110011001001……)_2$ 和 $(101100001100……)_2$，根据 IEEE 754 标准，可知（f1）的数符为 1，阶码为 10011001，尾数

为 1.001，而（f2）的数符为 1，阶码为 01100001，尾数为 1.1，则可知两数均为负数，符号相同，B、D 排除，（f1）的绝对值为 $1.001×2^{26}$，（f2）的绝对值为 $1.1×2^{-30}$，则（f1）的绝对值大于（f2）的绝对值，符号为负，真值大小相反，故（f1）的真值小于（f2）的真值，即 x<y，故选 A。

45．解析：D。对阶操作小阶向大阶看齐，不会引起阶码的上溢或下溢，Ⅰ正确；右归需要阶码加 1，有可能引起阶码上溢，尾数舍入时，若需在尾数的末位加 1，有可能会使尾数溢出，需再次右归，同样可能引起阶码上溢，Ⅱ正确；每次左归时阶码减 1，有可能引起阶码下溢，Ⅲ正确；尾数溢出时需要进行右归，只有当右归后阶码溢出，结果才真正溢出，Ⅳ正确。

46．解析：C。解答本题需要有一定的 C 语言基础。

● 在 C 语言中，float 类型对应 IEEE 754 标准的单精度浮点数格式，也即 float 型数据的有效位数只有 24 位（相当于有 7 位十进制有效位数）。

● double 类型对应 IEEE 754 标准的双精度浮点数格式，有效位数有 53 位（相当于有 17 位十进制有效位数）。

● int 类型为 32 位整数，有 31 位有效位数（最大数为 2147483648）。

整数 123456789 的有效位数为 9 位，转换为 float 型数据后发生了有效位数丢失，再转换为 int 型数据时，已经不是 123456789 了，所以，选项Ⅰ"123456789==(int)(float)123456789"两边的值不相等，故该表达式为 False。

数据改为 123456 后，有效位数只有 6 位，转换为 float 类数据后有效位数没有丢失，因此数值没变，再转换为 int 型数据时，还是 123456，所以，选项Ⅱ"123456==(int)(float)123456"两边的值相等，故该表达式为 True。

整数 123456789 的有效位数为 9 位，转换为 double 型数据后，不会发生有效位数丢失，再转换为 int 型数据时，还是 123456789，所以，选项Ⅲ"123456789==(int)(double)123456789"两边的值相等，故该表达式为 True。

综上所述，Ⅱ和Ⅲ的值都为 True，故选 C。

47．解析：D。阶码基值 r_e 通常取为 2，在目前所有的计算机系统中已经成为定论，因为在以二进制为基本计算单位的计算机系统中阶码采用其他进位制没有任何好处，所以 r_e 不是主要的研究对象。

阶码的值 e 通常采用整数、移码表示，只有极少数机器中采用补码表示，所以 e 不是主要的研究对象。

尾数 m 在多数计算机中用纯小数表示，只有少数机器采用整数表示，而尾数的码制有原码和补码两种，然而，尾数 m 的表示方法与浮点数的表述范围和表述精度基本无关，所以 m 也不是主要的研究对象。

综上所述，排除了 3 个参数，剩下的参数都是正确答案，故选 D。

48．解析：B。采用先行进位的根本目的就是让进位信号传递的时延更小。

49．解析：D。在运算器中重点介绍了运算器的基本结构，地址寄存器并不是运算器的部件。

50．解析：D。可以从公式 $\sum_i = A_i\overline{B_i}\overline{C_{i-1}} + \overline{A_i}B_i\overline{C_{i-1}} + \overline{A_i}\overline{B_i}C_{i-1} + A_iB_iC_{i-1}$ 得出，每位全和的形成除与本位相加两数数值位有关外，还与低位数送来的进位有关，故选 D。

51．解析：C。ALU 属于组合逻辑电路。

52．解析：C。串行运算器只有一个全加器，不存在先行进位，运算肯定是由低位到高位。

53．解析：A。首先，将 C640 0000H 转换为二进制，即 1100 0110 0100 0000 0000 0000 0000 0000。而 IEEE 754 单精度浮点数的标准格式为

S	阶码	尾数
1	1000 1100	100 0000 0000 0000 0000 0000

其次，E=1000 1100（对应十进制 140），减去偏移量 127，可以得到真实阶码为 13。由于真实尾数的最高位"1"是被隐藏的，因此真实尾数为-1.10000，转换成十进制为- $\{(2^0)+(2^{-1})\}$ = -1.5，于是得到最后的结果为-1.5×2^{13}。

54．解析：A。此题存在一个解题技巧，主要考查补码的算术移位。2x 其实就是将 x 左移一位。左移一位之后的结果是 1 1101000；y/2 其实就是将 y 右移一位。右移一位之后的结果是 1 1011000；再按照补码的加法将移位后的 x 和 y 进行相加。

$$
\begin{array}{r}
1\,1101000 \\
+\,1\,1011000 \\
\hline
1\,1000000
\end{array}
$$

最后可采用补码加法判断溢出的方法，即数值最高位和符号位都有进位，即 1⊕1=0，故无溢出，所以可以得到最终结果为 A。判断补码加减运算溢出的 3 种方式。

55．解析：C。直接套用公式即可，设校验位的位数为 k，数据位的位数为 n，应满足下述关系：2^k≥n+k+1。本题 n=8，当 k=4 时，2^4>8+4+1，符合要求，可得校验位至少是 4 位。

56．解析：有效信息 M(x)=1100=x^3+x^2，可知 n=4。

G(x)=1011=x^3+x+1。

由于 G(x)为 k+1 位，可知 k=3。

故将有效信息左移 3 位后再被 G(x)模 2 除，即

$$M(x)\cdot x^3=1100000=x^6+x^5$$

$$\frac{M(x)\cdot x^3}{G(x)}=\frac{1100000}{1011}=1110+\frac{010\rightarrow R(x)}{1011}$$

因此 M(x)·x^3+R(x)=1100000+010=1100010 即为 CRC 码。

总的信息位为 7 位，有效信息位为 4 位，冗余位（检测位）为 3 位，上述 1100010 码又称为（7，4）码。

57．解析：此题考查各种机器数的表示范围：

1）不带符号数表示范围：0～255。

2）原码表示：-127～+127。

3）补码表示：-128～+127。

4）反码表示：-127～+127。

5）移码表示：-128～+127。

☞ 可能疑问点：为什么有些书上的移码表示范围为 0～+255？

解析：对于移码，假设 n 等于 8。

1）真值（数值）表示范围：-128～+127。

2）机器数表示范围：0～+255。

所以要看清楚题干问的是哪种表示范围。

58．解析：假设 x=+13/128

其二进制形式可以表示为：x=0.0001101000。

定点数表示：x=0.0001101000。

浮点数规格化表示：$x=0.1101000000\times2^{-11}$。

定点机中：$[x]_原=[x]_补=[x]_反=0.0001101000$。

浮点机中：

$[x]_原=1,0011;0.1101000000$。

$[x]_补=1,1101;0.1101000000$。

$[x]_反=1,1100;0.1101000000$。

59．解析：假设采用 n 位数值位，由移码的定义可知，有如下关系：

$$\begin{cases} [x]_移<2^n, & 当\ x<0\ 时 \\ [x]_移\geq2^n, & 当\ x\geq0\ 时 \end{cases}$$

因此，正数的移码一定大于负数的移码，这个是移码与原码、补码、反码的一个重要区别。更重要的是，移码具有如下性质：

$$当\ x>y\ 时，[x]_移>[y]_移$$

60．解析：

（1）定点机

定点机中可分别采用**单符号位和双符号位**判断补码加/减运算是否溢出，其中单符号位又分为两种方法：

1）若参加运算的两个操作数符号相同，结果的符号位又与操作数的符号不同，则为溢出。

2）若求和时最高进位与次高位进位"异或"结果为 1，则为溢出。

双符号位判别方法：

当最后的运算结果两位符号位为 10 或者 01 时，溢出，10 表示负溢出，01 表示正溢出。

（2）浮点机

浮点机中的溢出根据阶码来判断。当阶码大于最大正阶码时，即为浮点数溢出；当阶码小于最小负阶码时，按机器零处理。

61．解析：设浮点数尾数采用双符号位，当尾数呈现 00.1×××…×或者 11.0×××…×时，即为补码规格化形式。

当尾数出现 01.×××…×或 10.×××…×时，需要右规一次，即尾数右移一位，阶码加 1。当尾数出现 00.0×××…×或 11.1×××…×时，需要左规 N 次（N 不定），尾数每左移一位，阶码减 1，直到尾数呈现规格化形式为止。

62．解析：

1）寄存器 R1 存储的是 134，转换成二进制为 1000 0110B，即 86H。寄存器 R5 存储的是 x-y 的内容，x-y=-112，转换成二进制为 1001 0000B，即 90H。寄存器 R6 存储的是 x+y 的内容，x+y=380，转换成二进制为 **1** 0111 1100B（前面的进位舍弃），即 7CH。由于计算机字长为 8 位，因此无符号整数能表示的范围为 0～255，而 x+y=380，故溢出。

2）m 二进制表示为 1000 0110B，由于 m 是 int 型，因此最高位为符号位，可以得出 m 的原码为 1111 1010（对 1000 0110 除符号位取反加 1），即-122。同理，n 的二进制表示为 1111 0110B，故 n 的原码为 1000 1010，转成十进制为-10。因此，k1=-122-(-10)=-112。

3）**参考答案**：可以利用同一个加法器及辅助电路实现。因为无符号整数和有符号整数都是以补码形式存储，所以运算规则都是一样的。但有一点需要考虑，由于无符号整数和有符号整数的表示范围是不一样的，因此需要设置不一样的溢出电路。

4）至于内部如何判断溢出，可参考前面的总结。带符号整数只有 k2 会发生溢出。分析：8 位带符号整数的补码取值范围为-128～+127，而 k2=m+n=-122-10=-132，超出范围；而k1=-112，在-128～+127 范围之内。

63．解析：

1）27/64= 0.011011 = 0.11011×2^{-1}

当补码和尾数都采用补码表示时：1,111；0.11011000。

阶码采用移码、尾数采用补码表示时：0,111；0.11011000。

2）-27/64=1.011011=1.11011×2^{-1}

当补码和尾数都采用补码表示时：1,111；1.00101000。

阶码采用移码、尾数采用补码表示时：0,111；1.00101000。

64．解析：首先将 x 和 y 转换成浮点数

$$x = 125 = 0.11111010 \times 2^{0111}$$
$$y = -18.125 = -0.10010001 \times 2^{0101}$$

由于 j_x=00,0111，因此$[j_x]_补$=00,0111，同理$[-j_y]_补$=11,1011
故

$$[x]_补=00,0111;00.11111010$$
$$[y]_补=00,0101;11.01101111$$

下面可以按照 5 个步骤来做：

1）对阶。求阶差：$[\Delta_j]_补=[j_x]_补-[j_x]_补=[j_x]_补+[-j_y]_补$
=000111+111011
=000010

所以 y 的阶码要低 2，故应该 y 向 x 对齐，y 尾数需要右移两位，阶码加 2，如下：
$$[y]_补=000111,11.11011011$$

2）尾数求差。

00.11111010
+00.00100101　　（这里加的是 y 尾数的负数补码）
01.00011111

即$[x-y]_补$=00,0111;01.00011111。

3）规格化。尾数出现 01.×××…×，说明需要右规一次即可，阶码加 1，最后可得
$[x-y]_补$=00,1000;00.10001111**1**（加了下画线的 1 为右规丢弃的 1）

4）舍入处理。由于右规低位丢 1，因此尾数末位加 1，即尾数变为 00.10010000。

5）溢出判断。最后阶符为 00，没有溢出，最后应将$[x-y]_补$=001000,00.10010000 转换为二进制真值，即

$$x - y = 0.10010000 \times 2^{001000} = 0.10010000 \times 2^8 = 10010000$$

65．解析：

1）float 型变量在计算机中都被表示成 IEEE 754 单精度格式。x=-68=-(1000 100)_2=

-1.0001×2^6，符号位为 1，阶码为 127+6=128+5=$(1000\ 0101)_2$，尾数为 1.0001，所以小数部分为 000 1000 0000 0000 0000 0000，合起来整个浮点数表示为 1 1000 0101 000 1000 0000 0000 0000 0000，写成十六进制为 C2880000H。

y=-8.25=$-(1000.01)_2$=-1.00001×2^3，符号位为 1，阶码为 127+3=128+2=$(1000\ 0010)_2$，尾数为 1.00001，所以小数部分为 000 0100 0000 0000 0000 0000，合起来整个浮点数表示为 1 1000 0010 000 0100 0000 0000 0000 0000，写成十六进制为 C1040000H。

2）两个浮点数相加的步骤如下。

① 对阶：E_x=1000 0101，E_y=1000 0010，则
$$[Ex-Ey]_补=[Ex]_补+[-Ey]_补=1000\ 0101+0111\ 1110=0000\ 0011$$
E_x 大于 E_y，所以对 y 进行对阶。对阶后，y=-0.00100001×2^6。

② 尾数相加：x 的尾数为-1.000 1000 0000 0000 0000 0000，y 的尾数为-0.001 0000 1000 0000 0000 0000。用原码加法运算实现，两数符号相同，做加法，结果为-1.001 1000 1000 0000 0000 0000 0000。

即 x 加 y 的结果为-1.001 1000 1×2^6，所以符号位为 1，尾数为 001 1000 1000 0000 0000 0000，阶码为 127+6=128+5，即 1000 0101，合起来为 1 1000 0101 001 1000 1000 0000 0000 0000，转换为十六进制形式为 C2988000H。所以寄存器 C 中的内容是 C2988000H。

3）两个浮点数相减的步骤同加法，对阶的结果也一样，只是尾数相减。

尾数相减：x 的尾数为-1.000 1000 0000 0000 0000 0000，y 的尾数为-0.001 0000 1000 0000 0000 0000。用原码减法运算实现，两数符号相同，做减法。符号位取大数的符号，为 1；数值部分为大数加小数负数的补码，即

```
      1.000 1000 0000 0000 0000 0000
  +   1.110 1111 1000 0000 0000 0000
  ─────────────────────────────────
      0.111 0111 1000 0000 0000 0000
```

x 减 y 的结果为-0.111 01111×2^6=-1.1101111×2^5，所以符号位为 1，尾数为 110 1111 0000 0000 0000 0000，阶码为 127+5=128+4=$(1000\ 0100)_2$，合起来为 1 1000 0100 110 1111 0000 0000 0000 0000，转换为十六进制形式为 C26F0000H。所以寄存器 D 中的内容是 C26F0000H。

注意：如果是对于选择题，第 2）和 3）问可不采用这么严格的计算，可以采用"偷懒"的方法，先将十进制的 x+y、x-y 计算之后，结果再转成 IEEE 754。对于大题，也可以采用这种方法验证结果的正确性。

66．解析：

1）$[-68]_补$=$[-1000100B]_补$=10111100B=BCH。

$[-80]_补$=$[-1010000B]_补$=10110000B=B0H。

所以，寄存器 A 和寄存器 B 中的内容分别是 BCH 和 B0H。

2）① $[x+y]_补$=$[x]_补$+$[y]_补$=10111100B+10110000B=(1)01101100B=6CH，最高位前面的一位 1 被丢弃，因此，寄存器 C 中的内容为 6CH。

② 寄存器 C 中的内容为 6CH，对应的真值为+108，而 x+y 的正确结果应是-68+(-80)=-148，故结果不正确。

③ 溢出标志位（OF）可采用以下任意一条规则判断得到。

规则 1：若两个加数的符号位相同，但与结果的符号位相异，则溢出。

规则 2：若最高位上的进位和次高位上的进位不同，则溢出。

通过这两个规则都能判断出结果溢出，即溢出标志位（OF）为 1，说明寄存器 C 中的内容不是正确的结果。结果的第一位 0 为符号标志（SF），表示结果为整数。因为结果不为 0，所以零标志 ZF=0。

综上，溢出标志（OF）为 1，符号标志（SF）为 0，零标志（ZF）为 0。

④ 加法器最高位向前的进位 C_n 为 1。

3）① $[x-y]_\text{补}=[x]_\text{补}+[-y]_\text{补}$=10111100B+01010000B=(1)00001100B=0CH，最高位前面的一位 1 被丢弃，因此，寄存器 D 中的内容为 CH。

② 对应的真值为+12，结果正确。

③ 两个加数的符号位相异一定不会溢出，因此溢出标志（OF）为 0，说明寄存器 D 中的内容是真正的结果；结果的第一位 0 为符号标志（SF），表示结果为正数；因为结果不为 0，所以零标志 ZF=0。

综上，溢出标志（OF）为 0，符号标志（SF）为 0，零标志（ZF）为 0。

④ 加法器最高位向前的进位 C_n 为 1。

4）从 2）和 3）的例子就可得出，带符号整数-68 和-80 时，C_n 为 1，而带符号数-68 和 80 时，C_n 一样为 1，所以若将加法器最高位的进位 C_n 作为进位标志（CF），无法直接根据 CF 的值判断两个带符号整数的大小。

67. 解析：

1）基值 2 和 16 在浮点数中是隐含表示的，并不出现在浮点数中。

2）最大正数，也就是，尾数最大且规格化，阶码最大的数；最小正数，也就是，尾数最小且规格化（t 为基值时，尾数的最高 $\log_2 t$ 位不全为 0 的数为规格化数），阶码最小的数。

当阶码的基值为 2 时，最大正数：0,111 1111；0,11…1，真值是$(1-2^{-23})\times 2^{127}$；最小正数：1,000 0000；0,10…0，真值是 2^{-129}。

当阶码的基值是 16 时，最大正数：0,111 1111；0,11…1，真值是$(1-2^{-23})\times 16^{127}$；最小正数：1,000 0000；0,0001…0，真值是 16^{-129}。

3）在浮点数表示中，基值越大，表示的浮点数范围就越大，所以基值为 16 的浮点数表示范围大。

4）对阶时，需要小阶向大阶看齐，若基值为 2 的浮点数尾数右移一位，阶码加 1；而基值为 16 的浮点数尾数右移 4 位，阶码加 1。

格式化时，若基值为 2 的浮点数尾数最高有效位出现 0，则需要尾数向左移动一位，阶码减 1；而基值为 16 的浮点数尾数最高 4 位有效位全为 0 时，才需要尾数向左移动，每移动 4 位，阶码减 1。

68. 解析：本函数最主要的操作是 A[i]==B[i]，但由于 A[i]和 B[i]都是 char 类型的，故每次用 32 位的运算器来进行 char 变量的比较，都是将 char 变量转换为 int 类型后进行比较的。这其实浪费了运算器 3/4 的运算能力。所以改进方法就是，一次比较连续的 4 个 char 变量，代码如下：

```
int compare(char *A,char *B)
{
    if(A==B)
        return strlen(A);
    int *a,*b;
```

```
char *a1,*b1;
a=(int*)A;
b=(int*)B;
while(*a++==*b++);
    a1=(char*)--a;
    b1=(char*)--b;
while(*a1++==*b1++);
--b1;
return b1-B;
}
```

69．解析：

1）0.1=0.0 0011[0011]B=+1.1 0011 0011 0011 0011 0011 00B×2-4，float 类型采用 IEEE 754。单精度浮点数格式为

符号位	阶码	尾数	总位数
占 1 位	占 8 位	占 23 位	占 32 位

符号位 s 为 0，阶码 e=127-4=123=0111 1011B，尾数的小数部分为 0.1001 1001 1001 1001 1001 100B，因此，在机器中 float 型变量 x 表示为

符号位	阶码	尾数
0	0111 1011	1001 1001 1001 1001 1001 100

即 0011 1101 1100 1100 1100 1100 1100B，用十六进制表示为 3DCC CCCCH。由于 float 类型的精度有限，只有 24 位有效位数，尾数从最前面的 1 开始一共只能表示 24 位，后面的有效数字全部被截断，故 x 与 0.1 的误差为|x-0.1|=0.000 0000 0000 0000 0000 0000 0000 1100[1100]B。该值约等于 0.11B×2^{-27}，大约为 5.59×10^{-9}B。

2）爱国者系统运行 200h 后，共计数 200×3600×10 次=72×10^5 次。因此，程序计算的时间和实际时间的偏差约为 5.59×10^{-9}×72×10^5s=0.0402s。预测偏差距离约为 2000m/s×0.0402s=80.4m。

70．解析：

1）由于 i 和 n 是 unsigned 型，故 "i<=n-1" 是无符号数比较，n=0 时，n-1 的机器数为全 1；值是 2^{32}-1，为 unsigned 型可表示的最大数，条件 "i<=n-1" 永真，因此出现死循环。

若 i 和 n 改为 int 类型，则不会出现死循环。因为 "i<=n-1" 是带符号整型比较，当 n=0 时，n-1 的值是-1，当 i=0 时，条件 "i<=n-1" 不成立，此时退出 for 循环。

2）f1（23）与 f2（23）的返回值相等。f（23）=2^{23+1}-1=2^{24}-1，它的二进制形式是 24 个 1。int 型变量占 32 位，没有溢出。float 有 1 个符号位，8 个指数位，23 个底数位，23 个底数位可以表示 24 位的底数。所以两者返回值相等。

f1（23）的机器数是 00FF FFFFH。

f2（23）的机器数是 4B7F FFFFH。

显而易见，前者是 24 个 1，即 0000 0000 1111 1111 1111 1111 1111 1111 (2)，后者的符号位是 0，指数位为 23+127 (10) =1001 0110 (2)，底数位是 111 1111 1111 1111 1111 1111 (2)。

3）当 n=24 时，f（24）=1 1111 1111 1111 1111 1111 1111B，而 float 型数只有 24 位有效位，舍入后数值增大，所以 f2（24）比 f1（24）大 1。

4）显然 f（31）已超出了 int 型数据的表示范围，用 f1（31）实现时得到的机器数为 32 个 1，作为 int 型数解释时其值为-1，即 f1（31）的返回值为-1。

因为 int 型最大可表示数时 0 后面加 31 个 1，故使 f1（n）的返回值与 f（n）相等的最大 n 是 30。

5）IEEE 754 标准用"阶码余 1，尾数余 0"表示无穷大。f2 返回值为 float 型，机器数 7F80 0000H 对应的值是+∞。

当 n=126 时，f（126）=$2^{127}-1$=1.1…1×2^{126}，对应的阶码为 127+126=253，尾数部分舍入后阶码加 1，最终阶码为 254，是 IEEE 754 单精度格式表示的最大阶码。故使 f2 结果不溢出的最大 n 值为 126。

当 n=23 时，f（23）为 24 个 1，float 型数有 24 位有效位，所以不需要舍入，结果精确。故使 f2 获得精确结果的最大 n 值为 23。

第 3 章　存储器层次结构

大纲要求

（一）存储器的分类

（二）存储器的层次化结构

（三）半导体随机存取存储器

1．SRAM 存储器

2．DRAM 存储器

3．只读存储器

4．Flash 存储器

（四）主存储器与 CPU 的连接

（五）双口 RAM 和多模块存储器

（六）高速缓冲存储器（Cache）

1．Cache 的基本工作原理

2．Cache 和主存之间的映射方式

3．Cache 中主存块的替换算法

4．Cache 写操作策略

（七）虚拟存储器

1．虚拟存储器的基本概念

2．页式虚拟存储器

3．段式虚拟存储器

4．段页式虚拟存储器

5．TLB（快表）

（八）外存储器

考点与要点分析

核心考点

1．（★★★★★）有关 Cache 的所有知识点（选择题+综合题）。重点掌握存储器的设计方法

2．（★★★★）虚拟存储器的工作原理，可结合操作系统课程中的内存管理部分

3．（★★★）双端口 RAM 和多模块存储器的工作原理

基础要点

1．存储器系统的概念，包括基本结构、工作过程和存储系统的层次化结构。

2．各种类型存储器的工作原理，包括 SRAM 存储器、DRAM 存储器和 ROM 存储器的特点。

3．存储器与 CPU 芯片的地址线连接、数据线连接、读/写命令线连接和片选信号线的连接，并根据给定的存储芯片设计满足要求的存储器系统。

4．双端口 RAM 和多模块存储器的工作原理。

5．Cache 的工作原理、Cache 和主存之间的各种映射方式以及 Cache 中主存块的替换算法。

6．虚拟存储器的工作原理。

本章知识体系框架图

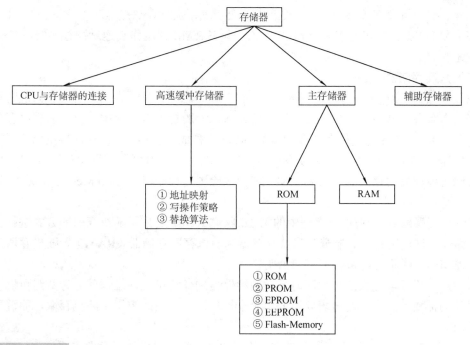

知识点讲解

3.1　存储器的基本概念

3.1.1　存储器的分类

众所周知，存储系统是现代计算机系统的重要组成部分。一个完整的存储系统应该包括主存储器、高速缓冲存储器（Cache）和辅助存储器。

注意： 在计算机组成原理科目中，存储器和主存储器、主存、内存是同义词。

目前，存储器的种类非常多，从不同的角度对存储器可做不同的分类。考生要时刻牢记，"计算机组成原理"是一门既注重记忆又注重理解的考试科目，对于存储器的分类这一节的知识点，考试需要结合对内容的理解，进行记忆。

1. 按存储介质分类

按存储介质分类，存储器主要分为半导体存储器、磁表面存储器、磁心存储器和光盘存储器。半导体存储器主要包括随机存储器和只读存储器两类；磁表面存储器主要包括磁盘、磁带；光盘存储器也叫光存储器，一般指光盘；磁心存储器由各种磁心制成，目前已被半导体存储器所取代，其实质就是用导线外套磁环组成，控制电流的两种流向，形成两种磁场以便记录信息。

2. 按存取方式分类

按存取方式分类，存储器可分为**随机存取存储器、只读存储器、顺序存取存储器和直接存取存储器**。

（1）随机存取存储器

随机存取存储器（Random Access Memory，RAM）。在随机存取存储器中存取信息，存取时间和存储位置没有关系。其优点是读写方便，使用灵活，缺点是断电信息丢失。RAM 分为静态 RAM（SRAM）和动态 RAM（DRAM），静态 RAM 常用作高速缓冲存储器，动态 RAM 常用作主存。

（2）只读存储器

只读存储器（Read-Only Memory，ROM）。顾名思义，只读存储器的内容只能随机读出而不能写入，并且其内容断电之后仍可保留，所以一般把一些固定的、不变的程序存放在这里。只读存储器 ROM 与随机存取存储器 RAM 一起构成了主存。只读存储器主要包括掩膜型只读存储器（MROM）、可编程只读存储器（PROM）、可擦除可编程只读存储器（EPROM）、电可擦除可编程只读存储器（EEPROM）和快擦除读写存储器（Flash Memory，2012 年新增知识点）。

☞ **可能疑问点：2010 年真题中的第 16 题说 ROM 是采用随机存取的方式进行信息访问的，为什么这里又将存储器分为只读存储器和随机存取存储器（RAM）？随机存取是什么意思？难道 ROM 不是随机存取存储器吗？**

解析： 随机存取是表示可以随时地访问存储器的任意单元地址，就好像数组可以通过下标直接访问需要的元素，而链表就需要一个个地找过去，因此数组是随机存取，而链表不是随机存取。

ROM 确实可以算是随机存取存储器，因为 ROM 就是采用随机存取方式访问信息，但随机存取存储器的一般定义是必要要满足可以随机进行存和取，ROM 只能进行取操作，而不能进行存操作。因此，一般都将 ROM 和随机存取存储器（RAM）分开。

注意： 名称中有 E 的都是表示可以擦除的（可能出选择题）。

（3）串行访问存储器

串行访问存储器对存储单元进行读/写操作时，需要按照物理位置的先后顺序依次访问，主要包括顺序存取存储器（磁带）和直接存取存储器（磁盘）。

磁盘是属于半串行的，因为在磁盘寻找数据时，先要寻道，这个寻道是直接找磁道的，不需要顺序寻找，所以寻道属于随机访问，寻道之后需要在磁道旋转，顺序寻找需要的信息，因此又是串行访问。将这种前段是直接访问、后段是串行访问的存储器称为**直接存取存储器**。

3. 按在计算机中的作用分类

按在计算机系统中的作用不同，存储器可分为主存储器（主存）、辅助存储器（辅存）、缓冲存储器。后面章节会陆续介绍这些内容。存储器的分类如图 3-1 所示。

【例 3-1】（2011 年统考真题）下列各类存储器中，不采用随机存取方式的是（　　）。

A. EPROM
B. CDROM
C. DRAM
D. SRAM

解析：B。随机存取的意思是可以直接访问存储器中的任何一个存储单元（类似于数组可通过下标操作无差别地访问任何一个元素），在这一点上 ROM 和 RAM 都是随机存取的。EPROM 属于 ROM，SRAM 和 DRAM 属于 RAM，故都采用随机存取方式。而 CDROM 特指光盘，只有只读特性，没有随机存取特性。

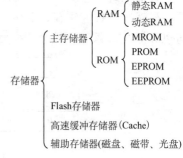

图 3-1　存储器的分类

3.1.2　存储器的性能指标

存储器主要有三个性能指标：存储容量、单位成本和存储速度。一般来说，速度越高，价格就越高；容量越大，价格就越低，且容量越大，速度必定越低，而理想的存储器应该是大容量、高速度、低价格。

1）存储容量=存储字数×字长。存储字数表示存储器的地址空间大小，即存储器的存储单元数目，字长即存储字长，表示一次存取操作的数据量。

2）单位成本：每位价格=总成本/总容量。

3）存储速度：数据传输率=数据的宽度/存储周期。存储周期又称为读写周期或访问周期，指连续两次独立地访问存储器操作之间所需的最小时间间隔。

注意：有些题目中出现存取时间的概念，存取时间是指启动一次存储器操作到完成该操作所经历的时间，一般小于存取周期。

3.2　存储器的层次化结构

为了解决存储器大容量、低价格、高速度三者之间的矛盾关系，常采用多级存储器结构，如图 3-2 所示。

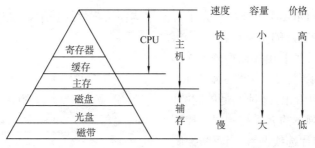

图 3-2　多级存储器结构

📖 **补充知识点：**寄存器（寄存器是有限存储容量的高速存储部件，它们可用来暂存指令、数据等）通常都是制作在 CPU 芯片内。寄存器中的数直接在 CPU 内部参与运算，CPU 内可以有十几或者几十个寄存器，它们的速度最快、价钱最贵、容量最小。

存储系统的层次结构主要体现在缓存-主存和主存-辅存这两个存储层次上，如图 3-3 所示。显然，CPU 和缓存、主存都能直接交换信息；缓存能直接和 CPU、主存交换信息；主存可以和 CPU、缓存、辅存交换信息。

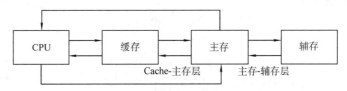

图 3-3　存储系统层次结构的主要体现

注意：Cache-主存-辅存各层次中的内容都可以在下一层次中找到，即 Cache 的内容可以在主存和辅存中找到；主存的内容可以在辅存中找到。

缓存-主存层次主要解决 CPU 和主存速度不匹配的问题。**主存和缓存之间的数据交换是由硬件自动完成的，对程序员是透明的。**

主存-辅存层次主要解决存储系统的容量问题。**主存和辅存之间的数据交换是由硬件和操作系统共同完成的。**

📖 **补充知识点：**存储器带宽的概念。

解析：带宽是衡量数据传输速率的重要指标。它表示单位时间内存储器存取的信息量。若存储器周期为 500ns，每个存储周期可访问 16 位，则它的带宽为 1/500ns×16bit= 32Mbit/s。后续章节还会深入讲解如何提高存储器的带宽。

☞ **可能疑问点：**寄存器和主存储器都是用来存放信息的，它们有什么不同？

答：寄存器在 CPU 中，速度快，价格高，容量小，主要用来暂存指令运行时的操作数和结果。主存储器在 CPU 之外，速度没有寄存器快，价格比寄存器便宜，容量大，用来存放已被启动的程序代码和数据。

3.3　半导体随机存取存储器

3.3.1　半导体随机存取存储器的基本概念

介绍 SRAM 和 DRAM 之前，首先了解半导体存储芯片的基本结构及其译码驱动方式。

1．半导体存储芯片的基本结构

半导体存储芯片主要由存储矩阵、译码驱动电路和读/写电路组成，如图 3-4 所示。

从图 3-4 中可以看出，地址线是单向的，数据线是双向的，剩下的属于控制线，控制线有**读/写控制线**和**片选线**两种。读/写控制线用来进行读/写操作，片选线用来选择存储

图 3-4　半导体存储芯片的基本结构

芯片。由于一般半导体都是由很多的芯片组成的，因此需要用片选信号来选择要读或写哪一个芯片。

2. 半导体存储芯片的译码驱动方式

现在仍然有一个问题没有解决，就是地址线送来的地址信号怎么转换成对应存储单元的选择信号？这是本知识点需要重点讨论的问题——半导体存储芯片的译码驱动方式。

半导体存储芯片的译码驱动方式分为两种：**线选法**和**重合法**。

（1）线选法（单译码）

首先假设该矩阵有 N 行，然后就可以通过公式 $\lceil \log_2 N \rceil$ 算出地址线所需要的根数。以图 3-5 为例，矩阵有 16 行，需要 4 根地址线 A_0、A_1、A_2、A_3，值 0000，0001，0010，…，1111 共 16 个数，分别代表了该矩阵的 16 行。由于图 3-5 中 A_0、A_1、A_2、A_3 的值都为 0，因此选中了第 0 行。选中之后再由读/写控制电路进行读写操作即可。另外，由于矩阵每行有 8 位，因此需要 8 根数据线。

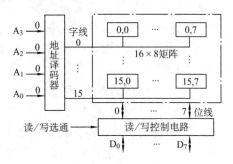

图 3-5　线选法

（2）重合法（双译码）

线选法是选中矩阵的一行（在计算机中称为选中一个字），而重合法比线选法更细，它可以选中矩阵的某一个元素（在计算机中称为选中一位）。如图 3-6 所示，存储矩阵可以看成是 32×32 的矩阵。由线性代数可知，要想在矩阵中定位一个元素，需要行列的坐标，故此时不但需要行地址线，还需要列地址线。32 行里选中一行需要 5 根地址线，32 列里选中一列也需要 5 根地址线，一共需要 10 根地址线。图 3-6 中 10 根地址线全为 0，就选中了矩阵的（0，0）元素。

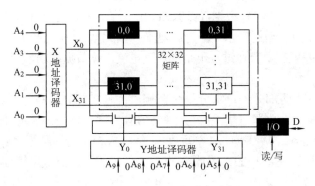

图 3-6　重合法

3.3.2　SRAM 存储器

存储器的工作分为三大部分：**保持存储信息、读数据和写数据**。以下围绕这三大部分来阐述 SRAM 的工作原理。

（1）保持存储信息

SRAM 主要使用六管静态 MOS 存储单元电路，利用触发器来保存信息（触发器在第 2 章中介绍过，即能够存储一位信号的基本单元电路），如图 3-7 所示。

规定：T_1 通、T_2 止，存"0"；T_1 止、T_2 通，存"1"。

符号介绍：符号 ‾＼＿ 表示初始为高电平，加了信号就变成低电平；符号 ＿／‾ 表示初始为低电平，加了信号就变成高电平。$\overline{W}$ 线用作读"0"写"0"，即当要读"0"写"0"时，$\overline{W}$ 线是高电平；W 线用作读"1"写"1"，即当要读"1"写"1"时，W 线是低电平。

Z 表示字线，连接的是地址线；$\overline{W}$ 和 W 表示位线，连接的是数据线。另外，$T_1 \sim T_6$ 为 MOS 管，如果为高电平，MOS 管就连通；如果为低电平，MOS 管就截止。

只要不访问存储单元，信息就可以一直保持下去。不访问是什么意思？符号 ＿／‾ 表示初始为低电平，不访问就肯定不会改变低电平的性质，这样，T_5 和 T_6 就是低电平，即 T_5 和 T_6 截止了。这样，$\overline{W}$ 和 W 就完全和记忆单元隔离了，即高阻状态。三态门的有关知识可参考辅助知识点 2。既然读/写线都被隔离了，那么信息就肯定不会改变了，也就保持住了。

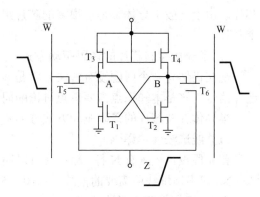

图 3-7 SRAM 的基本单元电路

（2）读数据

读数据只要送地址并且发读命令就可以了，以读"0"信号为例，如图 3-8 所示。首先送地

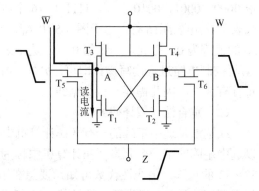

图 3-8 SRAM 读数据过程

址，此时 Z 线变成高电平，这样，T_5 和 T_6 就导通了，$\overline{W}$ 和 W 就和记忆单元连起来了。由于此记忆单元存储的是信号"0"，根据 T_1 通、T_2 止，存"0"，此时 T_1 是通的，T_2 是截止的。由于 T_1 是导通的，且 T_1 一端接地，$\overline{W}$ 为高电平，因此 $\overline{W}$ 就和地产生了电势差（物理知识，记住就好），有电势差就有电流通过，于是产生读电流，读数据成功。

（3）写数据

写数据肯定要分为两部分：一部分是写在哪里；另一部分是写什么。此时，不但需要传输地址信号，还需要传输数据信号。以写"1"信号为例，首先传送地址，Z 线变成高电平，此时，T_5 和 T_6 就导通了，W 是读"1"写"1"线，应该将待写数据"1"送到 W 线，W 线就变成低电平。由于 T_6 是导通的，因此 B 点就为低电平，B 点低电平使得 T_1 低电平，使 T_1 截止；由于 $\overline{W}$ 没有数据送入，因此一直是高电平。$\overline{W}$ 是高电平，且 T_5 导通，就使得 A 点是高电平，A 点高电平就使得 T_2 高电平，使 T_2 导通。T_1 止、T_2 通，就将"1"存进去了。

SRAM 的时序电路图不太重要，然而需要从中了解一些内容，即读周期和读时间之间的关系以及写周期和写时间之间的关系，具体内容可参考 DRAM 存储器。

3.3.3 DRAM 存储器

1. DRAM 的工作原理

同理，DRAM 也应该分为三部分介绍，即保持存储信息、读数据和写数据。

（1）保持存储信息

常见的 DRAM 的基本存储电路可以分为**多管型**和**单管型**，它们的共同特点就是遵循电容存储电荷的原理。电容上有电荷表示存"1";电容上无电荷表示存"0"。由于电容上的电荷基本只能维持 1~2ms,因此即使电源不掉电,信息也会自动消失。因此,在电荷消失之前必须对其恢复,该过程被称为刷新或再生(后面将会讲解 3 种刷新方式)。考研主要考查单管型,如图 3-9 所示。由于 Z 线初始状态为低电平,因此 T 为低电平,即 T 截止。存储信息和读/写线路隔离了,即信息保持了。

(2)读数据

仍然先送地址,此时 Z 线为高电平,T 导通。怎么判断读出的是"0"还是"1"?如果存储的是"1"信号,则表示电容有电荷,有电荷应该会产生电流。因此,如果 W 线有电流读出,则说明读出的是"1"信号;如果没有电流,则说明读出的是"0"信号。

(3)写数据

假设此时存储信号"0",需要写入"1",如图 3-9 所示。首先送地址,Z 线为高电平,T 导通,然后送数据。那么,W 应该是高电平写"1",还是低电平写"1"?那就只能用代入法试试了。假设传送数据给 W 之后,W 为高电平,说明 A 点就是高电平,而此时 C 存储信号"0",也就是没有电荷,A 点和 C 形成电势差,即可以给 C 充电,有电 C 就存储了"1"。因此,当存储信号"0"时,W 为高电平写"1",W 为低电平写"0"。

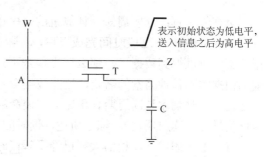

图 3-9　单管 MOS 动态 RAM 基本单元电路

扩展一下:如果此时存储信号"1",则需要写入"1",情况又是怎样呢?如果此时存储信号"1",W 为高电平,则说明 A 和 C 没有电势差,此时写"1";如果 W 为低电平,则 C 就要放电,此时写"0"。因此,W 为高电平写"1",W 为低电平写"0",和上一种情况一致。

📖 **补充知识点**:读/写周期、读/写时间、存储周期和存储时间之间的关系总结。

解析:如果要更直观地理解读周期和读时间之间的关系以及写周期和写时间之间的关系,则需要参考 SRAM 的时序电路图,如图 3-10 和图 3-11 所示。

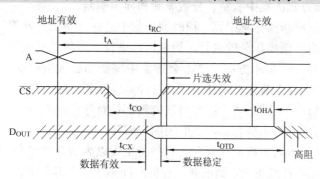

图 3-10　SRAM 读周期时序

读周期是指对芯片两次连续读操作的最小时间间隔(对应图 3-10 中的 t_{RC});**读时间**表示进行一次存储器读操作的时间(对应图 3-10 中的 t_A),显然读时间小于读周期。

写周期是指对芯片两次连续写操作的最小时间间隔(对应图 3-11 中的 t_{WC});**写时间**表示进行一次存储器写操作的时间(对应图 3-11 中的 t_W),显然写时间小于写周期。

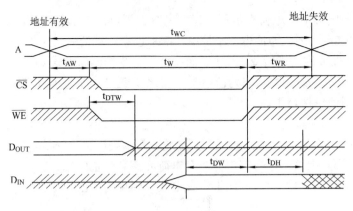

图 3-11　SRAM 写周期时序

更细的讲解：众所周知，计算机的时序控制是十分严格的，不能出一点差错，那么可以看到，图 3-10 中 t_A 这段时间完成以后，实际上有效数据已经输出到了数据线上，需要这些数据的部件可以得到数据了，那么读操作是不是就该立刻结束呢？不行，读操作远没有结束，因为根据实际各种因素的需要，这些数据信号要在线路上停留一段时间，即 t_{OTD}。地址线上的地址失效时刻才是读周期真正完成它使命的时刻（换句话说，就是地址信号在，读周期在；地址信号亡，读周期亡）。综上所述，读时间 t_A 应当小于读周期 t_{RC}。

有了上面的描述，相信大家已经了解<u>读时间和读周期</u>之间的关系了，其实**写周期和写时间**之间的关系也是一样的，虽然时序上不同，但是道理是一样的。

<u>存储周期和存储时间</u>就更好理解了，读/写周期都是存储周期，而存储时间可以是读时间，也可以是写时间。

2．DRAM 存储器的刷新

DRAM 存储信息的原理：采用电容式存储，电容中充满了电荷和电容中没有电荷正好对应了两种状态："1"和"0"。根据电路基本知识可知，电容中存储的电荷不能永久保留，随着时间的流逝会消失，这个时间是多长呢？考研中只要不特殊说明，默认为 2ms（即每个基本存储单元在每 2ms 内必须要刷新一次，否则就会使电荷流失，进而导致存储信息出错）。

通常有 3 种刷新方式：**集中刷新、分散刷新和异步刷新**。

1）集中刷新。把刷新操作集中到一段时间内集中进行（集中"歼灭"）。

2）分散刷新。将刷新操作分散进行，周期性地进行（分散"歼灭"）。

3）异步刷新。是一个折中方案，既不会像集中刷新那么大费周章，产生集中的固定时间，也不会像分散刷新那么频繁地刷新，而是有计划地刷新，时间分配十分合理。

注意：由于存储体是矩阵形式，因此每次刷新都是对行进行刷新。

了解 3 种刷新方式的基本概念后，下面用图来解释：

刷新的实质就是读出后再按原样写入（<u>有些考生误以为刷新仅仅是读操作，因此特此提醒</u>）。考研题目中如果不特殊说明，则刷新一行的时间等于一个存储周期，根据上面的讲解可知，此处的存储周期就是读周期或者写周期。

上面不是说刷新的实质是先读出后再按原样写入吗？那应该是读周期+写周期=两倍存储周期才对。那刷新一行到底是等于存储周期还是两倍存储周期？这里给出统一的结论：<u>只要题干没有特别说明刷新的具体细节，刷新一行所需的时间就是一个存储周期；如果题目本意就说明了刷新操作由读操作和写操作一起执行，那么刷新一行的时间就按照两倍的存储周期</u>

计算。
（1）集中刷新

一般来说，电容上的电荷基本只能维持 2ms，在 2ms 内必须要刷新一次。将 2ms（2000μs）看成一个刷新周期。假设存储周期为 0.5μs，那么在一个刷新周期里有 4000 个存储周期。假设该存储矩阵有 32 行，则对 32 行集中刷新需要 16μs，如图 3-12 所示。刷新的时候是不能进行读/写操作的，故称刷新这段时间为"死时间"，又称为访存"死区"。可以计算出死区的占用比例为 32/4000=0.8%（称为"死时间率"）。

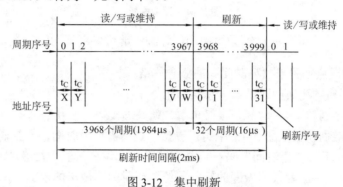

图 3-12　集中刷新

（2）分散刷新

在分散刷新中，存储周期已经不再是传统的存储周期了。也就是说，此时存储周期不再等于读（写）周期，而这里扩展了**操作**的定义，即：

$$存储周期=读或写周期+刷新一行的时间$$

从这个公式可以看出，此时存储周期为读或写周期的两倍。此处刷新一行的时间又看成是等于存储周期的。

如图 3-13 所示，t_C 为变异的存储周期，t_M 为普通的读写周期，t_R 为刷新一行所需的时间。从图 3-13 中可看出，每 128 个存储周期就可刷新一遍。另外，分散刷新将存储器的存储周期人为地延长了，因此严重降低了系统的速度。

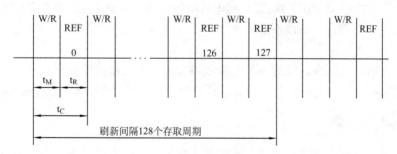

图 3-13　分散刷新

分散刷新的"死时间"降低到 0，是否真的降低到了 0？具体讲解可参考本节最后的知识点补充。

（3）异步刷新

异步刷新是把存储矩阵的每行分散到 2ms 时间内刷新，但不是集中刷新，而是**平均地分配**。这就能保证当刷新完第一行后，再过 2ms 又可完成对第一行的下一次刷新。这样就不会像分散刷新那样每个存储周期都刷新某一行。如图 3-14 所示，对于 128×128 的存储芯片，如果要在 2ms 内刷新一遍，即每隔 15.6μs（2 000μs/128≈15.6μs）刷新一行，而每行刷新的时间仍然等于一个读/写周期。

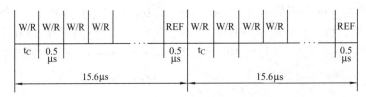

图 3-14 异步刷新

异步刷新的"死时间"为一个读/写周期，详细讲解可参考下面的补充知识点。

> 📖 **补充知识点：**关于"死时间"的概念总结。
>
> **解析：**本书对"死时间"的概念总结如下。
>
> 1）对于集中刷新："死时间"很好求解，就是那段集中刷新的时间。
>
> 2）对于分散刷新：从图 3-13 中可以看出，刷新占据了时间，而且刷新时它不能进行读/写操作，那不就"死时间"吗？但是有些教材上说分散刷新没有"死时间"，这是怎么回事呢？下面是编者根据做题的经验，给"死时间"做出的定义，即"死时间"是存储周期**外**的不能进行读/写操作的刷新时间，而且这段"死时间"要**连续**不能累积。因此，对于分散刷新来说，由于刷新时间被存储周期包含了，它在内，而不在外，因此"死时间"不存在。
>
> 3）对于异步刷新：由于"死时间"不是累加的，因此异步刷新的"死时间"就是一个读/写周期，或者是没有变异的存储周期。

注明：缩短"死时间"的方式有多种，如在 CPU 指令译码阶段进行刷新等，这个记住就好，不需要理解原理。

☞ **可能疑问点：**刷新是一个一个芯片按顺序完成的吗？刷新和再生是一回事吗？

答：不是。刷新按行进行，每一行中的记忆单元同时被刷新，仅需要行地址，不需要列地址。刷新行号由 DRAM 芯片的刷新控制电路中的刷新计数器产生。整个存储器中的所有芯片的相同行同时进行刷新，所以不是一个一个芯片按顺序进行的，而是单个芯片的所有行按顺序定时一行一行进行的。

刷新和再生不是一回事。对某个单元的刷新和再生的操作过程是一样的，即读后恢复，但再生操作是随机的，只对所读单元进行，而刷新操作是按顺序定时一行一行进行的。

3.3.4 只读存储器

只读存储器属于概念型的知识点，不需要掌握各个 ROM 的电路实现。只读存储器分为掩膜型只读存储器（MROM）、可编程只读存储器（PROM）、可擦除可编程只读存储器（EPROM）、电可擦除可编程只读存储器（EEPROM）和快擦除读写存储器（Flash Memory）。

☞ **可能疑问点：ROM** 是一种和 **RAM** 一样的随机存取的存储器吗？

答：是的。虽然经常把只读存储器（ROM）和随机访问存储器（RAM）放在一起进行分类，但 ROM 的存取方式和 RAM 是一样的，都是通过对地址进行译码，选择某个单元进行读写。所以，两者采用的都是随机存取方式。不同的是，ROM 是只读的，RAM 是可读可写的。在程序执行过程中，ROM 存储区只能读出信息，不能修改，而 RAM 存储区可以读出，也可已修改信息。

（1）掩膜型只读存储器（MROM）

MROM 由芯片制造商在制造时写入内容，以后只能读而不能写入，其基本存储原理是以元件的"有/无"来表示该存储单元的信息（"1"或"0"）。

（2）可编程只读存储器（PROM）（使用熔丝存储数据）

用户可根据自己的需要来对其填入内容，属于一次性写入的存储器。部分的 PROM 在出厂时数据全为 0，用户可以将其中的部分单元写入 1，以实现对其"编程"的目的。

（3）可擦除可编程只读存储器（EPROM）（使用悬浮栅存储数据）

为了能多次修改 ROM 的内容，产生了 EPROM。EPROM 使用高压写入数据，当需要修改时，可使用紫外线将其全部内容擦除（不能局部擦除）。但是使用紫外线是极其不方便的，故产生了 EEPROM。

（4）电可擦除可编程只读存储器（EEPROM）

EEPROM 其实和 EPROM 的运作原理一样，不但写入数据也是使用高压，而且擦除数据也使用了高压（既可以局部擦除，又可以全部擦除）。

（5）快擦除读写存储器（Flash Memory）

详见 Flash 存储器。

【例 3-2】（2010 年统考真题）下列有关 RAM 和 ROM 的叙述中，正确的是（　　）。

Ⅰ．RAM 是易失性存储器，ROM 是非易失性存储器
Ⅱ．RAM 和 ROM 都是采用随机存取方式进行信息访问
Ⅲ．RAM 和 ROM 都可用作 Cache
Ⅳ．RAM 和 ROM 都需要进行刷新

A．仅Ⅰ、Ⅱ　　　　　　　　B．仅Ⅱ、Ⅲ
C．仅Ⅰ、Ⅱ、Ⅲ　　　　　　D．仅Ⅱ、Ⅲ、Ⅳ

解析：A。RAM 是随机存储器。存储单元的内容可按需随意取出或存入。按照存储信息的不同，随机存储器又分为静态随机存储器（Static RAM，SRAM）和动态随机存储器（Dynamic RAM，DRAM）。其中，动态随机存储器需要每隔一段时间刷新一次。

ROM 是只读存储器，是一种只能读出事先所存数据的固态半导体存储器。其特性是一旦存储资料就无法再将之改变或删除。通常用在不需经常变更资料的计算机系统中，其所存储资料并不会因为电源的关闭而消失。

RAM 断电会失去信息，而 ROM 不会，Ⅰ选项对。RAM 和 ROM 都是随机存储方式，Ⅱ选项对。Cache 需要有信息的输入和输出，而 ROM 只可读，不可输入，因此不可以作为 Cache，Ⅲ选项错误。只有动态的 RAM 才需要刷新，Ⅳ选项错误。

3.3.5 Flash 存储器

闪存是 Flash 存储器的一个别称。闪存虽然属于内存的一种，但是又不同于内存。众所周知，如果没有电流供应，则计算机内存的内容即刻消失。而闪存在没有电流供应的条件下也能够长久地保持数据，其存储特性相当于硬盘，这项特性正是闪存得以成为各类便携型数字设备的存储介质的基础（简单来说就是，闪存**集合了 ROM 和 RAM 的长处**）。一般来讲，Flash 存储器都是按块来读取数据的，而不是字节。

闪存和其他存储器的不同点见表 3-1（2012 年考查过一道选择题）。

表 3-1　闪存和其他存储器的不同点

内存类型	非易失性	可写
闪存	是	是
SRAM	不是	是
DRAM	不是	是
ROM	是	不是
PROM	是	不是
EPROM	是	是
EEPROM	是	是

【例 3-3】（2012 年统考真题）下列关于闪存（Flash Memory）的叙述中，错误的是（　　）。

A．信息可读可写，并且读、写速度一样快

B．存储元由 MOS 管组成，是一种半导体存储器

C．断电后信息不丢失，是一种非易失性存储器

D．采用随机访问方式，可替代计算机外部存储器

解析：A。闪存的写操作必须在空白区域进行，如果目标区域已经有数据，必须先擦除后写入，而读操作不必如此，所以闪存的读速度比写速度快。其他 3 项均为闪存的特征，记住即可。

3.4　主存储器与 CPU 的连接

介绍主存储器与 CPU 的连接之前，首先需要了解一个考研必考的知识点，即**存储器容量的扩充**。

存储器容量扩充的概念：由于单片存储芯片的容量总是有限的，不可能满足实际的需要，因此必须将若干存储芯片连接在一起才能组成足够容量的存储器，称为存储器容量的扩充。存储器容量的扩充通常有 3 类：**位扩充、字扩充和字位扩充**。

介绍存储器容量的扩充之前，先补充一个求芯片数量的公式，如下：

如果要求将容量为 a×b 的芯片组成容量为 c×d 的芯片，假设需要芯片的数量为 n，则 n＝(c×d)/a×b（该公式就是整个存储器的容量除以单个芯片的容量），参考例 3-4。

【例 3-4】　假设现在需要组装一个容量为 4K×4 位的芯片，试问需要几片容量为 1K×1 位的芯片？

解析：根据上述公式可知，需要芯片的数量＝$\dfrac{4K \times 4}{1K \times 1}$＝16（片）。

注意：a×b 中 a 是字线，连接的是地址线；b 是位线，连接的是数据线。

（1）位扩充（增加 a×b 后面的 b）

位扩充指增加存储字长，例如，现要将 1K×4 位的芯片组成 1K×8 位的存储器，整个过程应该如何（假设以上都是 RAM 芯片）？

第一步：需要几片芯片？

需要芯片的数量＝$\dfrac{1K \times 8}{1K \times 4}$＝2（片）。

第二步：需要多少根地址线？

由于 a×b 中 a 是字线，且连接的是地址线，因此地址线的数量只和 a 有关。由于 2^{10}=1K，因此需要 10 根地址线。

第三步：需要多少根数据线？

由于需要组成 1K×8 位的存储器，8 代表了数据线的位数，故需要 8 根数据线，每片芯片占用 4 根线。

以上 3 步了解之后，现在就需要知道这些线和芯片应该怎么连接了，如图 3-15 所示。

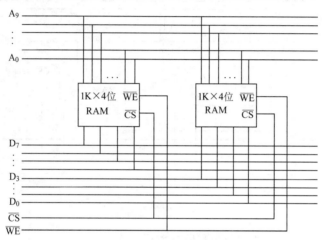

图 3-15　位扩充示意图

首先，$\overline{\text{CS}}$ 为片选信号线（有些教材中片选信号线为 $\overline{\text{CE}}$），$\overline{\text{WE}}$ 为读/写信号线（有些教材中读/写信号线为 $\overline{\text{WE}}/\overline{\text{OE}}$），并且两者都是低电平有效（至于高电平写还是低电平写，题目一定会说清楚）。另外，由于存储器的容量是 1K×8 位，故每次应该取出 8 位，从图 3-15 中可以看出，第一片提供高 4 位，因为连接在 $D_7 \sim D_4$，第二片提供低 4 位，因为连接在 $D_3 \sim D_0$。

（2）字扩充（增加 a×b 前面的 a）

字扩充是增加存储单元的个数，例如，现要将 1K×8 位的芯片组成 2K×8 位的存储器，整个过程如何（假设以上都是 RAM 芯片）？

注意： 考生应当在看完字扩充后自己总结出规律，即位扩充和字扩充的不同之处。

第一步：需要几片芯片？

需要芯片的数量=$\dfrac{2K \times 8}{1K \times 8}$=2（片）。

第二步：需要多少根地址线？

由于 2^{11}=2K，因此需要 11 根地址线。

第三步：需要多少根数据线？

由于需要组成 2K×8 位的存储器，因此需要 8 根数据线。

位扩充和字扩充有 3 点不同，分析如下：

1）位扩充操作中，所有存储芯片的片选信号线是连在一起的，因为对由多个位数小的芯片构成的一个位数大的芯片进行操作时，需要把这些小芯片同时选中才能操作大芯片中的一个字。而字扩充中需要片选信号线来区分不同的芯片，因此与位扩充不同，片选信号线是分开连接的。如果两个 1K×4 位的小芯片构成一个 1K×8 位的大芯片（位扩充），若要操作大芯片中的一个 8 位字，则必然要同时选中两个小芯片。如果两个 1K×8 位的小芯片构成一个 2K×8 位的大芯片（字扩充），若要操作大芯片中的一个字，则只需要选中某一个小芯片即可。如图 3-16 所示，当片选信号为 0 时（即地址线 A_{10} 为 0），选中左边的芯片；反之（即地址线 A_{10} 为 1），选中右边的芯片。

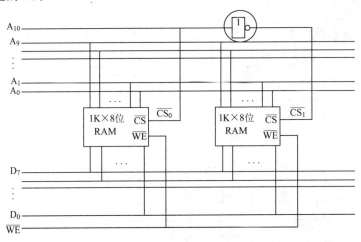

图 3-16　字扩充示意图

2）在字扩充中，每个芯片都应当和所有数据线连接。

3）在字扩充中，因为要选择不同的芯片，而选择不同的芯片需要使用多出的地址线来选择，所以 CPU 的地址线往往比存储芯片的地址线多（往往将 CPU 地址线的低位与存储芯片的地址线相连），多出的地址线用作片选信号。图 3-16 中 A_{10} 就是多出的地址线，用作片选信号。

☞ 可能疑问点：符号 —|1|o— 是什么意思？

解析：前面介绍过，$\overline{CS_i}$ 表示低电平有效。因此，当 A_{10} 为低电平时，$\overline{CS_0}$ 被选中，而低电平经过 —|1|o—（"非"门，可参考辅助知识点 1）时变成了高电平，故 $\overline{CS_1}$ 就不被选中；反之，当 A_{10} 为高电平时，只有 $\overline{CS_1}$ 被选中。

（3）字位扩充（增加 a×b 中的 a 和 b）

字位扩充既增加了存储单元的个数，又增加了存储字长，例如，要用 1K×4 位的芯片组成 4K×8 位的存储器，整个过程如何（假设以上都是 RAM 芯片）？

注意：在进行字位扩充时，一定是先进行位扩充，再进行字扩充。

第一步：需要几片芯片？

需要芯片的数量 $=\dfrac{4K \times 8}{1K \times 4}=8$（片）。

第二步：需要多少根地址线？

由于 $2^{12}=4K$，因此需要 12 根地址线。

第三步：需要多少根数据线？

由于需要组成 4K×8 位的存储器，因此需要 8 根数据线。

字位扩充相关内容分析如下：

1）如图 3-17 所示，先将 8 个 1K×4 位的芯片两两一组进行位扩展，组成了 4 个 1K×8 位的芯片（用点画线框标记出来了），组内两芯片的片选信号线要连在一起；然后将这 4 个 1K×8 位的芯片字扩展成一个 4K×8 位的芯片，每组的片选信号线连接在片选译码器上来进行组的区分。片选译码器需要两位信号作为输入，这两位信号由多余的两条地址线 A_{11} 和 A_{10} 提供，信号取值范围为 00、01、10、11。

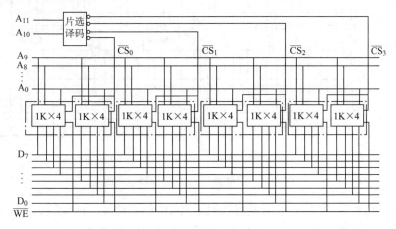

图 3-17　字位扩充示意图

2）由于每组里面都是和位扩充讲的一样，因此每组第一片的数据线连接高 4 位，第二片的数据线连接低 4 位（当然也可以反过来）。

3）读/写信号线每片都连接 $\overline{\text{WE}}$ 即可（ROM 可不连，RAM 一定要连，以上讲解都假设为 RAM 芯片）。

注意：有些 CPU 的读/写命令线是分开的，此时 CPU 的读命令线应与存储芯片的允许读控制端相连，而 CPU 的写命令线则应与存储芯片的允许写控制线相连。

4）该片选译码器属于 2∶4 译码器，而 A_{11}、A_{10} 为 00、01、10、11 分别对应 $\overline{\text{CS}_0}$、$\overline{\text{CS}_1}$、$\overline{\text{CS}_2}$、$\overline{\text{CS}_3}$ 有效，则选中了相应的芯片。

注意：以上的扩充都没有考虑 ROM 和 RAM 的性质，有些题目可能会说明某地址存放系统程序或各类常数，某地址存放用户程序，在选片时就需要根据 ROM 和 RAM 的特性来选择。例如，存放系统程序或各类常数使用 ROM 芯片，存放用户程序应该选用 RAM 芯片等。

到此，存储器与 CPU 的连接基本介绍完了。将图 3-17 中左边的线用圈圈起来就是 CPU 了，如图 3-18 所示。

注意：存储器的校验一般使用汉明码校验，关于汉明码的知识在第 2 章已经详细讲解过。

☞ 可能疑问点：有时候 RAM 芯片的片选信号由译码器输出信号与地址线信号一起决定，为什么会出现这种情况？

解析：首先，需要介绍一个术语，即部分译码。通俗的意思就是对于某个芯片，不是所有地址线都用上了，例如，针对一个 1K×8 位的用户程序区（地址范围 6800H～6BFFH），现在有 16 根地址线，其中高位的 5 根地址线（A_{15}～A_{11}）作为片选信号线以及与译码器其他输入端口（如辅助知识点 3 中的 G_1、$\overline{G_{2A}}$、$\overline{G_{2B}}$ 等输入端口）的连接线。下面将该芯片的十六进制范围写成二进制地址码，如下：

A_{15}	A_{14}	A_{13}	A_{12}	A_{11}	A_{10}	A_9	A_8	A_7	A_6	A_5	A_4	A_3	A_2	A_1	A_0
0	0	1	1	0	1	0	0	0	0	0	0	0	0	0	0
0	0	1	1	0	1	0	1	1	1	1	1	1	1	1	1

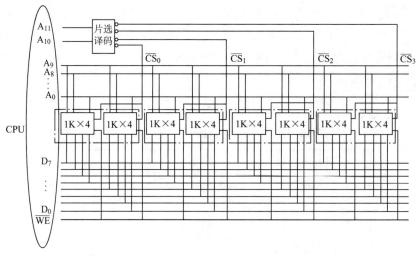

图 3-18　存储器与 CPU 的连接示意图

可以看出，低位只需要 $A_0 \sim A_9$ 就可以表示其 1K 的字地址，地址线 A_{10} 对于该芯片来说就等于是多余的地址线。地址线一旦多余，就会出现歧义。因为不管 A_{10} 为 0 还是为 1，该芯片都会被选中。从该芯片的二进制地址码可以看出，A_{10} 为 0。因此，此时仅由译码器的输出信号来选择芯片是不具有唯一性的，故一定要与 A_{10} 共同决定。

【例 3-5】 （2009 年统考真题）某计算机主存容量为 64KB，其中 ROM 区为 4KB，其余为 RAM 区，按字节编址。现要用 2K×8 位的 ROM 芯片和 4K×4 位的 RAM 芯片来设计该存储器，则需要上述规格的 ROM 芯片数和 RAM 芯片数分别是（　　）。

A. 1、15　　　　　B. 2、15　　　　　C. 1、30　　　　　D. 2、30

解析：D。如果 ROM 区为 4KB，也就是 4K×8 位。那么就选用 2K×8 位的 ROM 芯片，假设需要 n 片，则 $n = \dfrac{4K \times 8}{2K \times 8} = 2$；如果 RAM 区域为 60KB，也就是 60K×8 位，那么就选用 4K×4 位的 RAM 芯片，假设需要 m 片，则 $m = \dfrac{60K \times 8}{4K \times 4} = 30$。

【例 3-6】 （2010 年统考真题）假定用若干个 2K×4 位芯片组成一个 8K×8 位存储器，则 0B1FH 所在芯片的最小地址是（　　）。

A. 0000H　　　　　　　　　　　　B. 0600H

C. 0700H　　　　　　　　　　　　D. 0800H

解析：D。由 2K×4 位芯片组成 8K×8 位芯片，需要 8 片 2K×4 位芯片，即分为 4 组，每组由 2 片 2K×4 位芯片组成 2K×8 位芯片。其中，每组中两片 2K×4 位芯片由同一地址访问。

4 组的地址格式：0000 0000 0000 0000

　　　　　　　　　　0000 0111 1111 1111（第一组）

　　　　　　　　　　0000 1000 0000 0000

　　　　　　　　　　0000 1111 1111 1111（第二组）

　　　　　　　　　　0001 0000 0000 0000

　　　　　　　　　　0001 0111 1111 1111（第三组）

　　　　　　　　　　0001 1000 0000 0000

　　　　　　　　　　0001 1111 1111 1111（第四组）

0B1FH 的地址格式是 0000 1011 0001 1111，可知它属于第二组中的一个地址，这个地址所在芯片的最小地址为 0000 1000 0000 0000，即 0800H。

【例 3-7】（2011 年统考真题）某计算机存储器按字节编址，主存地址空间大小为 64MB，现用 4M×8 位的 RAM 芯片组成 32MB 的主存储器，则存储器地址寄存器（MAR）的位数至少是（　）。

A. 22 位　　　　　B. 23 位　　　　　C. 25 位　　　　　D. 26 位

解析：D。本题有个"陷阱"，相信不少考生会以 32MB 的实际主存来计算，从而得到答案 25 位，这种解法是错误的。尽管多余的 32MB 没有使用，但是也得防备以后要用。知道以 64MB 来计算就很好做了。由于采用字节寻址，因此寻址范围是 64M，而 $2^{26}=64M$，故存储器地址寄存器（MAR）的位数至少是 26 位。

3.5 双口 RAM 和多模块存储器

双口 RAM： 具有两组相互独立的地址线、数据线和读/写控制线，如图 3-19 所示。由于它可以进行并行的独立操作，因此是一种高速工作的存储器。很有可能在同一时间两个端口同时操作存储器的同一存储单元，这样就发生了冲突。为了解决此问题，特设置了 BUSY 标志。在这种情况下，当某存储单元被某端口访问时，就对另一个端口设置 BUSY 延迟，另一个端口就无法访问该存储单元。

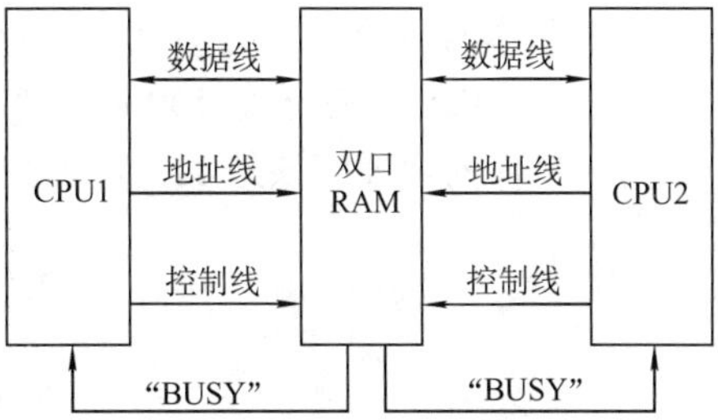

图 3-19　双口 RAM

扩展：双端口存储器可以同时对同一区间、同一单元进行读操作。另外，一方读一方写也不能同时对同一区间、同一单元进行操作，否则将会发生冲突。总之，只要有写操作，就不能同时进行。

众所周知，CPU 的功能在不断增强，I/O 设备的数量也在不断增多，这导致主存的存取速度已成为计算机系统发展的瓶颈。为了解决此问题，除了寻找更高速的元件和采用存储器层次结构外，调整主存的结构也可提高访存速度，如**单体多字存储器**和**多体并行存储器**（多模块存储器）。

（1）单体多字存储器

要使单体多字系统能够很好地发挥其预期的作用，需要有一个前提，即<u>指令和数据在主存内必须连续存放</u>，一旦遇到转移指令，或者操作数不能连续存放，这种方法的效果就不明显了。

由图 3-20 可以看出，单体多字存储器把存储器的存储字字长增加 n 倍（图 3-20 中 n 取 4，数据线的宽度也必须随之增加 4 倍），以存放 n 个指令字或数据字，于是单体多字存储器的最大带宽比单体单字存储器的最大带宽提高 n 倍。因为程

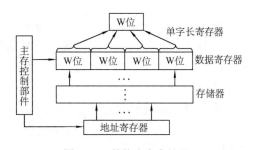

图 3-20　单体多字存储器

序使用指令字和数据字也存在一定的随机性，所以一次读取的 n 个字很有可能是最近不需要的，正常情况下不可能达到最大带宽。

单体多字存储器的缺点：由于单体多字存储器必须是凑齐了 n 个数据字之后才能作为一个存储字一次写入存储器，因此需要先把属于一个存储字的 n 个数据字读到数据寄存器中，等数据寄存器达到了一个存储字的长度，再将其写入存储器。

　　（2）多体并行存储器

　　多体并行存储器就是采用多个模块组成的存储器，每个模块有着相同的容量和存取速度，各模块都有独立的地址寄存器、数据寄存器、地址译码器和读/写电路（就是第 1 章讲过的存储器基本结构）。每个模块都可以看作一个独立的存储器。

　　多体并行存储器分为两种：高位交叉编址的多体存储器和低位交叉编址的多体存储器。

　　1）高位交叉编址的多体存储器。图 3-21 为高位交叉编址的多体存储器（其实这里说交叉不是很准确，说顺序存储更好理解）。从图 3-21 中可以看出，由于每个模块内的体内地址顺序是连续的（一个体存满后，再存入下一个体），因此又称为顺序存储。这种安排存储单元的顺序和进位很像。假设现在有 4 个体，每个体有 8 个存储单元，则应该有 5 位来确定唯一的存储单元，如下：

　　第 0 个体的地址应该是 <u>00</u>000～<u>00</u>111（加 1 之后进位）。

　　第 1 个体的地址应该是 <u>01</u>000～<u>01</u>111（加 1 之后进位）。

　　第 2 个体的地址应该是 <u>10</u>000～<u>10</u>111（加 1 之后进位）。

　　第 3 个体的地址应该是 <u>11</u>000～<u>11</u>111。

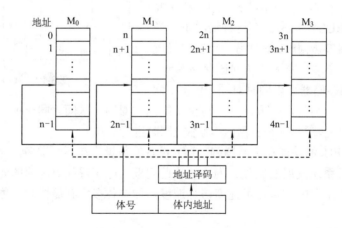

图 3-21　高位交叉编址的多体存储器

　　综上分析，高位交叉编址显然是高位地址表示体号（带下画线的部分），低位地址来定位体内地址。按这种方式，可以在同一时间使得不同的请求源同时访问不同的体（如在某一时刻，CPU 在和第 0 个体交换数据，而此时第 1 个体正在和 I/O 交换数据），进而实现个体的并行工作。

　　高位交叉编址的优点：非常有利于存储器的扩充，只需将存储单元的编号往后加即可。

　　高位交叉编址的缺点：由于各个模块一个接一个地串行工作，因此存储器的带宽受到了限制。

　　2）低位交叉编址的多体存储器（重点中的重点）。图 3-22 为低位交叉编址的多体存储器。从图 3-22 中可以看出，由于程序是存放在相邻的体中，因此又称为交叉存储。假设现在有 4 个体，每个体有 8 个存储单元，则应该有 5 位来确定唯一的存储单元，如下：

第 0 个体的地址应该是 00**00**～111**00**。

第 1 个体的地址应该是 000**01**～111**01**。

第 2 个体的地址应该是 000**10**～111**10**。

第 3 个体的地址应该是 000**11**～111**11**。

注意： 只是最高 3 位加 1（考生应该发现第 3 位一直加 1 其实就是加 4，和图 3-22 恰好对应），低位两位不参与加 1。

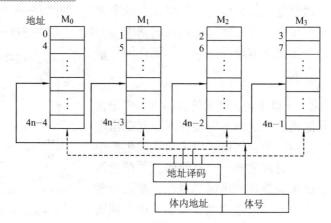

图 3-22　低位交叉编址的多体存储器

综上分析，低位地址可用来表示体号，高位地址可用来定位体内地址。这样，连续地址分布在相邻的不同模块内，而同一个模块的地址都是不连续的。

定性分析： 对连续字的成块传送，低位交叉编址的多体存储器可以实现多模块流水线式（流水线的概念可以参考第 5 章）并行存取，大大提高了存储器的带宽。CPU 的速度比主存快，如果能同时从主存取出 n 条指令，那么必然会提高机器的运行速度。低位交叉编址就是基于这种思想提出来的。

下面详细分析低位交叉编址的基本结构，如图 3-23 所示（此图为 4 模块低位交叉编址的基本结构框图）。主存被分为 4 个相互独立、容量相同的模块 M_0、M_1、M_2、M_3，每个模块都有自己的读/写控制电路、地址寄存器和数据寄存器，各自以等同的方式与 CPU 传送信息。在理想的情况下，如果程序段或数据块都是连续地在主存中存取，那么将大大提高主存的访问速度。

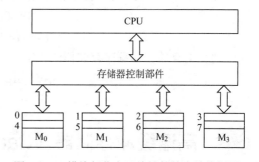

图 3-23　4 模块低位交叉编址的基本结构框图

定量分析： 讨论的前提是模块的字长等于数据总线的宽度，假设模块存储周期为 T，总线传送周期为 τ，且存储器由 m 个模块组成，为了实现流水线方式存取，应当满足

$$T = m\tau$$

即每经过 τ 时间延迟后启动下一个模块。图 3-24 表示 m=4 时的流水线方式存取示意图。如果 T = mτ，那么要求低位交叉存储器的模块数必须大于或者等于 m，以保证经过 mτ 的时间后再次启动该体时，它的上次存取操作已完成。

图 3-25 错误（小于 n），当然也可以大于 n，一般默认图 3-24 为标准格式。

可见，若采用低位交叉编址的多体存储器，连续读取 n 个字所需要的时间 t_1 为

$$t_1 = T + (n-1)\tau$$

若采用高位交叉编址的多体存储器，连续读取 n 个字所需要的时间 t_2 为

$$t_2 = nT$$

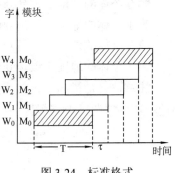

图 3-24　标准格式

总结：要特别注意高位交叉编址和低位交叉编址中**并行**的概念。高位交叉编址中的并行体现在**不同的请求源**并行地访问不同的体；低位交叉编址中的并行体现在**同一请求源**并行地访问不同的体。

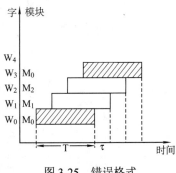

图 3-25　错误格式

> 📖 **补充知识点**：一般来说，要求访存的请求资源很多，而且访问都是随机的，这样有可能在同一时刻出现多个请求源请求访问同一个存储体。为了防止发生两个及两个以上的请求源同时占用同一个存储体，并防止将代码错送到另一个请求源等各种错误的发生，需要设置一个排队器，由它来确定请求源的优先级别。确定规则如下：Cache 访存的优先级最高，其次是**严重影响 CPU 工作的请求源**。

【例 3-8】　设存储器容量为 32 字，字长 64bit，模块数 m=4，分别用顺序方式和交叉方式进行组织。存储周期 T=200ns，数据总线宽度为 64 位，总线传送周期为 50ns。若连续读出 4 个字，顺序存储器（高位交叉存储器）和交叉存储器（低位交叉存储器）的带宽各是多少？

解：交叉存储器和顺序存储器连续读出 4 个字（m=4）的信息总量都是

$$t = 64bit \times 4 = 256bit$$

交叉存储器和顺序存储器连续读出 4 个字所需的时间分别是

$$t_1 = T + 50(m-1) = 200ns + 150ns = 350ns$$

$$t_2 = mT = 4 \times 200ns = 800ns$$

则交叉存储器和顺序存储器的带宽分别是

$$W_1 = t/t_1 = 256bit/350ns = 731Mbit/s$$

$$W_2 = t/t_2 = 256bit/800ns = 320Mbit/s$$

3.6　高速缓冲存储器（Cache）

3.6.1　Cache 的基本工作原理

Cache 产生的背景：在多体并行存储器中讲过，外部设备的优先级最高，这样就会导致 CPU 等待外部设备访存的现象，致使 CPU 空等一段时间，甚至可能等待几个主存周期，从而降低了 CPU 的工作效率。为了避免 CPU 与 I/O 设备争抢访存，可在 CPU 与主存之间加一个 Cache。这样一来，如果外部设备正在和主存交换信息，CPU 就可以不用等待，直接从 Cache 中取所需信息。当然，考生会提出质疑，Cache 那么小，每次访问 CPU 的数据都有吗？解释

如下。

局部性原理：通过大量典型程序的分析，发现 CPU 从主存取指令或取数据，在一定时间内，只是对主存局部地址区域的访问（如循环程序、一些常数）。于是人们就想到一个办法，将 CPU 近期需要的程序提前存放到 Cache 中。这样 CPU 只需访问 Cache 就可以得到所需要的数据了。一般 Cache 采用高速的 SRAM 制作（主存一般使用 DRAM），其价格比主存高，容量远比主存小。

> 📖 **补充知识点**：局部性原理一般有两种，即时间局部性原理和空间局部性原理。
> 1）时间局部性原理。如果某个数据或指令被使用，那么不久将可能再被使用。
> 2）空间局部性原理。如果某个数据或指令被使用，那么附近数据也可能被使用。

注意：大纲已经将程序访问的局部性原理删除，但是局部性原理对于理解 Cache 的工作原理及虚拟存储器都是很重要的，因此仍然保留此部分内容作为背景了解。

1. 主存和 Cache 的编址

图 3-26 为 Cache-主存存储空间的基本结构。

前提：如果主存要和 Cache 映射，那么至少要保证主存中每块的大小应与 Cache 中每块的大小相同，这样才可以对应起来。

（1）主存

从图 3-26 中可以看出，主存由一个个的字块组成，当然每个字块包含 N 个字。主存的地址应该分为两部分：一部分用来寻找某个字块；另一部分用来寻找该字块中的**字或字节**（至于是字还是字节，需要看是哪种寻址方式，在后面例题中会详细讲解）。从图 3-26 中可以看出，主存的地址分为两部分：高 m 位表示主存的块地址，低 b 位表示其块内的字或字节数，则 $2^m=M$ 表示主存的总块数。

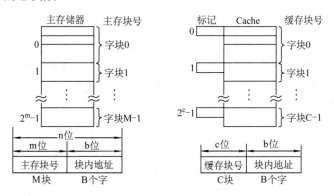

图 3-26 Cache-主存存储空间的基本结构

（2）Cache

同样，Cache 的地址也应该分为两部分（图 3-26）：高 c 位表示 Cache 的块号，低 b 位表示其块内的字或字节数，则 $2^c=C$ 表示 Cache 的总块数，当然 Cache 的块数 C 应当远远小于主存块数 M。

既然 C 远远小于主存块数 M，一个缓存块不能唯一地、永久地对应一个主存块（因此在图 3-26 中给 Cache 设置了标记，相当于主存块的编号），那么肯定会存在一种情况，即某时刻 CPU 要访问的信息不在 Cache 中，那应该怎么办？这种情况称为 Cache 不命中，或者 Cache 缺失。通常使用"命中率"或者"缺失率"来衡量 Cache 的效率。

命中率的概念：CPU 要访问的信息在 Cache 中的比例。

平均访问时间的概念：假设命中率为 h，t_c 为命中时访问 Cache 的时间，t_m 为未命中时的主存访问时间，则 Cache-主存系统的平均访问时间 t_a 为

$$t_a = ht_c + (1-h)t_m$$

Cache-主存系统效率的概念：用 e 表示效率，则有

$$e = t_c / t_a$$

【例 3-9】 假设 CPU 执行某段程序时，命中 Cache 2000 次，非命中 50 次。已知 Cache 的存储周期为 50ns，主存的存储周期为 200ns，试求：

1）Cache-主存系统的命中率。

2）Cache-主存系统的平均访问时间。

3）Cache-主存系统的效率。

解析：

1）Cache-主存系统的命中率为

$$2000/(2000+50) = 97\%$$

2）Cache-主存系统的平均访问时间为

$$t_a = ht_c + (1-h)t_m = 0.97 \times 50ns + (1-0.97) \times 200ns = 54.5ns$$

3）Cache-主存系统的效率 e 为

$$e = t_c / t_a = 50/54.5 = 91.7\%$$

注：Cache 的命中率只和 Cache 的容量、Cache 的字块长度有关。

注意：1）CPU 与 Cache 之间传送数据的基本单位是字，而主存与 Cache 之间传送数据的基本单位是块（一块包括多个字）。

2）CPU 访问主存时，会将地址同时送给 Cache 和主存，Cache 控制逻辑依据地址判断此字是否在 Cache 中。若此字在 Cache 中，立即传送给 CPU，否则，用主存读周期把此字从主存读出并送到 CPU。与此同时，把含有这个字的整个数据块（是整个包含此字的数据块，不仅仅是这个字，这个考研还没有考查，考生可重点关注）从主存读出并送到 Cache 中。

2．Cache 的基本结构

讲解之前需要分析一下，Cache 的基本结构应该由哪几大部分组成？首先，CPU 送来的主存地址怎么能转换成 Cache 地址？这需要一个**地址映射变换机构**（参考 3.6.2 小节）。其次，如果 Cache 内容已满，无法接受来自主存的块时，怎么去给 Cache 腾出位置来？这需要一个**替换机构**（参考 3.6.3 小节）。后面将介绍这两个机构，Cache 的基本结构如图 3-27 所示。

☞ 可能疑问点：**指令和数据都是放在同一个 Cache 中吗？**

答：在现代计算机系统中，一般采用多级 Cache 系统。CPU 执行指令时，先到速度最快的一级 Cache（L1 Cache）中寻找指令或数据，找不到时，再到速度次快的二级 Cache（L2 Cache）中找。以此类推，最后到主存中找。一级 Cache 的指令和数据一般分开存放，而二级 Cache 的指令和数据是放在一起的。因此，有 L1 data Cache 和 L1 code Cache。

☞ 可能疑问点：**在 CPU 和主存之间加入了多个 Cache，计算机总存储量就增加了，对吗？**

答：不对。虽然 Cache 是存储器，具有几百 KB 甚至几 MB 的容量，但因为它存放的是主存信息的副本，所以并不能增加系统的存储容量。

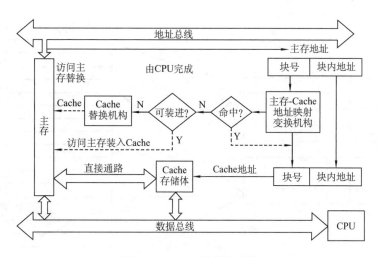

图 3-27　Cache 的基本结构

☞ **可能疑问点：程序员是否需要知道高速缓存的访问过程？**

答： 不需要。高速缓存（Cache）的访问过程对程序员来说是透明的。执行到一条指令时，需要到内存取指令，有些指令还要访问内存取操作数或存放运算结果。采用 Cache 的计算机系统中，总是先到 Cache 去访问指令或数据，没有找到才到主存去访问。这个过程是 CPU 在执行指令过程中自动完成的。程序员不需要知道要找的指令和数据是否在 Cache 中，若在 Cache 中是在 Cache 的哪一块中，也不需要知道 Cache 的访问过程，只要在指令中给定内存单元的地址就行了。

3.6.2　Cache 和主存之间的映射方式

地址映射变换机构是将 CPU 送来的主存地址转换为 Cache 地址。由于主存和 Cache 的块大小相同，块内地址都是相对于块的起始地址的偏移量（即低位地址相同），因此地址变换主要是**主存块号与 Cache 块号之间的转换**。地址变换主要有 3 种转换方式，即**直接映射、全相联映射和组相联映射**。

1. 直接映射

图 3-28 为直接映射方式主存与 Cache 中字块的对应关系，其中 Cache 分为 8 行，主存分为 256 行。由于 Cache 被分为 8 块，因此在主存中可以将每 8 块看成一个"轮回"，这样主存就可以被分为 32 个"轮回"。而每个"轮回"中的第 i 块只能映射到 Cache 的第 i 块，类似于生活场景中的个位数为 n 的学生只能坐到讲台上的 n 号位置。如果要用一个数学表达式来表示，则很快会想到用取模来对应，如下：

$$i=j \bmod C$$

其中，i 为 Cache 中的块号；j 为主存中的块号；C 为 Cache 的块数（图 3-28 中 C 等于 8）。上面的公式表示将主存第 j 块内容复制到 Cache 的第 i 块中。

优点： 实现简单。只需要利用主存地址的某些位直接判断，即可确定所需字块是否在Cache中。

缺点：

1）不够灵活。 因为每个主存块只能固定地对应某个 Cache 块，即使 Cache 内还空着许多位置也不能占用，所以导致 Cache 的存储空间得不到充分利用。

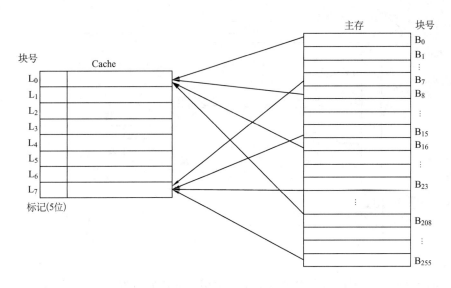

图 3-28　直接映射方式主存与 Cache 中字块的对应关系

2）冲突概率高（抖动）。 抖动就是某个块频繁地进行交换，例如，生活场景助解提到的 3 号位置，13、23、33、43 等都要坐在 3 号位置，如果某个时刻都是个位数为 3 的同学上来，则需要不断地换人。

应用场合： 适合大容量 Cache。

操作原理： 首先，CPU 访存指令指出一个内存地址，该内存地址包含 tag、块号、字等字段。然后，根据内存地址中的块号 c 找到 Cache 中对应的块号（用 i=j mod C 找到），找到 Cache 中对应的块号之后将该块中的标记和内存地址中的 t 位 tag 标记送入比较器进行比较。若相符且有效位（有效位用来识别 Cache 存储块中的数据是否有效，因为有时候 Cache 中的数据是无效的，例如，在初始时刻 Cache 应该是空的，其中的内容是无意义的）为"1"，即表示命中，然后用内存地址的低 b 位在 Cache 中读取所需要的字即可。若不符合或有效位为"0"（即不命中），则需要从主存中读取所需要的**块**（该块包含此时需要读的字）来替换 Cache 中旧的块，同时将信息送往 CPU，并修改 Cache 的标记，如果原来有效位为"0"，还得将有效位置"1"，如图 3-29 所示。

2. 全相联映射

图 3-30 为全相联映射方式主存与 Cache 中字块的对应关系。全相联映射允许主存中每一个字块映射到 Cache 中的任何一块的位置上。前面讲过，如果是全相联映射，那么每个人需要举着两位数号码的牌子才能识别这个人。在图 3-30 中，主存有 256 块，Cache 需要 8 位（$2^8=256$）来作为标记位，这样才能识别每一个主存块。返回到图 3-28，因为直接映射只需要识别每个组号即可，所以主存大小是 Cache 的 32 倍（也就是说，主存需要分为 32 组），即 Cache 需要 5 位来作为标记位，这样才能识别该块属于哪一组。

优点：

1）由于全相联映射允许主存的每一字块映射到 Cache 中的任何一个字块，因此 Cache 的命中率可以提高。

2）通俗地说，全相联映射就是"有位置就可以坐"，减小了块的冲突率，进而提高了 Cache 的利用率。

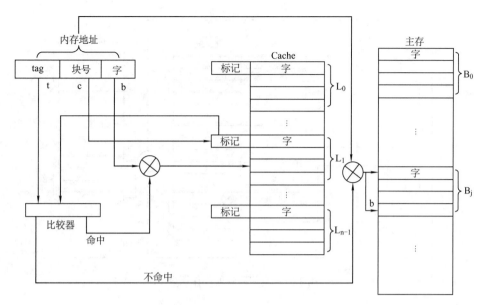

图 3-29　直接映射操作原理

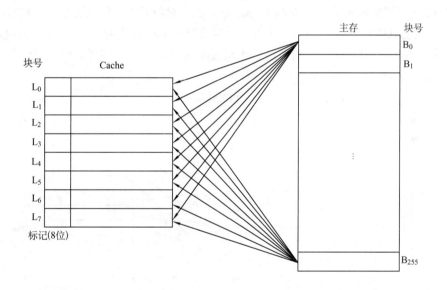

图 3-30　全相联映射方式主存与 Cache 中字块的对应关系

缺点：tag 的位数增加了，访问 Cache 时主存字块标记需要和 Cache 的全部"标记"进行比较，才能判断所访问主存地址的内容是否已在 Cache 内。这种比较通常采用"**<u>按内容寻址</u>**"的相联存储器来完成（**<u>注意出选择题</u>**）。

应用场合：适用于小容量的 Cache。

操作原理：如图 3-31 所示。首先，CPU 访存指令指出一个内存地址，该内存地址包含块号、字等字段。为了加快检索速度，Cache 所有行的标记位和内存地址的块号一同送入比较器中比较，如果块号命中，则直接从 Cache 命中的块号中读取所需的字；如果块号不命中，则按内存地址读取这个字，同时把内存块读入 Cache 行中。细心的考生可能会问，这里不需要考虑有效位吗？考虑最好，不考虑也行。至于当 Cache 满时，从 Cache 中替换哪一块出来，可参考后面 Cache 替换机构的讲解。

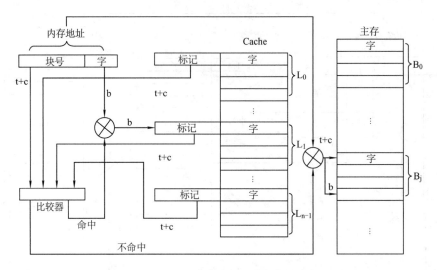

图 3-31　全相联映射操作原理

3．组相联映射

图 3-32 为组相联映射方式主存与 Cache 中字块的对应关系。可以看出，组相联映射是对直接映射和全相联映射进行折中的一种方式。假设把 Cache 分为 Q 组，每组有 R 块，现在考生需要做的事情是把组相联映射的一组看作直接映射中的一块。同理，可以得到和直接映射中一样的公式为：

$$i = j \bmod Q$$

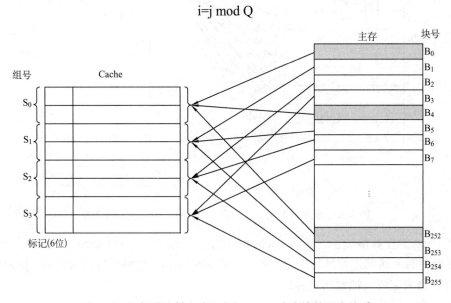

图 3-32　组相联映射方式主存与 Cache 中字块的对应关系

其中，i 为 Cache 中的组号；j 为主存中的块号；Q 为 Cache 的组数（图 3-32 中 Q 等于 4）。通俗地说，上面的公式就是主存第 j 块内容复制到 Cache 的 i 组中，至于是第 i 组的哪一块，那就可以随意放了。

由于 Cache 分为 4 组，因此主存的 256 块应该分成 256/4=64 个"轮回"，故需要 6 位 tag 来表示是哪一个"轮回"。

补充：

1）当组相联只有一组时，此时组相联映射就等同于全相联映射；当每组只有一块时，此时组相联映射就等同于直接映射。

2）在组相联映射中，主存地址高位到低位划分成 3 部分：标记 tag、组号和块内字地址。这 3 个字段位数求解步骤如下：

① 块内字地址=$\log_2$（块大小）。

② 组号=$\log_2$（Cache 组数）。

③ 标记 tag=主存地址的其余位。

3）假设每组有 N 块，则称为 N 路组相联。图 3-32 可以称为二路组相联。

操作原理： 如图 3-33 所示。首先，CPU 访存指令指出一个内存地址，该内存地址包含 tag、组号、字等字段。然后，通过组号找到 Cache 中对应的组，然后将 Cache 该组中每一块的 tag 和内存地址的 tag 送入比较器中进行比较。如果 Cache 中有某块的 tag 与之符合，则表示 Cache 命中，通过内存地址的低 b 位确定需要该块中的哪一个字，然后进行存取操作。如果 Cache 中每行的 tag 都与之不相符，则不命中，需要去内存取需要的字，并将内存中该字所在的块送入 Cache 中。至于当 Cache 满时，从 Cache 中替换哪一块出来，可参考 3.6.3 小节。

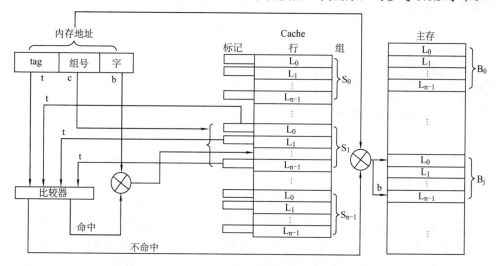

图 3-33 组相联映射操作原理

【例 3-10】 （2009 年统考真题）某计算机的 Cache 共有 16 块，采用二路组相联映射方式（即每组 2 块）。每个主存块大小为 32B，按字节编址。主存 129 号单元所在主存块应装入到的 Cache 组号是（ ）。

A. 0   B. 2   C. 4   D. 6

解析： C。由于 Cache 共有 16 块，且采用二路组相联映射方式，因此 Cache 共被分为 8 组，组号分别为 0，1，2，…，7。其实本题应该说清楚，Cache 的组号和主存的块号都是从 0 开始计算，不然有些考生得到的答案将会是 5。

解法一： 直接计算出 129 号在主存单元的位置。由于每个主存块大小为 32B，且按字节编址，因此主存的第 129 号单元在主存的第 5 块，块号为 4（因为从 0 开始算）。根据组相连的映射关系，主存块号为 N 的块可以被映射到 Cache 第（N mod 8）组的任何一块中，故主存的第 129 号单元应该装入到 Cache 的第 5 组，也就是组号为 4。

解法二：将 129 转换成二进制，即 1000 0001。块内 32B 需要占 5 位；Cache 总共 16 块 8 组，需要 3 位索引组号；其余位为 Tag。因此，1000001→0,100,00001，即组号为 4，组内偏移为 1，Tag 为 0。

　　【例 3-11】（2012 年统考真题）假设某计算机按字编址，Cache 有 4 个行，Cache 和主存之间交换的块大小为 1 个字。若 Cache 的内容初始为空，采用二路组相联映射方式和 LRU 替换算法，当访问的主存地址依次为 0，4，8，2，0，6，8，6，4，8 时，命中 Cache 的次数是（　　）。

　　A．1　　　　　　B．2　　　　　　C．3　　　　　　D．4

　　解析：C。**注意：**针对此题，相信不少考生做不出答案。主存地址依次为 0，4，8，2，0，6，8，6，4，8 的这些块好像都应该映射到 Cache 的第 0 组，不可能会映射到 Cache 的第 1 组。其实不然，只是这道题目采用了另外一种组相联映射方式。

　　最常见的组相联映射方式如图 3-32 所示。

　　映射关系可以被定位为：i=j mod Q，其中 i 为 Cache 的组号，j 为主存块号，Q 为 Cache 的组数。如果按照这种方式做，则题干给出的所有主存块将会被映射到 Cache 的第 0 组。所以应该考虑到另外一种组相联映射方式，如图 3-34 所示。

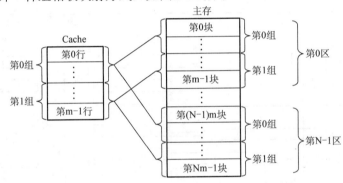

图 3-34　另一种组相联映射方式

　　该方式是先将主存块按 Cache 大小分区，再将各个分区中的块进行分组，同样，Cache 内也分组，组内分块。主存中不同区的相同序号的组和 Cache 同序号的组采用直接映射（如主存的第 X 区的第 0 组只能映射到 Cache 的第 0 组），主存和 Cache 同序号的组内各块采用全相联映射，不同序号的组没有映射关系。

　　由图 3-34 所示关系，可以画出本题的 Cache 和主存块的示意图（主存只画出第 0～8 块），如图 3-35 所示。

　　根据图 3-35 所示的映射关系，可以得到如下命中情况，见表 3-2。

　　M/N 符号解释：M 表示主存的块号，N 表示此块号调入 Cache 的时间，例如，Cache 第 0 组刚开始为主存第 0 块调入，初始时间为 0，所以写成 0/0；当主存第 4 块调入时，第 0 块的时间变为 1，第 4 块由于刚调进，因此时间为 0，于是就可以写成 0/1 和 4/0，此时 Cache 的第 0 组已满。如果下次需要替换，则应该将 N 值最大的块替换出去。由表 3-2 可以看出，一共命中 3 次。

　　☞ **可能疑问点：直接映射方式下是否需要考虑替换方式？为什么？**

　　答：无须考虑。因为，在直接映射方式下，一个给定的主存块只能放到一个唯一的固定 Cache 槽中，所以在对应 Cache 槽中已有一个主存块的情况下，新的主存块毫无选择地把原先已有的那个主存块替换掉，因而无须考虑替换算法。

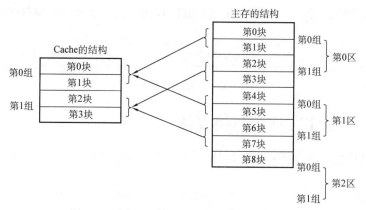

图 3-35　例 3-11 的 Cache 和主存块的示意图

表 3-2　命中情况

访问块序号		0	4	8	2	0	6	8	6	4	8
对应 Cache 组号		0	0	0	1	0	1	0	1	0	0
第 0 组	第 0 块	0/0	0/1	8/0	8/1	8/2	8/3	8/0	8/1	8/2	8/0
	第 1 块		4/0	4/1	4/2	0/0	0/1	0/2	0/3	4/0	4/1
第 1 组	第 0 块				2/0	2/1	2/2	2/3	2/4	2/5	2/6
	第 1 块						6/0	6/1	6/0	6/1	6/2
缺失？		√	√	√	√	√	√	命中	命中	√	命中

📖 **补充知识点**：三种映射方式下的主存地址结构。直接映射、全相联映射与组相联映射的地址结构如图 3-36 所示。

直接映射

主存字块标记	Cache 字块地址	字块内地址

全相联映射

主存字块标记	字块内地址

组相联映射

主存字块标记	组地址	字块内地址

图 3-36　三种映射方式下的主存地址结构示意图

📖 **补充知识点**：Cache 标记项的概念。每一个 Cache 行对应一个标记项（包括有效位、标记位 Tag、一致性维护位、替换算法控制位），对于组相联映射方式来说，每一组的标记项放在一起构成一行，将各组从上而下排列，成为一个标记项阵列；对于全相联映射和直接映射来说，标记项一行就是一组。图 3-37 是四路组相联的标记阵列示意图。

标记项	标记项	标记项	标记项
标记项	标记项	标记项	标记项
标记项	标记项	标记项	标记项
标记项	标记项	标记项	标记项

图 3-37　四路组相联的标记阵列示意图

对于每个标记项来说，其结构如图 3-38 所示。其中包括 1bit 有效位，1bit 一致性维护位（脏位），替换控制位的位数与采用的替换算法有关，标记位的位数等于主存地址的标记字段位数。

有效位（1bit）	脏位（1bit）	替换控制位（与替换算法有关）	标记位（等于主存地址中的标记字段）

图 3-38　标记项结构示意图

3.6.3　Cache 中主存块的替换算法

注意：替换机构的常用算法在《操作系统高分笔记》中有详细讲解，本书只介绍相关概念。

Cache 的工作原理要求它尽量保存最新数据。当一个新的主存块需要复制到 Cache，而允许存放此块的行位置都已占满时，就要产生替换。

替换问题与 Cache 的组织密切相关。当 Cache 使用直接映射时，因为直接映射方式一个主存块只能放在一个特定的位置，所以只要把此特定位置上的主存块换出 Cache 即可。对于全相联和组相联 Cache 来说，因为一个主存块可以映射到多个 Cache 块，所以就要通过规定的替换方式从 Cache 中替换出一块。至于如何选取就涉及**替换策略**，又称为**替换算法**。理想的替换算法应该是把未来很少用到的或者很久才用到的数据块替换出来，但实际上很难做到。常用的替换算法有先进先出算法、近期最少使用算法和随机法。

1．先进先出（FIFO）算法

FIFO 算法选择最早调入 Cache 的字块进行替换，它不需要记录各字块的使用情况，比较容易实现，开销小，但没有用到访存的局部性原理，故不能提高 Cache 的命中率。最早调入的信息可能以后还会用到，或者经常要用到，如循环程序。

2．近期最少使用（LRU）算法

LRU 算法比较好地利用访存局部性原理替换出近期用得最少的字块。它需要随时记录 Cache 中各字块的使用情况，以便确定哪个字块是近期最少使用的字块。LRU 算法实际是一种推测方法，比较复杂，一般采用简化的方法，**只记录每个块最近一次使用的时间**（考试一般说的近期最少使用算法是使用该种判别方式）。LRU 算法的平均命中率比 FIFO 算法高。

3．随机法

随机法是随机地确定被替换的块，比较简单，可采用一个随机数产生器产生一个随机被替换的块，但它也没有用到访存的局部性原理，故不能提高 Cache 的命中率。

3.6.4　Cache 写操作策略

由于 Cache 的内容只是主存部分内容的副本，因此它应当与主存内容保持一致。而 CPU 对 Cache 的写入更改了 Cache 的内容，就会导致 Cache 的内容和主存的内容不一致。如何能让 Cache 的内容与主存的内容保持一致就是 Cache 写操作策略需要完成的事情。Cache 写操作策略有如下 3 种形式。

1．写回法

写回法要求：当 CPU 写 Cache 命中时，只修改 Cache 的内容，而不立即写入主存，只有当此行被换出时才写回主存，这种方式可以减少访问主存的次数。问题来了，那当换出此块时怎么能知道此块被修改过？实现这种方式时需要对 Cache 的每行都必须设置一个**修改位**

（或者称为"**脏位**"）。当某行被换出时，根据此行的修改位是 0 还是 1（可以规定 1 代表修改过，0 代表没有修改），来决定将该行内容写回主存还是简单弃去。

　　注意：上面考虑的是 Cache 命中时，那不命中呢？如果 CPU 要对 Cache 中某块的某字进行修改，此时恰好此字不在 Cache 中，就需要从主存中找出包含此字的数据块。千万注意，CPU 不会在主存中直接修改，而是找到之后直接复制到 Cache 中进行修改，等从 Cache 中换出此块时，再复制到主存。

　　此知识点可设置综合题的细节题，如当使用写回法时，求 Cache 的位数。此时，一些考生可能不会加上修改位（隐含条件，有多少行就加多少修改位）。

　　2．全写法

　　全写法要求：当写 Cache 命中时，Cache 与主存同时发生写修改，因而较好地保持了 Cache 与主存内容的一致性。很明显，此时 Cache 不需要每行都设置修改位。当写 Cache 未命中时，直接在主存中修改（和写回法不同）。至于在主存中修改后需不需要复制到 Cache 中，这个视情况而定，可以复制也可以不复制。

　　3．写一次法

　　写一次法是基于写回法并结合全写法的写策略的一种形式（这种情况好像看得比较多，每次都是先介绍两种方式，第 3 种就采取折中方式，如 Cache 的映射方式就是如此）。写命中与写未命中的处理方法与写回法基本相同，**仅仅是第一次写命中时要同时写入主存**。

3.7　虚拟存储器

3.7.1　虚拟存储器的基本概念

　　从字面上理解，虚拟存储器的容量是虚拟的，实际上并没有这么多容量，之所以能达到看起来比实际内存大得多的容量的效果，是因为借用了外存的存储空间，把当前不需要访问的数据存放在外存，用内外存数据倒换的时间消耗来换取更大的逻辑存储空间。

　　虚拟存储器的相关概念归纳如下：

　　1）虚拟存储器是一个逻辑模型，并不是一个实际的物理存储器。

　　2）虚拟存储器必须建立在主存-辅存结构基础上，但两者是有差别的：虚拟存储器允许使用比主存容量大得多的地址空间，并不是虚拟存储器最多只允许使用主存空间；虚拟存储器每次访问时，必须进行虚实地址变换，而非虚拟存储器则不必。

　　3）虚拟存储器的作用是分隔地址空间，解决主存的容量问题和实现程序的重定位。

　　4）虚拟存储器和 Cache 都是基于程序局部性原理。两者的相同点：都把程序中最近常用的部分驻留在高速的存储器中；一旦这部分程序不再常用，把它们送回到低速存储器中；这种换入、换出操作是由硬件或操作系统完成的，对用户透明；都力图使存储系统的性能接近高速存储器，而价格却接近低速存储器。两者的不同点：Cache 用硬件实现，对操作系统透明，而虚拟存储器用操作系统与硬件相结合的方式实现；Cache 是一个物理存储器，而虚拟存储器仅是一个逻辑存储器，其物理结构建立在主存-辅存结构基础上。

　　其实，此知识点中更需要掌握的是为了实现这种虚拟存储管理而需要的技术手段，如请求分页存储管理、请求分段存储管理、请求段页式存储管理，但这些知识点都属于操作系统的内容，本书仅简单介绍基本概念，可参考《操作系统高分笔记》。

☞ **可能疑问点：虚拟存储器的大小应该由哪些因素决定？**

　　解析：例如，某 32 位地址总线的计算机，虚拟存储器的大小是 4GB（假设每个存储单元的大小为 1B），但实存未必有这么大，实存由计算机的内存条大小决定，如插 1GB 的内存条，内存就是 1GB。如果程序员要编制一个程序，空间大小占 4GB，那剩下的 3GB 从哪里"挖"呢？磁盘中有几百 GB。很多考生认为虚拟存储器的大小可以随意调节（最大可调节为主存+磁盘的容量），根本不是由计算机的地址线的数量决定。虽然这么说没有错，但是设置那么大的虚拟存储器有意义吗？例如，地址线是 32 根，最多只能找到 4G 个存储单元大小的空间，那将虚拟存储器设置成 100G 个存储单元的大小没有任何意义，因为根本找不到那部分地址单元。在此做一个统一的解答，以后凡是遇到问虚拟存储器的容量由什么决定，都应统一回答由计算机地址总线的数量来决定。

3.7.2　页式虚拟存储器

　　页式虚拟存储器就是将其基本单位划分为页，且将主存的物理空间划分为与虚拟存储器等长的页。划分的页称为页面，主存的页称为实页，虚拟存储器的页称为虚页。

　　系统基本信息的传送单位是定长的页，需要通过地址变换机构实现访存过程，当访问页面不在主存时，通过页面置换算法将需要的页面调入主存。

　　优点：由于页面的起点、终点地址是固定的，因此页表简单，调入方便，主存空间浪费小。

　　缺点：由于页面不是逻辑上的独立实体，因此处理、保护和共享都不如段式虚拟存储器方便。

3.7.3　段式虚拟存储器

　　段式虚拟存储器是一种将主存按段分配的存储管理方式，各段的长度因程序而异。段是利用程序的模块化性质，按照程序的逻辑结构划分成的多个相对独立部分。系统的基本信息传送单位为段，并通过地址变换机构实现访存过程。

　　优点：段的分界与程序的自然分界相对应；段的逻辑独立性使它易于编译、管理、修改和保护，也便于多道程序共享；某些类型的段（堆栈、队列）具有动态可变长度，允许自由调度以便有效利用主存空间。

　　缺点：段的长度各不相同，段的起点和终点不定，给主存空间的分配带来麻烦，而且容易在段间留下许多空余的不易利用的零碎存储空间，造成浪费。

3.7.4　段页式虚拟存储器

　　段页式虚拟存储器是段式虚拟存储器和页式虚拟存储器的结合。在这种方式中，把程序按逻辑单位分段以后，再把每个段分成固定大小的页。程序对主存的调入/调出是按页面进行的，但它又可以按段实现共享和保护。

　　优点：兼备页式虚拟存储器和段式虚拟存储器的优点。

　　缺点：在地址映射过程中需要多次查表。

3.7.5　TLB（快表）

　　在虚拟存储器中，如果不采取有效的措施，那么访问主存的速度会大大降低，这是因为在页式或者段式虚拟存储器中，必须先查页表或段表，而在段页式虚拟存储器中，既要查找页表，也要查找段表。因此，为了加快查找速度，利用程序在执行过程中具有局部性的特点（可联系 Cache 来理解），将页表分为快表和慢表两种。一般的页表称为**慢表**，放在主存中。将当前最常用的页表信息放在一个小容量的高速存储器中，称为**快表**。在访问页面时，先在快表中查找对应的页表项，若找到了，则通过该页表项查找对应的页面；若在快表中未找到所需要的页面，则再去慢表中查找。

综上分析，由于快表仅仅是慢表很小的一部分，或者说是子集，因此可以得出"快表命中，页表一定会命中"的结论，这非常类似于 Cache 和主存的关系，但两者的区别在于快表主要用于虚拟存储器中。这种快慢表的结构使得访问速度接近于快表的速度，从而提高了整个虚拟存储器的访问速度。

注意： 从图 3-3 中可以看出，CPU 与 Cache、主存都建立了直接访问的通路，而辅存与 CPU 是没有直接通路的。当 Cache 不命中时，CPU 可以直接和主存通信，并且同时将数据调入 Cache 中；而虚拟存储器系统不命中时，只能将所需数据先从硬盘调入主存，而 CPU 不能直接从硬盘取数据。

　　📖 **补充知识点：两个转换关系和命中一致性**（2010 年和 2011 年都考查过）。
　　（1）两个转换关系
　　逻辑地址（虚拟地址）→物理地址→最终地址（Cache 中的地址）。
　　解析： 逻辑地址（虚拟地址）是由程序员给出的，经过查询快表（TLB）、页表（很多书中对于二者谁先查谁后查没有统一标准，编者给的解释是，现在的电路技术已经完全可以实现二者并行查询，最终如果 TLB 命中，那么直接输出由 TLB 中的页表项查询得到物理地址；如果 TLB 不命中，那么根据页表输出物理地址）得到物理地址。但此时的物理地址并不一定是最终地址，因为如果 Cache 命中，则需要再转换成 Cache 地址，转换后 Cache 中的地址才是最终地址；但如果 Cache 不命中，则仍需要原来经过 TLB 或者页表得到的地址去直接访存。因此，在不命中的情况下，两个转换关系就变成了一个，即逻辑地址（虚拟地址）→物理地址。

　　（2）命中一致性
　　解析： 1）如果 TLB 命中，那么页表必然命中，且该页面一定在内存中，因为 TLB 命中说明了此页面可以在页表中查询得到（因为快表是页表的子集），既然在页表中查询得到，就说明此页面已经调入内存。而此页是否在 Cache 中，这个不能确定。

　　这部分知识很少有辅导书讲解过，但大纲上有一句话，即重点考查综合知识运用的内容，因此考生在平时复习的时候应尽量将各科学习的知识串联起来。

　　2）Cache 命中与否，与页表是否命中没有必然联系，因为 Cache 和页表是两种独立的机制。

　　📖 **补充知识点：（★核心考点）试问 CPU 执行指令进行一次存储访问操作最少访问主存几次？**
　　解析： 在具有 Cache 并采用动态重定位存储管理的系统中，一次存储访问操作的大致过程如下。
　　第一步： 根据虚页号查找快表，若快表中有对应虚页的页表项，则取出页框号形成物理地址，转第二步；若快表中不存在对应虚页的页表项，则发生 TLB 缺失，转第三步。

第二步：判断物理地址中的标记是否和 Cache 中的标记相等并且有效位是否为 "1"，若为 "1"，则 Cache 命中，从 Cache 中读取数据或者写数据到 Cache（"全写"方式下，同时也写主存）；若不为 "1"，则发生 Cache 缺失，转第四步。

第三步：当 TLB 缺失时，根据页表基址寄存器的值和虚页号找到主存中的页表项，判断有效位是否为 "1"，若是，则说明该虚页在主存中，此时把该页表项转入 TLB 中，并取出页框号形成物理地址，转第二步；若不是，则说明该虚页不在主存中，即发生了"缺页"异常。此时，需要调出操作系统中的"缺页"异常处理程序，实现从磁盘读入一个页面的功能。"缺页"处理结束后，重新执行当前指令，这次一定能在主存中找到。

第四步：Cache 缺失时，CPU 根据物理地址到主存读一块信息到 Cache，然后读入到 CPU 或 CPU 写信息到 Cache 中。

从上述过程来看，CPU 进行一次存储访问操作，最好的情况下无须访问主存；最坏的情况下，不仅要多次访问主存，还要读写磁盘数据。

【例 3-12】（2010 年统考真题）在下列命中组合中，一次访存过程中不可能发生的是（　　）。

A．TLB 未命中，Cache 未命中、Page（页表）未命中

B．TLB 未命中，Cache 命中、Page（页表）命中

C．TLB 命中，Cache 未命中、Page（页表）命中

D．TLB 命中，Cache 命中、Page（页表）未命中

解析：Cache 中存放的是物理主存块的副本，Cache 命中，主存必然命中，但主存命中，Cache 不一定命中。TLB 中存放的是页表的副本，TLB 命中，页表必然命中，但页表命中，Cache 不一定命中。因此，D 选项不可能发生。从 A 和 B 选项可以看出，Cache 命中和 Page 命中没有必然的联系，如图 3-39 所示。

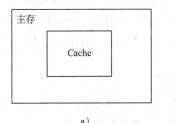
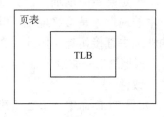

a）　　　　　　　　　　　　　　　　　b）

图 3-39　主存与 Cache 以及页表与 TLB 的关系

a）主存与 Cache 的关系　b）页表与 TLB 的关系

📖 **补充知识点：TLB、页表、Cache、主存之间的访问关系。**

解析：首先，程序员应该给出一个逻辑地址。通过逻辑地址去查询 TLB 和页表（一般是同时查询，TLB 是页表的子集，所以 TLB 命中，页表一定命中；但是页表命中，TLB 不一定命中），以确定该数据是否在主存中。因为只要 TLB 和页表命中，该数据就一定被调入主存。如果 TLB 和页表都不命中，则代表该数据就不在主存，所以必定会导致 Cache 访问不命中。现在，假设该数据在主存中，那么 Cache 也不一定会命中，因为 Cache 里面的数据仅仅是主存的一小部分。于是，很容易得出 TLB、页表、Cache、主存之间的访问关系（表 3-3）。

表 3-3　TLB、页表、Cache、主存之间的访问关系

TLB	页表	Cache	是否可能发生
命中	命中	命中	可能
命中	命中	不命中	可能
命中	不命中	命中	不可能（因为 TLB 是页表的子集）
命中	不命中	不命中	不可能（因为 TLB 是页表的子集）
不命中	命中	不命中	可能（数据在主存，但不在 Cache）
不命中	命中	命中	可能
不命中	不命中	命中	不可能（因为数据不在主存）
不命中	不命中	不命中	可能（因为数据不在主存）

☞ **可能疑问点：快表缺失、Cache 缺失和页面缺失（缺页）的处理有什么异同点？**

答： 快表缺失可以用软件也可以用硬件来处理。首先根据虚页号和页表基址寄存器的内容到主存中找到相应的页表项，若有效位为"1"，则把该项取到快表中即可；若有效位为"0"，则发出"缺页"异常。用软件实现时，通过产生一个"快表缺失异常"，调出操作系统中相应的异常处理程序，异常处理结束后，重新执行当前指令。

Cache 缺失的处理是由硬件实现的。当发生 Cache 缺失时，CPU 使当前指令阻塞，并根据主存地址继续到主存中去访问主存块，从主存中取到信息后指令继续执行。

页面缺失（缺页）处理是由软件实现的。缺页时，需要调出操作系统中的"缺页"异常处理程序进行处理，实现从磁盘读入一个页面的功能。"缺页"处理结束后，重新执行当前指令。

3.8　外存储器

外存储器的主要知识点包括**硬盘存储器、磁盘阵列和光盘存储器**。

1．硬盘存储器（重点）

在讲解硬盘存储器之前，首先需要解决以下两个辅助问题。

问题一：硬盘存储器是怎么记录数据的？

记录数据的方式主要有 6 类，但考生只需掌握 3 种即可，如图 3-40 所示。

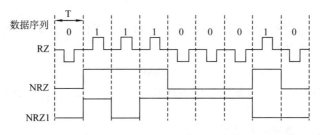

图 3-40　记录数据的 3 种方式

1）归零制（RZ）。记录"1"时，通正向脉冲电流；记录"0"时，通反向脉冲电流。"0"和"1"信息之间驱动电流归零。

2）不归零制（NRZ）。记录"1"时，通正向脉冲电流；记录"0"时，通反向脉冲电流。只有当相邻信息代码不同时，电流才改变方向，故称为"见变就翻"。

3）"见 1 就翻"的不归零制（NRZ1）。只有记录"1"时，电流才改变方向，如图 3-40 所示。

问题二：硬盘存储器的技术指标有哪些？

硬盘存储器在不同形状（如盘状、带状等，如图 3-41 所示）的载体上涂有磁性材料，由磁头在磁层上进行读/写操作，信息被记录在磁层上，这些信息的轨迹被称为**磁道**。硬盘的磁道是一个个同心圆，而磁带的磁道是沿磁带长度方向的直线。

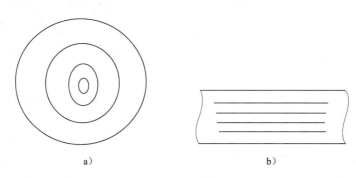

a）   b）

图 3-41　磁道
a）磁盘中的磁道　b）磁带中的磁道

硬盘存储器的技术指标如下：

（1）记录密度

记录密度通常是指单位长度内所存储的二进制信息量。硬盘存储器一般需要用**道密度**和**位密度**一起来表示。

道密度是指磁盘沿半径方向单位长度的磁道数（就是单位长度内有多少个同心圆）。相邻磁道之间的距离称为**道距**。

位密度（或称线密度）指单位长度磁道能记录二进制信息的位数。

注意：磁盘的所有磁道记录的信息量一定是相等的，并不是圆越大，记录的信息就越多。既然大圆和小圆记录的信息是一样多，那么每个磁道的位密度都是不同的（很明显，圈越大，位密度越小）。另外，一般题目中给出的磁盘位密度都是指**最大位密度**，也就是最内层圈的位密度。

（2）存储容量

存储容量是指外存所能存储的二进制信息总数量，以位或字节为单位。以硬盘存储器为例，存储容量可按下式计算：

$$C = nks$$

式中，C 为存储总容量；n 为存放信息的盘面数；k 为每个盘面的磁道数；s 为每条磁道上记录的二进制代码数。

☞ **可能疑问点：盘面是什么？**

解析：硬盘存储器是由很多个盘面组成的，并不是只有一面，如图 3-42 所示。

（3）平均寻址时间

在介绍存储器按照存取方式分类时，讲到磁盘采取直接存取方式，因此寻址需要分为两部分，即先找到所在的磁道（寻道时间），然后在此磁道上寻找需要的数据（等待时间）。那寻址时间能否简单地等于寻道时间加上等待时间？显然不行，原因有两个：

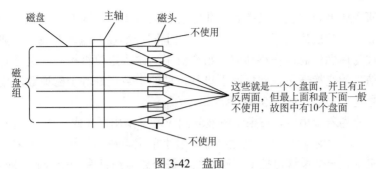

图 3-42　盘面

1）现在磁头在最外层的磁道，而现在需要的数据可能在最内层，也可能就在当前磁头附近的一个磁道。因此，寻找不同数据的寻道时间是不相等的。

2）磁头在某一磁道寻找不同数据的时间也是不相等的。

综上分析，因为一般都是取寻道时间和等待时间的平均值，所以寻址时间也应该改为平均寻址时间，如下：

平均寻址时间=(最大寻道时间+最小寻道时间)/2+(最大等待时间+最小等待时间)/2

（4）数据传输速率

数据传输率是指单位时间内磁表面存储器向主机传输数据的位数或字节数，它与记录密度和磁盘转动的速度有关，具体计算可参考后面的习题。

（5）误码率

如果从磁盘读出 N 位数据，有 M 位出错，那么误码率为 M/N。为了减少误码率，硬盘存储器通常采用循环冗余码来校验数据。

有了以上内容的铺垫，硬盘存储器的讲解就简单多了。

1）概念。**硬盘存储器**是指记录介质为硬质圆形盘片的磁表面存储设备。

2）组成。**硬盘存储器**主要由**磁记录介质、磁盘控制器和磁盘驱动器**三大部分组成。磁盘控制器包括控制逻辑与时序、数据并-串变换电路和数据串-并变换电路。磁盘驱动器包括写入电路与读出电路、读/写转换开关、读/写磁头与磁头定位伺服系统等（了解即可）。

3）分类。磁盘可按其**是否具有可换性**分为可换盘磁盘存储器和固定盘磁盘存储器。按磁头的**工作方式**分为固定磁头磁盘存储器和移动磁头磁盘存储器（见故事助记）。

故事助记：现在有 10 个城市的业务（类似于 10 个磁道），固定磁头磁盘存储器就类似于在 10 个城市公司都有业务员，要干什么事情不必经理亲自过去了，打电话找到该城市的业务员解决就行。很明显，固定磁头磁盘存储器的特点是省去了磁头沿盘片径向运动所需寻找磁道的时间，存取速度快，只要磁头进入工作状态即可进行读/写操作。而移动磁头磁盘存储器就是指 10 个城市都是经理一个人在跑业务，哪个城市有业务都需要经理坐车过去（坐车的时间恰好可以看成是寻道的时间），如图 3-43 所示。

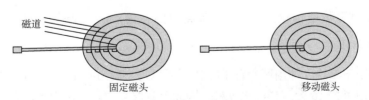

图 3-43　固定磁头和移动磁头

4）硬盘存储器的磁道记录格式。硬盘存储器的磁道记录格式分为**定长记录格式**和不定长

记录格式，考研主要考查定长记录格式，非定长记录格式不作要求。

一个具有 n 个盘片的磁盘组，可将其 n 个面上<u>同一半径</u>的磁道看成一个圆柱面，这些磁道存储的信息称为柱面信息。在移动磁头组合盘中，磁头定位机构一次定位的磁道集合正好是一个柱面。信息的交换通常在圆柱面上进行，柱面个数正好等于磁道数，故柱面号就是磁道号，而磁头号是盘面号，如图 3-44a 所示。

每个盘面又分为若干扇区，每条磁道被分割成若干个扇区（或者称为扇段），数据在盘面上的布局如图 3-44b 所示。扇区是磁盘寻址的最小单位。在定长记录格式中，当台号（<u>什么是台号？一般来说，一个系统可挂多组磁盘组，每个磁盘组都有一个号码，即台号</u>）确定后，磁盘寻址定位先确定柱面（寻道时间），再选定磁头（找到盘面），最后找扇区（等待时间）。因此，要在某磁盘组内找到所需数据，磁盘地址的设计应该包含 4 个字段：台号、磁道号、盘面号和扇区号（或者扇段号），地址格式如图 3-44c 所示。

具体实践应用参考例 3-13。

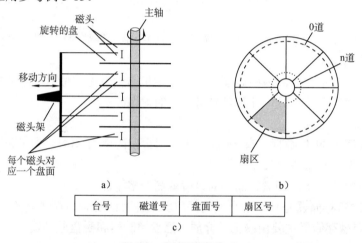

图 3-44　定长记录格式

a）柱面信息　b）数据在盘面上的布局　c）磁盘地址格式

【例 3-13】　一个磁盘组共有 11 片，每片有 203 道，数据传输速率为 983 040B/s，磁盘组转速为 60r/s（即每秒 60 转）。假设每个记录块有 1 024B，且系统可挂 16 台这样的磁盘机，试计算：

1）每一个磁道的容量为多少？

2）每个磁道有多少扇区？

3）试写出磁盘的地址格式。

4）如果某文件长度超过一个磁道的容量，应将它记录在同一个盘面上，还是记录在同一个柱面上？

解析：1）由于数据传输速率=每一条磁道的容量×磁盘转速，故每一磁道的容量为 $\dfrac{983\ 040\text{B/s}}{60\text{r/s}}$=16 384B/r。

2）因为每个记录块（即扇区）有 1 024B，所以每个磁道有 16 384B/1 024B=16 个扇区。

3）由于系统可挂 16 台这样的磁盘机，因此台号取 4 位。又由于每片有 203 道，因此磁道号取 8 位。每个磁盘组有 11 个盘片，那么就有 20 个记录面可用，盘片号取 5 位。每个磁道有 16 个扇区，扇区号取 4 位。综上所述，可得出磁盘地址格式如图 3-45 所示。

4）如果某文件长度超过一个磁道的容量，那么应将它记录在同一个柱面上，因为不需要重新寻道，所以数据读/写速度快。

4	8	5	4
台号	磁道号	盘面号	扇区号

图 3-45　磁盘地址格式

2. 磁盘阵列

磁盘阵列的知识点了解即可，不需要深究。相信不少考生对于 RAID（廉价冗余磁盘阵列）很熟悉，也可能见过 RAID 的不少分类方式，下面介绍一下相关概念，记住即可。

RAID 是指由多个小容量磁盘代替一个大容量的磁盘。由于目前的技术可以将数据进行分块并且能并行处理，因此可以将数据交错存放在多个磁盘上，使之可以并行存取，这个和前面存储器的多体并行很类似。RAID 的英文全称是 Redundant Arrays of Inexpensive Drives，其中 Redundant 是多余、重复的意思，那多余、重复体现在哪里？原来 RAID 专门划分出了一块区域用来记录多余或重复的资料，一旦系统中某一磁盘失效，就可以利用重复的资料重建用户信息。

一般来说，RAID 分为 7 级，即 RAID 0～RAID 6。0～6 并不代表技术的差异，仅仅表示 RAID 的架构方式与提供的功能不一样。RAID 0～RAID 6 的架构和功能不需要全部都记住，只需要记住 RAID 0 和 RAID 1 即可。

1）**RAID 0**。最简单的磁盘阵列架构。写入时将资料分成数个小块，再同时送到不同的磁盘内存储，读取资料时也需要从不同的磁盘内读取，然后重新组合。正是由于 RAID 将资料分块存储，使得存储速度大大加快。它的缺点也显而易见，如果某一个磁盘的数据损坏，将会因资料不完整而无法读取，造成系统停止，甚至毁掉所有硬盘资料。图 3-46 是 RAID 0 的示意图。

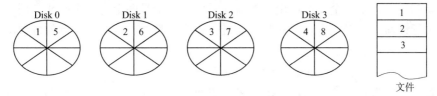

图 3-46　RAID 0

2）**RAID 1**。又称为镜像备份，意思就是可以将资料如镜子里的成像一样，在两个硬盘上各保持一份完全相同的备份，使得资料完全一样。写入时，相同的资料会同时写到磁盘阵列中的每一个磁盘；读取时仅从其中一个读取即可。由于每个硬盘都有一个镜像的硬盘，因此当某个硬盘出现损坏，并不会影响整个系统的运行。可以说 RAID 1 的容错性是相当好的。图 3-47 是 RAID 1 的示意图。

图 3-47　RAID 1 示意图

3. 光盘存储器（了解即可）

下面介绍光盘存储器。

应用**激光**在某种介质上写入信息，然后利用激光读出信息，这种技术称为**光存储技术**。而光盘就是利用这种存储技术进行读/写信息的圆盘。

分类 1：激光照射在非磁性介质上进行读/写信息称为**第一代光存储技术**，此技术不能把内容抹掉重新写内容；激光照射在磁性介质上进行读/写信息称为**第二代光存储技术**，此技术的主要特点是可擦除重写。

分类 2：根据光存储性能和用途的不同，光盘存储器可分为 3 类，即只读型光盘、只写一次型光盘和可擦写型光盘。

（1）只读型光盘

只读型光盘内的数据和程序由厂家事先写入，用户只能读出，不能修改或写入新的内容。非常类似于 ROM 的特性，故又将其称为 **CD-ROM**。

（2）只写一次型光盘

只写一次型光盘允许用户写入信息，写入后可多次读出，但不能再修改，故称其为"写一次型"。

（3）可擦写型光盘

可擦写型光盘由于是激光照射在磁性介质上进行读/写，因为这种光盘类似于磁盘，可以重复读写。

注意：1）由于光盘存储器属于**非接触式读/写信息**，因为在读/写信息时，不互相摩擦，介质不会被破坏，大大提高了光盘的耐用性，使得其使用寿命可达数十年以上。

2）光盘和磁盘类似，磁盘有磁道，光盘也有光道。磁道划分为多个扇区，光道也划分为多个扇区，并且扇区也是光盘的最小可寻址单位。

☞ 可能疑问点：**磁盘上信息是如何组织的？磁盘的最小编址单位是什么？**

答：磁盘表面被分为许多同心圆，每个同心圆称为一个磁道。信息存储在磁道上。每个磁道被划分为若干段，又叫扇区。每个扇区存放一个记录块，每个记录块有相应的地址标识字段、数据字段（512B）和校验字段等。到磁盘上寻找数据时，只要定位到数据在哪个磁头的哪个磁道的哪个扇区。所以，扇区是磁盘的最小编址单位。

☞ 可能疑问点：**盘面号和磁头号是一回事吗？**

答：是的。硬盘是一个盘组，由多个盘面组成。每个盘面上有一个磁头，用于对该盘面上的信息进行读写。所以，磁头号就是盘面号。磁头在盘面上移动到不同的位置就形成不同的磁道，信息记录在磁道上。

☞ 可能疑问点：**柱面号和磁道号是一回事吗？**

答：是的。硬盘是一个盘组，有多个盘面组成，所有盘面上相同编号的磁道构成了一个圆柱面（但物理上这个圆柱面是不存在的），因此不同盘面上的同一个磁道就形成一个圆柱面，有多少磁道就形成多少个圆柱面。所以，磁道号就是圆柱面号。

☞ 可能疑问点：**当一个磁道存满后，信息是在同一个盘面的下一个磁道存放，还是在同一个柱面的下一个盘面存放？**

答：当一个磁道存满后，如果信息是在同一个盘面的下一个磁道存放，则需要移动磁头，因为移动磁头是机械运动，所以花费时间较长，且有机械磨损；如果信息在同一个柱面的下一个盘面存放，则不需移动磁头，即磁道号不变，只要给出一个相邻盘面号，通过译码电路选取该盘面的磁头就可以读写了，几乎没有延迟，也没有机械运动。所以，磁盘的地址形式为磁道号（柱面号）、磁头号（盘面号）、扇区号。

习题

微信扫码看本章题目讲解视频

1．下述说法中正确的是（　　　）。

Ⅰ．半导体 RAM 信息可读可写，且断电后仍能保持记忆

Ⅱ．动态 RAM 是易失性 RAM，而静态 RAM 中的存储信息是不易失的

Ⅲ．半导体 RAM 是易失性 RAM，但只要电源不断电，所存信息是不丢失的

Ⅳ．半导体 RAM 是非易失性的 RAM

A．Ⅰ、Ⅱ　　　　B．只有Ⅲ　　　　C．Ⅱ、Ⅳ　　　　D．全错

2．下列关于 ROM 和 RAM 的说法中，错误的是（　　　）。

Ⅰ．CD-ROM 是 ROM 的一种，因此只能写入一次

Ⅱ．Flash 快闪存储器属于随机存取存储器，具有随机存取的功能

Ⅲ．RAM 的读出方式是破坏性读出，因此读后需要再生

Ⅳ．SRAM 读后不需要刷新，而 DRAM 读后需要刷新

A．Ⅰ、Ⅱ　　　　　　　　　　B．Ⅰ、Ⅲ、Ⅳ

C．Ⅱ、Ⅲ　　　　　　　　　　D．Ⅰ、Ⅱ、Ⅲ

3．（2015 年统考真题）下列存储器中，在工作期间需要周期性刷新的是（　　　）。

A．SRAM　　　　B．SDRAM　　　　C．ROM　　　　D．Flash

4．（2015 年中科院真题）根据存储内容来进行存取的存储器称为（　　　）。

A．双端口存储器　　B．相联存储器　　C．交叉存储器　　D．串行存储器

5．主存储器的主要性能指标有（　　　）。

Ⅰ．存储周期　　　Ⅱ．存储容量　　　Ⅲ．存取时间　　　Ⅳ．存储器带宽

A．Ⅰ、Ⅱ　　　　　　　　　　B．Ⅰ、Ⅱ、Ⅳ

C．Ⅰ、Ⅲ、Ⅳ　　　　　　　　D．全部都是

6．（2015 年中科院真题）连续两次启动同一存储器所需的最小时间间隔称为（　　　）。

A．存储周期　　B．存取时间　　C．存储时间　　D．访问周期

7．在对破坏性读出的存储器进行读/写操作时，为维持原存信息不变，必须辅以的操作是（　　　）。

A．刷新　　　　B．再生　　　　C．写保护　　　　D．主存校验

8．某计算机的存储系统由 Cache—主存系统构成，Cache 的存取周期为 10ns，主存的存取周期为 50ns。在 CPU 执行一段程序时，Cache 完成存取的次数为 4800 次，主存完成的存取次数为 200 次，该 Cache—主存系统的效率是（　　　）。

【注：计算机存取时，同时访问 Cache 和主存，Cache 访问命中，则主存访问失效；Cache 访问未命中，则等待主存访问】

A．0.833　　　　B．0.856　　　　C．0.958　　　　D．0.862

9．主存与 Cache 之间采用全相联映射方式，Cache 容量为 4MB，分为 4 块，每块 1MB，主存容量 256MB。若主存读/写时间为 30ns，Cache 的读/写时间为 3ns，平均读/写时间为 3.27ns，则 Cache 的命中率为（　　　）。

【注：计算机存取时，同时访问 Cache 和主存，Cache 访问命中，则主存访问失效；Cache 访问未命中，则等待主存访问】

A．90%　　　　B．95%　　　　C．97%　　　　D．99%

10．某 SRAM 芯片，其容量为 512×8 位，除电源和接地端外，该芯片引出线的最小数目应该是（　　　）。

A．23   B．25   C．50   D．19

11．某机器的主存储器共 32KB，由 16 片 16K×1 位（内部采用 128×128 存储阵列）的 DRAM 芯片字和位同时扩展构成。若采用集中式刷新方式，且刷新周期为 2ms，那么所有存储单元刷新一遍需要（   ）个存储周期。

A．128   B．256   C．1024   D．16 384

12．若单译码方式的地址输入线为 6，则译码输出线有（   ）根，那么双译码方式输出线有（   ）根。

A．64，16   B．64，32   C．32，16   D．16，64

13．某机器字长 32 位，存储容量为 64MB，若按字编址，它的寻址范围是（   ）。

A．8M   B．16MB   C．16M   D．8MB

14．采用 8 体并行低位交叉存储器，设每个体的存储容量为 32K×16 位，按 16 位字编址，存储周期为 400ns，下述说法中正确的是（   ）。

A．在 400ns 内，存储器可向 CPU 提供 2^7 位二进制信息

B．在 100ns 内，每个体可向 CPU 提供 2^7 位二进制信息

C．在 400ns 内，存储器可向 CPU 提供 2^8 位二进制信息

D．在 100ns 内，每个体可向 CPU 提供 2^8 位二进制信息

15．（2015 年统考真题）某计算机使用 4 体低位交叉编址存储器，假定在存储器总线上出现的主存地址（十进制）序列为 8005，8006，8007，8008，8001，8002，8003，8004，8000，则可能发生访存冲突的地址对是（   ）。

A．8004 和 8008   B．8002 和 8007

C．8001 和 8008   D．8000 和 8004

16．设存储器容量为 32 字，字长为 64 位。模块数 m=4，采用低位交叉方式。存储周期 T=200ns，数据总线宽度为 64 位，总线传输周期 r=50ns。该交叉存储器读取前 4 个字的平均速度为（   ）。

A．$32×10^7$bit/s   B．$8×10^7$bit/s

C．$73×10^7$bit/s   D．$18×10^7$bit/s

17．关于 Cache 的 3 种基本映射方式，下面叙述中错误的是（   ）。

A．Cache 的地址映射有全相联、直接和多路组相联 3 种基本映射方式

B．全相联映射方式，即主存单元与 Cache 单元随意对应，线路过于复杂，成本太高

C．多路组相联映射是全相联映射和直接映射的一种折中方案，有利于提高命中率

D．直接映射是全相联映射和组相联映射的一种折中方案，有利于提高命中率

18．某一计算机采用主存—Cache 存储层次结构，主存容量有 8 个块，Cache 容量有 4 个块，采取直接映射方式。若主存块地址流为 0、1、2、5、4、6、4、7、1、2、4、1、3、7、2，一开始 Cache 为空，此期间 Cache 的命中率为（   ）。

A．13.3%   B．20%   C．26.7%   D．33.3%

19．主存按字节编址，地址从 0A4000H 到 0CBFFFH，共有（   ）字节；若用存储容量为 32K×8 位的存储芯片构成该主存，至少需要（   ）片。

A．80K，2   B．96K，2   C．160K，5   D．192K，5

20．一个存储器的容量假定为 M×N，若要使用 l×k 的芯片（l<M，k<N），需要在字和位方向上同时扩展，此时共需要（   ）个存储芯片。

A．M×N
B．(M/l)×(N/k)

C．⌈M/l⌉×⌈N/k⌉
D．⌊M/l⌋×⌊N/k⌋

21．存储器采用部分译码法片选时，（　　）。

A．不需要地址译码器
B．不能充分利用存储器空间

C．会产生地址重叠
D．CPU 的地址线全参与译码

22．（2014 年统考真题）某容量为 256MB 的存储器由若干 4M×8 位的 DRAM 芯片构成，该 DRAM 芯片的地址引脚和数据引脚总数是（　　）。

A．19　　　B．22　　　C．30　　　D．36

23．（2016 年统考真题）某存储器容量为 64KB，按字节编址，地址 4000H～5FFFH 为 ROM 区，其余为 RAM 区。若采用 8K×4 位的 SRAM 芯片进行设计，则需要该芯片的数量是（　　）。

A．7　　　B．8　　　C．14　　　D．16

24．（2017 年统考真题）某计算机主存按字节编址，由 4 个 64M×8 位的 DRAM 芯片采用交叉编址方式构成，并与宽度为 32 位的存储器总线相连，主存每次最多读写 32 位数据。若 double 型变量 x 的主存地址为 804001AH，则读取 x 需要的存储周期数是（　　）。

A．1　　　B．2　　　C．3　　　D．4

25．（2015 年中科院真题）在一个容量为 128KB 的 SRAM 存储器芯片上，按字长 32 位编址，其地址范围可从 0000H 到（　　）。

A．3fffH　　　B．7fffH　　　C．7ffffH　　　D．3ffffH

26．地址线 A15～A0（低），若选取用 16K×1 位存储芯片构成 64KB 存储器，则应由地址码（　　）译码产生片选信号。

A．A15、A14
B．A0、A1

C．A14、A13
D．A1、A2

27．局部性原理是一个持久的概念，对硬件和软件系统的设计和性能都有着极大的影响。局部性通常有两种不同的形式：时间局部性和空间局部性。程序员是否编写出高速缓存友好的代码，就取决于这两方面的问题。对于下面这个函数，说法正确的是（　　）。

```
int sumvec(int v[N])
{
    int i,sum=0;
    for(i=0;i<N;i++)
        sum+=v[i];
    return sum;
}
```

A．对于变量 i 和 sum，循环体具有良好的空间局部性

B．对于变量 i、sum 和 v[N]，循环体具有良好的空间局部性

C．对于变量 i 和 sum，循环体具有良好的时间局部性

D．对于变量 i、sum 和 v[N]，循环体具有良好的时间局部性

28．在一个存储器系统中，常常同时包含 ROM 和 RAM 两种类型的存储器，如果用 1K×8 位的 ROM 芯片和 1K×4 位的 RAM 芯片，组成 4K×8 位的 ROM 和 1K×8 位的 RAM 存储系统，按先 ROM 后 RAM 进行编址。采用 3-8 译码器选片，译码信号输出信号为 Y0～Y7，其中 Y4

选择的是（　　）。

  A．第一片 ROM   B．第五片 ROM

  C．第一片 RAM   D．第一片 RAM 和第二片 RAM

  29．下面关于计算机 Cache 的论述中，正确的是（　　）。

  A．Cache 是一种介于主存和辅存之间的存储器，用于主存和辅存之间的缓冲存储

  B．如果访问 Cache 不命中，则用从内存中取到的字节代替 Cache 中最近访问过的字节

  C．Cache 的命中率必须很高，一般要达到 90%以上

  D．Cache 中的信息必须与主存中的信息时刻保持一致

  30．（2017 年统考真题）某 C 语言程序段如下：

```
for（i=0; i<9; i++) {
    temp = 1;
    for(j=0; j<=i; j++)  temp += a[j];
    sum += temp;
}
```

  下列关于数组 a 的访问局部性的描述中，正确的是（　　）。

  A．时间局部性和空间局部性皆有　　B．无时间局部性，有空间局部性

  C．有时间局部性，无空间局部性　　D．时间局部性和空间局部性皆无

  31．若数据在存储器中采用以低字节地址为字地址的存放方式（小端存储），则十六进制数 12345678H 按自己地址由小到大依次存为（　　）。

  A．12345678 B．87654321 C．78563412 D．34127856

  32．容量为 64 块的 Cache 采用组相联映射方式，字块大小为 128 个字，每 4 块为一组。如果主存为 4K 块，且按字编址，那么主存地址和主存标记的位数分别为（　　）。

  A．16，6   B．17，6   C．18，8   D．19，8

  33．Cache 用组相联映射，一块大小为 128B，Cache 共 64 块，4 块分一组，主存有 4096 块，主存地址共需（　　）位。

  A．19   B．18   C．17   D．16

  34．有效容量为 128KB 的 Cache，每块 16B，8 路组相联。字节地址为 1234567H 的单元调入该 Cache，其 tag 应为（　　）。

  A．1234H   B．2468H   C．048DH   D．12345H

  35．（2014 年统考真题）采用指令 Cache 与数据 Cache 分离的主要目的是（　　）。

  A．降低 Cache 的缺失损失   B．提高 Cache 的命中率

  C．降低 CPU 平均访存时间   D．减少指令流水线资源冲突

  36．（2015 年统考真题）假定主存地址为 32 位，按字节编址，主存和 Cache 之间采用直接映射方式，主存块大小为 4 个字，每字 32 位，采用写回（Write Back）方式，则能存放 4K 字数据的 Cache 的总容量的位数至少是（　　）。

  A．146K   B．147K   C．148K   D．158K

  37．（2016 年统考真题）有如下 C 语言程序段：

```
for（k=0; k<1000; k++)
    a[k]=a[k]+32;
```

  若数组 a 及变量 k 均为 int 型，int 型数据占 4B，数据 Cache 采用直接映射方式，数据区

大小为 1KB，块大小位 16B，该程序段执行前 Cache 为空，则该程序段执行过程中访问数组 a 的 Cache 缺失率约为（　　）。

A．1.25%　　　　　B．2.5%　　　　　C．12.5%　　　　　D．25%

38．在全相联映射、直接映射和组相联映射中，块冲突概率最小的是（　　）。

A．全相联映射　　B．直接映射　　　C．组相联映射　　D．不一定

39．关于 LRU 算法，以下论述正确的是（　　）。

A．LRU 算法替换掉那些在 Cache 中驻留时间最长且未被引用的块

B．LRU 算法替换掉那些在 Cache 中驻留时间最短且未被引用的块

C．LRU 算法替换掉那些在 Cache 中驻留时间最长且仍在引用的块

D．LRU 算法替换掉那些在 Cache 中驻留时间最短且仍在引用的块

40．下列关于虚拟存储器的说法，错误的是（　　）。

A．虚拟存储器利用了局部性原理

B．页式虚拟存储器的页面如果很小，主存中存放的页面数较多，导致缺页频率较低，换页次数减少，可以提升操作速度

C．页式虚拟存储器的页面如果很大，主存中存放的页面数较少，导致页面调度频率较高，换页次数增加，降低操作速度

D．段式虚拟存储器中，段具有逻辑独立性，易于实现程序的编译、管理和保护，也便于多道程序共享

41．（2015 年统考真题）假定编译器将赋值语句"x=x+3;"转换为指令"add xaddr, 3"，其中 xaddr 是 x 对应的存储单元地址。若执行该指令的计算机采用页式虚拟存储管理方式，并配有相应的 TLB，且 Cache 使用直写（Write Through）方式，则完成该指令功能需要访问主存的次数至少是（　　）。

A．0　　　　　　　B．1　　　　　　　C．2　　　　　　　D．3

42．访问相联存储器时，（　　）。

A．根据内容，不需要地址　　　　　　B．不根据内容，只需要地址

C．既要内容，又要地址　　　　　　　D．不要内容也不要地址

43．下列关于 Cache 和虚拟存储器的说法中，错误的有（　　）。

Ⅰ．当 Cache 失效（即不命中）时，处理器将会切换进程，以更新 Cache 中的内容

Ⅱ．当虚拟存储器失效（如缺页）时，处理器将会切换进程，以更新主存中的内容

Ⅲ．Cache 和虚拟存储器由硬件和 OS 共同实现，对应用程序员均是透明的

Ⅳ．虚拟存储器的容量等于主存和辅存的容量之和

A．Ⅰ、Ⅳ　　　　　　　　　　　　　B．Ⅲ、Ⅳ

C．Ⅰ、Ⅱ、Ⅲ　　　　　　　　　　　D．Ⅰ、Ⅲ、Ⅳ

44．对 36 位虚拟地址的页式虚拟存储系统，每页 8KB，每个页表项为 32 位，页表的总容量为（　　）。

A．1MB　　　　　　B．4MB　　　　　C．8MB　　　　　D．32MB

45．下列关于页式虚拟存储器的论述，正确的是（　　）。

A．根据程序的模块性，确定页面大小

B．可以将程序放置在页面内的任意位置

C．可以从逻辑上极大地扩充内存容量，并且使内存分配方便、利用率高

D．将正在运行的程序全部装入内存

46．（2013 年统考真题）某计算机主存地址空间大小为 256MB，按字节编址。虚拟地址空间大小为 4GB，采用页式存储管理，页面大小为 4KB，TLB（快表）采用全相联映射，有 4 个页表项，内容见表 3-4。

表 3-4　习题 46 全相联映射对应的页表项

有效位	标记	页框号	…
0	FF180H	0002H	…
1	3FFF1H	0035H	…
0	02FF3H	0351H	…
1	03FFFH	0153H	…

则对虚拟地址 03FF F180H 进行虚实地址变换的结果是（　　　）。

A．015 3180H　　B．003 5180H　　C．TLB 缺失　　D．缺页

47．设有一个 64K×8 位的 RAM 芯片，试问该芯片共有多少个基本单元电路（简称存储基元）？欲设计一种具有上述同样多存储基元的芯片，要求对芯片字长的选择应满足地址线和数据线的总和为最小，试确定这种芯片的地址线和数据线，并说明有几种解答。

48．设有一个 1MB 容量的存储器，字长为 32 位，问：

1）若按字节编址，地址寄存器、数据寄存器各为几位？编址范围为多大？

2）若按半字编址，地址寄存器、数据寄存器各为几位？编址范围为多大？

3）若按字编址，地址寄存器、数据寄存器各为几位？编址范围为多大？

49．一台 8 位微机的地址总线为 16 条，其 RAM 存储器容量为 32KB，首地址为 4000H，且地址是连续的，可用的最高地址是多少？

50．图 3-48 为由 8 片 2114 芯片构成的 4K×8 位的存储器，与 8 位的一个微处理器相连，2114 芯片为 1K×4 位的静态 RAM 芯片。试问：

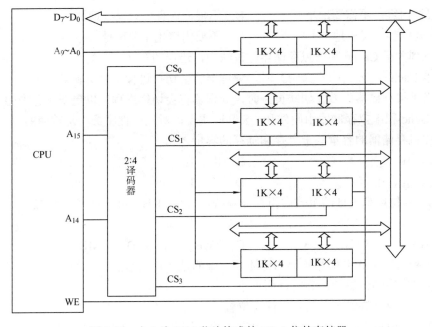

图 3-48　由 8 片 2114 芯片构成的 4K×8 位的存储器

1）每一组芯片组的地址范围和地址线数目。

2）4KB 的 RAM 寻址范围是多少？

3）存储器有没有地址重叠？

51．一个 16K×16 位的存储器，有 1K×4 位的 DRAM 芯片，内部结构由 64×64 构成，试问：

1）采用异步刷新方式，如果最大刷新间隔为 2ms，则相邻两行之间的刷新间隔是多少？

2）如果采用集中刷新方式，则存储器刷新一遍最少用多少个存储周期？设存储器的存储周期为 0.5μs，"死区"占多少时间？"死时间率"为多少（刷新周期为 2ms）？

52．（2016 年统考真题）某计算机采用页式虚拟存储管理方式，按字节编址，虚拟地址为 32 位，物理地址为 24 位，页大小为 8KB；TLB 采用全相联映射；Cache 数据区大小为 64KB，按 2 路组相联方式组织，主存块大小为 64B。存储访问过程的示意图如图 3-49 所示。

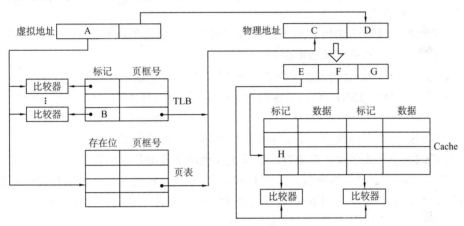

图 3-49 存储访问过程示意图

请回答下列问题。

1）图中字段 A～G 的位数各是多少？TLB 标记字段 B 中存放的是什么信息？

2）将块号为 4099 的主存块装入到 Cache 中时，所映射的 Cache 组号是多少？对应的 H 字段内容是什么？

3）Cache 缺失处理的时间开销大还是缺页处理的时间开销大？为什么？

4）为什么 Cache 可以采用直写（Write Through）策略，而修改页面内容时总是采用回写（Write Back）策略？

53．（2015 年中科院真题）一个直接映射的 Cache 有 128 个字块，主机内存包含 16K 个字块，每个块有 16 个字，访问 Cache 的时间是 10ns，填充一个 Cache 字块的时间是 200ns，Cache 的初始状态为空。

1）如果按字寻址，请定义主存地址字段格式，给出各字段的位宽。

2）CPU 从主存中依次读取位置 16～210 的字，循环读取 10 次，则访问 Cache 的命中率是多少？

3）10 次循环中，CPU 平均每次循环读取的时间是多少？

54．设某机主存容量为 16MB，Cache 的容量为 8KB，且按字节编址。每字块 8 个字，每字 32 位。设计一个 4 路组相联映射的 Cache 组织。

1）画出主存地址字段中各段的位数。

2）设 Cache 初态为空，CPU 依次从主存 0, 1, 2, …, 99 号单元中读出 100 个字（主存一次读出一个字），并重复此次序 10 次，问命中率是多少？

3）若 Cache 速度是主存速度的 5 倍，试问有 Cache 和无 Cache 相比，速度提高了多少倍？

4）系统的效率是多少？

55．某计算机的主存地址位数为 32 位，按字节编址。假定数据 Cache 中最多存放 128 个主存块，采用 4 路组相联方式，块大小为 64B，每块设置了 1 位有效位。采用一次性写回策略，为此每块设置了 1 位"脏位"。要求：

1）分别指出主存地址中标记（Tag）、组号（Index）和块内地址（Offset）3 部分的位置和位数。

2）计算该数据 Cache 的总位数。

56．某彩色图形显示器，屏幕分辨率为 640 像素×480 像素，共有 4 色、16 色、256 色和 65 536 色 4 种显示模式。

1）试给出每个像素的颜色数 m 和每个像素所占用存储器的比特数 n 之间的关系。

2）显示缓冲存储器的容量是多少？

57．叙述带有 Cache 存储器的计算机，其 CPU 读内存一次的工作过程。

58．设主存容量为 1MB，Cache 容量为 16KB，每字块有 16 个字，每字 32 位，且按字节编址。

1）若 Cache 采用直接映射，试求主存地址字段中各段的位数。

2）若 Cache 采用 4 路组相联映射，试求主存地址字段中各段的位数。

59．某 Cache 采用全相联映射，且此 Cache 有 16 块，每块 8 个字，主存容量为 2^{16} 个字（按字寻址），Cache 开始为空。Cache 存取时间为 40ns；主存与 Cache 间传送 8 个字需要 1μs。

1）计算 Cache 地址中标记位数和块内地址位数。

2）程序首先访问主存单元 20，21，22，…，45，然后重复访问主存单元 28，29，30，…，45 四次（假设没有命中 Cache，将主存对应块一次全部读入 Cache 中，且第一块从 0 开始计数），试计算 Cache 的命中率。

3）计算上述程序总的存取时间。

60．现有一 64K×2 位的存储器芯片，欲设计具有同样存储容量的存储器，应如何安排地址线和数据线引脚的数目，使两者之和最小，并说明有几种解法。

61．用 16K×16 位的 SRAM 芯片构成 64K×32 位的存储器。要求画出该存储器的组成逻辑框图。

62．一个 Cache-主存系统，采用 50MHz 的时钟，存储器以每一个时钟周期传输一个字的速率连续传输 8 个字，以支持块长为 8 个字的 Cache，且每个字长为 32 位。假设读操作所花费的时间：1 个周期接收地址，3 个周期延迟，8 个周期传输 8 个字；写操作所花费的时间：1 个周期接收地址，2 个周期延迟，8 个周期传输 8 个字，3 个周期恢复和写入纠错码。求下述几种情况下的存储器的带宽。

1）全部访问为读操作。

2）全部访问为写操作。

3）65%的访问为读操作，35%的访问为写操作。

63．某机器中，配有一个 ROM 芯片，地址空间为 0000H～3FFFH。现在再用若干个 16K×8 位的 RAM 芯片构成一个 32K×8 位的 RAM 区域，使其地址空间为 8000H～FFFFH。假设此

RAM 芯片有 CS 和 WE 信号控制端。CPU 地址总线为 $A_{15} \sim A_0$，数据总线为 $D_7 \sim D_0$，控制信号为 RD（读）、WR（写）、MREQ（存储器请求信号），当且仅当 MREQ 和 RD（或 WR）同时有效时，CPU 才能对存储器进行读（或写），试画出此 CPU 与上述 ROM 芯片、RAM 芯片的连接图。

64.（2010 年统考真题）某计算机的主存地址空间大小为 256MB，按字节编址。指令 Cache 和数据 Cache 分离，均有 8 个 Cache 行，每个 Cache 行大小为 64B，数据 Cache 采用直接映射方式。现有两个功能相同的程序 A 和 B，其伪代码如下所示：

```
程序 A:                           程序 B:
int  a[256][256];                int   a[256][256];
…                                …
int  sum_array 1( )              int   sum_array 2( )
{                                {
    int i, j, sum = 0;               int i, j, sum = 0;
    for(i = 0；i<256；i++)            for(j = 0；j<256；j++)
        for (j = 0；j<256；j++)           for (i = 0；i<256；i++)
            sum + = a[i][j];                 sum + = a[i][j];
    return   sum;                    return   sum;
}                                }
```

假定 int 类型数据用 32 位补码表示，程序编译时，i、j、sum 均分配在寄存器中，数组 a 按行优先方式存放，其首地址为 320（十进制）。请回答下列问题，要求说明理由或给出计算过程。

1）若不考虑用于 Cache 一致性维护和替换算法的控制位，则数据 Cache 的总容量为多少？

2）数组元素 a[0][31]和 a[1][1]各自所在的主存块对应的 Cache 行号分别是多少（Cache 行号从 0 开始）？

3）程序 A 和 B 的数据访问命中率各是多少？哪个程序的执行时间更短？

65.（2011 年统考真题）某计算机存储器按字节编址，虚拟（逻辑）地址空间大小为 16MB，主存（物理）地址空间大小为 1MB，页面大小为 4KB；Cache 采用直接映射方式，共 8 行；主存与 Cache 之间交换的块大小为 32B。系统运行到某一时刻时，页表的部分内容和 Cache 的部分内容如图 3-50 和图 3-51 所示，图中页框号及标记字段的内容为十六进制形式。

请回答下列问题：

1）虚拟地址共有几位，哪几位表示虚页号？物理地址共有几位？哪几位表示页框号（物理页号）？

2）使用物理地址访问 Cache 时，物理地址应划分成哪几个字段？要求说明每个字段的位数及在物理地址中的位置。

3）虚拟地址 001C60H 所在的页面是否在主存中？若在主存中，则该虚拟地址对应的物理地址是什么？访问该地址时是否 Cache 命中？要求说明理由。

4）假定为该机配置一个 4 路组相连的 TLB，该 TLB 共可存放 8 个页表项，若其当前内容（十六进制）如图 3-52 所示，则此时虚拟地址 024BACH 所在的页面是否在主存中？要求说明理由。

虚页号	有效位	页框号	...
0	1	06	
1	1	04	
2	1	15	
3	1	02	
4	0	—	
5	1	2B	
6	0	—	
7	1	32	

图 3-50 页表的部分内容

行号	有效位	标记	...
0	1	020	
1	0	—	
2	1	01D	
3	1	105	
4	1	064	
5	1	14D	
6	0	—	
7	1	27A	

图 3-51 Cache 的部分内容

组号	有效位	标记	页框号	有效位	标记	页框号	有效位	标记	页框号	有效位	标记	页框号
0	0	—	—	1	001	15	0	—	—	1	012	1F
1	1	013	2D	0	—	—	1	008	7E	0	—	—

图 3-52 TLB 的部分内容

66.（2013 年统考真题）某 32 位计算机，CPU 主频为 800MHz，Cache 命中时的 CPI 为 4，Cache 块大小为 32B；主存采用 8 体交叉存储方式，每个体的存储字长为 32 位、存储周期为 40ns；存储器总线宽度为 32 位，总线时钟频率为 200MHz，支持突发传送总线事务。每次读突发传送总线事务的过程包括送首地址和命令、存储器准备数据和传送数据。每次突发传送 32B，传送地址或 32 位数据均需一个总线时钟周期。请回答下列问题，要求给出理由或计算过程。

1）CPU 和总线的时钟周期各为多少？总线的带宽（即最大数据传输速率）为多少？

2）Cache 缺失时，需要用几个读突发传送总线事务来完成一个主存块的读取？

3）存储器总线完成一次读突发传送总线事务所需的时间是多少？

4）若程序 BP 执行过程中，共执行了 100 条指令，平均每条指令需进行 1.2 次访存，Cache 缺失率为 5%，不考虑替换等开销，则 BP 的 CPU 执行时间是多少？

67. 在信号处理和科学的应用中，转置矩阵的行和列是一个很重要的问题。从局部性的角度来看，它也很有趣，因为它的引用模式既是以行为主的，也是以列为主的，例如，考虑下面的转置函数：

```
1    typedef int array a[2][2];
2
3    void transpose1(array dst,array src)
4    {
5        int i,j;
6        for(i=0;i<2;i++){
7            for(j=0;j<2;j++){
8                dst[j][i]=src[i][j];
9            }
10       }
11   }
```

假设在一台具有如下属性的机器上运行这段代码：

- sizeof(int)==4。
- src 数组从地址 0 开始，dst 数组从地址 16 开始（十进制）。
- 只有一个 L1 数据高速缓存，它是直接映射的、直写、写分配，块大小为 8B。
- 这个高速缓存总的大小为 16 个数据字节，一开始是空的。
- 对 src 和 dst 数组的访问分别是读和写不命中的唯一来源。

问题如下：

1）对每个 row 和 col，指明对 src[row][col]和 dst[row][col]的访问是命中（h）还是不命中（m），例如，读 src[0][0]会不命中，写 dst[0][0]也不命中，并将结果填至下列表格中。

<table>
<tr><td colspan="3">dst 数组</td></tr>
<tr><td></td><td>列 0</td><td>列 1</td></tr>
<tr><td>行 0</td><td></td><td></td></tr>
<tr><td>行 1</td><td></td><td></td></tr>
</table>

<table>
<tr><td colspan="3">src 数组</td></tr>
<tr><td></td><td>列 0</td><td>列 1</td></tr>
<tr><td>行 0</td><td></td><td></td></tr>
<tr><td>行 1</td><td></td><td></td></tr>
</table>

2）对于一个大小为 32 数据字节的高速缓存，指明 src 和 dst 的访问命中情况，并将结果填至下列表格中。

<table>
<tr><td colspan="3">dst 数组</td></tr>
<tr><td></td><td>列 0</td><td>列 1</td></tr>
<tr><td>行 0</td><td></td><td></td></tr>
<tr><td>行 1</td><td></td><td></td></tr>
</table>

<table>
<tr><td colspan="3">src 数组</td></tr>
<tr><td></td><td>列 0</td><td>列 1</td></tr>
<tr><td>行 0</td><td></td><td></td></tr>
<tr><td>行 1</td><td></td><td></td></tr>
</table>

习题答案

1．解析：D。半导体 RAM，无论静态 RAM 还是动态 RAM 都是易失性的，即断电后存储信息都将丢失。RAM 是可读可写，而 ROM 只读。对于Ⅲ来讲，DRAM 即使不断电，如果在规定的时间内没有及时刷新，则存储信息也会丢失。

归纳总结：易失性存储器，即断电后存储信息消失的存储器；断电后存储信息仍然保存的存储器被称为非易失性存储器。显然半导体 RAM 是易失性存储器。

2．解析：D。CD-ROM 属于光盘存储器，是一种机械式的存储器，和 ROM 有本质的区别，Ⅰ错误。

Flash 快闪存储器是 EEPROM 的改进产品，虽然它也可以实现随机存取，但从原理上讲仍属于 ROM，而且 RAM 是易失性存储器，Ⅱ错误。

SRAM 的读出方式并不是破坏性的，读出后不需再生，Ⅲ错误。

SRAM 采用双稳态触发器来记忆信息，因此不需要再生（刷新）；而 DRAM 采用电容存储电荷的原理来存储信息，只能维持 1～2ms，即使电源不掉电，信息也会自动消失，因此在电荷消失之前必须要再生（刷新），Ⅳ正确。

3．解析：B。需要周期性刷新的存储器是动态随机存取存储器 DRAM，本题中 A 是静态 RAM，C 是只读存储器 ROM，D 是闪存，属于只读存储器 ROM 的一种，故通过排除法可以选出 B 选项。事实上，B 选项 SDRAM（Synchronous Dynamic Random Access Memory）是同步动态随机存储器，同步是指内存工作需要同步时钟，内部命令的发送与数据的传输都以它为基准。

4．解析：B。相联存储器即 TLB，是通过存储内容来进行存取的存储器，相联存储器中的任一存储项都可以直接用该项的内容作为地址来进行存取。

5．解析：D。主存储器的主要性能指标包括存储容量、存取时间、存储周期和存储器带宽。

存储容量是指某计算机实际配置的容量，通常来说，它小于最大可配置容量（主存地址空间大小）。

存取时间是指执行一次读操作或写操作的时间，分读出时间和写入时间两种。

存储周期是指存储器进行连续两次独立的读或写操作所需要的最小时间间隔，它通常大于存取时间。

存储器带宽是指单位时间内从存储器读出或写入存储器的最大信息量。

6．解析：A。存储周期的定义即为连续两次启动同一存储器所需的最小时间间隔。存取时间是从上一次启动存储器到完成读写操作为止，一般小于存储周期。存取时间又包括读出时间和写入时间两种，存储时间即写入时间。没有访问周期这种说法。

7．解析：B。对于破坏性读出的存储器，每当一次读出操作之后，必须紧接一个重写（再生）操作，以便恢复被破坏的信息，保持原有信息不变。

归纳总结：如果某个存储单元所存储的信息被读出时，原存信息被破坏，则称为破坏性读出；如果读出时，原存信息不被破坏，则称为非破坏性读出。破坏性读出的存储器，每次读出之后必须紧接一个重写（再生）操作。

解题技巧：再生和刷新是两个完全不同的概念，切不可混淆。再生是随机的，某个存储单元只有在破坏性读出之后才需要再生，一般是按存储单元进行的。而刷新是定时的，即使许多记忆单元长期未被访问，也需要刷新。刷新以存储体矩阵中的一行为单位进行。

8．解析：D。针对这类题，教材有两个公式，分别对应不同的前提。涉及的缩写说明有：h 为 Cache 命中率，t_c 为一次 Cache 访问时间，t_m 为一次主存访问时间。

① 系统先进行 Cache 访问，Cache 命中，则结束；Cache 未命中，再进行主存访问。则平均访问时间计算公式为 $h \times t_c + (1-h) \times (t_c + t_m)$。

② 系统同时进行 Cache 访问和主存访问，Cache 命中，则主存访问失效；Cache 未命中，则等待主存访问。则平均访问时间计算公式为 $h \times t_c + (1-h) \times t_m$。

本题属于第②种情况，命中率=4800/(4800+200)=0.96，平均访问时间=0.96×10ns+(1-0.96)×50ns=11.6ns，故 Cache-主存系统的效率=10/11.6=0.862。

9．解析：D。此题属于逆向解题，没有出过类似的题目，考生需引起重视。

根据公式 $T_A = H \times T_{A1} + (1-H) \times T_{A2}$，可求得 Cache 的命中率为 99%。

解题技巧：题干中真正有意义的数据是主存读/写时间、Cache 的读/写时间和平均读/写时间，据此就可以求出 Cache 的命中率，其他数值属于干扰数据。

10．解析：D。容量为 512×8 位，首先数据线是 8 位，因为 2^9=512，所以地址线为 9 位，再加上一根读控制线和一根写控制线（可能有些书上的答案还会有电源线、地线等，做题时只算读、写线即可），一共是 8+9+2=19，故选 D。

11．解析：A。因为芯片内部采用 128×128 存储阵列，刷新一行需要一个存储周期，所以选 A。

归纳总结：刷新是所有芯片的某行同时被刷新，在考虑刷新问题时，应当从单个芯片的存储容量着手，而不是从整个存储器的容量着手。

解题技巧：此题在计算中，只需要考虑芯片内部的存储阵列的大小，对于采用何种刷新方式，刷新周期为多少，都不会影响最终的结果。

12．解析：A。单译码方式的译码输出线为 64 根，双译码方式的译码输出线为 16 根。

归纳总结：地址译码电路有单译码和双译码两种方式，单译码方式只有一个译码器，双译码方式有两个译码器（X 地址译码器和 Y 地址译码器），X 和 Y 两个方向译码器的输出线在存储体内部的一个记忆单元上交叉，以选择相应的记忆单元。

解题技巧：单译码方式的地址输入线为 6 位，则译码输出线有 64 根，C、D 选项可以排除。由于双译码方式将地址输入线一分为二，X 和 Y 方向各 3 位，每个译码输出线为 8 根，因此总的输出信号线为 16 根。

13．解析：C。首先需要分清 MB 和 M 的区别：M 是一个数量级，如 1M 就是代表一个数字，没有实际的物理意义；MB 是一个单位，1MB 表示的就是 1M 个字节。寻址范围，必然应该是数量级。本题中，由于是按字编址，并且字长是 32 位，因此 4 个字节（4B）编一个地址，一共有 64MB/4B=16M 个地址，寻址范围为 16M。

14．解析：A。计算过程：8 体并行低位交叉存储器，存储周期和总线周期需要满足存储周期=8×总线周期，因此得到总线周期为 50ns。对于单个个体而言，每个存储周期内仍然只能取出 16 位，但是由于 CPU 交叉访问 8 个存储体，因此可以在一个存储周期内使 8 个存储体各传输 16 位，共 16×8=128 位，也就是 2^7 位二进制信息。

15．解析：D。本题中，当采用低位交叉编址方式时，一共有 4 体，故 8000，8004，8008 在同一体中，8001，8005 在同一体中，8002，8006 在同一体中，8003，8007 在同一体中。再考虑访问序列，访问 8004 时，地址 8008 已经过 4 个访问地址，故已经访存完毕，不会产生冲突，A 排除。B、C 选项并不会产生冲突，排除。D 选项中，由于访问 8004 之后立即访问 8000，且两个访问地址在同一体中，故会产生冲突。

16．解析：C。在低位交叉存储器中，连续的地址分布在相邻的块中，而同一模块内的地址都是不连续的。这种存储器采用分时启动的方法，可以在不改变每个模块存取周期的前提下，提高整个主存的速度。

低位交叉存储器连续读出 4 个字所需的时间为 t=T+(m−1)×r=200ns+3×50ns=350ns=3.5×10^{-7}s。前 4 个字读取的平均速度为 64×4bit/(3.5×10^{-7}s)=73×10^7bit/s。

17．解析：D。Cache 存储器通常使用 3 种地址映射方式，它们是全相联映射、直接映射和多路组相联映射方式。

1）全相联映射方式。主存单元与 Cache 单元随意对应，有最大的使用灵活性，但地址标志字段位数多，比较地址时可能要与所有单元比较，线路过于复杂，成本太高，只用于 Cache 容量很小的情况。

2）直接映射方式。一个主存单元只与一个 Cache 单元硬性对应，有点死板，影响 Cache 容量的有效使用效率，即影响命中率，但地址比较线路最简单，比较常用。

3）多路组相联映射方式。一个主存单元可以与多个 Cache 单元有限度地随意对应，是全相联映射和直接映射的一种折中方案，有利于提高命中率，地址比较线路也不太复杂，是比较好的一种选择。

18．解析：C。在直接映射方式中，存储块都唯一映射到一个 Cache 映像块中。

Cache 块号=主存块号　mod　Cache 块数。

于是，每次访问后，Cache 中存放的主存块情况如下图所示。

主存块流	0	1	2	5	4	6	4	7	1	2	4	1	3	7	2
映射到的 Cache 号	0	1	2	1	0	2	0	3	1	2	0	1	3	3	2
Cache 第 0 块～第 3 块中存储的主存块	0	0	0	0	4	4	4	4	4	4	4	4	4	4	4
	1	1	5	5	5	5	5	1	1	1	1	1	1	1	1
			2	2	2	6	6	6	6	2	2	2	2	2	2
								7	7	7	7	7	3	7	7

Cache 中存放的主存块情况

底纹为灰色的部分为命中时刻。即有 4 次命中，那么命中率为(4/15)×100%=26.7%，故本题选 C。

19．解析：C。CBFFFH+1-A4000H=28000H（可以换成二进制或者十进制计算），总共有 160KB（28000H 转换成二进制为 0010 1000 0000 0000 0000，转换成十进制为 163 840，163 840/1024=160，即 160KB），则

$$所需存储芯片数=(160K×8)/(32K×8)=5$$

解题技巧：用末地址+1 减去首地址，即可求出存储容量，然后用存储容量除以存储芯片容量，即可得出所需芯片数。

20．解析：C。用存储容量除以存储芯片容量，需要向上取整，因为 M 除以 1 和 N 除以 k 不一定是整数。

21．解析：C。部分译码即只用高位地址的一部分参与译码，而另一部分高位地址与译码电路无关，因此出现一个存储单元对应多个地址的现象，这种现象称为地址重叠（如 **00**111 和 **01**111，前两位不参与译码，导致一个存储单元对应多个地址）。

22．解析：B。4M×8 位的 DRAM 芯片组成 256MB 的存储器，只需要进行字扩展。数据引脚的数目应该与存储器的存储字长相等，由于存储器由 4M×8 位的 DRAM 芯片组成，其存储字长为 8 位，故数据引脚是 8 根。由于 256MB 的存储器有 256M=2^{28} 个存储单元即存储字数，需要 28 根地址线进行寻址，由于 DRAM 芯片采用地址复用技术，行列地址分两次传送，只需要 14 根地址线即可实现寻址功能。故总共需要 14+8=22 根地址引脚和数据引脚。

23．解析：C。存储器容量为 64KB，按字节编址，则总共有 64K 个存储单元。ROM 区的地址为 4000H～5FFFH 总共 8K 个存储单元，故 RAM 区有 64K-8K=56K 个存储单元。采用 8K×4 位的 SRAM 芯片进行设计，首先进行位扩展，将 4 位扩展成 8 位需要 2 个 DRAM 芯片，然后进行字扩展，将 8K 扩展成 56K 需要 7 个 DRAM 芯片，故总共需要 7×2=14 个 DRAM 芯片。

24．解析：C。4 个 DRAM 芯片采用交叉编址方式构成多体存储器，总共有 4 体，故低 2 位表示体号即芯片编号。double 型变量占 64 位，共 8B。主存地址为 804001AH，低 2 位为 10，根据 10 mod 4=2 可知从编号为 2 的芯片开始存储（编号从 0 开始）。一个存储周期最多可以对所有芯片各读取 1B，总共需要 3 个存储周期才可以读取完 x 变量，故选 C。

25．解析：B。容量为 128KB 的 SRAM 存储器，按字长 32 位=4B 编址，总共有 128KB/4B=32K=2^{15} 个存储单元。故其地址范围从 0000H 开始，最多可以有 15 个 1，即到 7fffH 为止。

26．解析：A。用 16K×1 位芯片构成 64KB 的存储器，需要的芯片数量为

$$(64K \times 8)/(16K \times 1) = 32$$

每 8 片一组分成 4 组，每组按位扩展方式组成一个 16K×8 位的模块，4 个模块按字扩展方式构成 64KB 的存储器。存储器的容量为 64K=2^{16}，需要 16 位地址，选用 $A_{15}\sim A_0$ 为地址线；每个模块的容量为 16K=2^{14}（需要 14 位地址），选用 $A_{13}\sim A_0$ 为每个模块提供地址；A_{15}、A_{14} 通过 2-4 译码器对 4 个模块进行片选。

27．解析：C。对于局部变量 i 和 sum，循环体有良好的时间局部性。实际上，因为它们都是局部变量，任何合理的优化编译器都会把它们缓存在寄存器文件中，也就是存储器层次的最高层，故 A、B 选项错。

现在考虑对向量 v 的步长为 1 的应用。一般而言，如果一个高速缓存的块大小为 B 字节，那么一个步长为 k 的引用模式（这里 k 是以字为单位的）平均每次循环迭代会有 min(1, (wordsize×k)/B)次缓存不命中。当 k=1 时，它取最小值，所以对 v 的步长为 1 的引用确实是高速缓存"友好"的，即拥有良好的空间局部性，故 D 错，只有 C 的说法是正确的。

28．解析：D。所需 ROM 的芯片数=(4K×8 位)/(1K×8 位)=4 片，字扩展。

所需 RAM 的芯片数=(1K×8 位)/(1K×4 位)=2 片，位扩展。

采用 3-8 译码器，又已知"按先 ROM 后 RAM 进行编址"，则 Y0 选中第一片 ROM，…，Y3 选中第四片 ROM。两片 RAM(1K×4 位)作为一个存储体，Y4 选中该存储体。

29．解析：C。由于 Cache 不是介于主、辅存之间的存储器，因此 A 选项错；由于访问 Cache 不命中需要替换时的传送单位是数据块而不是字节，因此 B 选项错；在采用写回法时，由于 Cache 中的信息并非与主存中的信息时刻保持一致（知识点详细讲过），因此 D 选项错。

30．解析：A。时间局部性是指一旦一条指令执行了，则在不久的将来它可能再被执行。空间局部性是指一个存储单元被访问了，那么它附近的存储单元也可能很快被访问。对于本题中的循环指令来说，内层 j 变量的循环，体现了访问数组 a 的空间局部性，因为访问 a[1]之后 a[2]、a[3]可能很快被访问；而外层 i 变量的循环，体现了时间的局部性，因为访问 a[1]之后，当 i++，a[1]有可能再次被访问。

31．解析：C。

32．解析：D。因为主存容量 4K×128=512K 字，所以主存地址 19 位。又因为字块大小为 128 个字，所以块内地址 7 位，Cache 被分成 64/4=16 组，故组号 4 位，主存标记 19-4-7=8 位。

归纳总结：主存地址由主存标记、组号和块内地址 3 部分组成。

解题技巧：先算出主存的容量，得出主存地址的位数，然后根据组相联方式和块的大小，确定组号字段的位数和块内地址字段的位数，即可得出主存标记的位数。

33．解析：A。主存有 4096 块，每块大小为 128B，则主存容量共有 4096×128B = 512KB，共需地址线 19 位。

解题技巧：此题在计算时，只需要算出主存的容量即可得出结果，实际上与采用什么映射方式没有关系，不需要考虑组相联的问题。另外，还需要知道 Cache 的块大小和主存的块大小是一样大的，不然此题也无法作答。

34．解析：C。因为块的大小为 16B，所以块内地址字段为 4 位；又因为 Cache 容量为 128KB，8 路组相联，所以可以分为 1024 组[128KB/(8×16B) = 1024]，对应的组号字段 10 位；剩下为标记字段。1234567H=0001001000110100010101100111，标记字段为其中高 14 位，00010010001101=048DH。

归纳总结：组相联映射对应的主存地址应包括 3 部分：标记（Tag）、组号（Index）和块内地址（Offset）。

　　解题技巧：首先将主存地址由十六进制变成二进制，其中块内地址字段为最后 4 位，组号字段为中间 10 位，剩下的就是标记字段，将标记字段二进制转换为十六进制，即可得出结果。

　　35．解析：D。本题结合第 4 章指令系统的相关知识进行考查，如果考生对第 4 章的知识点不够熟悉，很可能无法做出正确答案。采用指令 Cache 和数据 Cache 分离之后，取指操作和取操作数的操作分别到不同的 Cache 中进行寻找，指令流水线中的取指部分和取操作数的部分就可以很好地避免冲突，即减少了指令流水线的冲突。

　　36．解析：C。按字节编址且主存块大小等于 Cache 行，主存块大小为 4 个字，每字 32 位=4B，故主存块位 $16B=2^4B$，故字块内地址为 4 位。能存放 4K 字数据的 Cache，故其总共有 $1K=2^{10}$ 个 Cache 行，Cache 行地址为 10 位。主存地址为 32 位，故主存字块标记位=32-10-4=18 位。每行 Cache 有一个标记项，其中有效位 1bit，一致性维护位 1bit，替换算法控制位题目中没有提及，不做计算，加上标记位 18bit，总共（18+1+1）bit=20bit。故 Cache 每一行总容量为 20 位×2^{10}+4K×32 位=20K 位+128K 位=148K 位。

　　37．解析：C。1 个 Cache 块可以存放 4 个 int 型数据，程序段执行前 Cache 为空，故执行语句 a[k] = a[k] + 32;时，首先读取 a[k]，此时 k 的值每变化 4 次未命中一次，之后再存放 a[k]，此时由于读取 a[k]的操作已将 a[k]所在的主存块调入 Cache，故均命中。因此总共每访问 Cache 8 次未命中 1 次，故缺失率为 1/8=12.5%。

　　38．解析：A。全相联映射就是让主存中任何一个块均可以装入到 Cache 中任何一个块的位置上，块冲突概率最小。

　　归纳总结：在全相联映射、直接映射和组相联映射 3 种映射方式中，全相联映射的块冲突概率最小，直接映射的块冲突概率最大，组相联映射的块冲突概率居中。

　　39．解析：A。LRU 算法指近期最少使用算法，把在 Cache 中驻留时间最长而没有使用的块作为被替换的块。

　　归纳总结：LRU 算法需要随时记录 Cache 中各块被使用的情况，以便确定哪个块是近期最少使用的块。通常需要对每一块设置一个称为"年龄计数器"的硬件或软件计数器，用以记录其被使用的情况。

　　40．解析：B。在虚拟存储器中，页面如果很小，虚拟存储器中包含的页面个数就会过多，使得页表的体积过大，页表本身占据的存储空间过大，操作速度将变慢。A 选项，CPU 访问存储器时，无论是存取指令还是存取数据，所访问的存储单元都趋于聚集在一个较小的连续区域中，即局部性原理。虚拟存储器正是依据了这一原理来设计的。C 选项，当页面很大时，虚拟存储器中的页面个数会变少。另外，主存的容量比虚拟存储器的容量更少，主存中的页面个数就会更少，缺页率自然就很大，就会不断地调入/调出页面，降低操作速度。D 选项，段式虚拟存储器是按照程序的逻辑性来设计的，具有易于实现程序的编译、管理和保护，也便于多道程序共享的优点。

　　41．解析：B。访存次数最少的情况即 TLB 命中的情况，此时直接在 TLB 中找到 xaddr，并在 Cache 中读取 x 的值，此时不需要访存，但由于需要进行 x 所在存储单元的写入，且 Cache 使用直写策略，故写入时必须访存，因此访存次数至少为 1。

　　42．解析：A。此题属于概念题。访问相联存储器只需要给出内容，不需要给出地址，因此，相联存储器又被称为按内容访问存储器，故选 A。

　　43．解析：D。Cache 和虚拟存储器的原理是基于程序访问的局部性原理，但它们实现的方法和作用均不相同。

Cache 失效与虚拟存储器失效的处理方法不同，Cache 完全由硬件实现，不涉及软件端；虚拟存储器由硬件和 OS 共同完成，缺页时才会发出缺页中断，故 I 错误，II 正确，III 错误。在虚拟存储器中，主存的内容只是辅存的一部分，IV 错误。

44．解析：D。根据虚拟地址的位数，可以得出虚存的容量 2^{36}=64GB，又根据页面大小为 8KB，得出 64GB/8KB=8M 个页表项，每个页表项 32 位（4B），因此，页表的总容量为 32MB。

归纳总结：主存空间和虚存空间都划分成若干个大小相等的页。主存（即实存的页）称为实页，虚存的页称为虚页。页表大小=页表项数×每个页表的字节数。

45．解析：C。页式虚拟存储器中页面的大小与程序的大小无关，A 选项错；程序仅能从页面的起始位置开始放置，B 选项错；正在运行的程序未必能全部装入内存，D 选项错。

46．解析：A。由于页面大小为 4KB，因此页内地址为 12 位。于是可以得到虚拟地址 03FFF180H 的页内地址为 180H，故页号为 03FFFH。由表 3-4 可知，页标记为 03FFFH 所对应的页框号为 0153H，于是将页框号与页内地址进行拼接，即可以得到虚实地址变换的结果是 015 3180H。

47．解析：存储基元总数=64K×8 位=512K 位=2^{19} 位。

思路：如要满足地址线和数据线总和最小，应尽量把存储基元安排在字向，因为地址位数和字数成 2 的幂的关系，可较好地压缩线数。

设地址线根数为 a，数据线根数为 b，则片容量为 $2^a×b=2^{19}$；$b=2^{19-a}$。

若 a=19，b=1，总和=19+1=20；

　 a=18，b=2，总和=18+2=20；

　 a=17，b=4，总和=17+4=21；

　 a=16，b=8，总和=16+8=24；

　 ⋮　　　　　 ⋮

由上可看出，片字数越少，片字长越长，引脚数越多。片字数、片位数均按 2 的幂变化。通过证明也是能得出结论的，我们要最小化 $a+b=a+2^{19-a}$。

令 $F(a)=a+b=a+2^{19-a}$，对 a 求导后，得到 $1-\ln2×2^{19-a}$。

在 1≤a≤18 时，F 是单调递减函数，所以在这个区间最小值为 F(18)=20，剩下 F(19)=20。

所以得出结论：如果满足地址线和数据线的总和为最小，这种芯片的引脚分配方案有两种：地址线=19 根，数据线=1 根；地址线=18 根，数据线=2 根。

48．解析：字长为 32 位，若按半字编址，则每个存储单元存放 16 位；若按字编址，则每个存储单元存放 32 位。

1）若按字节编址，1MB=2^{20}×8bit，地址寄存器为 20 位，数据寄存器为 8 位，编址范围为 00000H～FFFFFH。

2）若按半字编址，1MB=2^{20}×8bit=2^{19}×16bit，地址寄存器为 19 位，数据寄存器为 16 位，编址范围为 00000H～7FFFFH。

3）若按字编址，1MB=2^{20}×8bit=2^{18}×32bit，地址寄存器为 18 位，数据寄存器为 32 位，编址范围为 00000H～3FFFFH。

归纳总结：主存容量确定后，编址单位越大，对应的存储单元数量就越少。因此，随着编址单位的变大，地址寄存器的位数减少，数据寄存器的位数增加。其实这个可以这么来理解，医院需要放置 1000 个床位，每个房间放的床位多了，需要的房间自然就少了。

49．解析：32KB 存储空间共占用 15 条地址线，若 32KB 的存储地址起始单元为 0000H，其范围应为 0000H～7FFFH，但现在的首地址为 4000H，即首地址后移了，因此最高地址也应该相应后移，故最高地址=4000H+7FFFH=BFFFH。

归纳总结：32KB 的存储空间是连续的，由于首地址发生变化，因此末地址也会跟着发生变化。

50．解析：先由两片 2114 芯片构成 1K×8 位的芯片组，再由 4 个芯片组构成 4K×8 位的存储器。由图 3-48 可以看出，地址线 A_{13}～A_{10} 在图中没有出现，说明采用部分译码方式。

1）芯片组的容量为 1024B，需要 10 根地址线（A_9～A_0），故地址范围为 000H～3FFH。

2）根据图 3-48 所示的连线，各芯片组的片选端由地址线 A_{15}、A_{14} 进行译码。芯片组内地址线为 A_9～A_0，A_{13}～A_{10} 空闲，即为任意态。假设 A_{13}～A_{10} 为全 0，4KB RAM 的寻址范围分别是：第 0 组为 0000H～03FFH，第 1 组为 4000H～43FFH，第 2 组为 8000H～83FFH，第 3 组为 C000H～C3FFH，可见这 4KB 存储器的地址空间是不连续的。

演示第 2 组的计算过程，其他类似。

第 2 组的片选信号应该是 10（A_{15}、A_{14}），接下来 A_{13}～A_{10} 为全 0，剩下的全 1，即 1000 0011 1111 1111，十六进制为 83FFH。

3）由于 A_{13}～A_{10} 没有参与译码（部分译码），因此存储器存在地址重叠现象。

归纳总结：由于未用到地址线 A_{13}～A_{10}，因此无论 A_{13}～A_{10} 取何值，只要 $A_{15}=A_{14}=0$，则选中第 0 片；只要 $A_{15}=0$，$A_{14}=1$，则选中第 1 片，依此类推。

51．解析：不论采用何种刷新方式，刷新都是从单个芯片的存储容量着手。

1）采用异步刷新方式，在 2ms 时间内把芯片的 64 行刷新一遍，相邻两行之间的刷新间隔=2ms/64=31.25μs，可取的刷新间隔为 31μs。

2）如果采用集中刷新方式，则存储器刷新一遍最少用 64 个存储周期，因为存储器的存储周期为 0.5μs，则"死区"=0.5μs×64=32μs，"死时间率"=(32μs/2 000μs)×100%=1.6%。

归纳总结：常见的刷新方式有集中式、分散式和异步式 3 种。其中，集中刷新方式的"死区"最大，而且随着存储容量的增大（存储矩阵的增大），"死区"也会增大；异步刷新方式的"死区"最小，仅等于一个读写周期；分散刷新方式则没有"死区"。

解题技巧：刷新应当从单个芯片的存储容量着手，而不是从整个存储器的容量着手。此题中存储器的容量对解题没有作用。

52．解析：

1）页大小为 8KB，页内偏移地址为 13 位，故 A=B=32-13=19；D=13；C=24-13=11；主存块大小为 64B，故 G=6。2 路组相联，每组数据区容量有 64B×2=128B，共有 64KB/128B=512 组，故 F=9；E=24-G-F=24-6-9=9。

因而 A=19，B=19，C=11，D=13，E=9，F=9，G=6。

TLB 中标记字段 B 的内容是虚页号，表示该 TLB 项对应哪个虚页的页表项。

2）块号 4099=00 0001 0000 0000 0011B，因此所映射的 Cache 组号是 0 0000 0011B=3，对应的 H 字段内容为 0 0000 1000B。

3）Cache 缺失带来的开销小，而处理缺页的开销大。因为缺页处理需要访问磁盘，而 Cache 缺失只访问主存。

4）因为采用直写策略时需要同时写快速存储器和慢速存储器，而写磁盘比写主存慢得多，所以，在 Cache-主存层次，Cache 可以采用直写策略，而在主存-外存（磁盘）层次，修改页面内容时总是采用写回策略。

53．解析：

1）按字寻址，每个块有 16 个字，故字块内地址为 4 位。Cache 有 128 个字块，故 Cache 字块地址为 7 位。主存包含 16K 个字块，故主存字块地址 14 位，字块内地址 4 位，主存地址总共 18 位。主存字块标记位数为 14-7=7 位。主存地址格式如下：

主存字块标记 7 位	Cache 字块地址 7 位	字块内地址 4 位

2）Cache 中每个块 16 个字，故 16～210 位置的字，按照直接映射可分别放入 Cache 的第 1～13 块。由于 Cache 的初始状态为空，循环读取 10 次时，第一次循环第 16、32、48、64、…、208 位置的字均未命中，共 13 次，其他位置均命中，后面 9 次循环每个字都命中。故 Cache 的命中率为 1-13/（195×10）=99.3%。

3）第一次循环需要填充 Cache 13 次，访问 Cache 195-13=182 次，总时间为 200ns×13+10ns×182=4420ns。其余 9 次循环只需访问 Cache195 次，总时间为 195×10ns×9= 17550ns。故平均访问时间为（17550ns+4420ns）/10=2197ns。

54．解析：

1）主存地址字段如图 3-53 所示。

2）由于 Cache 初态为空，因此 CPU 读 0 号单元时不命中，必须访存，同时将该字所在的主存块调入 Cache（调入内存一定是一整块调入，而一块

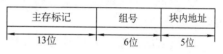

图 3-53　主存地址字段

包括 8 个单元），接着 CPU 读 1～7 号单元均命中。同理，CPU 读 8，16，…，96 号单元均不命中。可见，CPU 在连续读 100 个字中共有 13 次未命中，而后 9 次循环读 100 个字全部命中，命中率为

$$\frac{100 \times 10 - 13}{100 \times 10} \times 100\% = 98.7\%$$

3）设主存存储周期为 5t，Cache 的存储周期为 t，没有 Cache 的访问时间是 5t×1000，有 Cache 存储周期为 t×(1000−13)+5t×13，则有 Cache 和无 Cache 相比，速度提高的倍数为

$$\frac{5t \times 1000}{t \times (1000 - 13) + 5t \times 13} - 1 \approx 3.75$$

4）系统的效率为

$$\frac{t}{0.987 \times t + (1 - 0.987) \times 5t} \times 100\% = 95\%$$

55．解析：主存地址由标记（Tag）、组号（Index）和块内地址（Offset）3 部分组成，标记字段在前，组号字段居中，块内地址字段在后。

1）因为块大小为 64B，所以块内地址字段为 6 位；因为 Cache 中有 128 个主存块，采用 4 路组相联，Cache 分为 32 组（128/4=32），所以组号字段为 5 位；标记字段为剩余位，32-5-6=21 位。

2）数据 Cache 的总位数应包括标记项的总位数和数据块的位数。每个 Cache 块对应一个标记项，标记项中应包括标记字段、有效位和"脏位"（仅适用于写回法）。因此，标记项的总位数=128×(21+1+1)=128×23=2944 位。又由于数据块位数=128×64×8=65 536 位，因此数据 Cache 的总位数=2944+65 536=68 480 位。

归纳总结：写回法是指 CPU 在执行写操作时，被写数据只写入 Cache，不写入主存。仅当需要替换时，才把已经修改过的 Cache 块写回到主存。如果"脏位"为"1"，则必须先把这一块写回到主存中之后才能调入新的块；如果"脏位"为"0"，则这一块不必写回主存，只要用新调入的块覆盖掉这一块即可。

56．解析：

1）在图形方式中，每个屏幕上的像素都由存储器中的存储单元的若干比特指定其颜色。每个像素所占用的内存位数决定于能够用多少种颜色表示一个像素。表示每个像素的颜色数 m 和每个像素占用的存储器的比特数 n 之间的关系由下面的公式给出：

$$n = \log_2 m$$

2）由于显示缓冲存储器的容量应按照最高灰度（65 536 色）设计，故容量为

$$640 \times 480 \times (\log_2 65\,536)\text{bit}/8 = 614\,400\text{B} \approx 615\text{KB}$$

57．解析：

1）CPU 将内存地址加载到地址总线，并发出读信号。

2）Cache 从地址总线截取内存地址，解析出该地址所在的内存块号。

3）查阅主存 Cache 地址映射变换机构，若该主存块已调入 Cache，则为命中，进入 4）；否则，转入 6）。

4）将对应的 Cache 块号与主存地址中的块内地址拼接，形成 Cache 地址，访问 Cache 存储体，同时阻断主存的读。

5）由 Cache 读出的数据经数据总线送往 CPU。

6）在不命中的情况下，维持主存的读，由主存读出的数据经数据总线送往 CPU。

7）同时查阅 Cache 是否有剩余的空间允许新的块调入，如有，则转入 9）。

8）启动 Cache 替换机构，留出一个 Cache 块位置。

9）"打通"直接调度通路，将该主存块调入 Cache，并修改标记。

58．解析：

1）若 Cache 采用直接映射。由于每个字块含有 16 个字（64B），且按字节编址，因此字块内的位数（块内地址位数）为 6 位。另外，由于 Cache 中含有 256 个块（16KB/16×4B），因此字块地址位数为 8 位。主存容量 1MB，说明总位数为 20 位，因此主存字块标记位数为 20-6-8=6 位。主存的地址格式如下：

6 位	8 位	6 位
主存字块标记位数	字块地址位数	块内地址位数

2）若 Cache 采用 4 路组相联映射。同理，块内地址位数为 6 位。由于采用 4 路组相联映射，即每组 4 块，因此一共有 64 组，即组号需要 6 位。很容易得到主存字块标记位数为 20-6-6=8 位。主存的地址格式如下：

8 位	6 位	6 位
主存字块标记位数	组号位数	块内地址位数

59．解析：

1）Cache 地址中块内地址位数为 3 位（2^3=8）。由于采用的是全相联映射，因此除去块内地址剩下的就是标记位数。主存的标记位数为 16-3=13 位，故 Cache 的标记位数为 13 位。

2）首先，每块包含 8 个字（也就是 8 个主存单元），先访问 20 号单元，如果 Cache 不命中（因为 Cache 开始时为空），那么 Cache 就调入包含此单元的块，此块包含 20、21、22、23 单元，当接下来访问 21~23 单元时都命中。其次，访问 24 号单元时又不命中，以此类推。当访问 20、24、32、40 号单元时，不命中。也就是说，一共访问次数为 $26 + 18 \times 4 = 98$ 次，其中有 4 次不命中，Cache 的命中率为

$$\frac{98 - 4}{98} \times 100\% = 96\%$$

3）已知 Cache 命中率、访问 Cache 的时间、主存与 Cache 交换块的时间，总的存取时间就很容易计算了，如下：

$$40\text{ns} \times 98 + 4 \times 1\mu\text{s} = 7920\text{ns}$$

有些考生认为答案应该是 $40\text{ns} \times 94 + 4 \times 1\mu\text{s} = 7760\text{ns}$，因为有 4 次没有命中 Cache，故没有存取操作，仅仅是对比了标记位而已，所以只需乘以 94。解释一下，如果 Cache 没有命中，则 CPU 将会去主存取数据，并且将数据从主存送往 Cache，所以最终 CPU 还是得对 Cache 进行 98 次的存取。

60．解析：不妨设地址线和数据线的数目分别为 x 和 y。只需要满足 $2^x \times y = 64\text{K} \times 2$，有如下方案：

当 y=1 时，x=17；

当 y=2 时，x=16；

当 y=4 时，x=15；

当 y=8 时，x=14。

（可不用讨论 y 等于 3、5、6 这些情况，不然 x 就没法计算了）

后面的就不用计算了，肯定比前面的引脚数目多。

从以上分析可以看出，当数据线为 1 或 2 时，地址线和数据线引脚的数目之和为 18，达到最小，并且有两种解答。

61．解析：所需芯片总数(64K×32)/(16K×16)=8 片，因此存储器可分为 4 个模块（图中用椭圆标示出来了），每个模块 16K×32 位，各模块通过 A_{15}、A_{14} 进行 2-4 译码，如图 3-54 所示。

注意：其实这种图的画法很多教材都是不一样的，最好请考生总结出自己习惯的画法。尽管编者觉得这种题目出综合题的概率很小，但命题老师可以这么出，如给出译码器和门电路，其他的图框架也都有了，让考生连线。

62．解析：由于存储系统采用 50MHz 的时钟，因此每一个时钟周期为 1/(50MHz)=20ns。

1）当全部访问为读操作时，一次读操作所花费的时间为

$$T_r = (1 + 3 + 8) \times 20\text{ns} = 240\text{ns}$$

故存储器的带宽为

$$B_r = 8 / T_r = 8 / (240 \times 10^{-9}) \approx 33.3 \times 10^6 \text{字}/\text{s} \approx 133.2\text{MB/s}$$

2）当全部访问为写操作时，一次写操作所花费的时间为

$$T_w = (1 + 2 + 8 + 3) \times 20\text{ns} = 280\text{ns}$$

故存储器的带宽为

$$B_w = 8 / T_w = 8 / (280 \times 10^{-9}) \approx 28.6 \times 10^6 \text{字}/\text{s} \approx 114.4\text{MB/s}$$

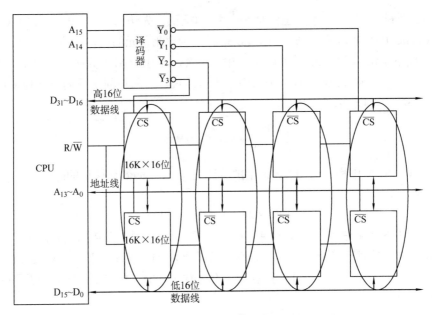

图 3-54 64K×32 位存储器的组成逻辑框图

3）读/写操作合在一起的加权时间为

$$T = 240ns \times 0.65 + 280ns \times 0.35 = 254ns$$

故存储器的带宽为

$$B = 8/T = 8/(254 \times 10^{-9}) \approx 31.5 \times 10^6 字/s \approx 126MB/s$$

63．解析：答案如图 3-55 所示。选用两片 16K×8 位的 RAM 芯片即可构成一个 32K×8 位的 RAM 区域。下面说明应该注意的一些细节问题。

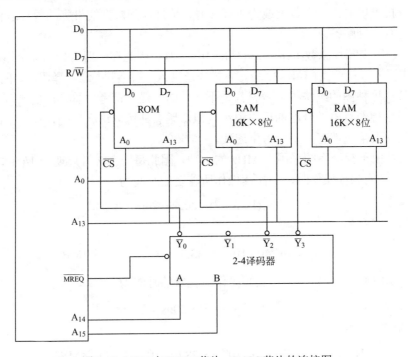

图 3-55 CPU 与 ROM 芯片、RAM 芯片的连接图

1）ROM 芯片不要连接在 R/$\overline{\text{W}}$ 信号线上，RAM 芯片一定要连。

2）关于 RAM 的片选信号：

由于地址范围应该是 8000H～BFFFH（**10**00 0000 0000 0000～**10**11 1111 1111 1111），C000H～FFFFH（**11**00 0000 0000 0000～**11**11 1111 1111 1111），因此两片 RAM 的 A_{15}、A_{14} 分别是 10 和 11（加粗和加下画线的部分），也就是对应了 Y_2 和 Y_3。

64．解析：1）Cache 结构如下。

V	...	Tag	Data

此处的行即为块（Block）。直接映射下，每块的 Cache 结构一般分为 4 个部分，其中：

V：1 位，表示所在的块是否有效。

…：表示用于 Cache 一致性维护和替换算法的控制位。

TAG：地址转换标记。

如果不计算"…"部分，则 Cache 的大小由 V、Tag 和 Data（数据）3 部分组成。在直接映射中，可以将地址分为如下 3 个部分：

Tag	块索引	块内

本题中，总的寻址位数为 28 位（2^{28}=256M）；块内位为 6 位（2^6=64），5～0 位；块索引为 3 位（2^3=8），8～6 位。因此，Tag=28-6-3=19 位，即 27～9 位。

每行（块）的大小=V+Tag+数据=1+19+64×8 位。

数据 Cache 有 8 行，总容量为(1+19+64×8)×8/8=532B。

2）由于数组在存储器中按行优先方式存放，因此每个数组元素占 4B。数组首地址为 320，因此可知：

a[0][31]在存储器中的地址为 320+31×4=444=0001 1011 1100B

a[1][1]在存储器中的地址为 320+(256+1)×4=1348=0101 0100 0100B

按直接映射方式，地址分为 3 部分，块索引在地址的 8～6 位，因此两地址所对应的块索引分别为 6（110B）、5（101B）。

3）数组 a 中每个数据只用了一次，如果程序没有命中，则从主存中读入一块，大小为 64B，相当于 16 个整数。对于程序 A，如果是按行连续存放的，那么从主存读入一块到 Cache（一次失配）后，随后的 15 次便都 Cache 命中，读一次管 16 次，因此命中率为

$$[(2^{16}-2^{12})/2^{16}]\times100\%=93.75\%$$

程序 B 随列访问数组 a，由于 Cache 的容量太小，读入的数据块留不到下次用便又被替换，因此每次都失败，命中率为 0%。

另一种算法是，由于数组 a 一行的数据量为 1KB>64B，因此访问第 0 行时，每个元素都不命中，由于数组有 256 列，数据 Cache 仅有 8 行，故访问数组后续列元素仍然不命中，于是程序 B 的数据访问命中率为 0%。

由于从 Cache 读数据比从内存读数据快很多，因此程序 A 的执行时间更短。

分析：

1）V、Tag、Data 是每个 Cache 块（行）的必要组成。为了提高效率或者实行替换算法，每个块还需要一些控制位，这些位根据不同的设计要求而定。

2）本题中计算两个数组元素的地址是关键。

3）命中率的计算是本问题的关键。注意数组访问与数组在内存中的存储方式，以及命中

率的定义。

65．解析：1）由于虚拟地址空间大小为 16MB，且按字节编址，因此虚拟地址共有 24 位（2^{24}=16M）。由于页面大小为 4KB（2^{12}=4K），因此虚页号为前 12 位。由于主存（物理）地址空间大小为 1MB，因此物理地址共有 20 位（2^{20}=1M）。由于页内地址有 12 位，因此 20-12=8，即前 8 位为页框号。

2）由于 Cache 采用直接映射方式，因此物理地址应划分成 3 个字段，如下：

12 位	3 位	5 位
主存字块标记	Cache 字块标记	字块内地址

分析：由于块大小为 32B，因此字块内地址占 5 位。又由于 Cache 共 8 行，因此字块标记占 3 位。综上所述，主存字块标记占 20-5-3=12 位。

3）虚拟地址 001C60H 的虚页号为前 12 位，即 001H=1。查表可知，其有效位为 1，故在内存中。虚页号为 1 对应页框号为 04H，故物理地址为 04C60H。由于采用的是直接映射方式，因此对应 Cache 行号为 3。尽管有效位为 1，但是由于标记位 04CH≠105H，故不命中。

4）由于采用了 4 路组相连的，因此 TLB 被分为 2 组，每组 4 行。因此，虚地址应划分成 3 个字段，如下：

11 位	1 位	12 位
标记位	组号	页内地址

将 024BACH 转成二进制为 0000 0010 0100 1011 1010 1100，可以看出组号为 0。标记为 0000 0010 010，换成十六进制为 0000 0001 0010（高位补一个 0），即 012H，从图 3-51 中的 0 组可以看出，标记为 012H 页面的页框号为 1F，故虚拟地址 024BACH 所在的页面在主存中。

66．解析：

1）CPU 的时钟周期为 1/800MHz=1.25ns。

总线的时钟周期为 1/200MHz=5ns。

总线带宽为 4B×200MHz=800MB/s 或 4B/5ns=800MB/s。

2）因为每次读突发传送 32B，而 Cache 块大小恰好是 32B，所以只需要 1 个读突发传送总线事务来完成一个主存块的读取。

3）一次读突发传送总线事务包括一次地址传送和 32B 数据传送：用 1 个总线时钟周期传输地址，即 5ns。首先，根据低位交叉存储器的工作原理，数据全部读出需要 40ns+（8-1）×5ns=75ns。但是在第 40ns 时，数据的读取与传输是可以重叠的，所以只需要加上最后一个体读出的数据的传输时间即可，即 5ns。故读突发传送总线事物时间为 5ns+75ns+5ns=85ns。

4）BP 的 CPU 执行时间包括 Cache 命中时的指令执行时间和 Cache 缺失时带来的额外开销。命中时的指令执行时间：100×4×1.25ns=500ns。指令执行过程中 Cache 缺失时的额外开销：1.2×100×5%×85ns=510ns。可得 BP 的 CPU 执行时间：500ns+510ns=1010ns。

67．解析：

1）解决这个问题的关键是想象出如图 3-56 所示的关系图。

注意：每个高速缓存行只包含数组的一个行，高速缓存正好只够保存一个数组，而且对于所有 i，src 和 dst 的行 i 都映射到同一个高速缓存行（0%2=0，1%2=1，2%2=0，3%2=1）。因为高速缓存不够大，不足以容纳这两个数组，所以对一个数组的引用总是驱逐出另一个数组的有用的行。具体过程如下：

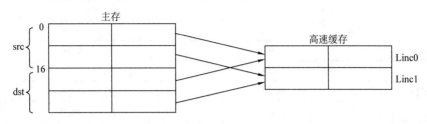

图 3-56　关系图（一）

dst[j][i]=src[i][j]语句先访问 src[i][j]再将其存储到 dst[j][i]。

访问	命中否	访问后 Line0 中内容	访问后 Line1 中内容
src[0][0]	m	src[0]	
dst[0][0]	m	dst[0]	
src[0][1]	m	src[0]	
dst[1][0]	m	src[0]	dst[1]
src[1][0]	m	src[0]	src[1]
dst[0][1]	m	dst[0]	src[1]
src[1][1]	h	dst[0]	src[1]
dst[1][1]	m	dst[0]	dst[1]

说明如下：

① 访问 src[0][0]，不命中，将 src[0]调入高速缓存的 Line0。

② 访问 dst[0][0]，不命中，将 dst[0]调入高速缓存的 Line0，换出 src[0]。

③ 访问 src[0][1]，不命中，将 src[0]调入高速缓存的 Line0，换出 dst[0]。

④ ……

dst 数组	列 0	列 1
行 0	m	m
行 1	m	m

src 数组	列 0	列 1
行 0	m	m
行 1	m	h

2）当高速缓存为 32B 时，它足够大，能容纳这两个数组。因此所有不命中都是开始时的不命中。关系如图 3-57 所示。

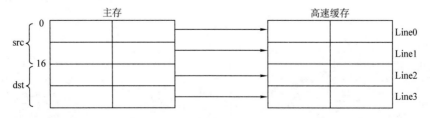

图 3-57　关系图（二）

访问	命中否	Line0	Line1	Line2	Line3
src[0][0]	m	src[0]			
dst[0][0]	m	src[0]		dst[0]	
src[0][1]	h	src[0]		dst[0]	
dst[1][0]	m	src[0]		dst[0]	dst[1]
src[1][0]	m	src[0]	src[1]	dst[0]	dst[1]
dst[0][1]	h	src[0]	src[1]	dst[0]	dst[1]
src[1][1]	h	src[0]	src[1]	dst[0]	dst[1]
dst[1][1]	h	src[0]	src[1]	dst[0]	dst[1]

dst 数组

	列 0	列 1
行 0	m	h
行 1	m	h

src 数组

	列 0	列 1
行 0	m	h
行 1	m	h

第4章 指令系统

大纲要求

（一）指令格式
1. 指令的基本格式
2. 定长操作码指令格式
3. 不定长操作码指令格式
（二）指令的寻址方式
1. 数据寻址和指令寻址
2. 常见寻址方式
（三）CISC 和 RISC 的基本概念

考点与要点分析

核心考点

1.（★★★★）各种寻址方式的原理，特别是多种寻址方式综合应用；能自行设计相应的指令格式
2.（★★）掌握不定长操作码的原理，并能通过该原理自行设计指令系统
3.（★）CISC 和 RISC 的基本特点与区别

基础要点

1. 指令系统的基本格式，定长操作码和不定长操作码指令格式
2. 指令寻址的概念，包括形式地址和有效地址的区别和联系
3. 各种常见的寻址方式，包括它们有效地址的计算以及它们的应用
4. CISC 和 RISC 的特点

本章知识体系框架图

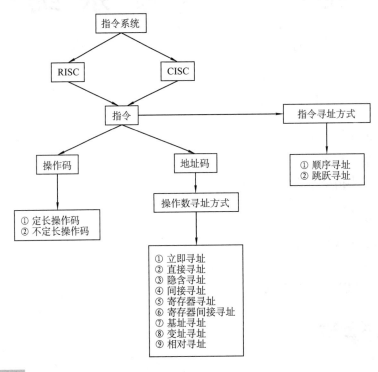

知识点讲解

4.1　指令格式

4.1.1　指令的基本格式

背景：什么是机器指令？在第 1 章就讲过，计算机唯一能识别的语言是机器语言，而机器语言是由一条条语句构成的，人们习惯把构成机器语言的这些语句称为一条条机器指令。全部机器指令的集合又称为机器的指令系统。

一条指令首先应该告诉机器，用户要干什么？例如，加/减/乘/除或其他操作（**由操作码实现**）。确定操作后就要知道对谁进行操作（**由地址码实现**）。因此，一条指令应该由操作码和地址码两部分组成，如图 4-1 所示。

图 4-1　一条指令的结构

操作码：分为**定长操作码**和**不定长操作码**（也可称为扩展操作码或变长操作码），参考 4.1.2 小节和 4.1.3 小节。一般将操作码放在每条指令的前一个字节或前多个字节，当读出操作码后就可以马上判定，这是一条零地址指令（如停机指令），还是单操作数指令（如求反、求补等操作），或者是双操作数指令（如加、减、乘、除等）。

地址码：有些书中将地址码称为**操作数字段**。下面分析地址码到底需要做什么。

1）需要指出操作数的地址，即用哪里的数来操作。

2）需要指出操作后的结果放在哪里，即给出结果存放的地址。

3）需要指出该条指令执行结束后怎么办，即需要指出下一条指令的地址。

综上分析，地址码应该指出操作数（一般称源操作数）的地址、运算结果需存放的地址、下一条指令的地址。由于操作数可以在主存，也可以在寄存器，因此以上所说的地址既可以是主存地址，也可以是寄存器地址，甚至还可以是 I/O 设备地址（I/O 设备地址将在第 7 章中介绍）。更详细的地址码讲解可参考下面的地址码分类。

注意：地址码可以是操作数本身、操作数地址或者操作数地址的计算方法。

根据指令中操作数地址码字段的数目不同，可以将指令分成以下几类：

1．零地址指令

零地址指令格式：

OP

零地址指令只给出操作码字段 OP，没有地址码字段。主要包含以下两种情况：

（1）不需要操作数的指令，如空操作指令、停机指令、关中断指令等。

（2）堆栈计算机中的零地址运算类指令。堆栈计算机中参与运算的两个操作数隐含地从栈顶和次栈顶弹出，送到运算器进行运算，运算的结果再隐含地压入堆栈中。

2．一地址指令

一地址指令格式：

OP	A_1

一地址指令的地址码字段只有一个，主要包含以下两种情况：

（1）只有目的操作数的单操作数指令，从 A_1 读取操作数，进行 OP 操作后，返回 A_1。$OP(A_1) \rightarrow A_1$。操作码字段通常为加 1、减 1、求反、求补等操作。

（2）隐含约定目的地址的双操作数指令，按指令地址 A_1 可读取源操作数，指令可隐含约定另一个操作数由累加器 ACC 提供，运算结果也放在 ACC 中。

$(ACC)OP(A_1) \rightarrow ACC$

对于此类一地址指令来说，假设指令字长 32 位，地址码字段 24 位，寻址范围 2^{24}=16M。

3．二地址指令

二地址指令格式：

OP	A_1	A_2

此类指令的含义为：$(A_1)OP(A_2) \rightarrow A_2$

其中 A_1 为源操作数地址，A_2 为目的操作数地址，常见于各类算术运算加减乘除，运算的结果存放在 A_2 目的操作数地址所表示的存储单元内。

对于此类指令来说，假设指令字长 32 位，操作码 8 位，两个地址码字段各 12 位，寻址范围 2^{12}=4K。

> 📖 **补充知识点**：二地址指令的常见分类。
> **解析**：二地址指令有两个操作数，这些操作数并不一定都在主存中，往往有一个或两个在通用寄存器中，这样就构成了不同的类型。下面介绍不同二地址指令的区别，见表 4-1。

表4-1 不同二地址指令的区别

二地址指令类型	名称	操作数物理位置	执行速度
M-M（或 MM、SS）	存储器-存储器	主存	最慢
R-R（或 RR）	寄存器-寄存器	寄存器	最快
R-M（或 RM、RS）	寄存器-存储器	寄存器-主存	以上两者之间

4．三地址指令

三地址指令格式：

OP	A₁	A₂	A₃（结果）

此类指令的含义为：$(A_1)OP(A_2) \rightarrow A_3$

其中 A_1、A_2 为两个源操作数地址，A_3 为运算结果地址。

对于此类指令来说，假设指令字长 32 位，操作码 8 位，三个地址码字段各 8 位，寻址范围 $2^8=256$。若地址字段均为主存地址，需要四次访存（取指、取操作数 2 次、存放结果）。

5．四地址指令

四地址指令格式：

OP	A₁	A₂	A₃（结果）	A₄（下址）

此类指令的含义为：$(A_1)OP(A_2) \rightarrow A_3$，$A_4=$下一条将要执行指令的地址。

其中 OP 表示操作码；A_1、A_2 分别为第一操作数和第二操作数地址；A_3 为存放运算结果的地址；A_4 为下一条指令的地址。

对于此类指令来说，若指令字长 32 位，操作码 8 位，4 个地址码字段各 6 位，直接寻址范围 $2^6=64$。

表面上看起来这条指令考虑得非常周全，操作数（一般称源操作数）的地址、运算结果需存放的地址、下一条指令的地址 3 个问题都一并解决了，但摆在面前最现实的问题却出现了，这么长的指令太占用存储空间了。例如，主存空间有 128MB，且主存按字节寻址，也就是有 128M 个存储单元，需要 27 位二进制数才能定位一个存储单元。按照四地址指令的方式，假设有 128 条指令（$2^7=128$），那么仅仅一条指令的长度就达到了 7bit+27bit+27bit+27bit+27bit=115bit。

执行四地址指令需要几次访问存储器？

解析：取指令 1 次，取操作数两次，存放结果 1 次，共 4 次。同学们可自行思考二地址指令、三地址指令的访存次数。

📖 **补充知识点：**

1）什么是指令字长?

解析：从字面理解，就是指一条指令所占用存储空间的大小。由于主存一般都是按字节编址的，因此指令字长一般都为字节的整数倍。如果某指令的长度等于机器字长，则称此指令为单字长指令；如果某指令的长度等于机器字长的一半，则称此指令为半字长指令；如果某指令的长度等于机器字长的两倍，则称此指令为双字长指令。

注意：指令字长取决于操作码的长度（取决于多少操作）、操作数地址的长度（取决于主存的大小，如果容量为 1GB 的主存按字节寻址，每个操作数地址的长度都需要 30 位地址码）以及操作数地址的个数（四、三、二、一、零地址等）。

短指令与长指令各有利弊。短指令节省存储空间，提高取指令的速度，但是操作码较短，导致操作类型有限。长指令虽然可以解决局限性问题，但是会占用相当多的存储空间，并且会增加取指令的时间。解决办法就是折中，即长、短指令在同一机器中混用。

2）什么是数据字? 什么是指令字?

解析：如果计算机中的某一个字表示的是一个数据，则此字称为数据字；如果计算机中的某一个字表示的是一条指令，则此字就称为指令字。

☞ 可能疑问点：一台计算机中的所有指令都是一样长吗？

答：不一定。有定长指令字机器和不定长指令字机器两种。定长指令字机器中所有指令都一样长，称为规整型指令，目前定长指令字大多是 32 位指令字。不定长指令字机器的指令有长有短，但每条指令的长度一般都是 8 的倍数。所以，一个指令字在存储器中存放时，可能占用多个存储单元；从存储器读出并通过总线传输时，可能分多次进行，也可能一次读多条指令。

☞ 可能疑问点：每一条指令中都包含操作码吗？

答：是的。每一条指令都必须告诉 CPU 该指令做什么操作，所以必须指定操作码。

4.1.2 定长操作码指令格式

通过上述介绍可知，可以用硬件来换取空间，即使用诸如 PC、ACC 等硬件来减少指令字中需指明的地址码，可在不改变指令字长的前提下，**扩大指令操作数的直接寻址范围**。此外，还可以使用诸如 PC、ACC 等硬件**缩短指令字长以及减少访存次数**（见上面的分析）。

以上讨论的地址格式均是主存地址格式，实际上，地址格式也可以是用来表示寄存器的编号（当 CPU 中含有多个通用寄存器时，对每一个寄存器赋予一个编号，便可以指明源操作数和结果存放在哪个寄存器中）。当地址字段表示寄存器时，也可有三地址、二地址、一地址之分，它们的共同点是，在指令的执行阶段都不必访问存储器（只需在取指令时访问一次存储器），直接访问寄存器，使机器运行速度得到提高。

4.1.1 小节中提到过，操作码被分为**定长操作码**和**不定长操作码**。本知识点主要介绍定长操作码，考生只需了解其概念即可，不定长操作码（扩展操作码）可参考 4.1.3 小节。

定长操作码指令是在指令字的最高位部分分配<u>固定的</u>若干位表示操作码。对于具有 n 位操作码字段的指令系统，最多能够表示 2^n 条指令。

4.1.3 不定长操作码指令格式

不定长操作码指令格式就是操作码的长度不固定，操作码的长度随地址码个数的减少而增加，不同的地址数的指令可以具有不同长度的操作码。这样，在满足需要的前提下，有效地缩短了指令字长。在设计操作码指令格式时，必须注意以下两点：

1）不允许较短的操作码是较长操作码的前缀，例如，某条指令的操作码是 11，而另外一条指令的操作码是 111，11 是 111 的前缀，这样译码就会出现歧义。

2）各条指令的操作码一定不可以重复。

通常情况下，对使用频率较高的指令，分配较短的操作码；对使用频率较低的指令，分配较长的操作码，从而尽可能减少指令译码和分析的时间。具体的实践操作可参考例 4-1。

【例 4-1】 假设指令字长固定为 16 位，试设计一套指令系统满足以下要求：

1）有 15 条三地址指令。

2）有 12 条二地址指令。

3）有 62 条一地址指令。

4）有 30 条零地址指令。

解析：分析如下。

满足 1）：只需要 4 位操作码即可。4 位操作码可表示 16 种情况，而满足 1）只需要 15 种情况即可，恰好最后一种情况 1111 用来扩展。

满足 2）：首先，前面 4 位操作码已经固定了，即 1111。而由于 12 条二地址指令又需要 4 位操作码，因此操作码扩展到了 8 位，形式应该如下：

1111 0000～1111 1011（12 条）

而剩余的 1111 1100～1111 1111 可用来扩展成一地址指令。

满足 3）：1111 1100～1111 1111 有 4 种情况，因为需要 62 条一地址指令，所以操作码需要扩展到 12 位，即

1111 1100 0000～1111 1100 1111（16 条）
1111 1101 0000～1111 1101 1111（16 条）
1111 1110 0000～1111 1110 1111（16 条）
1111 1111 0000～1111 1111 1101（14 条）

以上恰好 62 条。而剩余的 1111 1111 1110～1111 1111 1111 又可以用来扩展成零地址指令。

满足 4）：

1111 1111 1110 0000～1111 1111 1110 1111（16 条）
1111 1111 1111 0000～1111 1111 1111 1111（16 条）

一共是 32 条零地址指令，但是题目只需要 30 条，很简单，最后两个不写就可以了，如下：

1111 1111 1110 0000～1111 1111 1110 1111（16 条）
1111 1111 1111 0000～1111 1111 1111 1101（14 条）

可以看出，此指令系统中指令的操作码分别有 4、8、12、16 不等的长度。

4.2　指令的寻址方式

指令寻址方式是指指令或者操作数有效地址的寻找方式，主要分为数据寻址和指令寻址两大类。

> 📖 **补充知识点**：指令寻址方式中地址的表示方法。
>
> **解析**：通过前面知识点的学习，考生已经了解到指令中包含操作码字段和地址码字段。在指令系统以及中央处理器章节的学习过程中，考生会经常见到括号+英文字母的表示形式，例如（PC）。此类表示方法中，括号+英文字母表示某种存储介质的数值，如（PC）就表示寄存器 PC 的数值，而不加括号的英文字母表示某种存储介质或编码，如 PC 就表示程序计数器 PC 本身。
>
> 指令的地址码字段往往并不是操作数的真实地址，而是形式地址，用 A 表示，（A）即操作数形式地址所指向的存储介质的数值。用形式地址结合指令的寻址方式可以计算出操作数的真实地址，称为有效地址，用 EA 表示，（EA）即表示有效地址所指向存储介质的数值，亦即操作数。如果此时存在 EA=（A），表示形式地址 A 所指向的存储介质中的数值，就是操作数的有效地址，而（EA）才是真实的操作数。

4.2.1　数据寻址和指令寻址

讲解之前，考生先思考一个问题，为什么要有寻址方式？它的产生带来了什么方便？这些问题现在先不做回答，等介绍完了寻址方式的全部内容，考生自己也可以总结出来。

☞ **可能疑问点**：指令寻址方式和数据寻址方式有什么不同？

答：程序被启动时，程序所包含的指令和数据都被装入到内存中。在程序指令过程中，需要取指令和操作数，确定指令存放位置的过程称为指令寻址方式，确定操作数存放位置的过程称为数据寻址方式。指令寻址和数据寻址的复杂度是不一样的。

1. 指令寻址：找到下一条将要执行指令的地址，称为**指令寻址**。指令基本上按执行顺序存放在主存中，执行过程中，指令总是从内存单元被取到指令寄存器 IR 中。

一般来说，指令寻址只有两种方式：顺序执行时，用指令计数器（PC）+ "1" 来得到下一条指令的地址；跳转执行时，通过转移指令的寻址方式，计算出目标地址，送到 PC 中即可。目标转移地址的形成方式主要有 3 种：立即寻址（直接地址）、相对寻址（相对地址）和间接寻址（间接地址）。

顺序寻址可通过程序计数器（PC）加 1，自动形成下一条指令的地址，图 4-2 中的 1→2、2→3、7→8 都属于顺序寻址。跳跃寻址则通过转移类指令实现，图 4-2 中的 3→7 属于跳跃寻址。完整的流程分析如图 4-2 所示。

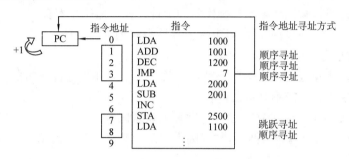

图 4-2　指令寻址

注意：图 4-2 中的指令简称其实不需要刻意去记，考生认真完整地看完计算机组成原理教材自然就记住了。

如果程序的首地址为 0，先将 0 送至程序计数器（PC）中，启动机器运行后，程序便按 0、1、2、3、7、8、9 顺序执行（JMP 为计算机汇编语言中的一种跳转指令）。"JMP 7" 表示从当前指令跳转到地址为 7 的指令，即表示执行完第 3 号指令后，便无条件将 7 送至 PC。因此，此刻指令地址跳过 4、5、6，直接执行第 7 条指令，接着又顺序执行第 8 条、第 9 条指令。

2. 数据寻址：找到当前正在执行指令的数据地址，称为**数据寻址**。开始时，数据被存放在内存中，但在指令执行过程中，内存的数据可能被装入到 CPU 的寄存器中，或者内存的堆栈区中；还有的操作数可能是 I/O 端口中的内容，或本身就包含在指令中（即立即数）。另外，运行的结果也可能要被送到 CPU 的寄存器中、堆栈中、I/O 端口或内存单元中，所以数据的寻址要涉及对寄存器、内存单元、堆栈、I/O 端口、立即数的访问。此外，操作数可能是某个一维或二维数组的元素，因此还要考虑如何提供相应的寻址方式，以方便地在内存找到数组元素。综上所述，数据的寻址比指令的寻址要复杂得多。

数据寻址有多种方式，为了区别各种不同的方式，在指令字中通常设一个字段，用来指明属于何种寻址方式，如图 4-3 所示。

图 4-3　数据寻址

☞ **可能疑问点：如何指定指令的寻址方式？**

答：CPU 根据指令约定的寻址方式对地址码的有关信息进行解释，以找到下一条要执行的指令，或指令所需的操作数。有的指令设置专门的寻址方式字段，显式说明采用何种寻址方式，有的指令通过操作码隐含寻址方式。规整型指令一般在一条指令中只包含一种寻址方式，这样就可以在指令操作码中隐含寻址方式，不需要专门有寻址方式字段。但是对于不规整型指令，一条指令中的若干操作数可能存放在不同的地方，因而每个操作数可能有各自的寻址方式字段。

4.2.2　常见数据寻址方式

绝大多数情况下，地址码字段通常都不代表操作数的真实地址，而是形式地址，那怎样将形式地址转换成真实地址？没错，就是通过各种各样的寻址方式来转换。那为什么要设置多种寻址方式，不能归为一种方式吗？其实设置多种寻址方式完全是为了各种不同程序的需要。下面就介绍 9 种常见的寻址方式。

1．立即寻址

这个寻址方式直接给出操作数，不需要给出地址去其他地方找操作数。也就是说，图 4-4 中的 A 不是操作数的地址，就是操作数本身。通常把 "#" 符号放在立即数前面，以表示该寻址方式为立即寻址，如 #20H。其他寻址方式则不用特殊符号来表示。

图 4-4　立即寻址

优点：只需取出指令，便可立即获得操作数。采用立即寻址特征的指令只需在取指令时访问存储器，而在执行阶段不必再访问存储器。

缺点：由于 A 表示的就是立即数，因此 A 的位数限制了立即数表示的范围，例如，A 占 8 位，则立即数的表示范围为-128～127（因为立即数都是用补码表示的）。

立即寻址用途一：例如，需要传送一个循环次数（如 for 循环的循环次数）给某专用寄存器，则可以使用立即寻址直接将循环次数作为立即数送入。

立即寻址用途二：例如，需要将某程序的首地址送入程序计数器中，而且程序的首地址可以看成是一个操作数，则可以使用立即寻址直接将该程序的首地址作为立即数送入。

<u>**用途总结**：立即寻址方式通常用于对某寄存器或内存单元赋初值</u>。

2．直接寻址

首先将一个生活实例作为铺垫。就好像从淘宝购物，有些快递是直接送上门的，就类似于<u>立即寻址</u>，而有些快递是送到一个固定地点，然后发短信告诉客户，客户再去取。短信上的地址就是直接寻址中给出的地址，通过这个地址客户就可以拿到他们的物品（操作数）。也就是说，取到操作数之后再将操作数送往运算器或其他地方。可见，直接寻址在执行阶段需要访问一次存储器去取操作数，如图 4-5 所示。

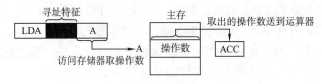

图 4-5　直接寻址

此时利用前文中讲到的指令寻址方式的地址表示方法，可将有效地址表示为 EA=A。

优点：寻找操作数非常简单，因为直接就给出了操作数的有效地址，而不需要经过某些变换。

缺点：操作数的有效地址仅由 A 决定，而 A 的位数一般都比较小，因此寻址范围比较小。

3．隐含寻址（了解即可）

隐含寻址指指令字中不明显地给出操作数地址，其操作数地址隐含在操作码或者某个寄存器中。其中最典型的例子就是一地址格式的加法指令，如图 4-6 所示。操作码显示的是 ADD，说明肯定至少需要两个操作数才能做加法运算，而地址码仅仅给出了一个操作数的地址，那另外一个操作数呢？没错，就在 ACC（累加器）中（这个没有为什么，就是规定）。换句话说，一地址格式的**算术运算指令**的另外一个操作数隐含在 ACC 中。

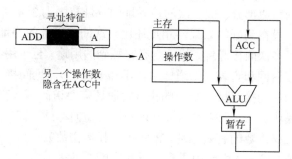

图 4-6　一地址格式的加法指令

注意：上面说的是算术运算指令，其他指令不一定在 ACC 中，但在正常情况下都是在某个寄存器中。

4．间接寻址（非常重要）

直接寻址的地址码字段 A 的位数较小，因此寻址范围较小，间接寻址就可以解决这个问题，下面详细分析。

直接寻址是直接给出了操作数的有效地址，即直接可以通过该地址找到操作数，但间接寻址指令给出的地址是**操作数有效地址的地址**。继续之前的淘宝例子，即你在淘宝店买了一件商品（**操作数**），非常大，可能平常取快递的地方（**现在指令给出的地址**）放不下，这时候快递人员会给你另外一个地址（操作数的有效地址），叫你去另外一个地方取。

间接寻址又分为**一次间接寻址**和**多次间接寻址**，如图 4-7 所示。

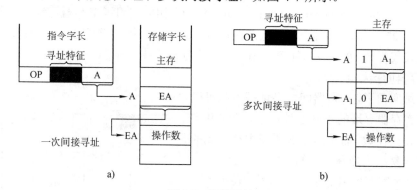

图 4-7　间接寻址

a）指令执行阶段两次访存　b）指令执行阶段多次访存

从图 4-7a 中可以看出，指令地址字段 A 所指的地址单元内容 EA 就是操作数的有效地址，此时利用前文中讲到的指令寻址方式的地址表示方法，可将有效地址表示为 EA=（A）。

对一次间接寻址和多次间接寻址的分析如下：

一般来讲，指令字长等于存储字长。作为一条指令，首先要有操作码，既然有操作码就要占位数，要占位数说明 A 的位数就肯定小于指令字长，而有效地址 EA 却在主存中，和指令字长的位数一样大，那么 EA 所能表示的寻址范围就更大了。例如，假设指令字长和存储字长都是 16 位，其中 A 为 8 位，显然直接寻址范围为 2^8，而一次间接寻址的寻址范围可达到 2^{16}。如果是多次间接寻址，就达不到 2^{16}，因为多次间接寻址需要使用存储字的第一位来标注间接寻址是否结束，如图 4-7b 所示。其中，"1"表示还需要继续访存寻址。当存储字首位为"0"时，表明此时为操作数的有效地址。从图 4-7b 中很容易看出，存储字的首位不能作为操作数有效地址的组成部分，故多次间接寻址的寻址范围为 2^{15}。那考生自然又问了，多次间接寻址这么复杂，没得到好的效果，相反还比一次间接寻址的寻址范围小了，这不合算呀？既然有人研究出了多次间接寻址，就一定有它独到的用途，至于用在哪里就先不用管了。

优点：便于**子程序返回和查表**（知道即可，不需要深究），见间接寻址用途。

缺点：很明显，一次间接寻址在指令的执行阶段还需要访问两次存储器（一次取操作数的有效地址，一次取操作数），而 N 次间接寻址却需要访问存储器 N+1 次（前面 N 次找操作数的有效地址，第 N+1 次找操作数）。

间接寻址用途：第 7 章 I/O 中断中讲到的寻找中断服务程序入口就是使用间接寻址（类似于查表）。此处了解即可。至于子程序返回不做介绍，知道就行。

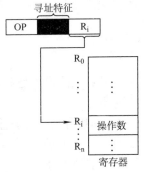

5. 寄存器寻址

寄存器寻址比较简单，基本和直接寻址类似。在直接寻址的指令字中，地址码字段给出的是主存的地址，而在寄存器寻址的指令字中，地址码字段直接给出了寄存器编号 R_i，则操作数的有效地址 EA=R_i，如图 4-8 所示。

图 4-8　寄存器寻址

优点：

1）由于操作数在寄存器中，因此指令在执行阶段不需要访存，即减少了执行时间。

2）**减少了指令字的长度（注意考查选择题）**。如下分析：

前面讲过，按照图 4-2 的方式，假设有 128 条指令（2^7=128），那么图 4-2 仅仅一条指令的长度就达到了 7bit+27bit+27bit+27bit+27bit=115bit。如果使用了寄存器寻址，一个操作数的地址就不需要 27 位了，因为给出的是寄存器号，即使计算机中有 1024 个寄存器，一个操作数的地址也仅仅需要 10 位表示即可，所以可大大地减少指令字的长度。

6. 寄存器间接寻址

间接寻址明白了，寄存器间接寻址基本就可以跳过了。和寄存器寻址的不同之处在于，图 4-9 中 R_i 的内容不是操作数，而是操作数所在**主存单元**的地址号（很容易出选择题），即有效地址 EA=(R_i)。

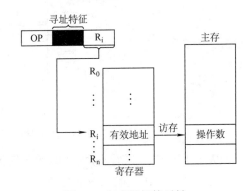

注意：××寄存器名加了一个括号，表示此寄存器中的内容。

优点：便于编制循环程序。

缺点：当然，这个对于直接寻址和间接寻址来说不是缺点，但是对于寄存器寻址来说是一个小小的缺陷，因为寄存器间接寻址需要访问一次存储器去取操作数。

图 4-9　寄存器间接寻址

【**例 4-2**】假设寄存器 R 中的数值为 200，主存地址为 200 和 300 的地址单元中存放的内容分别是 300 和 400，则（　　）访问到的操作数为 200。

Ⅰ．直接寻址（200）　　　　　　　Ⅱ．寄存器间接寻址（R）

Ⅲ．存储器间接寻址（200）　　　　Ⅳ．寄存器寻址 R

A. 只有 I

B. II、III

C. III、IV

D. 只有IV

解析：D。

Ⅰ：直接寻址（200）中的 200 应该是有效地址，访问的内容应该是主存地址为 200 对应的内容，即 300。

Ⅱ：寄存器间接寻址（R）和 I 的情况一样，访问的操作数也是 300。

Ⅲ：由于存储器间接寻址（200）表示主存地址 200 所存的单元为有效地址，因此有效地址为 300，访问的操作数是 400。

Ⅳ：由于寄存器寻址 R 表示寄存器 R 的内容即为操作数，因此访问的操作数为 200。

综上所述，只有Ⅳ正确。

7．基址寻址

基址是什么？字面意义就是操作数的有效地址需要通过某个**基础地址**来形成。这个基础地址放在哪里呢？需要设置一个基址寄存器（BR），其操作数的有效地址 EA 等于指令字中的形式地址 A 与基址寄存器中的内容（称为基地址）相加，如图 4-10a 所示，即

$$EA=A+(BR)$$

基址寄存器可采用隐式和显式两种。所谓隐式，是指在计算机内专门设一个基址寄存器（BR），使用时用户不必明显指出该基址寄存器，只需要指令的寻址特征位反映出基址寻址即可，如图 4-10a 所示。显式是指在一组通用寄存器中，由用户明确指出哪个寄存器用作基址寄存器，存放基地址（图 4-10b，图中显式地给出了基址寄存器是 R_0）。

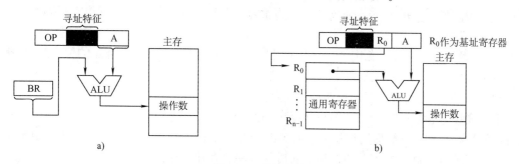

图 4-10　基址寻址

a）采用专用寄存器 BR 作为基址寄存器　b）采用通用寄存器作为基址寄存器

优点：

1）扩大操作数的寻址范围（因为基址寄存器的位数可以大于形式地址 A 的位数）。故事助解：还是前面的故事，桌面上有 5000 道菜，你坐的位置只可以使用筷子夹到 300～304 这 5 道菜。但现在筷子和以前的筷子不一样了，即基地址出现了。如果现在想夹到 500～504 这 5 道菜，把基地址设置成 200 就行了，相加之后就可以实现了，也就是可以夹到 500～504 这 5 道菜了。依此类推，想要"夹"什么"菜"，相应地加上一个基地址就行了，因此只要对基址寄存器的内容进行修改，就可以访问主存的任意单元。

2）便于**解决多道程序**问题，继续跳过，知道基址寻址可以用在多道程序即可。

注意：

1）基址寄存器的内容由操作系统确定，在程序执行过程中不能由用户随意改变！

2）虽然基址寄存器的内容不可以由用户改变，但是当采用通用寄存器组来作为基址寄存

器时，用户有权知道到底使用了哪个通用寄存器来作为基址寄存器。

8．变址寻址

基址寻址理解了，变址寻址可以说已经明白了 90%。从图 4-11 中可以看出，两者基本属于"双胞胎"，表面上看完全一模一样，只是这对"双胞胎"的名字不同而已，一个叫 BR，另一个叫 IX。当然"双胞胎"虽然可以长成一样，但是"性格"多少还是有点不一样的。

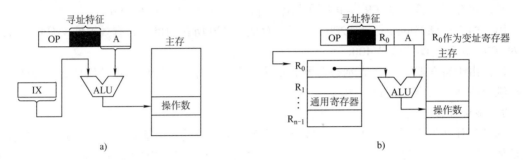

图 4-11　变址寻址

a）采用通用寄存器作为变址寄存器　b）采用专用寄存器 IX 作为变址寄存器

变址寻址的有效地址 EA 等于指令字中的形式地址 A 与变址寄存器 IX 的内容相加之和，即

$$EA=A+(IX)$$

注意：在变址寻址中，变址寄存器的内容是由用户设定的，在程序执行过程中其值可变，而指令字中的形式地址 A 是不可变的。这点恰好和基址寄存器相反（注意出选择题）。

优点：

1）扩大操作数的寻址范围（前提是变址寄存器的位数大于形式地址 A 的位数），分析过程和基址寻址类似，不再重复。

2）非常适合处理数组问题和循环程序，分析如下：

由于变址寄存器的内容可由用户改变，因此处理数据问题时，只需将指令字中的形式地址设置为数组首地址，然后用户只需不断地改变变址寄存器 IX 的内容即可。当然，更智能的方式是让变址寄存器的内容自加，和前面讲的程序寄存器一样。

总结：

1）一般来说，变址寻址经常和其他寻址方式混合在一起使用，如先间址寻址再变址寻址，此时 EA=(A)+(IX)；相反，如果先变址寻址再间址寻址，那么 EA=(A+(IX))。此处很容易出选择题，其他寻址方式的相互结合可依此类推。

2）**基址寻址和变址寻址的区别**。两种方式有效地址的形成都是寄存器内容+偏移地址，但在基址寻址中，程序员操作的是偏移地址，基址寄存器的内容由操作系统控制，在执行过程中是动态调整的；而在变址寻址中，程序员操作的是变址寄存器，偏移地址是固定不变的。

9．相对寻址

其实**基址寻址、变址寻址、相对寻址**都可以看成是**偏移寻址**（真题考查过），思想基本都差不多，编者发现这三者并没有很明显的差别，最多是在用途上有点差别。但是用途基本都属于死记硬背的知识（后面会总结），几乎不可能叫考生分析为什么××寻址适合用在这个场合。相对寻址比较简单，只需大致介绍一下概念即可。

故事助解：例如，某老师去某寝室楼找学生，只是知道此学生住在 4 楼，但是不知道住哪个寝室。到了 4 楼，随便找了一个寝室敲门，然后问此同学某某住在哪里。于是这位同学告诉老师，**相对于这个寝室，再往前数 3 个寝室便是**。这种寻址方式称为相对寻址方式。

相对寻址基于**程序局部性原理（注意考查选择题）**。相对寻址的有效地址是将程序计数器（PC）的内容与指令字中的形式地址 A 相加而成，如下：

$$EA=(PC)+A$$

从图 4-12 中可以看出，操作数的位置与当前指令的位置有一个相对的距离。

相对寻址用途一：用于转移类指令。转移后的目标地址与当前指令有一段距离，称为相对位移量，此位移量由指令字的形式地址给出，故 A 又称为位移量。位移量可正可负，通常用补码表示。假设位移量为 8 位，则指令当前的寻址范围：$(PC)+127 \sim (PC)-128$（因为 8 位补码的表示范围为 $-128 \sim 127$，参见第 2 章相关内容）。

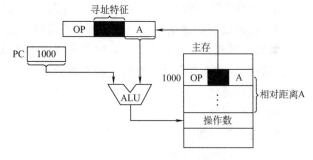

图 4-12　相对寻址

相对寻址用途二：便于编制浮动程序。即程序的正确运行不受程序所在物理地址的限制。

> 📖 **补充知识点：一个需要说明的考点，这个考点很有可能出现。**
>
> **考点设置：在各种寻址方式中，指令的地址码字段可能的情况如下。**
> 1）寄存器编号（寄存器间接寻址）。
> 2）设备端口地址（输入/输出时，即 I/O 指令，第 7 章将会详细讲解）。
> 3）存储器的单元地址（直接寻址、间接寻址等）。
> 4）数值（立即寻址）。

以上 4 种情况都有可能，**千万记住！**

9 种寻址方式终于介绍完了，下面总结一下它们的有效地址计算方式、用途及特点，见表 4-2。

表 4-2　9 种寻址方式总结

寻址方式	有效地址计算方式	用途及特点
立即寻址		通常用于给寄存器赋初值
直接寻址	EA=A	
隐含寻址		缩短指令字长
一次间接寻址	EA=(A)	扩大寻址范围，易于完成子程序返回
寄存器寻址	$EA=R_i$	指令字较短；指令执行速度较快
寄存器间接寻址	$EA=(R_i)$	扩大寻址范围
基址寻址	EA=A+(BR)	扩大操作数寻址范围；适用于多道程序设计，常用于为程序或数据分配存储空间
变址寻址	EA=A+(IX)	主要用于处理数组问题
相对寻址	EA=A+(PC)	用于转移指令和程序浮动
先间址再变址	EA=(A)+(IX)	
先变址再间址	EA=(A+(IX))	

思考一个问题，即寻址方式的存在方便了谁？答案在例 4-3 中。

【例 4-3】　根据操作数所在的位置，指出指令的寻址方式：

1）操作数在指令中，可能是什么寻址方式？

2）操作数有效地址在指令中，可能是什么寻址方式？

3）操作数在寄存器中，可能是什么寻址方式？

4）操作数有效地址在寄存器中，可能是什么寻址方式？

5）操作数在存储器中，可能是什么寻址方式？

6）操作数有效地址在存储器中，可能是什么寻址方式？

7）操作数有效地址为某一寄存器中的内容与位移量之和，可能是什么寻址方式？

解析：虽然问题看起来较多，但是只要明白了 9 种寻址方式的原理，是很容易回答的。下面的答案应该不存在什么疑问，就不解释了。

1）立即寻址。

2）直接寻址。

3）寄存器寻址。

4）寄存器间接寻址。

5）直接寻址、隐含寻址、间接寻址、寄存器间接寻址、基址寻址、变址寻址和相对寻址。

6）间接寻址。

7）基址寻址、变址寻址和相对寻址。

思考题参考答案：举个简单的例子，如果一个指令系统的操作码为两位，那么可以有 00、01、10、11 这 4 条不同的指令。现在把 11 作为保留，把操作码扩展到 4 位，那么就可以有 00、01、10、**1100**、**1101**、**1110**、**1111** 这 7 条指令。其中 **1100**、**1101**、**1110**、**1111** 这 4 条指令的地址码必须少两位。然后，为了达到操作码扩展的先决条件——减少地址码，设计师动足了脑筋，发明了各种各样的寻址方式，如基址寻址、相对寻址等，用以最大限度地压缩地址码长度，为操作码留出空间。

【例 4-4】　（2009 年统考真题）某机器字长 16 位，主存按字节编址，转移指令采用相对寻址，由两个字节组成，第一字节为操作码字段，第二字节为相对位移量字段。假定取指令时，每取一个字节 PC 自动加 1。若某转移指令所在主存地址为 2000H，相对位移量字段的内容为 06H，则该转移指令成功转移以后的目标地址是（　　）。

A．2006H　　　　B．2007H　　　　C．2008H　　　　D．2009H

解析：C。首先要求的是取指令后 PC 的值。转移指令由两个字节组成，每取一个字节 PC 自动加 1，由于每条指令由两个字节组成，因此取指令后 PC 值为 2002H。由于相对寻址 EA=（PC）+A，故转移指令成功转移以后的目标地址是 EA=(PC)+A=2002H+06H=2008H。

【例 4-5】　（2011 年统考真题）偏移寻址通过将某个寄存器内容与一个形式地址相加而生成有效地址。下列寻址方式中，不属于偏移寻址方式的是（　　）。

A．间接寻址　　　B．基址寻址　　　C．相对寻址　　　D．变址寻址

解析：A。B、C、D 选项都是某个寄存器内容与一个形式地址相加而生成有效地址。

【例 4-6】　（2011 年统考真题）某机器有一个标志寄存器，其中有进位/借位标志 CF、零标志 ZF、符号标志 SF 和溢出标志 OF，条件转移指令 bgt（无符号整数比较大于时转移）的转移条件是（　　）。

A．$CF+OF=1$　　B．$\overline{SF}+ZF=1$　　C．$\overline{CF+ZF}=1$　　D．$\overline{CF+SF}=1$

解析：C。假设有两个无符号整数 x、y，bgt 为无符号整数比较大于时转移，不妨设 x>y，那么 x-y 就肯定大于 0 且不会溢出，故符号标志 SF 和溢出标志 OF 用不上。根据排除法答案自然选 C。因为 x-y>0，所以肯定不会借位和进位，且 x-y≠0。故 CF 和 ZF 标志均为 0。

> 📖 **补充知识点：标志寄存器与转移条件的逻辑表达式总结。**
>
> **解析：** 以下分别说明无符号数和带符号整数两种情况下各种比较运算的逻辑判断表达式。

（1）无符号数情况

1）等于。相减后结果为零，即 F=ZF。

2）大于。没有借位且相减后不为 0，即 $F = \overline{CF + ZF}$。

3）小于。有借位且相减后不为 0，即 $F = CF \cdot \overline{ZF}$。

4）大于等于。没有借位或相减后结果为 0，即 $F = \overline{CF} + ZF$。

5）小于等于。有借位或相减后结果为 0，即 F=CF+ZF。

（2）带符号整数情况

1）等于。相减后结果为零，即 F=ZF。

2）大于。相减后结果不为 0，并且，不溢出时为正，溢出时为负，即 $F = \overline{ZF} \cdot \overline{(SF \oplus OF)}$。

3）小于。相减后结果不为 0，并且，不溢出时为负，溢出时为正，即 $F = \overline{ZF} \cdot (SF \oplus OF)$。

4）大于等于。相减后结果为 0，或，不溢出时为正，溢出时为负，即 $F = ZF + \overline{(SF \oplus OF)}$。

5）小于等于。相减后结果为 0，或，不溢出时为负，溢出时为正，即 $F = ZF + (SF \oplus OF)$。

其中，ZF 为零标志、OF 为溢出标志、CF 为进位/借位标志、SF 为符号标志。

☞ **可能疑问点：指令的操作数可能存放在机器的哪些地方？**

答：指令的操作数可能存放在以下 5 个地方：

1）**内存单元**：指令必须以某种方式给出内存单元的地址，可分为以下几种情况：对单个独立的操作数进行处理；对一个数组中的若干个连续元素或一个数组元素进行处理；对一个表格或表格中的某个元素进行处理等。这些不同的情况需要提供不同的寻址方式进行操作数的访问。

2）**寄存器**：指令中只要直接给出寄存器的编号即可。

3）**堆栈区**：指令中不需要给出操作数的地址，数据的地址隐含地由堆栈指针给出。

4）**I/O 端口**：当某个 I/O 接口中的寄存器内容要和 CPU 中的寄存器内容交换时，要用 I/O 指令。在 I/O 传送指令中，需提供 I/O 端口号。

5）**指令中（立即数）**：操作数是指令的一部分，直接从指令中的立即数字段取操作数。

☞ **可能疑问点：返回指令要不要有地址地段？**

答：不一定。子程序的最后一条指令一定是返回指令。一般返回地址保存在堆栈中，所以返回指令中不需要明显给出返回地址，直接从栈顶取地址作为返回地址。如果有些计算机不使用堆栈保存返回地址，而是存放到其他不确定的地方，则返回指令中必须有一个地址码，用来指出返回地址或指出返回地址的存放位置。

4.3　CISC 和 RISC 的基本概念

CISC 和 RISC 不是考研的重点，考查的基本就是两者之间的比较，至于其他更深入的内容考研应该都不会涉及。因此，这个知识点就变成了记忆性的知识点。

CISC 的头一个字母为 C，即表示 Complex，翻译过来就是复杂的，既然复杂的话就应该和**多、大、不固定**等词语联系在一起。但需要记住一个特殊的，即 RISC 的寄存器多，其他基本可以根据上面的那句话判断出来。2009 年就考查了关于 RISC 的概念题，见例 4-7。

【例 4-7】（2009 年统考真题）下列关于 RISC 的叙述中，错误的是（　　）。

A．RISC 普遍采用微程序控制器

B．RISC 大多数指令在一个时钟周期内完成

C．RISC 的内部通用寄存器数量相对 CISC 多

D．RISC 的指令数、寻址方式和指令格式种类相对 CISC 少

解析：应该记住 RISC 是和少、固定、小联系在一起的，但特殊的是，RISC 的寄存器却多。由于 RISC 简单指令多，因此 RISC 大多数指令都在一个时钟周期内完成，故 B 正确；特殊的是，RISC 的内部通用寄存器数量相对 CISC 多，故 C 正确；D 选项体现了 RISC 的少，故 D 选项正确。最后得出正确答案为 A。至于 A 选项，也可以联想一下，微程序不应该和简单的东西搭配在一起，后面会总结 RISC 控制器采用组合逻辑控制。

编者先为读者引出一条线，首先有 CISC（Complex Instruction Set Computer），CISC 既有简单指令，又有复杂指令，后来人们发现典型程序中 80%的语句都是使用计算机中 20%的指令，而这 20%的指令都属于简单指令。因此，这个发现给了研究人员一个警示，花再多的时间去研究复杂指令，也仅仅有 20%的使用概率，并且只要系统中有复杂指令就会影响到计算机的执行速度。研究人员立刻从这个规律中得到一个启示，既然典型程序的 80%语句都是使用简单指令完成，那剩下的 20%语句用简单语句重新组合一下来模拟这些复杂指令的功能就行了，而不需要使用复杂指令来实现，于是 RISC（Reduced Instruction Set Computer）出现了。

1．RISC 的主要特点总结

1）选取使用频率较高的一些简单指令以及一些很有用但又不复杂的指令，让复杂指令的功能由使用频率高的简单指令的组合来实现。

2）指令长度**固定**，指令格式种类少，寻址方式种类少。

3）只有取数/存数指令访问存储器，其余指令的操作都在寄存器内完成。

4）CPU 中有多个通用寄存器（比 CISC 的多）。

5）采用流水线技术（**注意：RISC 一定是采用流水线**），大部分指令在一个时钟周期内完成。采用超标量和超流水线技术，可使每条指令的平均执行时间小于一个时钟周期。

6）控制器采用组合逻辑控制，不用微程序控制。

7）采用优化的编译程序。

2．CISC 的主要特点总结

1）指令系统复杂庞大，指令数目一般多达 200～300 条。

2）指令长度**不固定**，指令格式种类**多**，寻址方式种类**多**。

3）可以访存的指令不受限制（RISC 只有取数/存数指令访问存储器）。

4）由于 80%的程序使用其 20%的指令，因此 CISC 各指令的使用频率差距太大。

5）各种指令执行时间相差很大，大多数指令需多个时钟周期才能完成。

6）控制器大多数采用微程序控制。

7）难以用优化编译生成高效的目标代码程序。

3．RISC 与 CISC 的比较

1）RISC 比 CISC 更能提高计算机的运算速度，例如，由于 RISC 寄存器多，因此就可以

减少访存次数；其次，由于指令数和寻址方式少，因此指令译码较快。

2）RISC 比 CISC 更便于设计，可降低成本，提高可靠性。

3）RISC 能有效支持高级语言程序。

总结：RISC 设计者把主要精力放在那些经常使用的指令上，尽量使它们具有简单、高效的特性。对于不常用的功能，常通过组合简单指令来完成。因此，在 RISC 机器上实现特殊功能时，效率可能较低，但可以利用流水技术和超标量技术加以改进和弥补。而 CISC 的指令系统比较丰富，有专用指令来完成特定的功能，因此处理特殊任务效率较高。

【例 4-8】 （2011 年统考真题）下列给出的指令系统特点中，有利于实现指令流水线的是（　　）。

Ⅰ. 指令格式规整且长度一致

Ⅱ. 指令和数据按边界对齐存放

Ⅲ. 只有 Load/Store 指令才能对操作数进行存储访问

A. 仅Ⅰ、Ⅱ   B. 仅Ⅱ、Ⅲ

C. 仅Ⅰ、Ⅲ   D. Ⅰ、Ⅱ、Ⅲ

解析：D。由于Ⅰ、Ⅱ、Ⅲ均为 RISC 的特性，因此都可以简化流水线的复杂度。

习题

微信扫码看本章题目讲解视频

1. 下列关于指令字长、机器字长和存储字长的说法中，正确的是（　　）。

Ⅰ. 指令字长等于机器字长的前提下，取指周期等于机器周期

Ⅱ. 指令字长等于存储字长的前提下，取指周期等于机器周期

Ⅲ. 指令字长和机器字长的长度没有必然关系

Ⅳ. 为了硬件设计方便，指令字长都和存储字长一样大

A. Ⅰ、Ⅲ、Ⅳ   B. Ⅰ、Ⅳ

C. Ⅱ、Ⅲ   D. Ⅱ、Ⅲ、Ⅳ

2. 在下列寻址方式中，（　　）方式需要先计算，再访问主存。

A. 相对寻址   B. 变址寻址

C. 间接寻址   D. A、B

3. 零地址双操作数指令不需要指出操作数地址，这是因为（　　）。

A. 操作数已在数据缓冲寄存器中

B. 操作数隐含在累加器中

C. 操作数地址隐含在堆栈指针中

D. 利用上一条指令的运算结果进行操作

4. 设指令由取指、分析、执行 3 个子部件完成，每个子部件的工作周期均为Δt，采用常规标量流水线处理器。若连续执行 10 条指令，则需要的时间为（　　）。

A. 8Δt　　　　　B. 10Δt　　　　　C. 12Δt　　　　　D. 14Δt

5. 下列关于一地址指令的说法正确的是（　　）。

A. 只有一个操作数

B. 一定有两个操作数，其中一个是隐含的，完成功能(A)OP(ACC)

C. 如果有两个操作数，则两个操作数相同，完成功能(A)OP(A)

D. 可能有两个操作数，也可能只有一个操作数

6. 在通用计算机指令系统的二地址指令中，操作数的物理位置可安排在（　　）。

Ⅰ. 一个主存单元和缓冲存储器

Ⅱ. 两个数据寄存器

Ⅲ. 一个主存单元和一个数据寄存器

Ⅳ. 一个数据寄存器和一个控制存储器

Ⅴ. 一个主存单元和一个外存单元

A. Ⅱ、Ⅲ、Ⅳ　　　　　　　　　　B. Ⅱ、Ⅲ

C. Ⅰ、Ⅱ、Ⅲ　　　　　　　　　　D. Ⅰ、Ⅱ、Ⅲ、Ⅴ

7. 在各种寻址方式中，指令的地址码字段可能的情况有（　　）。

Ⅰ. 寄存器编号　　　　　　　　　　Ⅱ. 设备端口地址

Ⅲ. 存储器的单元地址　　　　　　　Ⅳ. 数值

A. Ⅰ、Ⅱ　　　　　　　　　　　　B. Ⅰ、Ⅱ、Ⅲ

C. Ⅰ、Ⅲ　　　　　　　　　　　　D. Ⅰ、Ⅱ、Ⅲ、Ⅳ

8. 用二地址指令来完成算术运算时，其结果一般存放在（　　）。

A. 其中一个地址码提供的地址中　　B. 栈顶

C. 累加器（ACC）中　　　　　　　D. 以上都不对

9. 四地址指令 OP $A_1 A_2 A_3 A_4$ 的功能为（A_1）OP（A_2）→A_3，且 A_4 给出下一条指令地址，假设 A_1、A_2、A_3、A_4 都为主存储器地址，则完成上述指令需要访存（　　）次。

A. 2　　　　　B. 3　　　　　C. 4　　　　　D. 5

10. 某指令系统有200条指令，对操作码采用固定长度二进制编码时，最少需要用（　　）位。

A. 4　　　　　B. 8　　　　　C. 16　　　　　D. 32

11. 某机器采用16位单字长指令，采用定长操作码，地址码为5位，现已定义60条二地址指令，那么单地址指令最多有（　　）条。

A. 4　　　　　B. 32　　　　　C. 128　　　　　D. 256

12.（2016年统考真题）某计算机主存空间为4GB，字长为32位，按字节编址，采用32位定长指令字格式。若指令按字边界对齐存放，则程序计数器（PC）和指令寄存器（IR）的位数至少分别是（　　）。

A. 30、30　　　　B. 30、32　　　　C. 32、30　　　　D. 32、32

13. 某机器字长为32位，存储器按半字编址，每取出一条指令后PC的值自动+2，说明其指令长度是（　　）。

A. 16位　　　　B. 32位　　　　C. 128位　　　　D. 256位

14.（2017年统考真题）某计算机按字节编址，指令字长固定且只有两种指令格式，其中三地址指令29条，二地址指令107条，每个地址字段为6位，则指令字长至少应该是（　　）。

A．24 位　　　　B．26 位　　　　C．28 位　　　　D．32 位

15．假设某指令的一个操作数采用变址寻址方式，变址寄存器中的值为 007CH，地址 007CH 中的内容为 0124H，指令中给出的形式地址为 B000H，地址 B000H 中的内容为 C000H，则该操作数的有效地址为（　　　）。

A．B124H　　　　B．C124H　　　　C．B07CH　　　　D．C07CH

16．直接寻址的无条件转移指令的功能是将指令中的地址码送入（　　　）。

A．程序计数器（PC）　　　　　　　B．累加器（ACC）

C．指令寄存器（IR）　　　　　　　D．地址寄存器（MAR）

17．下列不属于程序控制指令的是（　　　）。

A．无条件转移指令　　　　　　　　B．条件转移指令

C．中断隐指令　　　　　　　　　　D．循环指令

18．执行操作的数据不可能来自（　　　）。

A．寄存器　　　　　　　　　　　　B．指令本身

C．控制存储器　　　　　　　　　　D．存储器

19．寄存器间接寻址方式中，操作数在（　　　）中。

A．通用寄存器　　　　　　　　　　B．堆栈

C．主存单元　　　　　　　　　　　D．指令本身

20．假设寄存器 R 中的数值为 200，主存地址为 200 和 300 的地址单元中存放的内容分别是 300 和 400，则（　　　）访问到的操作数为 200。

Ⅰ．直接寻址　200　　　　　　　　Ⅱ．寄存器间接寻址（R）

Ⅲ．存储器间接寻址（200）　　　　Ⅳ．寄存器寻址　R

A．Ⅰ、Ⅳ　　　　　　　　　　　　B．Ⅱ、Ⅲ

C．Ⅲ、Ⅳ　　　　　　　　　　　　D．只有Ⅳ

21．（2014 年统考真题）某计算机有 16 个通用寄存器，采用 32 位定长指令字，操作码字段（含寻址方式位）为 8 位，Store 指令的源操作数和目的操作数分别采用寄存器直接寻址和基址寻址方式。若基址寄存器可使用任一通用寄存器，且偏移量用补码表示，则 Store 指令中偏移量的取值范围是（　　　）。

A．−32768～+32767　　　　　　　B．−32767～+32768

C．−65536～+65535　　　　　　　D．−65535～+65536

22．（2016 年统考真题）某指令格式如下所示。

OP	M	I	D

其中 M 为寻址方式，I 为变址寄存器编号，D 为形式地址。若采用先变址后间址的寻址方式，则操作数的有效地址是（　　　）。

A．I+D　　　B．(I)+D　　　C．((I)+D)　　　D．((I))+D

23．（2017 统考真题）下列寻址方式中，最适合按下标顺序访问一维数组的是（　　　）。

A．相对寻址　　B．寄存器寻址　　C．直接寻址　　D．变址寻址

24．一般来说，变址寻址经常和其他寻址方式混合在一起使用，设变址寄存器为 IX，形式地址为 D，某机具有先间址寻址再变址寻址的方式，则这种寻址方式的有效地址为（　　　）。

A．EA=D+(IX)　　　　　　　　　　B．EA=(D)+(IX)

C．EA=(D+(IX))　　　　　　　　　D．EA=D+IX

25. 下列关于各种寻址方式获取操作数快慢的说法中，正确的是（　　）。

Ⅰ. 立即寻址快于堆栈寻址

Ⅱ. 堆栈寻址快于寄存器寻址

Ⅲ. 寄存器一次间接寻址快于变址寻址

Ⅳ. 变址寻址快于一次间接寻址

A.Ⅰ、Ⅳ　　　　　　　　　　B.Ⅱ、Ⅲ

C.Ⅰ、Ⅲ、Ⅳ　　　　　　　　D.Ⅲ、Ⅳ

26. 在下列寻址中，（　　）寻址方式需要先运算再访问主存。

A. 立即　　　　　B. 变址　　　　　C. 间接　　　　　D. 直接

27. 某指令系统指令字长为 8 位，每一地址码长 3 位，用扩展操作码技术。若指令系统具有两条二地址指令、10 条零地址指令，则最多有（　　）条一地址指令。

A. 20　　　　　　B. 14　　　　　　C. 10　　　　　　D. 6

28. 假设相对寻址的转移指令占两个字节，第一个字节为操作码，第二个字节为位移量（用补码表示），每当 CPU 从存储器取出一个字节时，即自动完成（PC）+1→PC。若当前指令地址是 3008H，要求转移到 300FH，则该转移指令第二个字节的内容应为（　　）；若当前指令地址为 300FH，要求转移到 3004H，则该转移指令第二字节的内容为（　　）。

A. 05H，F2H　　　　　　　　B. 07H，F3H

C. 05H，F3H　　　　　　　　D. 07H，F2H

29. 下列对 RISC 的描述中，正确的有（　　）。

Ⅰ. 支持的寻址方式更多

Ⅱ. 大部分指令在一个机器周期完成

Ⅲ. 通用寄存器的数量多

Ⅳ. 指令字长不固定

A.Ⅰ、Ⅳ　　　　　　　　　　B.Ⅱ、Ⅲ

C.Ⅰ、Ⅱ、Ⅲ　　　　　　　　D.Ⅰ、Ⅱ、Ⅲ、Ⅳ

30. 假定编译器对 C 源程序中的变量和 MIPS 中寄存器进行了以下对应：变量 f、g、h、i、j 分别对应给寄存器$s0、$s1、$s2、$s3、$s4，并将一条 C 赋值语句编译后生成如下汇编代码序列：

```
add $t0,$s1,$s2
add $t1,$s3,$s4
sub $s0,$t0,$t1
```

请问这条 C 赋值语句是（　　）。

A. f=(g+i)-(h+j)　　　　　　B. f=(g+j)-(h+i)

C. f=(g+h)-(i+j)　　　　　　D. f=(i+j)-(g+h)

31.（2013 年统考真题）假设变址寄存器 R 的内容为 1000H，指令中的形式地址为 2000H；地址 1000H 中的内容为 2000H，地址 2000H 中的内容为 3000H，地址 3000H 中的内容为 4000H，则变址寻址方式下访问到的操作数是（　　）。

A. 1000H　　　　　　　　　　B. 2000H

C. 3000H　　　　　　　　　　D. 4000H

32. 1）指令中一般含有哪些字段？分别有什么作用？如何确定这些字段的位数？

2）某机器字长、指令字长和存储字长均为 16 位，指令系统共能完成 50 种操作，采用相对寻址、间接寻址、直接寻址。试问：

① 指令格式如何确定？各种寻址方式的有效地址如何形成？

② 在①中设计的指令格式，能否增加其他寻址方式？试说明理由。

33．将指令按功能分类，一般可分为哪几类？按操作数个数分类，又可将指令分为哪几类？

34．设存储字长和指令字长均为 24 位，若指令系统可完成 108 种操作，且具有直接、一次间接寻址、多次间接寻址、变址、基址、相对和立即这 7 种寻址方式，则在保证最大范围内直接寻址的前提下，指令字中操作码占几位？寻址特征位占几位？可直接寻址的范围是多少？一次间接寻址的范围是多少？多次间接寻址的范围又是多少？

35．假设指令字长为 16 位，操作数的地址码为 6 位，指令有零地址、一地址和二地址 3 种格式。

1）设操作码固定，若零地址指令有 M 种，一地址指令有 N 种，则二地址指令最多有多少种？

2）采用扩展操作码技术，二地址指令最多有多少种？

3）采用扩展操作码技术，若二地址指令有 P 条，零地址指令有 Q 条，则一地址指令最多有几种？

36．某指令系统字长 12 位，地址码取 3 位，试提出一种方案，使该系统有 4 条三地址指令、8 条二地址指令、150 条一地址指令。列出操作码的扩展形式并计算操作码的平均长度。

37．一条双字长的取数指令（LDA）存于存储器的 200 和 201 单元，其中第一个字为操作码 OP 和寻址特征 M，第二个字为形式地址 A。假设 PC 当前值为 200（还没有取该条双字长指令），变址寄存器 IX 的内容为 100，基址寄存器的内容为 200，存储器相关单元的内容见表 4-3。

表 4-3　存储器相关单元的内容

地址	201	300	400	401	500	501	502	700
内容	300	400	700	501	600	700	900	401

表 4-4 的各列分别为寻址方式，该寻址方式下的有效地址以及取数指令执行结束后累加器 ACC 的内容（ACC 中存放的其实就是有效地址对应的操作数），试补全表 4-4。

表 4-4　各种寻址方式比较

寻址方式	有效地址 EA	累加器 ACC 的内容
立即寻址	—	300
直接寻址		
间接寻址		
相对寻址		
变址寻址		
基址寻址		
先变址后间址		
先间址后变址		

38．某计算机的字长为 16 位，存储器按字编址，访存指令格式为 16 位，其中 5 位操作码，3 位寻址方式字段，分别表示立即寻址、直接寻址、间接寻址、变址寻址和相对寻址这 5 种，8 位地址码字段。设 PC 和 Rx 分别为程序计数器和变址寄存器（其中变址寄存器的位数为 16 位）。试问：

1）该格式能定义多少种指令？

2）各种寻址方式的寻址范围大小是多少？

3）写出各种寻址方式的有效地址 EA 的计算式。

39．某机器字长 32 位，CPU 内有 32 个 32 位的通用寄存器，设计一种能容纳 64 种操作的指令系统，设指令字长等于机器字长。

1）如果主存可直接或间接寻址，采用寄存器-存储器型指令，能直接寻址的最大存储空间是多少？试画出指令格式。

2）在 1）的基础上，如果采用通用寄存器作为基址寄存器，则上述寄存器-存储器型指令的指令格式又有何特点？画出指令格式并指出这类指令可访问多大的存储空间。

40．某机器采用一地址格式的指令系统，允许直接和间接寻址（机器按字寻址）。机器配有如下硬件：ACC、MAR、MDR、PC、X、MQ、IR 以及变址寄存器 R_x 和基址寄存器 R_B，均为 16 位。

1）若采用单字长指令，共能完成 105 种操作，则指令可直接寻址的范围是多少？一次间接寻址的范围又是多少？

2）若采用双字长指令，操作码位数及寻址方式不变，则指令可直接寻址的范围又是多少？画出其指令格式并说明各字段的含义。

3）若存储字长不变，可采用什么方法访问容量为 8MB 的主存？需增设哪些硬件？

41．设某机器共能完成 120 种操作，CPU 共有 8 个通用寄存器，且寄存器都为 12 位。主存容量为 16K 字（机器采用按字寻址），采用寄存器-存储器型指令。

1）欲使指令可直接访问主存的任意地址，指令字长应取多少位？

2）若在上述设计的指令字中设置一寻址特征位 X，且 X=0 表示某个寄存器作为基址寄存器，试画出指令格式。试问采用基址寻址可否访问主存的任意单元？为什么？如不能，提出一种方案，使得指令可访问主存的任意位置。

3）若存储字长等于指令字长，且主存容量扩大到 64K 字，在不改变硬件结构的前提下，可采用什么方法使得指令可访问存储器的任意位置。

42．某 16 位机器所使用的指令格式和寻址方式如图 4-13 所示，该机器有两个 20 位基址寄存器，4 个 16 位变址寄存器，16 个 16 位通用寄存器。指令汇编格式中的 S（源）、D（目标）都是通用寄存器，M 是主存的一个单元，3 种指令的操作码分别是 MOV(OP)=(A)H、STA(OP)=(1B)H、LDA(OP)=(3C)H。其中，MOV 是传送指令，STA 为写数指令，LDA 为读数指令。

1）试分析 3 种指令的指令格式和寻址方式特点。

2）处理器完成哪一种操作所花时间最短？完成哪一种操作所花时间最长？第 2 种指令的执行时间有时会等于第 3 种指令的执行时间吗？

3）下列情况中，每个十六进制指令字分别代表什么操作？简述此指令的作用。

① $(F0F1)_H/(3CD2)_H$ ② $(2856)_H$

43．在表 4-5 中的第 2 列、第 3 列填写简要文字对 CISC 和 RISC 的主要特征进行对比。

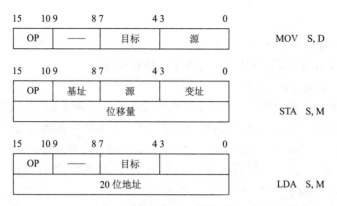

图 4-13　某 16 位机器所使用的指令格式和寻址方式

表 4-5　CISC 和 RISC 的主要特征比较

比较内容	CISC	RISC
1）指令系统		
2）指令数目		
3）寻址方式		
4）指令字长		
5）可访存指令		
6）各种指令使用频率		
7）各种指令执行时间		
8）优化编译实现		
9）寄存器个数		
10）控制器实现方式		
11）软件系统开发时间		

44．（2010 年统考真题）某计算机字节长为 16 位，主存地址空间大小为 128KB，按字编址。采用单字长指令格式，指令各字段定义如图 4-14 所示。

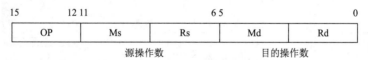

图 4-14　单字长指令格式

转移指令采用相对寻址方式，相对偏移用补码表示，寻址方式的定义见表 4-6。

表 4-6　寻址方式的定义

Ms/Md	寻址方式	助记符	含义
000B	寄存器直接	Rn	操作数=(Rn)
001B	寄存器间接	(Rn)	操作数=((Rn))
010B	寄存器间接、自增	(Rn)+	操作数=((Rn)), (Rn)+1→Rn
011B	相对	D(Rn)	转移目标地址=(PC)+(Rn)

注：(x)表示存储地址 x 或寄存器 x 的内容。

回答下列问题：

1）该指令系统最多可有多少指令？该计算机最多有多少个通用寄存器？存储地址寄存器（MAR）和存储器数据寄存器（MDR）至少各需要多少位？

2）转移指令的目标地址范围是多少？

3）若操作码 0010B 表示加法操作（助记符为 add），寄存器 R4 和 R5 的编号分别为 100B 和 101B，R4 的内容为 1234H，R5 的内容为 5678H，地址 1234H 中的内容为 5678H，地址 5678H 中的内容为 1234H，则汇编语句"add(R4), (R5)+"（逗号前为源操作数，逗号后为目的操作数）对应的机器码是什么（用十六进制表示）？该指令执行后，哪些寄存器和存储单元中的内容会改变？改变后的内容是什么？

45．（2013 年统考真题）某计算机采用 16 位定长指令字格式，其 CPU 中有一个标志寄存器，其中包含进位/借位标志 CF、零标志 ZF 和符号标志 NF。假定为该机设计了条件转移指令，其格式如图 4-15 所示。

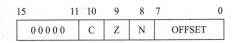

图 4-15　某条件转移指令格式

其中，00000 为操作码 OP；C、Z 和 N 分别为 CF、ZF 和 NF 的对应检测位，某检测位为 1 时表示需检测对应标志，需检测的标志位中只要有一个为 1 就转移，否则不转移，例如，若 C=1，Z=0，N=1，则需检测 CF 和 NF 的值，当 CF=1 或 NF=1 时发生转移；OFFSET 是相对偏移量，用补码表示。转移执行时，转移目标地址为(PC)+2+2×OFFSET；顺序执行时，下条指令地址为(PC)+2。请回答下列问题。

1）该计算机存储器按字节编址还是按字编址？该条件转移指令向后（反向）最多可跳转多少条指令？

2）某条件转移指令的地址为 200CH，指令内容如图 4-16 所示，若该指令执行时 CF=0，ZF=0，NF=1，则该指令执行后 PC 的值是多少？若该指令执行时

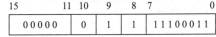

图 4-16　某条件转移指令

CF=1，ZF=0，NF=0，则该指令执行后 PC 的值又是多少？请给出计算过程。

3）实现"无符号数比较小于等于时转移"功能的指令中，C、Z 和 N 应各是什么？

4）图 4-17 是该指令对应的数据通路示意图，要求给出图 4-17 中部件①～③的名称或功能说明。

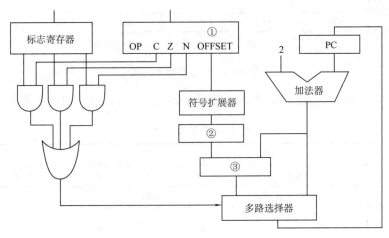

图 4-17　数据通路示意图

46. （2017 年统考真题）在按字节编址的计算机 M 上，第 2 章习题 70 中 f1 的部分源程序（阴影部分）与对应的机器级代码（包括指令的虚拟地址）如下：

其中，机器级代码包括行号、虚拟地址、机器指令和汇编指令。请回答下列问题

1）计算机 M 是 RISC 还是 CISC，为什么？

2）f1 的机器指令代码共占多少字节，要求给出计算过程。

3）第 20 条指令 cmp 通过 i 减 n-1 实现对 i 和 n-1 的比较。执行 f1（0）过程中，当 i=0 时，cmp 指令执行后，进/借位标志 CF 的内容是什么？要求给出计算过程。

4）第 23 条指令 shl 通过左移操作实现了 power*2 运算，在 f2 中能否也用 shl 指令实现 power*2 运算？为什么？

		int f1(unsigned n)	
1	00401020	55	push ebp
	…	…	…
		for (unsigned i=0; i<=n-1; i++)	
	…	…	…
20	0040105E	39 4D F4	cmp dword ptr [ebp-0Ch], ecx
	…	…	…
		power *= 2	
	…	…	…
23	00401066	D1 E2	shl edx, 1
	…	…	…
		return sum;	
	…	…	…
35	0040107F	C3	ret

习题答案

1. 解析：C。指令字长是指指令中包含二进制代码的位数；机器字长是指 CPU 一次能处理的数据长度，通常等于内部寄存器的位数；存储字长是指一个存储单元存储的二进制代码（存储字）的长度。

指令字长通常都是取存储字长的整数倍，如果指令字长等于存储字长的 2 倍，那么需要 2 次访存，那么取指周期就等于机器周期的 2 倍；如果指令字长等于存储字长，那么取指周期就等于机器周期，故 I 错误、II 正确。指令字长取决于操作码的长度、操作数地址的长度和操作数地址的个数，与机器字长没有必然的联系。但为了硬件设计方便，指令字长一般取字节或存储字长的整数倍，故III正确。指令字长一般取字节或存储字长的整数倍，而不一定都是和存储字长一样大，故IV错误。

2. 解析：D。相对寻址：相对寻址的有效地址是将程序计数器 PC 的内容与指令字中的形式地址 A 相加而成。相对寻址的有效地址为 EA=(PC)+A。

变址寻址：指令指定一个 CPU 寄存器（称为变址寄存器）和一个形式地址，操作数地址是二者之和，需要先计算再访存。变址寻址的有效地址为 EA=A+(IX)。

间接寻址：指令给出存放操作数地址的存储单元地址，先得到操作数地址所在的存储单

元的地址，再得到操作数的地址，然后才能取操作数。

所以 A 和 B 都是符合的，选 D。

3．解析：C。零地址运算指令在指令格式中不给出操作数的地址，它的操作数来自栈顶和次栈顶。

4．解析：C。流水线在开始时需要一段建立时间，结束时需要一段排空时间，设 m 段流水线的各段经过时间均为Δt，则需要 $T_0=m\Delta t$ 的时间建立流水线，之后每隔Δt 就可以流出一条指令，完成 n 个任务共需时间 $T=m\Delta t+(n-1)\Delta t$。

具有 3 个功能段的流水线连续执行 10 条指令共需时间=3Δt+9Δt=12Δt。

5．解析：D。如果此一地址指令执行的是逻辑操作（"与""非"等操作），即只需要一个操作数即可，那么此一地址指令只需要一个操作数；如果是进行加、减、乘、除运算，因为加、减、乘、除需要两个操作数，那么此一地址指令就需要两个操作数。

6．解析：B。对于二地址指令，若两个操作数都在寄存器中，称为 RR 型指令；若一个操作数在寄存器中，另一个操作数在存储器中，称为 RS 型指令；若两个操作数都在存储器中，则称为 SS 型指令。（一般用 R 表示寄存器，S 表示存储器）RR 型执行速度最快，SS 型执行速度最慢，RS 型执行速度介于 RR 型和 SS 型之间。

缓冲存储器（如 Cache）用来存放最近使用的数据，其内容和调度都是由硬件或操作系统完成的，因此不能作为指令的地址码。控制存储器采用 ROM 结构，存放的是微程序，它对软件开发人员是透明的，显然不能作为指令的地址码。CPU 不能直接访问外存，如果所需的数据存放在外存，则需要先调入主存，而指令中只能使用主存地址。

7．解析：D。在知识点讲解中强调过，4 种情况都有可能。

8．解析：A。在讲解二地址指令时，讨论过怎样缩短指令长度，即以运算结果覆盖源操作数的内容即可。指令的操作即为$(A_1)OP(A_2)\rightarrow A_1$ 或$(A_1)OP(A_2)\rightarrow A_2$，即 A_1 或 A_2 既代表源操作数的地址，又代表存放本次运算结果的地址。

9．解析：C。首先取指令需要 1 次访存（不少考生会忽略），然后取两个操作数两次访存，保存运算结果 1 次访存，一共需要 4 次访存。

10．解析：B。由于采用定长操作码，且 $2^7<200<2^8$，因此最少需要用 8 位，故选 B。

11．解析：A。首先可以计算出操作码字段的长度为 16-5-5=6。因此，一共可以定义 $2^6=64$ 条指令，既然二地址指令占了 60 条，且是定长操作码，故单地址指令最多可以有 64-60=4 条。如果此题将条件改为采用不定长操作码，答案又是什么？分析如下：

如果采用不定长（扩展）操作码，每条二地址指令可扩展为 32 条单地址指令，那么单地址指令最多有 32×4=128 条。

12．解析：B。主存空间为 4GB，字长 32 位，故主存字数为 4GB/32 位=1G=2^{30}，程序计数器 PC 用于给出下一条指令地址，故其需要 30 位寻址 2^{30} 个主存字。指令寄存器（IR）用于接收从主存中取到的指令，其长度等于指令字长 32 位，故选 B。

13．解析：B。由于存储器按半字编址，即存储字长为 16 位，又由于每取出一条指令后 PC 的值自动+2，说明指令字长等于两倍的存储字长，即 32 位。

14．解析：A。三地址指令有 29 条<2^5，故操作码字段至少为 5 位。以 5 位进行计算，它剩余的 32-29=3 中操作码给二地址。而二地址另外多了 6 位给操作码，因此它的数量最大达 3×64=192。所以指令字长最少为 23 位，因为计算机按字节编址，需要是 8 的倍数，所以指令字长至少应该是 24 位，选 A。

15．解析：C。

变址寻址	EA=A+(IX)	主要用于处理数组问题

依题意，A=B000H，(IX)=007CH，那么 EA=B000H+007CH=B07CH。

16．解析：A。此题考查无条件转移指令的操作原理，即需将待转移指令的地址送入程序寄存器（PC），其他 3 个选项属于干扰选项。

17．解析：C。程序控制指令就是可以控制程序运行的指令。无条件转移、条件转移、循环、子程序调用等都能够控制程序的执行。

中断隐指令并不是指令系统中一条真正的指令，它没有操作码，因此它是一种不允许、也不可能为用户使用的特殊指令。其所完成的操作主要有：

1）保存断点。

2）关闭中断。

3）引出中断服务程序。

以上仅仅是对中断隐指令做一个简单的介绍，第 7 章会详细讲解。

> 📖 **补充知识点**：条件转移指令和无条件转移指令的区别。
> **解析**：条件转移指令指满足一定条件再转移，如运算结果为 1，转移到哪里；运算结果为 0，转移到哪里。而无条件转移指令是强制性的，直接送一个地址到 PC，然后下命令：**下一条指令转到这里，不管结果是什么。**

18．解析：C。寄存器寻址中，操作数来自寄存器；立即寻址中，操作数来自指令本身；间接寻址和直接寻址等操作数都是来自存储器。而控制存储器是用来存放实现全部指令系统的所有微程序（第 5 章详细讲解）。

19．解析：C。采用寄存器间接寻址时，指令的地址码字段给出的是寄存器编号，而此寄存器中所存储的内容即为操作数的有效地址，且此有效地址为主存单元地址。

20．解析：D。此类题建议考生画出草图。直接寻址 200 中，200 就是有效地址，所访问的主存地址 200 对应的内容是 300，Ⅰ错误。寄存器间接寻址（R）的访问结果与Ⅰ一样，Ⅱ错误。存储器间接寻址（200）表示主存地址 200 中的内容为有效地址，所以有效地址为 300，访问的操作数是 400，Ⅲ错误。寄存器寻址 R 表示寄存器 R 的内容即为操作数，所以只有Ⅳ正确。

21．解析：A。采用 32 位定长指令字，其中操作码为 8 位，两个地址码一共占用 32-8=24 位，而 Store 指令的源操作数和目的操作数分别采用寄存器直接寻址和基址寻址，机器中共有 16 个通用寄存器，则寻址一个寄存器需要 $\log_2 16=4$ 位，源操作数中的寄存器直接寻址用掉 4 位，而目的操作数采用基址寻址也要指定一个寄存器，同样用掉 4 位，则留给偏移址的位数为 24-4-4=16 位。而偏移址用补码表示，16 位补码的表示范围为-32768～+32767，选 A。

22．解析：C。变址寻址其有效地址表示为 EA1=（I）+D，再进行间址寻址，有效地址 EA=（EA1）=（(I)+D），故选 C。

23．解析：D。在变址操作时，计算机指令中的地址与变址寄存器中的地址相加，得到有效地址，指令提供数组首地址，由变址寄存器来定位数据中的各元素。所以它最适合按下标顺序访问一维数组元素，故选 D。

相对寻址以 PC 为基地址，以指令中的地址为偏移量确定有效地址，适合编制循环程序。

寄存器寻址则是在指令中指出需要使用的寄存器。直接寻址是在指令的地址字段直接指出操作数的有效地址。

24．解析：B。先间址后变址，这里需要理清"先间址"的这个间址指的是 D，而不是 IX，如果是 IX 的话就变成了寄存器间接寻址了。

这里先把寄存器单元内容当作地址，再加上形式地址（D）得到操作数的地址，即 EA=(D)+(IX)，所以正确答案是 B。

如果本题改为先变址寻址再间接寻址的方式，答案应该是 EA=(D+(IX))。

这里的先后指的是表达式的先后计算顺序，记住这点，就不会出错。比如 EA=(D)+(IX) 这个表达式，需要先求（D），即先间址。而 EA=(D+(IX))这个表达式，需要先求 D+(IX)，即先变址。

知识点回顾：

变址寻址的有效地址 EA=A+(IX)，其中 A 为形式地址，IX 为变址寄存器。

变址寻址中，变址寄存器的内容是由用户设定的，在程序执行过程中其值可变，而指令字中的形式地址 A 是不可变的，这点恰好和基址寄存器相反。

25．解析：C。因为访问寄存器的速度通常是访问主存的数十倍，所以获取操作数的快慢主要取决于寻址方式的访存次数。

立即寻址操作数在指令中，不需要任何访问寄存器或内存，取数最快，Ⅰ正确。堆栈寻址可能是硬堆栈（寄存器）或软堆栈（内存），采用软堆栈时比寄存器寻址慢，Ⅱ错误。寄存器一次间接寻址先访问寄存器得到地址，然后再访问主存；而变址寻址访问寄存器 IX 后，还要将 A 和（IX）相加（相加需要消耗时间），再根据相加的结果访存，显然后者要慢一点，Ⅲ正确。一次间接寻址需要两次访存，显然慢于变址寻址，Ⅳ正确。

26．解析：B。这个应该比较简单，变址寻址的操作数计算方式是 EA=A+(IX)，即需要进行加法运算。

27．解析：B。扩展操作码技术即指令操作码长度不固定。有两条二地址指令，所以前 2 位还剩下 2 条（余 2×2^6=128），又有 10 条零地址指令，所以还剩下的可用空间为 128-10=118，即可设计出 118/8=14 条一地址指令。

28．解析：C。由于相对寻址的转移指令占两个字节，因此每次取完指令，PC 的值自动加 2。当前指令地址是 3008H，取指结束后，PC 的内容变为 300AH。如果要求转移到 300FH，则第二个字节的位移量应该为+5（A 代表 10，F 代表 15，15-10=+5），+5 的二进制表示为 0000 0101，即 05H。

如果当前指令地址为 300FH，二进制为 0011 0000 0000 1111，取指结束之后，PC 的值加 2，即 0011 0000 0001 0001，转换成十六进制为 3011H。如果要求转移到 3004H，其实只需要比较最后一个字节即可。当前 PC 值是 0001 0001，需要转移到 0000 0100（04H），前者十进制为 17，后者十进制为 4，第二字节的位移量应该是-13。-13 的二进制补码表示为 1111 0011（参见第 2 章相关内容），即 F3H。

这里还有一个极其重要的考点，就是如果这里的转移指令占 3 个字节，题目难度又提高了，因为考查了补码的补位原则，即高位需要补符号位，参考下面的习题。

习题：假设相对寻址的转移指令占 3 个字节，第一个字节为操作码，第二、三个字节为相对位移量（补码表示），而且数据在存储器中采用以低字节地址为字地址的存放方式。每当 CPU 从存储器取出一个字节时，即自动完成(PC)+1→PC。

1）若 PC 当前值为 240（十进制），要求转移到 290（十进制），则转移指令的第二、三个字节的机器代码是什么？

2）若 PC 当前值为 240（十进制），要求转移到 200（十进制），则转移指令的第二、三个字节的机器代码是什么？

解析：1）PC 当前值为 240，该指令取出后 PC 的值为 243，要求转移到 290，即相对位移量为 290-243=47，转换成补码为 2FH。由于数据在存储器中采用以低字节地址为字地址的存放方式，因此该转移指令的第二个字节为 2FH，第三个字节为 00H。

2）PC 当前值为 240，该指令取出后 PC 的值为 243，要求转移到 200，即相对位移量为 200-243=-43，转换成补码为 D5H。由于数据在存储器中采用以低字节地址为字地址的存放方式，因此该转移指令的第二个字节为 D5H，第三个字节为 FFH。

疑问：

1）为什么上面习题中第一个问题的第三个字节是 00H，而第二个问题的第三个字节是 FFH？

解析：这里就涉及补码扩展高位的原则（即补符号位），第一个问题求出的是一个正数，既然是正数，符号位应该为 0，因此高位全部补 0，即 00H；而第二个问题求出的是一个负数，既然是负数，符号位应该为 1，因此高位全部补 1，即 FFH。

2）什么是存储器的大、小端法？

解析：其实大端法、小端法就是字节在内存中的存放顺序问题，如果某数据只有一个字节，也就不存在什么大端法和小端法了。

概念：

小端法就是低位字节排放在内存的低地址端，高位字节排放在内存的高地址端。

大端法就是高位字节排放在内存的低地址端，低位字节排放在内存的高地址端。

举例说明：

【例 4-9】 16bit 宽的数 0x1234（左边是高字节，右边是低字节），在小端法模式下，CPU 内存中的存放方式（假设从地址 0x4000 开始存放）如下。

内存地址　　存放内容

0x4001　　　0x12

0x4000　　　0x34　　（低位字节存放在内存的低地址端）

而在**大端法**模式下，CPU 内存中的存放方式则为：

内存地址　　存放内容

0x4001　　　0x34

0x4000　　　0x12　　（高位字节排放在内存的低地址端）

【例 4-10】 32bit 宽的数 0x12345678 在小端法模式下，CPU 内存中的存放方式（假设从地址 0x4000 开始存放）如下。

内存地址　　存放内容

0x4003　　　0x12

0x4002　　　0x34

0x4001　　　0x56

0x4000　　　0x78　　顺序为 78563412

而在大端法模式下，CPU 内存中的存放方式则为：

内存地址　　存放内容

0x4003　　　0x78

0x4002　　　0x56

0x4001　　　0x34

0x4000　　　0x12　　**顺序为 12345678，这个更符合人的思维习惯**

注意：这里的小头端对应以低字节地址为字地址的存放方式；大头端对应以高字节地址为字地址的存放方式。如果上面的例题是以高字节地址为字地址，则第二个字节应该和第三个字节的内容互调。

【例 4-11】 （2012 年统考真题）某计算机存储器按字节编址，采用小端方式存放数据。假定编译器规定 int 型和 short 型长度分别为 32 位和 16 位，并且数据按边界对齐存储。某 C 语言程序段如下：

```
struct
{
    int a;
    char b;
    short c;
} record;
record.a=273;
```

若 record 变量的首地址为 0xC008，则地址 0xC008 中内容及 record.c 的地址是（　　　）。

A．0x00、0xC00D　　　　　　　　　　B．0x00、0xC00E

C．0x11、0xC00D　　　　　　　　　　D．0x11、0xC00E

解析：D。尽管 record 占 7B（成员 a 占 4B，成员 b 占 1B，成员 c 占 2B），但是由于数据按边界对齐存储，故 record 共占 8B。record.a=273=0x00000111，因为采用小端方式存放数据，从低位到高位字节值分别为 0x11、0x01、0x00、0x00，所以 0xC008 中的内容为 0x11。成员 b 占 1B，后面的 1B 留空。成员 c 占 2B，所以 record.c 的地址为 0xC00E。存储方式如图 4-18 所示。

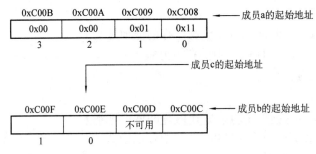

图 4-18　例 4-11 的存储方式

29．解析：B。Ⅰ错误，RISC 指令系统相对于 CISC 指令系统并没有产生出更多的寻址方式，相反，其寻址方式种类更少。

Ⅱ正确，RISC 指令是使用较多的简单指令条数去实现复杂的指令功能，绝大部分的指令是在一个机器周期完成的。

Ⅲ正确，通用寄存器数量较多，可以提高指令的执行速度。

Ⅳ错误，RISC 的指令长度固定。

综上，本题选 B。

30．解析：C。

```
add  $t0,$s1,$s2      g+h→$t0
add  $t1,$s3,$s4      i+j→$t1
sub  $s0,$t0,$t1      (g+h)-(i+j)→$s0
```

即 f=(g+h)-(i+j)，故本题选 C。

31．解析：D。变址寻址的有效地址是变址寄存器的内容与形式地址的内容相加，即 3000H。而题干提到，地址 3000H 中的内容为 4000H，所以变址寻址方式下访问到的操作数是 4000H。

32．解析：

1）指令字中一般有 3 种字段：操作码字段、寻址特征字段和地址码字段。**操作码字段**指出机器完成某种操作（加、减、乘、除等），其位数取决于指令系统有多少种操作类型；**寻址特征字段**指出该指令以何种方式寻找操作数的有效地址，其位数取决于寻址方式的种类；地址码字段和寻址特征字段共同指出操作数或指令的有效地址，其位数与寻址范围有关。

2）首先指令字由操作码字段、寻址特征字段和地址码字段组成。由于此指令系统能完成 50 种操作，因此操作码需要 6 位（$2^5<50<2^6$）。由于此机器采用了相对寻址、间接寻址和直接寻址 3 种寻址方式，因此需要两位来确定寻址方式，剩下 8 位（16-6-2=8）为指令的地址字段，故指令格式为

6 位	2 位	8 位
操作码	寻址方式	地址码

寻址方式位可以这样来定义：

当寻址方式位为 00 时，可作为直接寻址，EA=A。

当寻址方式位为 01 时，可作为相对寻址，EA=(PC)+A。

当寻址方式位为 10 时，可作为间接寻址，EA=(A)。

由于上述指令格式中寻址方式位为 11 时没有使用，因此可以增加一种寻址方式。

33．解析：

1）按指令功能分类，一般可将指令分为以下几类：

① 算术和逻辑运算指令：每台计算机都不可或缺的指令，用来完成算术逻辑运算。

② 移位指令：用来完成算术移位和逻辑移位。

③ 数据传送指令：用来完成 CPU 与主存储器之间的数据传送，在统一编址的机器中还可以用来完成 CPU 与 I/O 设备的数据传送。

注意：统一编址就是 I/O 设备和主存使用同一块地址空间，这样 CPU 就可以像访问内存一样访问 I/O 设备。

④ 转移指令、子程序调用与返回指令：主要用来改变指令执行次序的问题。

⑤ 其他指令：停机指令，开、关中断指令等。

2）按操作数个数分类，一般可分为：

① 零操作数指令。

② 单操作数指令。

③ 双操作数指令。

④ 多操作数指令。

34．解析：

1）由于此指令系统可完成108种操作，因此指令字中的操作码占7位（2^7=128）。

2）由于指令系统中有7种寻址方式，因此寻址特征位占3位。

3）由于地址码的位数为24-7-3=14位，因此直接寻址的范围为2^{14}。

4）由于存储字长为24位，因此一次间接寻址的范围为2^{24}。

5）由于多次间接寻址需要使用一位来标志是否间接寻址完毕，因此只有23位用作寻址，寻址范围为2^{23}。

35．解析：

1）由于操作数的地址码为6位，因此二地址指令中操作码的位数为16-6-6=4位，即操作码只占4位。又由于操作码固定，因此零地址指令、一地址指令、二地址指令的总和不能超过16。现已知零地址指令有M种，一地址指令有N种，所有二地址指令最多有16-M-N种。

2）在1）中算得二地址指令的操作码为4位，即最多有2^4=16条指令。但是绝对不能取16。如果取了16，就不能扩展成一地址指令和零地址指令了。因此，二地址指令最多只能有15条。

3）由于操作码位数可变，且二地址指令、一地址指令和零地址指令的操作码长度分别为4位、10位、16位，因此二地址指令每减少一条，就可以多出2^6条一地址指令；一地址指令每减少一条，就可以多出2^6条零地址指令。根据以上分析，假设一地址指令有X条，则一地址指令最多有$(2^4 - P) \times 2^6$条，零地址指令就应该最多有$[(2^4 - P) \times 2^6 - R] \times 2^6$条。根据题中给出的零地址指令有Q条，则可以得出一个公式，如下：

$$Q = [(2^4 - P) \times 2^6 - R] \times 2^6$$

可解得：
$$R = (2^4 - P) \times 2^6 - Q \times 2^{-6}$$

36．解析：

这种类型的题目在本章例题中详细讲解过，在此不再赘述，只列出答案。

1）4条三地址指令

000　×××　×××　×××
001　×××　×××　×××
010　×××　×××　×××
011　×××　×××　×××

2）8条二地址指令

100　000　×××　×××
100　001　×××　×××
⋮　　⋮　　⋮　　⋮
100　111　×××　×××

3）150条一地址指令

101	000	000	×××	110	000	000	×××	111	000	000	×××
101	000	001	×××	110	000	001	×××	111	000	001	×××
⋮	⋮	⋮	⋮	⋮	⋮	⋮	⋮	⋮	⋮	⋮	⋮
101	111	111	×××	110	111	111	×××	111	010	101	×××

　　（以上为64条）　　　　　（以上为64条）　　　　　（以上为22条）

以上答案不唯一，只要满足不包含就行，即没有前缀码。这个和数据结构中的赫夫曼树的编码是很类似的。

$$操作码的平均长度=(3\times4+6\times8+9\times150)/162\approx8.7$$

37．解析：

直接寻址：由于直接寻址的有效地址 EA 为形式地址本身，因此直接寻址的有效地址为 300，根据题目给出的表格可知，地址为 300 对应的内容为 400。

间接寻址：间接寻址中根据形式地址寻找到的内容才是真正的有效地址，即根据存储器的内容 300 找到的 400 才是间接寻址的有效地址，故有效地址为 400，地址为 400 对应的内容为 700。

相对寻址：相对寻址中形式地址加上 PC 的内容为有效地址，PC 当前值为 200，当取出一条指令后，变为 202，故有效地址为 202+300=502，地址为 502 对应的内容为 900。

变址寻址：变址寻址的有效地址为形式地址加上变址寄存器的内容，因此有效地址为 100+300=400，地址为 400 对应的内容为 700。

基址寻址：基址寻址的有效地址为形式地址加上基址寄存器的内容，因此有效地址为 200+300=500，地址为 500 对应的内容为 600。

先变址后间址：先变址，即先是形式地址加上变址寄存器的内容，即 400；再间址，意思就是根据地址 400 找到内容才是有效地址。因此，先变址后间址的有效地址为 700。地址为 700 对应的内容为 401。

先间址后变址：先间址，即先根据形式地址 300 找到间址的有效地址 400；再变址，即 400 再加上变址寄存器的内容，也就是 400+100=500，地址为 500 对应的内容为 600。

综上所述，补全后的表 4-4 如下所示：

寻址方式	有效地址 EA	累加器 ACC 的内容
立即寻址	—	300
直接寻址	300	400
间接寻址	400	700
相对寻址	502	900
变址寻址	400	700
基址寻址	500	600
先变址后间址	700	401
先间址后变址	500	600

38．解析：

1）5 位操作码可表示 2^5=32 种不同的指令。

2）各种寻址方式的寻址范围大小如下。

立即数寻址方式：只能访问唯一的一个数据。

直接寻址方式：用地址码表示存储器地址，8 位地址码可以有 2^8=256 个数据字。

间接寻址方式需要分为两种（特别注意）：

① **一次间接寻址：**用地址码表示地址的存储位置，存储器中 16 位的地址可以有 2^{16}=64K 大小的寻址范围。

② **多次间接寻址：**多次间接寻址需要使用一位来表示是否为最后一次间接寻址，可以有 2^{15}=32K 大小的寻址范围。

变址寻址方式： 用地址码表示地址的偏移量，地址在寄存器中，16 位变址寄存器的寻址范围是 2^{16}。

相对寻址方式： 寻址范围是 PC 值附近的字，8 位地址偏移量可对 PC 附近的 256 个数据字进行寻址，即寻址范围是 256 个数据字。

3）设地址码位 A，各寻址方式的有效地址见表 4-7。

☞ **可能疑问点：为什么立即数寻址的 EA=PC？**

解析： 其实这个不难理解，PC 是存放当前执行指令的地址，既然立即数是在指令自身中，自然此立即数的地址就是当前指令的地址，故 EA=PC。

表 4-7　各寻址方式的有效地址

寻址方式	有效地址
立即数寻址	EA=PC
直接寻址	EA=A
间接寻址	EA=(A)
变址地址	EA=(Rx)+A
相对地址	EA=(PC)+A

39．解析：

1）根据题意，可设计出如下的指令格式：

操作码	寻址方式 I	寄存器编号 R	形式地址 A

其中，操作码占 6 位，可容纳 64 种操作；I 占 1 位，表示直接、间接寻址（I=0 表示间接寻址；I=1 表示直接寻址）；由于有 32 个寄存器，因此 R 需要占 5 位；形式地址 A 占剩下的位数，即 32-6-1-5=20 位。因此，直接寻址的最大存储空间为 2^{20}。

2）如果还需要增加基址寻址，且基址寻址采用通用寄存器，那么必须要增加一个字段来表示基址寄存器到底使用 32 个中的哪一个通用寄存器，故指令格式变为

操作码	寻址方式 I	寄存器编号 R	基址寄存器编号 R_1	形式地址 A

其中，操作码占 6 位，可容纳 64 种操作；I 占 2 位，表示直接、间接、基址（I=00 表示间接寻址；I=01 表示直接寻址；I=10 表示基址寻址）；由于有 32 个寄存器，因此 R 需要占 5 位；同理，R_1 需要 5 位；形式地址 A 占剩下的位数，即 32-6-2-5-5=14 位。

因为通用寄存器为 32 位，用它作基址寄存器后，可得 32 位的有效地址，所以寻址范围可达到 2^{32}。

40．解析：

1）首先，由于 MDR 为 16 位，因此可以得出存储字长为 16 位。又由于采用了单字长指令，因此指令字长为 16 位。根据题目知道需要实现 105 种操作，所以操作码需要 7 位。从题意可以看出，需要实现直接寻址、间接寻址、变址寻址、基址寻址这 4 种寻址方式，故取两位寻址特征位，最后得指令格式为

操作码	寻址方式 I	形式地址 A

其中，操作码占 7 位，可完成 105 种操作；寻址方式 I 占 2 位，可实现 4 种寻址方式；形式地址 A 占 7 位，故直接寻址的范围为 2^7=128。由于存储字长为 16 位，因此一次间接寻址的寻址范围为 2^{16}=64K。

☞ **可能疑问点：为什么答案给出 4 种寻址方式？为何不包括相对寻址、先变址后基址等这些寻址方式呢？**

解析： 首先有变址寄存器和基址寄存器，就肯定是有变址寻址和基址寻址的，但 PC 不一样，因为不管要不要相对寻址都是要 PC 的，所以题干没说有相对寻址就不能乱加，这个

也算是做题的一个规则。

2）双字长指令格式如下：

操作码	寻址方式 I	形式地址 A
形式地址 B		

形式地址 A 和 B 共同构成新的形式地址，故形式地址占 23 位，所以可直接寻址的范围为 2^{23}=8M。

3）容量为 8MB，即 8M×8 位的存储器。由于现在的存储字长（或者因为 MDR 为 16 位）为 16 位，因此可以将 8MB 写成 4M×16 位。从上面的问题可以知道，双字长指令可以访问 8MB 的容量，肯定可以满足要求，是一种不错的办法。还有一种方法是将变址寄存器 R_x 和基址寄存器 R_B 取 22 位，那么就可以采用变址寻址和基址寻址来访问到 4M 的存储空间。

思考：如果此题不加"**若存储字长不变**"这个限制条件，那么还有什么方式可以做到？

如果此题没有该限制，则可以采用间接寻址，因为间接寻址的寻址范围取决于存储字长。只要改变存储字长，就可改变间接寻址的寻址范围，从而满足题意。

41．解析：

1）首先，操作码可以确定为 7 位；8 个通用寄存器需要 3 位来表示；访问 16K 字的主存也需要 14 位，故指令字长需要 7+3+14=24 位，指令格式如下：

7	3	14
操作码	寄存器 R	形式地址 A

注意：题目没有提到寻址方式，就不要画蛇添足。由于这里采用的是寄存器-存储器型指令，因此指令字中必须给出寄存器的编号。

2）由于增加了一位寻址特征位，且基址寄存器使用了通用寄存器，因此除了加一位寻址方式 X，还得空一个字段（基址寄存器编号 R_1）来表示使用哪一个通用寄存器作为基址寄存器，故指令格式为

7	3	1	3	10
操作码	寄存器 R	寻址方式 X	基址寄存器编号 R_1	形式地址 A

另外，由于覆盖主存的 16K 字需要 14 位的地址，而寄存器只有 12 位，因此采用基址寻址不可以访问主存的任意单元，但可以将通用寄存器的内容向左移动两位，低位补 0，这样就可以形成 14 位的基地址，然后与形式地址相加，得到的有效地址就可以访问 16K 字存储器的任意单元。

☞ **可能疑问点：寄存器既然是 12 位的，那么为什么可以向左移两位？这样不是溢出了吗？**

解析：这个其实也不要深究，知道概念就行，至于硬件怎么实现不需要知道。寄存器一般分为**基本寄存器**和**移位寄存器**。基本寄存器就是前面一直说的那些寄存器，是用于存储一组二进制代码的电路，而移位寄存器除了具有存储代码的功能以外，还具有移位功能。所谓移位功能，是指寄存器里存储的代码能在移位脉冲的作用下依次左移或右移。它们被广泛地用于各类数字系统和数字计算机中。

3）首先，由于不能改变硬件结构，因此把寄存器的位数加长是不可行的。其次，因为指

令字长为 24 位，而存储字长等于指令字长，所以恰好使用一次间接寻址就能达到 16M 字的寻址范围，完全可以满足题目所要求的寻址范围，而且还超额完成任务。

注意： 考生千万要看清题意，不要只记住几种扩大寻址范围的方法。如果考试不仔细看题目给出的条件，直接套用，则容易出错。这种题型要重点研究！

42．解析：

1）第一种指令是单字长二地址指令，属于 RR 型。

第二种指令是双字长二地址指令，属于 RS 型，其中 S 采用基址寻址或变址寻址，R 由源寄存器决定。

第三种也是双字长二地址指令，属于 RS 型，其中 R 由目标寄存器决定，S 由 20 位地址（直接寻址）决定。

2）处理器完成第一种指令所花的时间最短，因为是 RR 型指令，不需要访问存储器。第二种指令所花的时间最长，因为是 RS 型指令，需要访问存储器，同时要进行寻址方式的变换运算（基址或变址），这也要时间。第二种指令的执行时间不会等于第三种指令，因为第三种指令虽然也访问存储器，但是节省了求有效地址的时间开销。

3）根据已知条件：MOV(OP)=001010，STA(OP)=011011，LDA(OP)=111100，将指令的十六进制格式转换成二进制代码且比较后可知：

① 由于(F0F1)$_H$/(3CD2)$_H$ 前面六位为 111100，因此该指令代表 LDA 指令。完整的二进制代码为 111100　00　1111　0001 0011 1100 1101 0010，前面 111100 代表操作码，00 代表横线的内容，1111 代表目标寄存器，含义是把主存(13CD2)$_H$ 地址单元的内容送至 15 号寄存器。

② 由于(2856)$_H$ 前面 6 位为 001010，因此该指令代表 MOV 指令。完整的二进制代码为 001010 00 0101 0110，其中后面的 0101 和 0110 分别代表目标寄存器和源寄存器，含义是把 6 号源寄存器的内容传送至 5 号目标寄存器。

43．解析：

填写后的表 4-5 如下所示：

比较内容	CISC	RISC
1）指令系统	复杂、庞大	简单、精简
2）指令数目	一般大于 200	一般小于 100
3）寻址方式	一般大于 4	一般小于 4
4）指令字长	不固定	等长
5）可访存指令	不加限制	只有 Load/Store 指令
6）各种指令使用频率	相差很大	相差不大
7）各种指令执行时间	相差很大	绝大多数在一个周期内完成
8）优化编译实现	很难	较容易
9）寄存器个数	少	多
10）控制器实现方式	绝大多数为微程序控制	绝大多数为硬布线控制
11）软件系统开发时间	较短	较长

44．解析：

1）指令操作码占 4 位，则该指令系统最多可以有 2^4=16 条指令。

由于指令操作数占 6 位，其中 3 位指示寻址方式，寄存器编号占 3 位，因此该计算机最

多可以有 $2^3=8$ 个通用寄存器。

由于计算机字长为 16 位，因此存储器数据寄存器（MDR）至少为 16 位。

主存空间为 128KB，按字（16 位）编址，寻址范围为 0～64K，存储器地址寄存器（MAR）需 16 位（$2^{16}=64K$）。

提醒：题目说的是定长指令格式，因此不要想得太复杂了。不少考生有答 15 的，留一条进行扩充，也有答 15+63+64 的（扩展操作码）。

2）寄存器为 16 位，指令中可寻址范围至少可达 0～$(2^{16}-1)$。主存地址空间为 $2^{16}=64K$，寻址范围也应该大于或等于 64K。因此，转移指令的目标地址范围是 0～$(2^{16}-1)$。

提醒：求转移地址范围时不少考生答题不是很规范，有写正负的，也有以字节为单位的。

3）汇编语句"add(R4), (R5)+"对应的机器码见表 4-8。

表 4-8　汇编语句"**add(R4), (R5)+**"对应的机器码

OP	Ms	Rs	Md	Rd
0010	001	100	010	101
	源寻址方式	源寄存器	目标寻址	目标寄存器

对应的机器码写成十六进制为 0010 0011 0001 0101B=2315H；该指令的功能是将 R4 内容所指存储器单元的内容（源）与 R5 内容所指存储器单元（目标）的内容相加后，写到 R5 内容所指的存储器单元。

提醒：记住是源传到目标，该题的源是 R4，目标是 R5。

R4 的内容：1234H，R4 内容所指存储器单元内容：5678H。

R5 的内容：5678H，R5 内容所指存储器单元内容：1234H。

两个存储器单元内容相加：5678H+1234H=68ACH。

目标寄存器 R5 自加：5678H+1=5679H。

执行后，目标寄存器 R5 和存储单元 5678H 的内容会改变。执行后 R5 的内容从 5678H 变为 5679H。存储单元 5678H 中的内容从 1234H 变为 68ACH。

45．解析：1）因为指令字长为 16 位，且下条指令地址为（PC）+2，故编址单位是字节。偏移 OFFSET 为 8 位补码，范围为-128～127，将-128 代入转移目标地址计算公式，可以得到(PC)+254=(PC)+**127**×2，故该条件转移指令向后（反向）最多可跳转 127 条指令。

2）指令中 C=0，Z=1，N=1，故应根据 ZF 和 NF 的值来判断是否转移。当 CF=0，ZF=0，NF=1 时，需转移。已知指令中偏移量为 1110 0011B=E3H，符号扩展后为 FFE3H，左移一位（乘 2）后为 FFC6H，故 PC 的值（即转移目标地址）为 200CH+2+FFC6H=1FD4H。当 CF=1，ZF=0，NF=0 时不转移。PC 的值为：200CH+2=200EH。

3）指令中的 C、Z 和 N 应分别设置为 C=Z=1，N=0（参考常见寻址方式最后的补充知识点）。

4）部件①：指令寄存器（用于存放当前指令）；部件②：移位寄存器（用于左移一位）；部件③：加法器（地址相加）。

46．解析：

1）M 为 CISC。

M 的指令长短不一，不符合 RISC 指令系统特点。

2）f1 的机器代码占 96B。

因为 f1 的第一条指令 push ebp 所在的虚拟地址为 0040 1020H，最后一条指令 ret 所在的虚拟地址为 0040 107FH，所以，f1 的机器代码长度为 0040 107FH – 0040 1020H=60H=96B。

　　3）CF=1。

　　cmp 指令实现 i 与 n-1 的比较功能，进行的是减法运算。在执行 f1(0)过程中，n=0，当 i=0 时，i=0000 0000H，并且 n-1=FFFF FFFFH。因此当执行第 20 条指令时，在补码加/减运算中执行"0 减 FFFF FFFFH"的操作，即 0000 0000H+0000 0000H+1=0000 0001H，此时进位输出 C=0，减法运算的借位标志 CF=C$\oplus$1=1。

　　4）f2 中不能用 shl 指令实现 power*2。

　　因为 shl 指令用来将一个整数的所有有效数位作为一个整体左移，而 f2 中的变量 power 是 float 型，其机器数中不包含最高有效数位，但包含了阶码部分，将其作为一个整体左移时并不能实现"乘 2"的功能。因而 f2 中不能用 shl 指令实现 power*2。浮点数运算比整型运算要复杂，耗时也较长。

第5章 中央处理器

考点与要点分析

核心考点

1.（★★★★★）指令的执行过程，如给出数据通路，写出取指周期、间址周期、执行周期和中断周期的微操作流程

2.（★★★★）流水线的基本原理及其相关性处理

3.（★★★）微指令的格式及其编码

4.（★★）控制器的工作流程

基础要点

1. CPU 的基本结构和工作原理

2. 控制器的基本结构和工作原理，包括控制器的时序方式和三级时序系统等

3. 指令的执行过程。根据给定的数据通路，能够熟练地写出取指周期、间址周期、执行周期和中断周期的微操作流程

4. 硬布线控制器的设计过程，包括微操作的节拍安排等，至于控制信号的逻辑表达式可不掌握

5. 微程序控制器的设计过程，包括微指令格式设计、后继地址确定方式等

6．指令流水线的基本概念（包括流水线冲突的处理）与实现过程

本章知识体系框架图

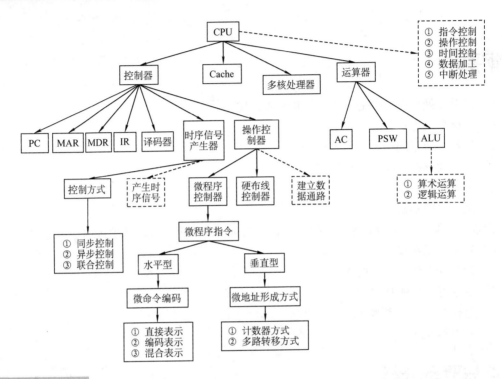

知识点讲解

5.1 CPU 的功能和基本结构

5.1.1 CPU 的功能

如图 5-1 所示，CPU=运算器+控制器。在第 2 章已经详细讲解了运算器部分，其功能主要是对数据进行加工；控制器的功能是负责协调并控制计算机各部件执行程序的指令序列，包括取指令、分析指令和执行指令。

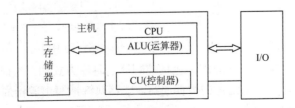

图 5-1　计算机硬件的基本组成

除了以上三大基本功能外，控制器还必须能控制程序的输入和运算结果的输出（即控制主机与 I/O 设备交换信息）以及对总线的管理，甚至能处理机器运行过程中出现的异常情况

（如掉电）和特殊请求（如打印机请求打印一行字符），即处理中断的能力。因此，CPU 的功能总结如下：

1）控制器能自动地形成指令的地址，并能发出取指令的命令，将对应此地址的指令取到控制器中，称为**指令控制**。

2）取到指令之后，应该产生完成每条指令所需要的控制命令，称为**操作控制**。

3）控制命令产生后，需要对各种控制命令加以时间上的控制，称为**时间控制**。

4）在执行的过程中，可能需要进行算术运算和逻辑运算，称为**数据加工**。

5）最后当然还有处理中断的能力，称为**中断处理**。

☞ 可能疑问点：**主频越高，CPU 的运算速度就越快吗？**

解答：CPU 中的执行部件（定点运算部件、浮点运算部件）的每一步动作都要由相应的控制信号进行控制，这些控制信号何时发出、作用时间多长，都要由相应的时钟定时信号进行同步，CPU 的主频就是同步时钟信号的频率。直观上来看，主频越高，每一步的动作就越快，CPU 的运算速度也就越快。通常，同一类型处理器的平均的 IPC（每个时钟周期可执行的指令数）是固定的。所以，主频越快，一秒钟内执行的指令越多。例如，若 IPC=2，则主频为 500MHz 的机器在 1s 内执行 10 亿条指令；而主频为 1GHz 的机器在 1s 内执行 20 亿条指令。

主频是反映 CPU 性能的重要指标，但只是反映了一个侧面，不是绝对的。如果一条指令所包含的动作分得很小，每一步动作所花的时间很短，那么定时用的时钟周期很短，主频就高。此时执行一条指令所花的时间并没有缩短。如果不用流水线方式，则 CPU 的运算速度并不会因为主频变高而变快。当然，现代计算机都采用流水线方式执行指令，使得每条指令大多能在一个时钟周期内完成，这样，主频变高，CPU 的运算速度就变快了。

☞ 可能疑问点：**CPU 除了执行指令外，还做什么事情？**

解答：CPU 的工作过程就是周而复始地执行指令，计算机各部分所进行的工作都是由 CPU 根据指令的要求来启动的。为了使 CPU 和外部设备能够很好地协调工作，尽量使 CPU 不等待，甚至不参与外部设备的输入和输出过程，采用了程序中断方式和 DMA 方式。这两种方式下，外部设备需要向 CPU 提出中断请求或 DMA 请求，因此在执行指令过程中，CPU 还要按时通过采样相应的引脚来查询有没有中断请求或 DMA 请求。一般，在一个机器周期结束时，查询是否有 DMA 请求，如果有，则 CPU 脱离总线，由 DMA 控制器控制使用总线。在一个指令周期结束时，查询是否有中断请求，如果有，则进入中断响应机器周期，相当于执行了一条中断响应隐指令。在中断响应过程中，得到中断服务程序的入口地址，并送程序计数器（PC）中，下个指令周期开始时，取出中断服务程序的第一条指令执行。

5.1.2 CPU 的基本结构

通过以上分析可知，指令控制、操作控制、时间控制由控制单元（CU）完成；数据加工由 ALU 完成；中断处理由中断系统完成，最后再加上一些寄存器，CPU 就被制作出来了，如图 5-2 所示。将图 5-2 所示的 CPU 进行细化，可以得到图 5-3 所示的 CPU 的结构。

CPU 基本结构中的 ALU 已经在第 2 章详细讲解过，中断系统和控制单元将在后续知识点详细讲解，下面将详细讲解 CPU 的寄存器。

在第 3 章仅仅提了一下寄存器的基本概念，知道其有三大特点：**小、快、贵**。因此寄存器被设置在计算机的核心部位——CPU。

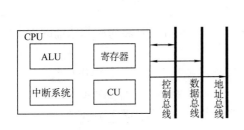

图 5-2　使用系统总线的 CPU

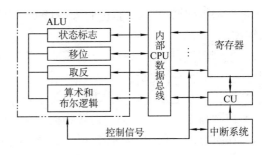

图 5-3　CPU 的内部结构

☞ **可能疑问点：加法器（Adder）和 ALU 的差别是什么？**

解答：加法器只能实现两个输入的相加运算，而 ALU 可以实现多种算术逻辑运算。可以用门电路直接实现加法器，也可以通过对 ALU 的操作控制端固定设置为"加"操作来实现加法器。在数据通路中有些地方只需做加法运算，如地址计算时，这时就不需要用 ALU，只要一个加法器即可。

5.1.3　CPU 中的主要寄存器

CPU 中的寄存器一般用来暂存一个计算机字，有时候也可以进行扩展，例如，某条指令是双字长，那么存放该指令的寄存器就必须扩展为双字长。CPU 中的寄存器按照所属功能部件的不同，可以分成运算器中的寄存器和控制器中的寄存器两大类，下面将分别对这两大类寄存器进行讲解。

1. 运算器中的寄存器

（1）暂存寄存器

暂存寄存器用于暂存从主存读来的数据，这个数据不能存放在通用寄存器中，否则会破坏其原有内容，暂存寄存器对应用程序员是透明的。

（2）累加寄存器（ACC）

累加寄存器通常简称为累加器，它是一个**通用寄存器**。其功能是：当运算器的算术逻辑单元（ALU）执行算术或逻辑运算时，为 ALU 提供一个工作区。累加寄存器暂时存放 ALU 运算的结果信息。显然，运算器中至少要有一个累加寄存器。

目前，CPU 中的累加寄存器一般达到 16 个或 32 个，甚至更多。当使用多个累加器时，就变成了通用寄存器堆结构，其中任何一个可存放源操作数，也可存放结果操作数。在这种情况下，需要在指令格式中对寄存器号加以编址（如寄存器寻址）。

（3）通用寄存器组

通用寄存器组主要用于存放操作数（包括源操作数、目的操作数及中间结果）和各种地址信息等，常见的通用寄存器有 AX、BX、CX、DX 以及堆栈指针 SP（指示栈顶地址）等。

通用寄存器组对程序员不透明，程序员编制程序时可以充分利用通用寄存器以达到提高程序效率的目的。

（4）状态条件寄存器（PSW）

状态条件寄存器也叫程序状态字寄存器，保存由算术指令和逻辑指令运行或测试的结果建立的各种条件码内容，如运算结果进位标志（C）、运算结果溢出标志（V）、运算结果为零标志（Z）、运算结果为负标志（N）等。这些标志位通常分别由一位触发器保存。

除此之外，状态条件寄存器还可以保存中断和系统工作状态等信息，以便使 CPU 和系统能及时了解机器运行状态和程序运行状态。因此，状态条件寄存器是一个由各种状态条件标志拼凑而成的寄存器。

2. 控制器中的寄存器

（1）程序计数器（PC）

为了保证程序能够连续地执行下去，CPU 必须采取某些手段来确定下一条指令的地址，而程序计数器正是起到了这种作用，所以通常又将程序计数器称为**指令计数器**。在程序开始执行前，必须将它的起始地址，即程序的第一条指令所在的内存单元地址送入 PC。当执行指令时，CPU 将自动修改 PC 的内容，以便使其保存的总是将要执行的下一条指令的地址。由于大多数指令都是按顺序来执行的，因此所谓修改通常只是简单地对 PC 加 1。当遇到转移指令（如 JMP 指令）时，后继指令的地址（即 PC 的内容）必须从指令的地址段取得。在这种情况下，下一条从内存取出的指令将由转移指令来规定，而不是像通常按顺序来取得。因此，程序计数器应当具有**寄存信息**和**计数**两种功能。

（2）指令寄存器（IR）

指令寄存器用来保存当前正在执行的指令。当执行一条指令时，先把它从内存取到数据缓冲寄存器中，然后传送至指令寄存器。指令划分为操作码和地址码字段，由二进制数字组成。为了准确无误地执行该指令，必须对操作码进行测试，以便识别所要求的操作。指令译码器就是做这项工作的。指令寄存器中操作码字段的输出就是指令译码器的输入。操作码一经译码，即可向操作控制器发出具体操作的特定信号。

（3）存储器数据寄存器（MDR）

存储器数据寄存器也叫数据缓冲寄存器，用来暂时存放由主存读出的一条指令或一个数据字；反之，当向主存存入一条指令或一个数据字时，也暂时将它们存放在存储器数据寄存器中。

存储器数据寄存器的作用：

1）作为 CPU、内存和外部设备之间信息传送的中转站。

2）补偿 CPU、内存和外部设备之间在操作速度上的差别。

3）在单累加器结构的运算器中，存储器数据寄存器还可兼作操作数寄存器（后面将会详细讲解）。

（4）存储器地址寄存器（MAR）

存储器地址寄存器用来保存当前 CPU 所访问的内存单元的地址。由于在内存和 CPU 之间存在着操作速度上的差别，因此必须使用地址寄存器来保持地址信息，直到内存的读/写操作完成为止。

当 CPU 和内存进行信息交换（即 CPU 向内存存/取数据）时，或者 CPU 从内存中读出指令时，都要使用存储器地址寄存器和存储器数据寄存器。同样，如果把外部设备的设备地址作为像内存的地址单元那样来看待，那么当 CPU 和外部设备交换信息时，同样使用存储器地址寄存器和存储器数据寄存器。存储器地址寄存器的结构和存储器数据寄存器、指令寄存器一样，通常使用单纯的寄存器结构。信息的存入一般采用电位-脉冲方式，即电位输入端对应数据信息位，脉冲输入端对应控制信号，在控制信号的作用下，瞬时地将信息打入寄存器。

📖 **补充知识点：什么是用户可见和不可见寄存器（2010 年考查的一道选择题）？**

解析过程请见【例 5-1】。

【**例 5-1**】　（2010 年统考真题）下列寄存器中，反汇编语言程序员可见的是（　　　）。

A．存储器地址寄存器（MAR）　　B．程序计数器（PC）

C．存储区数据寄存器（MDR）　　D．指令寄存器（IR）

解析：B。用户可见寄存器指用户可以通过程序去访问的寄存器（如通用寄存器组、程序计数器等）。IR、MAR、MDR 是 CPU 的内部工作寄存器，在程序执行的过程中是自动赋值的，程序员无法对其操作，或者称为用户不可见。而程序计数器中存放的是下一条需要执行的指令，因而程序员可以通过转移指令、调动子程序等指令来改变其内容，故程序计数器可见。

5.2　指令执行过程

5.2.1　指令周期

介绍指令执行过程之前，先介绍一下指令周期的概念。

CPU 每取出并执行一条指令所需的全部时间，即 CPU 完成一条指令的时间，称为指令周期。

指令周期被划分为几个不同的阶段，每个阶段所需的时间称为机器周期，又称为 CPU 工作周期或基本周期，通常等于取指时间（或访存时间）。时钟周期是时钟频率的倒数，也可称为节拍脉冲或 T 周期，是处理操作**最基本的**单位。一个指令周期由若干个机器周期组成，每个机器周期又由若干个时钟周期组成，如图 5-4 所示。

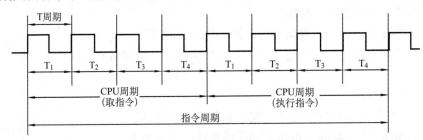

图 5-4　指令周期、机器周期、时钟周期之间的关系

一个机器周期内包含的时钟周期个数由该机器周期内完成动作所需的时间决定。一个指令周期包含的机器周期个数也与指令所要求的动作有关，如单操作数指令，只需要一个取操作数周期，而双操作数指令需要两次取操作数周期。取指令的时间叫作取指周期，执行指令的时间叫作执行周期。各种指令操作不同，因此各种指令的指令周期也不同。

由图 5-5 可知，3 条指令的取指周期是相同的，其中无条件转移指令在指令的执行阶段不访存，其指令周期最短；加法指令在指令执行阶段需访存，其指令周期较长；乘法指令在指令执行阶段的操作比加法指令多得多，其指令周期最长。

在间接寻址时，需要多访问一次存储器取出有效地址，故其指令执行周期如图 5-6 所示。

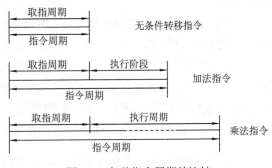

图 5-5　各种指令周期的比较

当 CPU 采用中断方式实现主存与 I/O 交换信息时，CPU 在每条指令的执行周期结束前，都要发出中断查询信号，以检测是否有 I/O 提出请求。如果有请求，则 CPU 要进入中断响应阶段，又称为中断周期。这样，一个完整的指令周期应包括取指、间址、执行和中断 4 个子周期，如图 5-7 所示。完整的指令周期流程如图 5-8 所示。

图 5-6　带有间址周期的指令周期示意图

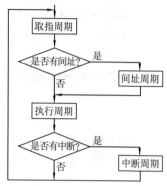

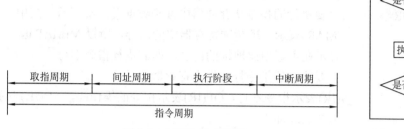

图 5-7　完整的指令周期

图 5-8　完整的指令周期流程

5.2.2　指令执行方案

前面已经讲过，一个指令周期通常要包括几个时间段（执行步骤），每个步骤完成指令的一部分功能，几个依次执行的步骤完成这条指令的全部功能。对于指令来说，有以下三种方案来安排指令的执行步骤。

1. 单指令周期

对所有指令都选用相同的执行时间来完成，称为单指令周期方案。显然，此类方案中指令周期的大小取决于执行时间最长的指令的执行时间，否则执行时间长的指令就不能在一个指令周期内执行完毕。因此，对于那些本来可以在更短的时间内完成的指令来说，其指令周期被拉长了，整个系统的运行效率较低。

单指令周期方案的每一条指令都在固定的时钟周期内完成，指令之间串行执行，即下一条指令只能在前一条指令执行结束之后才能启动。

2. 多指令周期

对不同类型的指令选用不同的执行步骤来完成，称为多指令周期方案。

多指令周期方案的指令之间仍然串行执行，即下一条指令只能在前一条指令执行结束之后才能启动。但可以选用不同个数的时钟周期来完成不同指令的执行过程，指令需要几个周期就为其分配几个周期，而不再要求所有指令占用相同的执行时间。

3. 流水线方案

指令之间可以并行执行的方案，称为流水线方案。流水线方案的目标是力争在每个时钟脉冲周期完成一条指令的执行过程（理想情况下）。通过在每一个时钟周期启动一条指令，尽量让多条指令同时运行，但各自处在不同的执行步骤中。

5.2.3　指令的执行过程与信息流

信息流是根据指令要求依次访问的数据序列，在指令执行的不同阶段，要求访问的数据序列是不同的，而且对于不同的指令，它们的数据流往往也是不同的。

1．取指周期

取指周期需要解决两个问题：一个是 CPU 到哪个存储单元取指令；另一个是如何形成后继指令地址。指令的地址由程序计数器（PC）给出。因此，取指周期的操作为：按 PC 内容取出指令，并将 PC 内容递增。当出现转移情况时，指令地址在执行周期被修改。

取指周期信息流如下：

1）(PC)→MAR　　　　　　//将要执行指令的地址放到地址缓冲寄存器

2）1→R　　　　　　　　　//发出读命令（固定写法），但是这个也可以不写，后面
　　　　　　　　　　　　　　会详细讲解这种细节问题

3）M(MAR)→MDR　　　　//将要执行的指令从存储器中读到数据缓冲寄存器，其中
　　　　　　　　　　　　　　(MAR)表示地址缓冲寄存器中的内容，所以 M(MAR)就
　　　　　　　　　　　　　　表示在主存中此地址的内容，即欲执行指令本身

4）(MDR)→IR　　　　　　//将要执行的指令打入指令寄存器

5）OP(IR)→CU　　　　　　///(IR)表示指令本身，OP(IR)表示指令的操作码，AD(IR)表示
　　　　　　　　　　　　　　指令的地址码

6）(PC)+1→PC　　　　　　//形成下一条指令的地址

2．间址周期（并不是所有指令的执行过程中都会有间址周期）

间址周期是为了取出操作数的有效地址，操作数的地址存放在指令所对应的存储器（或者寄存器）中，然后到其所对应的存储器中去取操作数。

间址周期信息流如下：

1）AD(IR)→MAR　　　　　//将指令字中的地址码（形式地址）打入地址缓冲寄存器

2）1→R　　　　　　　　　//发出读命令

3）M(MAR)→MDR　　　　//将有效地址从主存打入数据缓冲寄存器

3．执行周期

不同指令的执行周期操作命令不一样，所以没有统一的格式（后面将会详细讲解）。

4．中断周期

编者觉得等讲完中断系统再讲中断周期的指令序列会比较合适。其实以上的指令序列应该属于控制器的功能和工作原理的知识点，但是为了更好地讲解指令的执行过程，提前让考生了解一下，后面会专门进行讲解。

【例 5-2】　（2009 年统考真题）某计算机的指令流水线由 4 个功能段组成，指令流经各功能段的时间（忽略各功能段之间的缓存时间）分别是 90ns、80ns、70ns 和 60ns，则该计算机的 CPU 时钟周期至少是（　　　　）。

A．90ns　　　　　　　B．80ns　　　　　　　C．70ns　　　　　　　D．60ns

解析：A。流水线的时钟周期应与所有功能段中消耗时间最长的功能段的耗时相同。

5.3　数据通路的功能和基本结构

数据在功能部件之间传送的路径称为数据通路，例如，CPU 中含有运算器和一些寄存器，那么运算器和这些寄存器之间的传送路径就是中央处理器内部数据通路。"信息通路"描述了信息从什么地方开始，中间经过哪个寄存器或多路开关，最后传送到哪个寄存器，这些都是

要加以控制的。

1. 数据通路的功能

建立数据通路的功能就是实现 CPU 内部的运算器和寄存器，以及寄存器之间的数据交换。

2. 数据通路的基本结构

数据通路的基本结构主要有以下两种方式：

1）CPU 内部总线方式。将所有寄存器的输入端和输出端都连接到一条或多条公共的通路上，这种结构比较简单，但是数据传输存在较多的冲突现象，性能较低。如果连接各部件的总线只有一条，则称为单总线结构（见图 5-9）。如果 CPU 中有两条或多条总线，则构成双总线结构和多总线结构。在双总线或多总线结构中，数据的传递可以同时进行。

图 5-9 中，规定各部件用大写字母表示，字母加"i"表示该部件的允许输入控制信号，字母加"o"表示该部件的允许输出控制信号。

2）专用数据通路方式。根据指令执行过程中的数据和地址的流动安排连接线路（见图 5-10），避免使用共享的总线，性能比较高，但硬件量较大。

注：图 5-9 和图 5-10 只是给考生展示一下数据通路的不同结构。

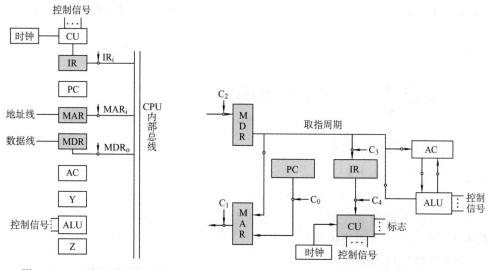

图 5-9　CPU 内部单总线结构　　　　　图 5-10　专用数据通路方式

3. 常见数据通路的数据传送

（1）寄存器之间的数据传送

寄存器之间的数据传送一般通过 CPU 内部总线完成。假设某寄存器 AX 的输出和输入控制信号为 AXout 和 AXin，以 PC 寄存器内容送至 MAR 为例，实现该功能的流程及控制信号为：

PC→Bus　　　　　　　　　　　　PCout 有效，PC 内容送总线

Bus→MAR　　　　　　　　　　　MARin 有效，总线内容送 MAR

（2）主存与 CPU 之间的数据传送

主存与 CPU 之间的数据传送也要借助 CPU 内部总线完成。假设某寄存器 AX 的输出和输入控制信号为 AXout 和 AXin，以 CPU 从主存中读取指令为例，实现该功能的操作流程及控制信号为：

PC→Bus→MAR　　　　　　　　　PCout 和 MARin 有效，现行指令地址→MAR

1→R	CU 发读命令
MEM(MAR)→MDR	MDRin 有效
MDR→Bus→IR	MDRout 和 IRin 有效，现行指令→IR

（3）执行算术或逻辑运算

算术逻辑单元 ALU 是指没有内部存储功能的组合电路，因此要执行算术逻辑运算时，要求 ALU 的两个输入端同时有效。假设有一暂存器 Y 用于该目的，先将一个操作数经 CPU 内部总线送入暂存器 Y 保存起来，Y 的内容在 ALU 的一个输入端始终有效，再将另一个操作数经总线直接送到 ALU 的另一输入端，最后运算结果保存在暂存器 Z 中。假设其中一个操作数的地址采用隐含寻址方式，另一操作数地址采用直接寻址方式，以加法操作为例，实现该功能的操作流程及控制信号为：

Ad(IR)→Bus→MAR	MDRout 和 MARin 有效
1→R	CU 发读命令
MEM→数据线→MDR	操作数从存储器→数据线→MDR
MDR→Bus→Y	MDRout 和 Yin 有效，操作数→Y
(ACC)+(Y)→Z	ACCout 和 ALUin 有效，CU 向 ALU 发加命令，结果→Z
Z→ACC	Zout 和 ACCin 有效，结果→ACC

5.4　控制器的功能和工作原理

5.4.1　控制单元的功能

在前面仅仅是简单地介绍了指令周期的 4 个阶段，并没有详细地分析控制单元为完成不同指令所发出的各种操作命令，相信通过本知识点的学习考生将会更加了解指令周期、机器周期、时钟周期（节拍）和控制信号的关系，为设计控制单元打下坚固的基础（控制单元的设计将在下一个知识点中进行讲解）。

1．微操作命令的分析

前面已经详细讲解过取指周期、间址周期的微操作命令，下面详细讲解各指令的执行周期和中断周期。

（1）执行周期（讲解两个典型指令）

1）加法指令。 加法有太多的不确定性，如操作数可以在寄存器、累加器、主存等，这些微操作命令都是不一样的，以下假设一个前提。

前提： 假设一个操作数在累加器，一个操作数在主存 A 单元，并且运算结果送至累加器，请写出具体的微操作指令。

思路： 首先要从主存中取出数，然后再和累加器 ACC 的内容相加送入 ACC 即可。微程序序列如下：

① Ad（IR）→MAR	//将指令的地址码送入主存地址寄存器
② 1→R	//启动存储器读
③ M（MAR）→MDR	//将 MAR 所指的主存单元中的内容（操作数）经数据总线读到 MDR

☞ **可能疑问点：有时候为什么要写成：M（MAR）→BUS→MDR**

解析： BUS 是总线的意思，这个其实可写可不写，如果采用的是总线连接方式，最好是写。

④（ACC）+（MDR）→ACC //给 ALU 发送加命令，将 ACC 的内容和 MDR 的内容相加，结果存于 ACC

2）存数指令。前提： 假设将上述累加器 ACC 的结果存于主存的 A 地址单元中。

微程序序列如下：

① Ad（IR）→MAR //将指令的地址码送入主存地址寄存器
② 1→W //启动存储器写
③（ACC）→MDR //将累加器的内容送至 MDR

☞ **可能疑问点：为什么有些辅导书写成 ACC→MDR？是对还是错？**

解析： 笔者觉得这个不标准，既然是累加器的内容，就应该加括号。

④（MDR）→M（MAR） //将 MDR 的内容写到所指的主存单元中

（2）中断周期

执行周期结束后，CPU 需要查询是否有请求中断的事件发生，如果有，则进入中断周期。中断隐指令保存的断点存在哪里？怎么寻找中断服务程序入口地址？只有这两个问题确定了，才能写出微指令序列。

前提： 现假设程序断点保存至主存的"0"号单元，且采用硬件向量法寻找入口地址。中断周期的微指令序列如下：

① 0→MAR //将主存"0"号单元的地址送入主存地址寄存器
② 1→W //启动存储器写
③（PC）→MDR //将 PC 的内容（程序断点）送入主存数据寄存器
④（MDR）→M（MAR） //将主存数据寄存器的内容写入 MAR 所指示的主存单元
⑤ 向量地址→PC //将向量地址形成部件的输出送至 PC
⑥ 0→EINT //关中断，将允许中断触发器清零

以上就是中断周期的全部微指令操作。如果断点不是存入主存，而是存入堆栈，那么微程序指令又是什么？很简单，只需将上述步骤①改为：

（SP）-1→SP，且（SP）→MAR //这里假设先修改指针，后存入数据

2．控制单元的功能

控制单元的外特性，如图 **5-11** 所示。

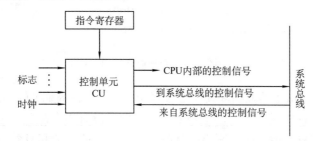

图 5-11 控制单元的外特性

输入 CU 的内容如下：

1）指令寄存器。将指令的操作码送入 CU 进行译码。

2）标志。有时候控制单元需要根据上条指令的结果来产生相应的控制信号。因为"标志"也是控制单元的输入信号。

3）时钟。每个操作完成需要多少时间？每个操作之间的执行按照什么样的先后顺序？怎么去解决？自然想到时钟信号，通过时钟脉冲来控制。

4）来自系统控制总线的控制信号。中断请求、DMA 请求等信号的输入。

输出 CU 的内容如下：

1）CPU 内的控制信号。主要用于 CPU 内寄存器之间的传送和控制 ALU 实现不同的操作。

2）送至系统控制总线的信号。命令主存或者 I/O 读/写、中断响应等输出信号。

3．控制信号举例（2009 年真题）

【例 5-3】　某计算机字长为 16 位，采用 16 位定长指令字结构，部分数据通路结构如图 5-12 所示。图中所有控制信号为 1 时表示有效、为 0 时表示无效。例如，控制信号 MDRinE 为 1 表示允许数据从 DB 打入 MDR，MDRin 为 1 表示允许数据从内总线打入 MDR。假设 MAR 的输出一直处于使能状态。加法指令"ADD（R_1），R_0"的功能为（R_0）+（（R_1））→（R_1），即将 R_0 中的数据与 R_1 的内容所指主存单元的数据相加，并将结果送入 R_1 的内容所指主存单元中保存。

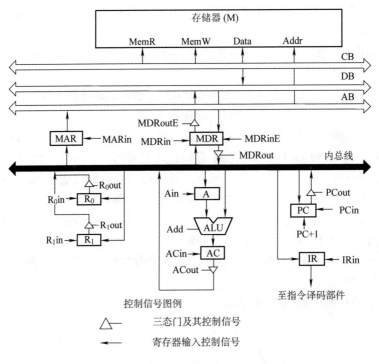

图 5-12　数据通路结构

表 5-1 给出了上述指令的取指和译码阶段每个节拍（时钟周期）的功能和有效控制信号。

解析：做题之前首先说明一点，这种题型如果题目没有要求在多少个时钟周期完成，尽量不要去考虑优化。只要能正确地写出执行阶段每个节拍的功能和有效信号即可。但是为了让考生更清晰地了解一些细节，此题的解析仍然会加入优化操作。

分析：本题是想将 R_0 中的数据与 R_1 内容所指主存单元的内容相加，结果写入 R_1 内容所指的主存单元。

表 5-1　指令执行阶段每个节拍的功能和有效控制信号

时　钟	功　　能	有效控制信号
C_1	(PC)→MAR	PCout，MARin
C_2	M(MAR)→MDR；(PC)+1→PC	MemR，MDRinE，PC+1
C_3	(MDR)→IR	MDRout，IRin
C_4	指令译码	无

1）对于存储器的读写，必须先将地址送到 MAR，然后读出的数据必须经过 MDR。所以要读写 R_1 内容所指的主存单元，则必须先将 R_1 的内容送到 MAR，即（R_1）→MAR，而读出的数据则必须经过 MDR，即 M（MAR）→MDR。所以，可以立刻写出并将 R_1 内容所指主存单元的数据读到 MDR，流程如下（取指阶段用了 4 个时钟周期，所以执行阶段从 C_5 开始）：

C_5：（R_1）→MAR

C_6：M（MAR）→MDR

而有效控制信号就比较简单了，只需要看数据是流出还是流进，流出就是 $X_X$out，流进就是 $X_X$in。其他的特殊控制信号，用到添加即可，如 PC+1、Add 等。

在 C_5 中显然 R_1 是流出，MAR 是流进，所以需要有效控制信号 R_1out 和 MARin。

同理，C_6 中需要读存储器和写入 MDR，所以需要控制信号 MemR 和 MDRinE。

2）ALU 一端是寄存器 A，则从 R_0 或从存储器中读出的数据，必有一个需先写入寄存器 A。另一个可以是总线上的其他寄存器，如 R_0、R_1、MDR 等。

从以上这句话可以看出，答案不唯一。可以将 R_1 内容所指主存单元的内容送入 A 寄存器，然后（A）+（R_0）；或者将 R_0 的内容送入寄存器 A，然后（A）+（MDR），都是正确的。这里假设使用后者，可以得到接下来的微指令流，如下：

C_7：（R_0）→A　　　　　　　　有效控制信号：R_0out，Ain

C_8：（A）+（MDR）→AC　　　　有效控制信号：MDRout，Add，ACin

C_9：（AC）→MDR　　　　　　　有效控制信号：ACout，MDRin

C_{10}：（MDR）→M（MAR）　　　有效控制信号：MDRoutE，MemW（存储器写）

> 📖 **补充知识点**：整个流程使用了 10 个时钟周期来完成，能不能优化？优化需要遵循什么样子的原则？
>
> **解析**：优化其实就是某些操作能不能并行操作。要能达到并行操作必须满足下面两个条件：
>
> **1）不互相依赖。**
>
> **2）使用不同的线路。**

从 C_5~C_{10} 只有 C_6 和 C_7 是前后不依赖，且使用不同的总线操作。C_6 使用的是图 5-12 中没有加粗的系统总线，而 C_7 使用了图 5-12 中加粗的内总线，那么这两者完全可以在同一个时钟周期内完成，所以最终的答案见表 5-2。

这种题目笔者觉得考生必须要多做，需要自己从实践中不断地摸索，只有这样才能更深刻地体会到整个流程。

4. 多级时序系统

指令周期、机器周期、时钟周期、节拍的关系前面已经详细讲解过。这里主要提一个综合题考点。

表 5-2　每个节拍对应的有效控制信号

时　钟	功　　能	有效控制信号
C_5	$(R_1) \rightarrow MAR$	R_1out，$MARin$
C_6	$M(MAR) \rightarrow MDR$，$(R_0) \rightarrow A$	$MemR$，$MDRinE$，R_0out，Ain
C_7	$(A)+(MDR) \rightarrow AC$	$MDRout$，Add，$ACin$
C_8	$(AC) \rightarrow MDR$	$ACout$，$MDRin$
C_9	$(MDR) \rightarrow M(MAR)$	$MDRoutE$，$MemW$

考点：机器的速度除了和主频有关，还与什么有关系？

解析： 实际上机器的速度不仅与主频有关，还与机器周期中所含的时钟周期数以及指令周期中所含的机器周期数有关。同样主频的机器，由于机器周期所含时钟周期数不同，运行速度也不同。机器周期所含时钟周期数少的机器，速度更快。

【例 5-4】 某 CPU 的主频为 8MHz，若已知每个机器周期平均包含 4 个时钟周期，该机的平均指令执行速度为 0.8MIPS，试求该机的平均指令周期及每个指令周期含几个机器周期？若改用时钟周期为 0.4μs 的 CPU 芯片，则计算机的平均指令执行速度为多少 MIPS？若要得到平均每秒 40 万次的指令执行速度，则应采用主频为多少的 CPU 芯片？

解析： 由主频为 8MHz，得时钟周期为 $1/8 \times 10^6 = 0.125\mu s$，则机器周期为

$$0.125\mu s \times 4 = 0.5\mu s$$

（1）根据平均指令执行速度为 0.8MIPS，得平均指令周期为 $1/0.8 \times 10^6 = 1.25\mu s$。

（2）每个指令周期含 $1.25\mu s / 0.5\mu s = 2.5$ 个机器周期。

（3）若改用时钟周期为 0.4μs 的 CPU 芯片，即主频为 $1/0.4 \times 10^{-6}s = 2.5MHz$，根据平均指令速度与机器主频有关，得平均指令执行速度为

$$（0.8MIPS \times 2.5MHz）/8MHz = 0.25MIPS$$

（4）若要得到平均每秒 40 万次的指令执行速度，即 0.4MIPS，则 CPU 芯片的主频应为

$$（8MHz \times 0.4MIPS）/0.8MIPS = 4MHz$$

5．控制方式

由于机器指令的指令周期是由数目不等的 CPU 周期数组成的，CPU 周期数的多少反映了指令动作复杂程度，即操作控制信号的多少。对一个 CPU 周期而言，也有操作控制信号的多少与出现的先后问题。这两种情况综合在一起，说明每条指令和每个操作控制信号所需的时间各不相同。控制不同操作序列时序信号的方法，称为控制器的控制方式。常用的有同步控制、异步控制、联合控制和人工控制 4 种方式，其实质反映了时序信号的定时方式。考生只需看同步控制和异步控制。

（1）同步控制方式

任何一条指令或指令中任何一个微操作的执行，都由事先确定且有统一基准时标的时序信号所控制的方式叫作同步控制方式。其具体有以下 3 种方案：

1）采用完全统一节拍的机器周期（定长方式）。 这种方案的特点是以最长的微操作序列和最烦琐的微操作作为标准，采取完全统一的、具有相同时间间隔和相同数目的节拍作为机器周期来运行不同的指令，如图 5-13 所示。

这种方式对于简单操作居多的指令明显是浪费时间，如有 4 个操作 A、B、C、D，分别

需要 1s、1.1s、1.2s、20s，而机器周期需要设置成 20s，对于 A、B、C 操作明显是浪费。

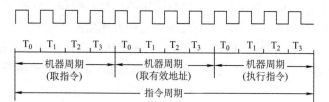

图 5-13　采用完全统一节拍的机器周期

2）采用不同节拍的机器周期（不定长方式）。这种方案每个机器周期内的节拍数可以不等，如图 5-14 所示。有的指令微操作少，机器周期内只包含 3 个节拍。有的微指令操作复杂，则可以采用延长机器周期，即增加节拍的办法来解决。

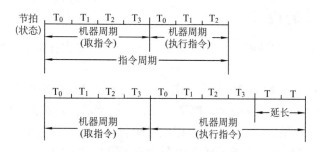

图 5-14　采用不同节拍的机器周期

3）采用中央控制和局部控制相结合的方法。这种方案将机器的大部分指令安排在统一的、较短的机器周期内完成，称为中央控制，而将少数操作复杂的指令中的某些操作采用局部控制方式来完成，如乘、除和浮点运算。图 5-15 所示为中央控制和局部控制的时序关系。

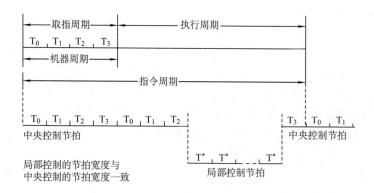

图 5-15　采用中央控制和局部控制的时序关系

图 5-15 中 T^* 为局部控制节拍，其宽度与中央控制的节拍宽度相同，而且局部控制节拍作为中央控制中机器节拍的延续，插入到中央控制的执行周期内，使机器以同样的节奏工作，保证了局部控制和中央控制的同步。T^* 的多少根据情况而定。

以乘法指令为例，第一个机器周期采用中央控制的节拍控制取指令操作，接着仍用中央控制的 T_0、T_1、T_2 节拍去完成将操作数从存储器中取出并送至寄存器的操作，然后转局部控制，用局部控制节拍 T^* 来完成重复加和移位的操作。

（2）异步控制方式

异步控制方式不存在基准时标信号，没有固定的周期节拍和严格的时钟同步，执行每条指令和每个操作需要多少时间就占用多少时间。这种方式微操作的时序由专门的应答线路控制，即当 CU 发出执行某一微操作的控制信号后，等待执行部件完成了该操作后发回"回答"信号，再开始新的微操作，使 CPU 没有空闲状态，但因需要采用应答电路，故其结构比同步控制方式复杂。

用途：异步控制一般用于主机与 I/O 设备间的传送控制，使高速的主机与慢速的 I/O 设备可以按照各自的需要设置时序系统。

（3）联合控制方式

联合控制方式是介于同步控制方式和异步控制方式之间的一种折中方案，这种方式对各种不同的指令的微操作大部分采用同步控制方式，小部分采用异步控制的方式。

5.4.2　控制单元的设计

前面讲解了控制单元的功能。实现控制单元（CU）的方式有两类（2009 年第 19 题已经考过）：

1）组合逻辑控制（或称为硬布线逻辑控制）：由基本的门电路组合实现。这种方式实现的控制器的处理速度快，但电路庞杂，制造周期长，不灵活，可维护性差。

2）微程序控制：仿照程序设计的方法编制每个机器指令对应的微程序，每个微程序由若干条微指令构成，各微指令包含若干条微命令。所有指令对应的微程序放在只读存储器中。当执行到某条指令时，取出对应微程序中的各条微指令，译码产生对应的微命令，送到机器相应的地方，控制其动作。这个只读存储器称为控制存储器（CS）。微程序控制方式下，控制单元的设计简单，指令添加容易（灵活），可维护性好，但速度较慢。

1．组合逻辑设计

（1）硬布线控制器单元

从图 5-16 中可以看出，CU 的输入信号来源主要有以下三种：

1）经指令译码器译码产生的指令信息，一般为指令的操作码字段进行译码后的输入信号。

2）时序系统产生的机器周期信号和节拍信号。

3）来自执行单元的反馈信息即标志。如 BAN 指令，控制单元要根据上条指令的结果是否为负而产生不同的控制信号。

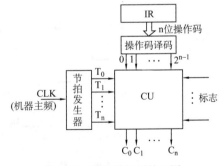

图 5-16　硬布线控制单元图

（2）硬布线控制器的微操作

控制单元具有发出各种微操作命令（控制信号）序列的功能。这些命令与指令有关，必须按一定次序发出。

1）取指周期的微操作命令。

PC→MAR	现行指令地址→MAR
1→R	命令存储器读
M(MAR)→MDR	现行指令从存储器中读至 MDR
MDR→IR	现行指令→IR

| OP(IR)→CU | 指令的操作码→CU 译码 |
| (PC)+1→PC | 形成下一条指令的地址 |

2）间址周期的微操作命令。 间址周期完成取操作数有效地址的任务。

Ad(IR)→MAR	将指令字中的地址码(形式地址)→MAR
1→R	命令存储器读
M(MAR)→MDR	将有效地址从存储器读至 MDR

3）执行周期的微操作命令。 执行周期的微操作命令视不同指令而定。

a．非访存指令

CLA	清 ACC	$0 \to ACC$
COM	取反	$\overline{ACC} \to ACC$
SHR	算术右移	$L(ACC) \to R(ACC), ACC0 \to ACC0$
CSL	循环左移	$R(ACC) \to L(ACC), ACC0 \to ACCn$
STP	停机指令	$0 \to G$

b．访存指令

ADD X	加法指令
Ad(IR)→MAR	
1→R	
M(MAR)→MDR	
(ACC)+(MDR)→ACC	
STA X	存数指令
Ad(IR)→MAR	
1→W	
ACC→MDR	
MDR→M(MAR)	
LDA X	取数指令
Ad(IR)→MAR	
1→R	
M(MAR)→MDR	
MDR→ACC	

c．转移指令

| JMP X | 无条件转移 | $Ad(IR) \to PC$ |
| BAN X | 条件转移（负则转） | $A_0 \cdot Ad(IR) + \overline{A_0} \cdot (PC) \to PC$ |

（3）硬布线控制单元的设计步骤

下面主要讲解微程序设计，组合逻辑设计只是将微操作节拍根据以下 3 点进行了优化：

1）有些微操作的次序是不容改变的，故安排微操作节拍时必须注意微操作的先后顺序。

2）凡是被控制对象不同的微操作，若能在一个节拍内完成，则尽可能安排在同一个节拍内，以节省时间。

3）如果有些微操作所占的时间不长，则应该将它们安排在一个节拍内完成，并且允许这些微操作有先后次序。

2．微程序设计

（1）微程序设计的概念

采用组合逻辑设计方法设计控制单元，思路清晰，简单明了，但因为每一个微操作命令都对应一个逻辑电路，所以一旦设计完毕便会发现，这种控制单元的线路结构十分庞杂，也不规范，而且指令系统功能越全，微操作命令就越多，线路也越复杂，调试就更困难，如图5-17 所示。

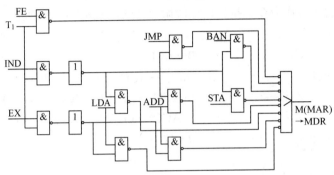

图 5-17　产生 M（MAR）→MDR 命令的逻辑图

为了克服组合逻辑控制单元线路庞杂的缺点，微程序设计就闪亮登场了。

微程序设计的概念：将一条机器指令编写成一个微程序，每一个微程序包含若干条微指令，每一条微指令对应一个或几个微操作命令。然后把这些微程序存到一个控制存储器中，用寻找用户程序的方法来寻找每个微程序中的微指令。所以逐条执行每一条微指令，也就相应地完成了一条机器指令的全部操作。

每一条机器指令都与一个以操作性质命名的微程序对应。由于任何一条机器指令的取指令操作都是相同的，所以将取指令操作的命令统一编成一个微程序，这个微程序只负责将指令从主存单元中取出并送至指令寄存器 IR 中。此外，如果是间址寻址指令，其操作也是可以预测的，也可先编出对应间址周期的微程序。当出现中断时，中断隐指令所需完成的操作可由一个对应中断周期的微程序完成。也就是说，如果机器有 M 条指令，那么就对应了 M+3 个微程序。"3"分别代表了取指、间址和中断周期的 3 个微程序，如图 5-18 所示。

（2）微程序控制的相关概念

在进行微程序控制设计的过程中，涉及与之相关的一系列基本概念。微程序控制主要包含以下术语：

图 5-18　取指、间址和中断周期的 3 个微程序

1）微命令与微操作。

一条机器指令可以分解成一个**微操作**序列，这些微操作是计算机中最基本的、不可再分解的操作。在微程序控制的计算机中，将控制部件向执行部件发出的各种控制命令称为**微命令**，它是构成控制序列的最小单位。微命令和微操作是一一对应的，微命令是微操作的控制信号，微操作是微命令的执行过程。

2）微指令与微周期。

微指令是若干微命令的集合。存放微指令的控制存储器的单元地址称为微地址。微指令包含两大部分信息：

a．操作控制字段，又称微操作码字段，用于产生某一步操作所需的各种操作控制信号。

b．顺序控制字段，又称微地址字段，用于控制产生下一条要执行的微指令地址。

微周期是指从控制存储器中读取一条微指令并执行相应的微操作所需的时间。

3）主存储器与控制存储器。

主存储器用于存放程序和数据，在 CPU 外部，用 RAM 实现；控制存储器（CM，简称控存）用于存放微程序，在 CPU 内部，用 ROM 实现。

4）程序与微程序。

程序是指令的有序集合，用于完成特定的功能；微程序是微指令的有序集合，一条指令的功能由一段微程序来实现。

（3）微程序控制单元的基本组成

微程序控制单元的基本组成，如图 5-19 所示。点画线框的输入是指令的操作码、时钟及标志，其输出是至 CPU 内部和系统总线的控制信号。点画线框内的控制存储器（简称控存）是微程序控制单元的核心部件，用来存放全部微程序；既然控存也看成存储器，肯定像主存一样拥有属于自己的地址寄存器和数据寄存器，分别称为控制地址寄存器（CMAR）和控制数据寄存器（CMDR）。控制地址寄存器用来存放欲读出的微指令地址；控制数据寄存器用来存放从控存中读出的微指令；顺序逻辑用来控制微指令序列，其输入与微地址形成部件、微指令的下条微指令的地址（简称下地址）段以及外来的标志有关。

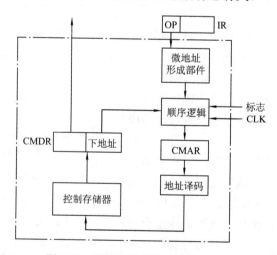

图 5-19　微程序控制单元的基本组成

（4）微指令的基本格式

微指令的基本格式如图 5-20 所示，共分两个字段，一个为操作控制字段，该字段发出各种控制信号；另一个为顺序控制字段，该字段可指出下地址，以控制微指令序列的执行，这个其实类似于 PC。

📖 **补充知识点：**

1）微命令和微操作有什么关系？

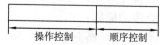

图 5-20　微指令的基本格式

> **解析**：控制部件向执行部件发出的各种控制命令叫作微命令。它是构成控制序列的最小单位。微命令是控制计算机各部件完成某个基本微操作的命令。微操作是微命令的操作过程。微命令和微操作是一一对应的。微命令是微操作的控制信号，微操作是微命令的操作过程。微操作是执行部件中最基本的操作。
>
> **2）机器指令和微指令有什么关系？**
>
> **解析**：机器指令和微指令的关系如图 5-21 所示。后面将会讲到微指令的地址可以由机器指令的操作码来形成，参考微指令序列地址的形成。

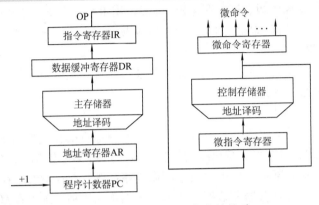

图 5-21　机器指令和微指令的关系

（5）微指令的编码方式

微指令的编码方式又称为微指令的控制方式。它是指如何对微指令的控制字段进行编码，以形成控制信号。

1）直接编码（直接控制）方式。 在微指令的微命令字段中每一位都代表一个微命令。设计微指令时，选用或不选用某个微命令，只要将表示该微命令的对应位设置成 1 或 0 就可以了。因此，微命令的产生不需要译码，如图 5-22 所示。

直接编码的优点是简单、直观、执行速度快，操作并行性好。其缺点是微指令字长过长，造成控制存储器容量极大。

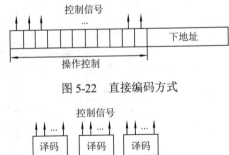

图 5-22　直接编码方式

2）字段直接编码方式。 将微指令的微命令字段分成若干小字段，把互斥性微命令（在同一微指令周期中不能同时出现的微命令称为互斥性微命令）组合在同一字段中，把相容性微命令组合在不同的字段中。每个字段独立编码，每种编码代表一个微命令且各字段编码含义单独定义，与其他字段无关，这就是字段直接编码方式，如图 5-23 所示。

这种方式可以缩短微指令字长，但因为要通过译码电路后再发出微命令，所以比直接编码方式慢。

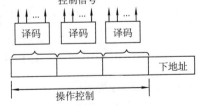

图 5-23　字段直接编码方式

微指令周期：读出微指令的时间加上执行该条微指令的时间，和指令周期类似。

分段的原则：

① 互斥性微命令分在同一字段内，相容性微命令分在不同字段中。

② 每个小段中包含的信息位不能太多，否则将增加译码线路的复杂性和译码时间。

③　一般每个小段还要留出一个状态，表示本字段不发出任何现行指令。因此，当某字段的长度为 3 位时，最多只能表示 7 个互斥的微命令，通常用 000 表示不操作。

3）字段间接编码方式。一个字段的某些微命令需由另一个字段中的某些微命令来解释，由于不是靠字段直接译码发出的微命令，故称为字段间接编码，又称为隐式编码。这种方式可进一步缩短微指令字长，但因削弱了微指令的并行控制能力，因此通常作为字段直接编码方式的一种辅助手段，如图 5-24 所示。

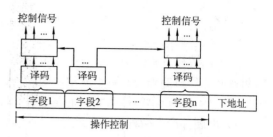

图 5-24　字段间接编码方式

4）混合编码方式。混合编码方式由直接编码与字段（直接或间接）编码混合使用。

【例 5-5】　某机器的微指令格式中，共有 10 个控制字段，每个字段可分别激活 4、4、3、11、9、16、7、1、8、22 种控制信号。试问采用字段直接编码方式和直接编码方式，微指令的操作控制字段各取几位？

解析：①　采用字段直接编码方式，需要的控制位少。根据题目给出的 10 个控制字段及各段可激活的控制信号数，再加上每个控制字段至少要保留一个码字表示不激活任何一条控制线，微指令的操作控制字段的总位数为

$$3+3+2+4+4+5+3+1+4+5=34$$

②　采用直接编码方式，微指令的操作控制字段的总位数等于控制信号数，即

$$4+4+3+11+9+16+7+1+8+22=85$$

【例 5-6】　（2012 年统考真题）某计算机的控制器采用微程序控制方式，微指令中的操作控制字段采用字段直接编码法，共有 33 个微命令，构成 5 个相斥类，分别包含 7、3、12、5 和 6 个微命令，则操作控制字段至少有（　　　　）。

A．5 位　　　　　　B．6 位　　　　　C．15 位　　　　　D．33 位

解析：C。33 个微命令构成 5 个互斥类，分别包含 7、3、12、5 和 6 个微命令，另外每组必须增加一种不发命令的情况，则 5 个段分别需要 8、4、13、6 和 7 种状态，分别对应 3、2、4、3 和 3 位，一共 15 位。

（6）微指令序列地址的形成

后续微指令的地址主要考查两种形成方式，其他稍微介绍即可。

第一方式：从图 5-19 中可以看出，后续微指令的地址可以由微指令的下地址字段直接给出，这种方式又称为**断定方式**（2014 年统考真题已经考查）。

第二方式：后续微指令的地址还可以根据机器指令的操作码形成。微地址形成部件实际是一个编码器，其输入为指令操作码。即将机器指令的操作码送入地址译码器进行译码，输出结果就是对应该机器指令微程序的首地址，然后拿着首地址去微命令寄存器找到相应的微命令。

其他方式：

1）增量计数器法。通常来讲，后续微指令的地址是连续的，因此对应顺序地址，和 PC 一样通过自增来形成下一条微指令的地址，即（CMAR）+1→CMAR。

2）分支转移。和机器指令的执行一样，不可能一直都是顺序执行。当遇到条件转移指令时，微指令就会出现分支，这样就必须根据各种标志决定下一条微指令的地址。微指令的格

式，如图 5-25 所示。

操作控制字段	转移方式	转移地址

图 5-25　分支转移微指令的格式

其中，转移方式指明判别条件（如果结果小于 0，就转移；否则，顺序执行），转移地址指明转移成功后的去向，若不成功，则顺序执行。有的转移微指令中设两个转移地址，条件满足时选择其中一个转移地址；条件不满足时选择另一个转移地址。

3）由硬件产生微程序入口地址。这个就不需要掌握了，知道可以由硬件产生即可。

（7）微指令格式

微指令格式与微指令的编码方式有关，其通常分为水平型微指令和垂直型微指令两种。水平型微指令与垂直型微指令的比较见表 5-3。

表 5-3　水平型微指令与垂直型微指令的比较

比赛项目	水平型微指令	垂直型微指令
并行性	好	不好
执行指令需要的微指令数	少	多
和机器指令的相似度	差别很大	相似
最后陈述	用较短的微程序结构换取较长的微指令结构	用较长的微程序结构换取较短的微指令结构

【例 5-7】　某机共有 52 个微操作控制信号，构成 5 个相斥类的微命令组，各组分别包含 5、8、2、15、22 个微命令。已知可判定的外部条件有两个，微指令字长为 28 位。

1）按水平型微指令格式设计微指令，要求微指令的下地址字段直接给出后续微指令地址。

2）指出控制存储器的容量。

解析：① 由于有 5 个相斥类的微命令组，且需要将相斥类的微命令分开放置，所以需要 5 个字段。考虑到每组必须增加一种不发命令的情况，则 5 个控制字段分别需要给出 6、9、3、16、23 种状态，对应 3、4、2、4、5 位（共 18 位）。条件测试字段的长度取决于条件转移类微指令可判定的外部条件的个数，如果外部条件有两个，**考虑到还有无条件转移的情况（这个是考生迷惑最大的地方，到底要不要加 1？这个必须加）**，则采用编码方式条件测试字段至少应有两位。根据微指令字长为 28 位，则下地址字段取 28-18-2=8 位，其微指令格式如图 5-26 所示。

图 5-26　微指令的格式

② 因为下地址字段为 8 位，微指令字长为 28 位，所以控制存储器的容量为 $2^8 \times 28$ 位。

☞ **可能疑问点：**为什么不同的教材外部条件的计算方式不一样？比如有 **3 个外部条件，应该是取 3 位，还是 2 位呢？**

解析：这个不能怪考生，只是题目做少了没有经验。其实这个完全和采取的编码方式有关。如果微指令采取的是直接编码，那么几个外部条件就取几位。如果题目采取的是字段直接编码，那么有 N 个外部条件，只需要取 n 位即可，n 满足 $2^n \geqslant N+1$ 即可。例如，3 个外部条件就取 n=2，4 个外部条件就取 n=3。

（8）微操作的节拍和安排设计步骤

每一条机器指令要完成的操作是固定的，因此不论是组合逻辑设计还是微程序设计，对应相同的 CPU 结构，两种控制单元的微操作命令和节拍安排是极其相似的。微程序控制单元在取指周期发出的微操作命令及节拍安排如下：

T_0　（PC）→MAR，1→R

T_1　M（MAR）→MDR，(PC)+1→PC

T_2　（MDR）→IR，OP（IR）→微地址形成部件

与组合逻辑控制相比，只有在 T_2 节拍内的微操作命令有所不同。微程序控制单元在 T_2 节拍内要将指令的操作码送微地址形成部件，即 OP（IR）→微地址形成部件，以形成对应某条机器指令的微程序首地址。而组合逻辑控制单元在 T_2 节拍内要将指令的操作码送指令译码器，以控制 CU 发出相应的微命令，即 OP（IR）→指令译码器。

如果把一个节拍 T 内的微操作安排在一条微指令中完成，则上述微操作对应 3 条微指令。但是由于微程序控制的所有控制信号都来自微命令，而微指令又存在于控制存储器中，因此欲完成上述这些微操作，必须先将微指令从控制存储器中读出，即必须先给出这些微指令的地址。在取指微程序中，除第一条微指令外（因为执行的第一条微指令地址由专门的硬件电路产生），其余微指令的地址均由上一条微指令的下地址字段直接给出，因此上述每一条微指令都需增加一个将微指令下地址字段送至 CMAR 的微操作，记为 Ad（CMDR）→CMAR。取指微程序的最后一条微指令，其后续微指令的地址是由微地址形成部件形成的，即微地址形成部件→CMDR，为了反映该地址与操作码有关，故记为 OP（IR）→微地址形成部件→CMAR。

考虑到需要形成后续微指令地址，上述分析的取指操作共需 6 条微指令来完成，即

T_0　（PC→MAR），1→R

T_1　Ad（CMDR）→CMAR

T_2　M（MAR）→MDR，(PC)+1→PC

T_3　Ad（CMDR）→CMAR

T_4　（MDR）→IR，OP（IR）→微地址形成部件

T_5　OP（IR）→微地址形成部件→CMAR（直接写成微地址形成部件→CMAR 也可以）

【例 5-8】　（2009 年统考真题）相对于微程序控制器，硬布线控制器的特点是（　　）。

A．指令执行速度慢，指令功能的修改和扩展容易

B．指令执行速度慢，指令功能的修改和扩展难

C．指令执行速度快，指令功能的修改和扩展容易

D．指令执行速度快，指令功能的修改和扩展难

解析：D。总结如下：

1）**组合逻辑控制（或称为硬布线逻辑控制）** 由基本的门电路组合实现。这种方式实现的控制器的处理速度快，但电路庞杂（说明扩展难），制造周期长，不灵活，可维护性差。

2）**微程序控制**：仿照程序设计的方法编制每个机器指令对应的微程序，每个微程序由若干条微指令构成，各微指令包含若干条微命令。所有指令对应的微程序放在只读存储器中。

当执行到某条指令时，取出对应微程序中的各条微指令，译码产生对应的微命令，送到机器相应的地方，控制其动作。这个只读存储器称为控存（CM）。微程序控制方式下，控制单元的设计简单，指令添加容易（灵活），可维护性好，但速度较慢。

5.5 指令流水线

5.5.1 指令流水线的基本概念

通过前面的学习可知，为了提高访存速度，除了采用高速存储芯片外，还可以采用高速缓冲寄存器和多体并行结构等措施。为了提高主机与 I/O 交换信息的速度，可以采用 DMA 方式（第 7 章将会详细讲解），也可以采用多总线结构，将速度不一致的 I/O 分别连接到不同带宽的总线上，以解决总线的瓶颈问题。为了提高处理器的速度，除了采用高速的器件外，还可以改进系统的结构，开发系统的并行性，即本知识点将要重点介绍的指令流水线技术。

一条指令的执行需要经过 3 个阶段：取指令、译码、执行；每个阶段都要花费一个时钟周期，如果没有采用流水线技术，那么执行 N 条这样的指令就需要 3N 个时钟周期，如图 5-27 所示。

| 取指令 | 译码 | 执行 | 取指令 | 译码 | 执行 | 取指令 | 译码 | 执行 | … |

图 5-27 没有采用流水线技术的时钟周期

当第 N-2 条指令在执行的时候应该对第 N-1 条指令进行译码，当第 N-1 条指令在译码时，可以将第 N 条指令取出来，这样就缩短了每条指令的平均执行周期。这就是指令流水线的思想，如图 5-28 所示。

图 5-28 指令流水线示意图

当使用指令流水线时，执行 N 条指令需要的时钟周期数为 N+2。当 N 较大时，N+2 远远小于 3N。

☞ **可能疑问点：N+2 怎么算出来的？**

解析：从图 5-28 中可以看出，第一条指令执行完需要 3 个时钟周期，以后都是每一个时钟周期执行完一条指令，故需要的总时钟周期数为：$1 \times 3 + (N-1) \times 1 = N+2$。如果已经复习了高等数学，细心的同学会得出一个结论：

$$\lim_{N \to +\infty} \frac{N}{N+2} = 1$$

也就是说，当指令数量足够大时，指令的平均执行周期可以达到一个时钟周期。当再进一步分析指令流水线时，就会发现以上的分析都是最理想的情况，原因有以下两点：

1）指令的执行时间一般大于取指时间，因此取指阶段可能要等待一段时间，也就是存放在指令部件缓冲区的指令还不能立即传给执行部件，缓冲区不能空出来。

2）当遇到条件转移指令时，下一条指令是不可知的，因为必须等到执行阶段结束后，才能获知条件是否成立，从而决定下条指令的地址，造成时间损失。

当然，对于第二点可以采用猜测法，先不管执行结果，指令部件仍按顺序预取下一条指令。这样，如果条件不成立，转移没有发生，则没有时间损失；若条件成立，转移发生，则所取的指令必须丢掉，再取新的指令。

尽管有这些不确定因素，但总体来说指令流水线技术还是可以获得一定的加速。为了进一步获得更高的执行速度，可将指令流水线进一步细分。如果将一个指令周期分为取指、指令译码、执行和回写 4 个阶段，就形成了四级流水。如果将一个指令周期分为取指（FI）、指令译码（ID）、计算操作数地址（CO）、取操作数（FO）、执行指令（EI）和写操作数（WO）6 个阶段，就形成了六级流水，如图 5-29 所示。

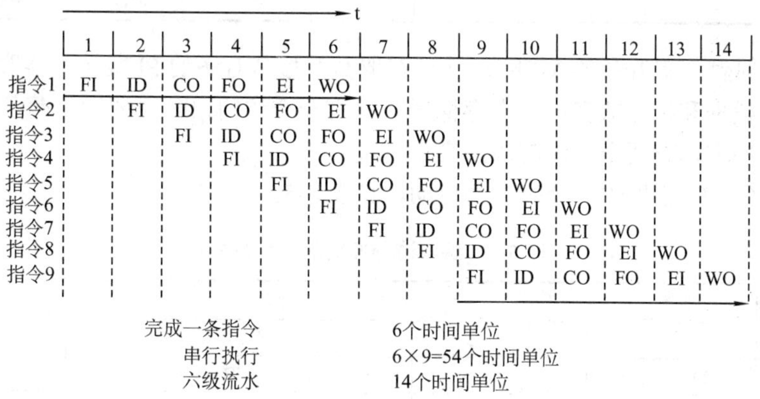

	1	2	3	4	5	6	7	8	9	10	11	12	13	14
指令1	FI	ID	CO	FO	EI	WO								
指令2		FI	ID	CO	FO	EI	WO							
指令3			FI	ID	CO	FO	EI	WO						
指令4				FI	ID	CO	FO	EI	WO					
指令5					FI	ID	CO	FO	EI	WO				
指令6						FI	ID	CO	FO	EI	WO			
指令7							FI	ID	CO	FO	EI	WO		
指令8								FI	ID	CO	FO	EI	WO	
指令9									FI	ID	CO	FO	EI	WO

完成一条指令　　　　6 个时间单位
串行执行　　　　　　6×9=54 个时间单位
六级流水　　　　　　14 个时间单位

图 5-29　六级流水线示意图

📖 **补充知识点：采用常规标量单流水线处理器（即处理器的度为 1），那么这个处理器的度是什么意思？**

解析： 处理器的度为 1 就是常见的普通流水线，如图 5-29 所示。而处理器的度大于 1，就是常说的超标量流水线，也就是在某一个时间可以并发执行多条独立指令。

☞ **可能疑问点：流水线方式执行指令时，一条指令的执行时间变短了吗？**

解答： 没有。在流水线方式下，一条指令的执行过程被分成了若干个操作子过程。每个子过程由独立的功能部件来完成，以最复杂的子过程所花的时间为准设计时钟周期。这样，使得所有功能部件可以同时执行不同指令的不同子过程中的操作。理想情况下，经过若干周期后，流水线能在每个周期内执行完一条指令。但是，对于每条指令来说，它还是要经过若干子过程才能完成，所以一条指令的执行时间并没有变短。

5.5.2　指令流水线的基本实现

要使得流水线具有良好的性能，必须使流水线畅通流动，不发生断流。但由于流水过程中会出现以下 3 种相关冲突，因此实现流水线的不断流是困难的。这 3 种相关是资源相关（结构相关）、数据相关和控制相关。

提醒： 有些教材将资源相关（结构相关）、数据相关和控制相关分别称为结构冒险、数据冒险和控制冒险。

1. 资源相关（结构相关）

所谓资源相关是指多条指令进入流水线后在同一机器时钟周期使用了同一个功能部件所发生的冲突。假定一条指令流水线由 5 段组成，分别为取指令（FI），指令译码（ID）、计算有效地址或执行（EX）、访存取数（MEM）和结果写寄存器（WB），见表 5-4。

表 5-4　两条指令同时访存造成结构相关冲突

指令	时钟							
	1	2	3	4	5	6	7	8
I_1	FI	ID	EX	MEM	WB			
I_2		FI	ID	EX	MEM	WB		
I_3			FI	ID	EX	MEM	WB	
I_4				FI	ID	EX	MEM	WB
I_5					FI	ID	EX	MEM

在第 4 个时钟，第 I_1 条的 MEM 段（访存取数）与第 I_4 条的 FI 段（访存取指令）都要访问存储器。当数据和指令放在同一个存储器且只有一个访问口时，便发生两条指令争用存储器资源的相关冲突，有两个办法解决冲突：

1）第 I_4 条的 FI 段停顿一个时钟再启动，见表 5-5。

表 5-5　解决访存冲突的一种方案

指令	时钟							
	1	2	3	4	5	6	7	8
I_1	FI	ID	EX	MEM	WB			
I_2		FI	ID	EX	MEM	WB		
I_3			FI	ID	EX	MEM	WB	
I_4				停顿	FI	ID	EX	MEM

2）增加一个存储器，将指令和数据分别放在两个存储器中。

2. 数据相关（重中之重）

在一个程序中，如果必须等前一条指令执行完毕后，才能执行后一条指令，那么这两条指令就是数据相关。

数据相关分为 3 类：写后读（Read After Write，RAW）相关；读后写（Write After Read，WAR）相关；写后写（Write After Write，WAW）相关。

注意： RAW 的读法是从右往左读，这可要记住了，因为以前有不少同学顺着读过去，恰好是反的，编者当年考研也犯过这样的错误。

（1）写后读相关

字面理解就是应该先写入再读取，而现在是没有写入就已经读了（即读了旧数据），出现错误。

（2）读后写相关

字面理解就是应该先读取再写入，而现在是写入后再读取（本来应读取旧数据，现在却读到了新数据），出现错误。

（3）写后写相关

字面上理解是前面一条指令先写数据，然后后面一条指令再写，而现在恰好相反了，导致数据错误。

【例 5-9】 判断下面 3 组指令各可能存在哪种类型的数据相关。

1）I_1　SUB　R_1, R_2, R_3;　　　　$(R_2)-(R_3) \rightarrow R_1$

　　I_2　ADD　R_4, R_5, R_1;　　　　$(R_5)-(R_1) \rightarrow R_4$

2）I_3　STA　M, R_2;　　　　　　$(R_2) \rightarrow M$，M 为主存单元

　　I_4　ADD　R_2, R_4, R_5;　　　　$(R_4)+(R_5) \rightarrow R_2$

3）I_5　MUL　R_3, R_2, R_1;　　　　$(R_2) \times (R_1) \rightarrow R_3$

　　I_6　SUB　R_3, R_4, R_5;　　　　$(R_4)-(R_5) \rightarrow R_3$

解析： 1）该组指令中，正确的执行过程是指令 I_1 先将结果写入 R_1，然后指令 I_2 从 R_1 中取操作数进行减法。而当 I_1 和 I_2 采用流水线技术时，很有可能指令 I_2 先从 R_1 中取操作数，导致错误，所以可能发生写后读相关。

2）该组指令中，正确的执行过程应该是指令 I_3 先将寄存器 R_2 的内容存入主存单元，然后指令 I_4 的结果才能写入寄存器 R_2，而在流水线中可能出现指令 I_4 的结果先写入寄存器 R_2，导致错误，所以可能发生读后写相关。

3）该组指令中，应该是先写入指令 I_5 的结果，再写入指令 I_6 的结果。而在流水线中可能导致指令 I_6 的结果先写回寄存器 R_3，所以可能发生写后写相关。

总结： 可能看完这道题还是不能立即反映出是哪种相关，此时就是总结的时候了。在 1）中是先写再读，就是写后读（将写再读中的"再"替换成"后"就可以）。其他的依此类推。

> 　📖 **补充知识点：什么技术可以解决数据相关？（了解即可）**
>
> 　**解析：** 最简单的方式就是使读操作延后，直到数据写入再去读。但是一般使用**数据旁路技术**来解决数据相关。
>
> 　**数据旁路技术：** 设置相关专用通路，即不等前一条指令把计算结果写回寄存器组，而是直接把前一条指令的计算结果作为输入数据给下一条需要此结果的指令（下一条指令不再读寄存器组），使本来需要暂停的操作变得可以继续执行。

【例 5-10】 （2010 年统考真题）下列不会引起指令流水阻塞的是（　　　）。

A．数据旁路　　　B．数据相关　　　C．条件转移　　　D．资源冲突

解析： A。有 3 种相关可能引起指令流水线阻塞：

① 结构相关，又称为资源相关。

② 数据相关。

③ 控制相关，主要由转移指令引起。

数据旁路技术是解决数据相关的一种方式。其主要思想是不必待某条指令的执行结果送回到寄存器，再从寄存器中取出该结果，作为下一条指令的源操作数，而是直接将执行结果送到其他指令所需要的地方，这样就可以使流水线不发生停顿。

3．控制相关

控制相关冲突是由**转移指令**引起的。当执行转移指令时，依据转移条件的产生结果，可能顺序执行下一条指令；也可能转移到新的目标地址取指令，从而使流水线发生断流。

解决方式： 采用"猜测法"技术，机器先选定转移分支中的一个，按它取指并处理，条件码生成后，如果猜测正确，那么流水线继续进行下去；如果猜测错误，那么之前预取的指令失效。

📖 **补充知识点：流水线的性能指标。**

　　解析： 流水线的性能指标通常用吞吐率、加速比和效率来衡量。

　　（1）吞吐率

　　单位时间内流水线所完成指令或输出结果的数量。吞吐率有最大吞吐率和实际吞吐率之分。一般计算的都是实际吞吐率，不给出公式，直接看下面的例题效果来得更直接。

　　（2）加速比

　　不使用流水线所用的时间与使用流水线所用的时间之比称为流水线的加速比，图 5-29 所示的六级流水线的加速比为 **54/14≈3.86**。

　　（3）流水线的效率

　　流水线的设备利用率称为流水线的效率。假设在时空图上，一共有 **n** 个任务，**k** 个流水段。则流水线的效率的计算公式为

$$E = \frac{n个任务占时空图的有效面积}{n个任务所用的时间与k个流水段所围成的时空区总面积}$$

　　【例 5-11】 假设指令流水线分取指、译码、执行、回写 4 个过程段，每个过程段都需要一个时钟周期来完成，现在需要执行 10 条指令，且连续输入此流水线。

　　1）假设时钟周期为 100ns，求流水线的实际吞吐率。

　　2）求该流水线处理器的加速比。

　　解析： 1）由于是连续输入流水线，因此执行 10 条指令需要 4+9=13 个时钟周期。故实际吞吐率为：10 条指令/(100ns×13)≈0.77×10^7 条指令/s。

　　2）在流水线处理器中，当任务饱满时，指令不断输入流水线，不论是几级流水线，每个时钟周期都输出一个结果。对于本题四级流水线而言，处理 10 条指令所需的时钟周期数为 T_4=4+(10-1)=13，而非流水线处理 10 条指令需 4×10=40 个时钟周期，故该流水处理器的加速比为 40/13≈3.08。

　　☞ **可能疑问点：采用流水线方式执行指令时，总能在一个时钟内完成一条指令的执行吗？**

　　解答： 不能。理想情况下，经过若干周期后，能在每个周期内执行完一条指令，即 CPI=1。但是，当程序中出现以下情况时，流水线被破坏，因而不能达到 CPI=1。1）当有多条指令的不同阶段都要用到同一个功能部件时（资源冲突），后面指令要延时执行；2）当程序的执行流程发生改变时（控制相关），原来按顺序取出的指令无效；3）当后面指令的操作数是前面指令的运行结果时（数据相关），后面指令要延时执行。

5.5.3　超标量和动态流水线的基本概念

　　1. 超标量技术

　　超标量技术的每个时钟周期不像以前的普通指令流水线只能执行一条指令的某个阶段，而是可以并发执行多条独立指令，为此就需要配置多个功能部件，如图 5-30 所示。

　　2. 超级流水线

　　典型的流水线是将每一条机器指令分成 5 步，即取指、译码、取操作数、执行和回写。

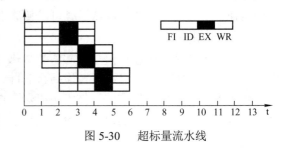

图 5-30　超标量流水线

在理想条件下，平均每个时钟周期可以完成一条指令。而所谓的超级流水线是将机器指令划分为更多级的操作，以减轻每一级的复杂程度。在流水线的每一步中，如果需要执行的逻辑操作少一些，那么每一步就可以在较短的时间内完成，如图 5-31 所示。

3．超长指令字

由编译程序挖掘出指令潜在的并行性，将多条能并行操作的指令组合成一条具有多个操作码字段的超长指令字（可达几百位），为此需要采用多个处理部件，如图 5-32 所示。

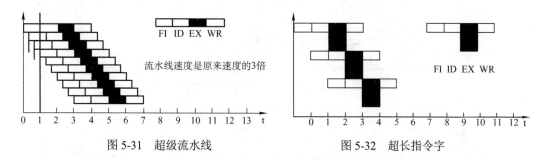

图 5-31　超级流水线　　　　　　　图 5-32　超长指令字

☞ **可能疑问点**：编译程序为什么有能力将多条能并行操作的指令组合起来？

解析：这个问题考生问得较多，考生百度之后仍旧一脸迷茫。其实我们可以不必会这个问题。因为编者查阅过相关资料，考研不可能会考。再次说明一下，超标量和动态流水线只需知道概念，不需要知道其原理。

4．动态流水线

动态流水线就是多种运算可以同时进行，而静态流水线只能是一种运算进行完再进行下一种运算。

5.6　中断系统

中断概念的出现是计算机系统结构设计中的一个重大变革。第 7 章会讲到程序中断方式，某一外部设备的数据准备就绪后，它"主动"向 CPU 发出请求中断的信号，请求 CPU 暂时中断目前正在执行的程序而进行数据交换。当 CPU 响应这个中断时，便暂停运行主程序，并自动转移到该设备的中断服务程序。当中断服务程序结束以后，CPU 又回到原来的主程序。其实，计算机在运行过程中，除了会遇到 I/O 中断外，还有许多意外事件发生，如突然断电，机器硬件突然出现故障等。中断处理过程的详细流程，如图 5-33 所示。

图解：当 CPU 执行完一条现行指令时，如果外部设备向 CPU 发出中断请求，那么 CPU 在满足响应条件的情况下，将发出中断响应信号，与此同时关闭中断（"中断屏蔽"触发器置"1"），表示 CPU 不再受理另外一个设备的中断。这时，CPU 将寻找中断请求源是哪一个设备，并保存 CPU 自己的程序计数器（PC）的内容。然后，它将转移到处理该中断源的中断服务程序。CPU 在保存现场信息、设备服务（如交换数据）以后，将恢复现场信息。这些动作完成以后，开放中断（"中断屏蔽"触发器置"0"），并返回到原来被中断的主程序的下一条指令。

📖 **补充知识点**：指令中断和操作系统中缺页中断的根本区别是什么？

解析：指令周期被分为取指周期、间址周期、执行周期和中断周期。所以一定是在某条指令执行结束之后，才会去响应中断，中断处理完之后继续执行下一条指令。而缺页中断是指要访问的页不在主存，需要操作系统将其调入主存后再进行访问。区别出来了，缺页中断执行完后，不是访问下一页，而是**继续访问当前页**。

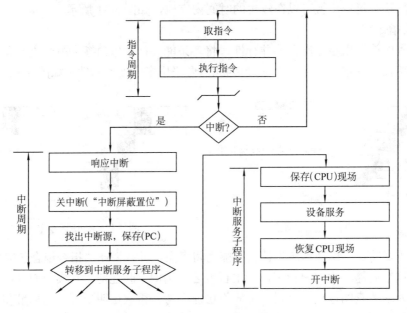

图 5-33　中断处理过程的详细流程

中断系统的讲解主要还是围绕图 5-33 进行，共分为以下七大部分进行讲解。

1. 各中断源如何向 CPU 提出中断请求

解答：这个比较好解决，只需设置中断请求标记触发器，记作 INTR。因为能够产生中断的原因太多了，如键盘输入、掉电、硬件故障、定点溢出、浮点溢出等，所以需要设置多个中断请求标记触发器。触发器在第 2 章就已经讲解过，即能够存储一位信号的基本单元电路，所以多个触发器就可以组成一个多位中断请求标记寄存器，如图 5-34 所示。

图 5-34　多位中断请求标记寄存器

图 5-34 中任何一个触发器为 1，就表示对应的中断源提出了中断请求。例如，第 n 位为 1，即表示打印机要输出数据了，请求中断处理。**各中断源向 CPU 提出中断请求，只需将对应的值置"1"即可。**

☞ **可能疑问点：任何时候都可以申请中断并马上得到响应吗？**

解答：这是两个不同的概念。中断响应优先级是由硬件排队线路或中断查询程序的查询顺序决定的，不可动态改变；而中断处理优先级可以由中断屏蔽字来改变，反映的是正在处理的中断是否比新发生的中断的处理优先级低（屏蔽位为"0"，对新中断开放），如果是的话，就中止正在处理的中断，转到新中断去处理，处理完后回到原被中止的中断继续处理。

2. 当多个中断源同时提出中断请求时，中断系统如何确定优先响应哪个中断源的请求

解答：常规思路就是设置一个可以进行中断判优的东西（后面讲到总线时也会有类似的知识点）。任何一个中断系统，在任何时刻，只能响应一个中断源的请求。但许多中断源提出请求都是随机的，当某一时刻有多个中断源提出中断请求时，中断系统必须按其优先顺序予以响应,这称为**中断判优**。中断判优可以用硬件实现,也可以用软件实现。

(1) 硬件实现

硬件实现中断判优较简单,如图 5-35 所示。从图中可以看出只要 $INTR_1=1$,就可以封住比它级别低的中断源请求。那么,如何看图?首先了解门电路,可以知道图 5-36 为"非"门电路,只要 $INTR_1=1$ 经过图 5-36 的门电路,就会变成"0"信号,那么通过中间那根线传递给 $INTR_2$、$INTR_3$、$INTR_4$ 的都是"0"信号,而符号 $\boxed{\&}$ 为"与"门,只要输入端有"0"信号就过不去,所以 $INTR_1=1$ 时可以封住比它级别低的中断源的请求。其他以此类推。

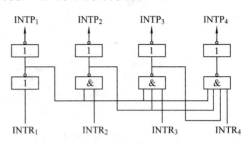

图 5-35 硬件实现中断判优

图 5-36 排队器非门电路

(2) 软件实现

用软件实现中断判优只需写一段程序,并按中断源的优先等级从高至低逐级查询各中断源是否有中断请求,这样就可以保证 CPU 首先响应级别高的中断源的请求,如图 5-37 所示。

📖 **补充知识点:中断服务程序入口地址是怎么寻找的?**

解答:由于每个中断操作都需要对应的中断服务程序来完成,因此正确地找到各个中断操作的中断服务程序入口的地址至关重要。

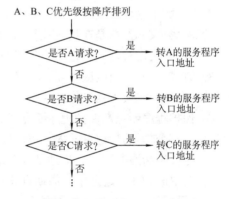

图 5-37 软件实现中断判优

故事助解:比如现在你需要完成 10 件事,这 10 件事需要 10 个不同的人才能完成。而这 10 个不同的人又住在不同的地方,所以找到相应的人的住址至关重要。这里的人就对应中断服务程序,而这个人的住址就对应中断服务程序入口的地址。

通常有两种方法寻找入口地址:**硬件向量法和软件查询法**。

1) 硬件向量法。硬件向量法就是利用硬件产生中断向量地址(可简称为向量地址),再由向量地址找到中断服务程序入口地址。而向量地址是由**中断向量地址形成部件**产生的(知道就可以,不管它是什么)。下面就只剩下一个问题了,怎么通过向量地址找到中断服务程序入口地址?方法有以下两种:

① 第一种方法很简单,当 CPU 响应中断时,只要将向量地址(如 12H,见图 5-38)送至 PC,执行这条指令,便可无条件地转向某服务程序的入口地址 200。

② 第二种方法就是设置向量地址表,如图 5-38 所示。该表存放在存储单元内,存储单元的地址为向量地址,存储单元的内容为中断服务程序入口地址,即中断向量。只要访问向量地址所指示的存储单元,便可获得入口地址。

2) 软件查询法(极其不重要,可略过)

用软件寻找中断服务程序入口地址的方法称为软件查询法,流程类似于图 5-37。当查询到某一中断请求时,接着安排一条转移指令,直接指向此中断源的中断服务程序入口地址,机器便能自动进入中断处理。至于各中断源对应的入口地址，则由程序员（或系统）事先确定。

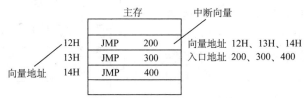

图 5-38　向量地址表

注意： 中断向量是中断服务程序入口地址，而中断向量地址是中断服务程序入口地址的地址，注意出选择题。

3．CPU 在什么条件、什么时候、以什么方式来响应中断

解答： 1）条件。在图 5-33 中可以看到有一个关中断的操作，或者称为**允许中断触发器EINT**，它可被开中断指令置"1"，也可被关中断指令置"0"。当允许中断触发器为"1"时，意味着 CPU 允许响应中断源的请求；当其为"0"时，意味着 CPU 禁止响应中断。所以，CPU 必须要满足如下条件才响应中断，即**当 EINT=1，且有中断请求时，CPU 才可以响应中断**。

2）时候。CPU 总是在指令执行周期结束后，才会去查询是否有中断。如果有，则进入中断周期；如果没有，则进行下一条指令的取指周期。

3）方式。CPU 要响应中断，就必须进入中断周期，一旦进入中断周期，即由中断隐指令（硬件自动）完成下列操作：

① **保护程序断点**。保护程序断点就是将当前程序计数器（PC）的内容保存到存储器中。它可以存在存储器的特定单元内，也可以存入堆栈（第 7 章会详细讲解）。

② **寻找中断服务程序入口地址**（前面讲过有两种方式）。

③ **关中断**。CPU 进入中断周期意味着 CPU 响应了某个中断源的请求，为了确保 CPU 响应该中断后所做的一系列操作不至于再受到新的中断请求的干扰，在该中断周期内必须自动关中断，以禁止 CPU 再次响应新的中断请求。

注意： 虽然中断隐指令有"指令"两字，但实际上它不属于系统指令，它是 CPU 在中断周期内由硬件自动完成的一条指令。

☞ **可能疑问点：为什么在响应中断的时候保存断点，而在处理中断的时候保存现场？**

解答： 断点是中断返回时被中断程序继续执行处指令的地址（即响应中断时 PC 的值）和当时的程序状态字（PSW）的内容，所以必须在进入中断处理前先保存到栈中；否则，当取来中断服务程序的首地址送 PC 后，原断点 PC 的值就被破坏了。而现场是被中断的原程序在断点处各个寄存器的值，只要在这些寄存器再被使用前保存到栈中就行了，在实际处理中断事件过程中可能要用到这些寄存器，所以在实际处理之前的准备阶段来保存现场（寄存器压栈），而在实际处理后的结束阶段再恢复现场（寄存器出栈）。

【例 5-12】（2012 年统考真题）响应外部中断的过程中，中断隐指令完成的操作除保护断点外，还包括（　　　）。

Ⅰ．关中断　　　　　　　　　　　Ⅱ．保存通用寄存器的内容

Ⅲ．形成中断服务程序入口地址并送至 PC

A．仅Ⅰ、Ⅱ　　　　　　　　　　B．仅Ⅰ、Ⅲ

C．仅Ⅱ、Ⅲ　　　　　　　　　　D．Ⅰ、Ⅱ、Ⅲ

解析：B。中断隐指令并不是一条真正的指令，它主要完成以下 3 个操作：

1）保护程序断点。

2）寻找中断服务程序入口地址并送至 PC。

3）关中断。

【例 5-13】 （2011 年统考真题）假定不采用 Cache 和指令预取技术，且机器处于"开中断"状态，则在下列有关指令执行的叙述中，错误的是（　　）。

A．每个指令周期中 CPU 都至少访问内存一次

B．每个指令周期一定大于或等于一个 CPU 时钟周期

C．空操作指令的指令周期中任何寄存器的内容都不会被改变

D．当前程序在每条指令执行结束时都可能被外部中断打断

解析：C。由于不采用 Cache 和指令预取技术，因此不可能从 Cache 以及在前一个指令执行的时候取指令，每个指令周期中 CPU 必须访问一次主存取指令，故 A 正确。B 显然正确。至少 PC 寄存器的内容会自加 1，故 C 错误。由于机器处于"开中断"状态，因此当前程序在每条指令执行结束时都可能被外部中断打断，故 D 正确。

4．CPU 响应中断后如何保护现场

解答：保护现场包括程序断点的保护（PC 的内容）和 CPU 内部各寄存器内容的保护。其中，程序断点的保护由中断隐指令完成，CPU 内部各寄存器内容的保护在中断服务程序中由用户（或系统）用机器指令编程实现。

5．CPU 响应中断后，如何停止原程序的执行而转入中断服务程序入口地址

解答：前面讲过了，两种方式寻找中断服务程序入口地址。

6．中断处理结束后，CPU 如何恢复现场，如何返回到原程序的间断处

解答：恢复现场指在中断返回前，必须将寄存器的内容恢复到中断处理前的状态，这部分工作也由中断服务程序完成，详细过程参考第 7 章的讲解。

7．在中断处理过程中又出现了新的中断请求，CPU 如何处理

解答：有两种方式解决：第一种方式很简单，就是不予理会，待执行完当前的服务程序后再响应，即单重中断的概念。第二种方式就是考虑其优先级，若优先级高于正在执行的中断服务程序，则响应；相反，则不理会，这种解决方式被称为多重中断。下面着重介绍多重中断的概念。

当 CPU 正在执行某个中断服务程序时，另一个中断源又提出了新的中断请求，而 CPU 又响应了这个新的请求，于是暂停正在运行的中断服务程序，转去执行新的中断服务程序，这称为**多重中断**，又称为**中断嵌套**。

（1）多重中断需要满足的两大条件

1）在图 5-33 中可以看出，开中断是在服务程序结束之后才有的，不然不予响应任何中断，所以需要满足的第一个条件就是提前设置"开中断"指令。开中断指令的位置决定了 CPU 能否实现多重中断，如图 5-39 所示。

2）在满足 1）的前提下，只有优先级别更高的中断请求源，才可以中断比其级别低的中断服务程序，所以第二个条件必须满足：优先级别高的中断源有权中断优先级别低的中断源。为了保证级别低的中断源不干扰比其级别高的中断源的中断处理过程，可采用屏蔽技术。

（2）屏蔽技术

每个中断请求触发器都有一个屏蔽触发器，将所有屏蔽触发器组合在一起，便构成了一

个屏蔽寄存器。屏蔽寄存器的内容称为屏蔽字（又称为屏蔽码）。每个中断源都对应一个屏蔽字。那么，什么时候设置屏蔽字合适呢？由于只要中断一开，就允许中断嵌套，因此设置屏蔽字的指令必须安排在中断服务程序的开中断指令之前，如图5-40所示。

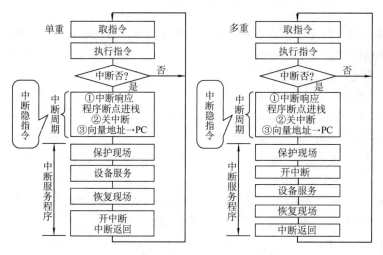

图5-39　单重中断和多重中断服务程序流程　　　　图5-40　加入屏蔽技术的中断服务程序流程

严格来说，优先级包含**响应优先级**和**处理优先级**。

响应优先级是指CPU响应各中断源请求的优先次序。这种次序往往是硬件电路已设置好的，不便于改动。

处理优先级是指CPU实际对各中断源请求处理的优先次序，可以通过屏蔽技术来改变处理优先次序。若不采用屏蔽技术，则响应的优先次序就是处理的优先次序。中断优先级与屏蔽字的关系如图5-41所示。

16个中断源1、2、3、…、16的优先级按降序排列

优先级	屏蔽字
1	1 1 1 1 1 1 1 1 1 1 1 1 1 1 1 1
2	0 1 1 1 1 1 1 1 1 1 1 1 1 1 1 1
3	0 0 1 1 1 1 1 1 1 1 1 1 1 1 1 1
4	0 0 0 1 1 1 1 1 1 1 1 1 1 1 1 1
5	0 0 0 0 1 1 1 1 1 1 1 1 1 1 1 1
6	0 0 0 0 0 1 1 1 1 1 1 1 1 1 1 1
⋮	⋮
15	0 0 0 0 0 0 0 0 0 0 0 0 0 0 1 1
16	0 0 0 0 0 0 0 0 0 0 0 0 0 0 0 1

图5-41　中断优先级与屏蔽字的关系

从图5-41中可以看出，优先级为5的屏蔽字为0000111111111111，表示中断源1、2、3、4都是比它优先级高的，换句话说就是这16位二进制数分别对应16个中断源，当第i位为"0"时，表示第i个中断源不可屏蔽，要马上响应；当第i位为"1"时，表示第i个中断源可屏蔽。

【例5-14】某机器有4级中断，优先级从高到低为1→2→3→4。若将优先级顺序修改，修改后1级中断的屏蔽字为1011，2级中断的屏蔽字为1111，3级中断的屏蔽字为0011，4

级中断的屏蔽字为 0001，则修改后的优先顺序从高到低为（　　　）。

A．1→2→3→4   B．3→2→1→4

C．1→3→4→2   D．2→1→3→4

解析：这种题目其实有一种很简单的解决方式，若某中断屏蔽字的"1"越多，则表示能屏蔽更多的中断源，其优先级肯定最高，所以也可以按照屏蔽字中"1"的个数来排序，故选 D。

【例 5-15】（2011 年统考真题）某计算机有 5 级中断 $L_4 \sim L_0$，中断屏蔽字为 $M_4M_3M_2M_1M_0$，$M_i = 1$（$0 \leq i \leq 4$）表示对 L_i 级中断进行屏蔽。若中断响应优先级从高到低的顺序是 $L_0 \rightarrow L_1 \rightarrow L_2 \rightarrow L_3 \rightarrow L_4$，且要求中断处理优先级从高到低的顺序是 $L_4 \rightarrow L_0 \rightarrow L_2 \rightarrow L_1 \rightarrow L_3$，则 L_1 的中断处理程序中设置的中断屏蔽字是（　　　）。

A．11110   B．01101

C．00011   D．01010

解析：D。首先看 L_1 所在的位置。后面只有 L_3 比 L_1 低，所以把 L_1 和 L_3 位置的屏蔽触发器的内容置为 1，其余为 0，即 01010。

【例 5-16】 某机器有 4 个中断源，优先顺序按 1→2→3→4 降序排列，若想将中断处理次序改为 3→1→4→2，则 1、2、3、4 中断源对应的屏蔽字分别是＿＿＿、＿＿＿、＿＿＿和＿＿＿。

解析：方法如下。

中断源		屏蔽字			
1	1	1	0	1	3 的优先级比 1 大，第 3 位为 0，其余为 1
2	0	1	0	0	1，3，4 优先级比 2 高。1，3，4 置 0
3	1	1	1	1	优先级最高，全为 1
4	0	1	0	1	1，3 比 4 的优先级高。1，3 为 0，其余为 1

答案为：1101、0100、1111、0101。

习题

微信扫码看本章题目讲解视频

1．下列部件中不属于控制部件的是（　　　）。

A．指令寄存器   B．操作控制器

C．程序计数器   D．状态条件寄存器

2．下列部件中不属于执行部件的是（　　　）。

A．控制器   B．存储器

C．运算器   D．外部设备

3．（2015 年中科院真题）在程序执行过程中，（　　　）控制计算机的运行总是处于取指令、分析指令和执行指令的循环之中。

A. 控制器　　　　　　　　　　B. CPU

C. 指令存储器　　　　　　　　D. 指令译码器

4. 指令寄存器中寄存的是（　　　）。

A. 下一条要执行的指令　　　　B. 已执行完了的指令

C. 正在执行的指令　　　　　　D. 要转移的指令

5. 关于通用寄存器，下列说法正确的是（　　　）。

A. 可存放指令的寄存器

B. 可存放程序状态字的寄存器

C. 本身具有计数逻辑与移位逻辑的寄存器

D. 可存放运算结果的寄存器

6. 已知一台时钟频率为 2GHz 的计算机的 CPI 为 1.2。某程序 P 在该计算机上的指令条数为 $4×10^9$。若在该计算机上，程序 P 从开始启动到执行结束所经历的时间是 4s，则运行 P 所用 CPU 时间占整个 CPU 时间的百分比大约是（　　　）。

A. 40%　　　　　B. 60%　　　　　　C. 80%　　　　　　D. 100%

7. 在取指操作结束后，程序计数器中存放的是（　　　）。

A. 当前指令的地址　　　　　　B. 程序中指令的数量

C. 下一条指令的地址　　　　　D. 已经执行指令的计数值

8. 指令译码器进行译码的是（　　　）。

A. 整条指令　　　　　　　　　B. 指令的操作码字段

C. 指令的地址　　　　　　　　D. 指令的操作数字段

9. 下列说法中正确的是（　　　）。

A. 采用微程序控制器是为了提高速度

B. 控制存储器采用高速 RAM 电路组成

C. 微指令计数器决定指令的执行顺序

D. 一条微指令放在控制存储器的一个单元中

10. 从一条指令的启动到下一条指令启动的时间间隔称为（　　　）。

A. 时钟周期　　　　　　　　　B. 机器周期

C. 节拍　　　　　　　　　　　D. 指令周期

11. （　　　）不是常用三级时序系统中的一级。

A. 指令周期　　　　　　　　　B. 机器周期

C. 节拍　　　　　　　　　　　D. 定时脉冲

12. 下列说法中，正确的是（　　　）。

A. 加法指令的执行周期一定要访存

B. 加法指令的执行周期一定不要访存

C. 指令的地址码给出存储器地址的加法指令，在执行周期一定要访存

D. 指令的地址码给出存储器地址的加法指令，在执行周期一定不需要访存

13. 同步控制是（　　　）。

A. 只适用于 CPU 控制的方式　　　B. 由统一时序信号控制的方式

C. 所有指令执行时间都相同的方式　D. 不强调统一时序信号控制的方式

14. 采用同步控制的目的是（　　　）。

A. 提高执行速度
B. 简化控制时序

C. 满足不同操作对时间安排的需要
D. 满足不同设备对时间安排的需要

15. 计算机执行乘法指令时，由于其操作复杂，需要更多的时间，通常采用（　　）控制方式。

A. 异步控制
B. 延长机器周期内的节拍数

C. 中央控制与局部控制相结合
D. 同步控制与异步控制相结合

16. 下列说法中正确的是（　　）。

A. 微程序控制方式与硬布线控制方式相比较，前者可以使指令的执行速度更快

B. 若采用微程序控制方式，则可用μPC取代PC

C. 控制存储器可以用掩膜 ROM、EPROM 或闪速存储器来实现

D. 指令周期也称为 CPU 周期

17.（2014 年统考真题）某计算机采用微程序控制器，共有 32 条指令，公共的取指令微程序包含 2 条微指令，各指令对应的微程序平均由 4 条微指令组成，采用断定法（下地址字段法）确定下条微指令地址，则微指令中下地址字段的位数至少是（　　）。

A. 5
B. 6
C. 8
D. 9

18. 微程序控制器中，机器指令与微指令的关系是（　　）。

A. 一条机器指令由一条微指令来执行

B. 一条机器指令由一段用微指令编成的微程序来解释执行

C. 一段机器指令组成的程序可由一个微程序来执行

D. 每一条微指令由一条机器指令来解释执行

19. 在微程序控制器中，微程序的入口微地址是通过（　　）得到的。

A. 程序计数器 PC
B. 前条微指令

C. PC+1
D. 指令操作码映射

20. 下列不属于微指令结构设计所追求的目标是（　　）。

A. 提高微程序的执行速度
B. 提高微程序设计的灵活性

C. 缩短微指令的长度
D. 增大控制存储器的容量

21. 在 CPU 的状态字寄存器中，若符号标志位 SF 为"1"，表示运算结果是（　　）。

A. 正数
B. 负数

C. 非正数
D. 不能确定

22. 微程序控制器的速度比硬布线控制器慢，主要是因为（　　）。

A. 增加了从磁盘存储器读取微指令的时间

B. 增加了从主存储器读取微指令的时间

C. 增加了从指令寄存器读取微指令的时间

D. 增加了从控制存储器读取微指令的时间

23. 微指令大体可分为两类：水平型微指令和垂直型微指令。下列几项中，不符合水平型微指令特点的是（　　）。

A. 执行速度快
B. 并行度较低

C. 更多地体现了控制器的硬件细节
D. 微指令长度较长

24. 微指令操作控制字段的每一位代表一个控制信号，这种微程序的控制方式叫作（　　）。

A．字段直接编码   B．字段间接编码

C．混合编码   D．直接编码

25．关于微指令操作控制字段的编码方法，下面叙述正确的是（　　　）。

A．直接编码、字段间接编码法和字段直接编码法都不影响微指令的长度

B．一般情况下，直接编码的微指令位数最多

C．一般情况下，字段间接编码法的微指令位数最多

D．一般情况下，字段直接编码法的微指令位数最多

26．组合逻辑控制器和微程序控制器的主要区别在于（　　　）。

A．ALU 结构不同   B．数据通路不同

C．CPU 寄存器组织不同   D．微操作信号发生器的构成方法不同

27．指令从流水线开始建立时执行，设指令由取指、分析、执行 3 个子部件完成，并且每个子部件的时间均为Δt，若采用常规标量单流水线处理器（即处理器的度为1），连续执行 12 条指令，共需（　　　）。

A．12Δt   B．14Δt   C．16Δt   D．18Δt

28．指令从流水线开始建立时执行，设指令流水线把一条指令分为取指、分析、执行三部分，且三部分的时间分别是 2ns、2ns、1ns，则 100 条指令全部执行完毕需要（　　　）。

A．163ns   B．183ns   C．193ns   D．203ns

29．流水线计算机中，下列语句发生的数据相关类型是（　　　）。

ADD R1,R2,R3;(R2)+(R3)→R1

ADD R4,R1,R5;(R1)+(R5)→R4

A．写后写   B．读后写   C．写后读   D．读后读

30．（2016 年统考真题）在无转发机制的五段基本流水线（取指、译码/读寄存器、运算、访存、写回寄存器）中，下列指令序列存在数据冒险的指令对是（　　　）。

I1:addR1,R2,R3;(R2)+(R3)→R1

I2:addR5,R2,R4;(R2)+(R4)→R5

I3:addR4,R5,R3;(R5)+(R3)→R4

I4:addR5,R2,R6;(R2)+(R6)→R5

A．I1 和 I2   B．I2 和 I3   C．I2 和 I4   D．I3 和 I4

31．（2016 年统考真题）单周期处理器中所有指令的指令周期为一个时钟周期。下列关于单周期处理器的叙述中，错误的是（　　　）。

A．可以采用单总线结构数据通路

B．处理器时钟频率较低

C．在指令执行过程中控制信号不变

D．每条指令的 CPI 为 1

32．（2017 年统考真题）下列关于超标量流水线特性的叙述中，正确的是（　　　）。

Ⅰ．能缩短流水线功能段的处理时间

Ⅱ．能在一个时钟周期内同时发射多条指令

Ⅲ．能结合动态调度技术提高指令执行并行性

A．仅Ⅱ   B．仅Ⅰ、Ⅲ

C．仅Ⅱ、Ⅲ   D．Ⅰ、Ⅱ、Ⅲ

33.（2017 年统考真题）下列关于主存储器（MM）和控制存储器（CS）的叙述中，错误的是（　　）。

A．MM 在 CPU 外，CS 在 CPU 内

B．MM 按地址访问，CS 按内容访问

C．MM 存储指令和数据，CS 存储微指令

D．MM 用 RAM 和 ROM 实现，CS 用 ROM 实现

34．（2017 年统考真题）下列关于指令流水线数据通路的叙述中，错误的是（　　）。

A．包含生成控制信号的控制部件

B．包含算术逻辑运算部件 ALU

C．包含通用寄存器组和取指部件

D．由组合逻辑电路和时序逻辑电路组合而成

35．在计算机体系结构中，CPU 内部包括程序计数器（PC）、存储器数据寄存器（MDR）、指令寄存器（IR）和存储器地址寄存器（MAR）等。若 CPU 要执行的指令为 MOV R0, #100（即将数值 100 传送到寄存器 R0 中），则 CPU 首先要完成的操作是（　　）。

A．100→R0　　B．100→MDR　　C．PC→MAR　　D．PC→IR

36．流水线中有 3 类数据相关冲突：写后读相关、读后写相关、写后写相关。那么下列 3 组指令中存在读后写相关的是（　　）。

A．　I_1　　SUB R_1,R_2,R_3;　　$(R_2)-(R_3)\to R_1$

　　　I_2　　ADD R_4,R_5,R_1;　　$(R_5)+(R_1)\to R_4$

B．　I_1　　STA M,R_2;　　$(R_2)\to M$，M 为主存单元

　　　I_2　　ADD R_2,R_4,R_5;　　$(R_4)+(R_5)\to R_2$

C．　I_1　　MUL R_3,R_2,R_1;　　$(R_2)\times(R_1)\to R_3$

　　　I_2　　SUB R_3,R_4,R_5;　　$(R_4)-(R_5)\to R_3$

D．以上都不是

37．某计算机的指令流水线由 4 个功能段组成，指令流经各功能段的时间（忽略各功能段之间的缓存时间）分别为 90ns、80ns、70ns 和 60ns，则该计算机的 CPU 时钟周期至少是（　　）。

A．90ns　　　　B．80ns　　　　C．70ns　　　　D．60ns

38．下面是一段 MIPS 指令序列：

```
1    add $t2,$s1,$s0       #R[$t2]←R[$s1]+R[$s0]
2    add $t2,$s0,$s3       #R[$t2]←R[$s0]+R[$s3]
3    lw $t1,0($t2)         #R[$t1]←M[R[$t2]+0]
4    add $t1,$t1,$t2       #R[$t1]←R[$t1]+R[$t2]
```

以上指令序列中，（　　）指令之间发生数据相关？

A．1 和 2、2 和 3

B．1 和 2、2 和 4

C．1 和 3、2 和 3、2 和 4、3 和 4

D．1 和 2、2 和 3、2 和 4、3 和 4

39．（2013 年统考真题）某 CPU 主频为 1.03GHz，采用 4 级指令流水线，每个流水段的执行需要 1 个时钟周期。假定 CPU 执行了 100 条指令，在其执行过程中，没有发生任何流水线阻塞，此时流水线的吞吐率为（　　）。

A．0.25×10^9 条指令/秒

B．0.97×10^9 条指令/秒

C．$1.0×10^9$ 条指令/秒　　　　　　　D．$1.03×10^9$ 条指令/秒

40．原理性地说明条件相对转移指令的指令格式和执行步骤。

41．简述计算机控制器的功能和执行一条指令所需的步骤。

42．某机采用微程序控制方式，微指令字长为 24 位，采用水平型字段直接编码控制方式和断定方式。共有微命令 30 个，构成 4 个互斥类，各包含 5 个、8 个、14 个和 3 个微命令，外部条件共 3 个。

1）控制存储器的容量应为多少？

2）设计出微指令的具体格式。

43．采用微程序控制器的某计算机在微程序级采用两级流水线，即取第 i+1 条微指令与执行第 i 条微指令同时进行。假设微指令的执行时间需要 40ns，试问：

1）若控制存储器选用读出时间为 30ns 的 ROM，在这种情况下微周期为多少？并画出微指令执行时序图。

2）若控制存储器选用读出时间为 50ns 的 ROM，在这种情况下微周期为多少？并画出微指令执行时序图。

44．某计算机采用 5 级指令流水线，如果每级执行时间是 2ns，求理想情况下该流水线的加速比和吞吐率。

45．假设指令流水线分取指（FI）、译码（ID）、执行（EX）、回写（WR）4 个过程段，共有 10 条指令连续输入此流水线。

1）画出指令周期流程。

2）画出非流水线时空图。

3）画出流水线时空图。

4）假设时钟周期为 100ns，求流水线的实际吞吐率。

5）求该流水处理器的加速比。

46．在一个 8 级中断系统中，硬件中断响应从高到低的优先顺序是：1→2→3→4→5→6→7→8，设置中断屏蔽寄存器后，中断处理的优先顺序变为 1→5→8→3→2→4→6→7。

1）应如何设置屏蔽码？

2）如果 CPU 在执行一个应用程序时有 5、6、7 级 3 个中断请求同时到达，中断请求 8 在 6 没有处理完以前到达，在处理 8 时中断请求 2 又到达 CPU，试画出 CPU 响应这些中断的顺序示意图。

47．设某机有 4 个中断源 A、B、C、D，其硬件排队优先顺序为 A>B>C>D，现要求将中断处理顺序改为 D>A>C>B。

1）写出每个中断源对应的屏蔽字。

2）按图 5-42 所示的时间轴给出的 4 个中断源的请求时刻，画出 CPU 执行程序的轨迹。设每个中断源的中断服务程序时间均为 20s。

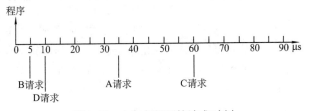

图 5-42　4 个中断源的请求时刻

48. 现有 4 级流水线，分别完成取指、指令译码并取数、运算、回写 4 步操作，假设完成各部操作的时间依次为 100ns、100ns、80ns、50ns。试问：

1）流水线的操作周期应设计为多少？

2）试给出相邻两条指令发生数据相关的例子（假设在硬件上不采取措施），试分析第 2 条指令要推迟多少时间进行才不会出错？

3）如果在硬件设计上加以改进，至少需要推迟多少时间？

49.（2012 年统考真题）某 16 位计算机中，带符号整数用补码表示，数据 Cache 和指令 Cache 分离。表 5-6 给出了指令系统中部分指令格式，其中 Rs 和 Rd 表示寄存器，mem 表示存储单元地址，（x）表示寄存器 x 或存储单元 x 的内容。

表 5-6 指令系统中部分指令格式

名　称	指令的汇编格式	指 令 功 能
加法指令	ADD Rs，Rd	(Rs)+(Rd)→Rd
算术左移	SHL Rd	2*(Rd)→Rd
算术右移	SHR Rd	(Rd)/2→Rd
取数指令	LOAD Rd，mem	(mem)→Rd
存数指令	STORE Rs，mem	(Rs)→mem

该计算机采用 5 段流水方式执行指令，各流水段分别是取指 IF、译码/读寄存器 ID、执行/计算有效地址 EX、访问存储器 M、结果写回寄存器 WB，流水线采用"按序发射，按序完成"方式，没有采用转发技术处理数据相关，并且同一寄存器的读和写操作不能在同一个时钟周期内进行。请回答下列问题。

1）若 int 型变量 x 的值为-513，存放在寄存器 R1 中，则执行指令"SHR R1"后，R1 的内容是多少？要求用十六进制表示。

2）若某个时间段中，有连续的 4 条指令进入流水线，在其执行过程中没有发生任何指令段阻塞，则执行这 4 条指令所需的时钟周期数为多少？

3）若高级语言程序中某赋值语句为 x=a+b，x、a 和 b 均为 int 型变量，它们的存储单元地址分别为[x]、[a]和[b]。该语句对应的指令序列如下，其在指令流水线中的执行过程见表 5-7。

I1　LOAD R1，[a]
I2　LOAD R2，[b]
I3　ADD R1，R2
I4　STORE R2，[x]

表 5-7 指令序列的执行过程

指　令	时间单元													
	1	2	3	4	5	6	7	8	9	10	11	12	13	14
I1	IF	ID	EX	M	WB									
I2		IF	ID	EX	M	WB								
I3			IF				ID	EX	M	WB				
I4							IF				ID	EX	M	WB

这 4 条指令执行过程中，I3 的 ID 段和 I4 的 IF 段被阻塞的原因各是什么？

4）若高级语言程序中某赋值语句为 x=2*x+a，x 和 a 均为 unsigned int 型变量，它们的存储单元地址分别表示为[x]、[a]。执行这条语句至少需要多少个时钟周期？要求模仿表 5-7 画出这条语句对应的指令序列及其在流水线中的执行过程示意图。

50. 假设指令流水线分为取指令（IF）、指令译码/读寄存器（ID）、执行/有效地址计算（EX）、存储器访问（MEM）、结果写回寄存器（WB）5 个过程段。现有下列指令序列进入该流水线。

① ADD R1,R2,R;
② SUB R4,R1,R5;
③ AND R6,R1,R7;
④ OR R8,R1,R9;
⑤ XOR R10,R1,R11;

请回答以下问题：

1）如果处理器不对指令之间的数据相关进行特殊处理，而允许这些指令进入流水线，试问上述指令中哪些将从未准备好数据的 R1 寄存器中取到错误的数据？

2）假如采用将相关指令延迟到所需操作数被写回到寄存器后再执行的方式，以解决数据相关的问题，那么处理器执行该指令序列需占用多少个时钟周期？

51.（2014 年统考真题）某程序中有如下循环代码段 p："for(int i = 0; i < N; i++) sum+=A[i];"。假设编译时变量 sum 和 i 分别分配在寄存器 R1 和 R2 中，常量 N 在寄存器 R6 中，数组 A 的首地址在寄存器 R3 中。程序段 P 起始地址为 0804 8100H，对应的汇编代码和机器代码见表 5-8。

表 5-8

编号	地址	机器代码	汇编代码	注释
1	08048100H	00022080H	loop: sll R4,R2,2	(R2)<<2 R4
2	08048104H	00083020H	add R4,R4,R3	(R4)+(R3) R4
3	08048108H	8C850000H	load R5,0(R4)	((R4)+0) R5
4	0804810CH	00250820H	add R1,R1,R5	(R1)+(R5) R1
5	08048110H	20420001H	add R2,R2,1	(R2)+1 R2
6	08048114H	1446FFFAH	bne R2,R6,loop	if(R2)!=(R6) goto loop

执行上述代码的计算机 M 采用 32 位定长指令字，其中分支指令 bne 采用如下格式：

31　　　　26	25　　　21	20　　　16	15　　　　0
OP	Rs	Rd	OFFSET

OP 为操作码；Rs 和 Rd 为寄存器编号；OFFSET 为偏移量，用补码表示。请回答下列问题，并说明理由。

1）M 的存储器编址单位是什么？

2）已知 sll 指令实现左移功能，数组 A 中每个元素占多少位？

3）表中 bne 指令的 OFFSET 字段的值是多少？已知 bne 指令采用相对寻址方式，当前 PC 内容为 bne 指令地址，通过分析题 51 表中指令地址和 bne 指令内容，推断出 bne 指令的转移目标地址计算公式。

4）若 M 采用如下"按序发射、按序完成"的 5 级指令流水线：IF（取指）、ID（译码及

取数）、EXE（执行）、MEM（访存）、WB（写回寄存器），且硬件不采取任何转发措施，分支指令的执行均引起 3 个时钟周期的阻塞，则 P 中哪些指令的执行会由于数据相关而发生流水线阻塞？哪条指令的执行会发生控制冒险？为什么指令 1 的执行不会因为与指令 5 的数据相关而发生阻塞？

52．（2014 年统考真题）假设对于上题中的计算机 M 和程序 P 的机器代码，M 采用页式虚拟存储管理；P 开始执行时，(R1)=(R2)=0，(R6)=1000，其机器代码已调入主存但不在 Cache 中；数组 A 未调入主存，且所有数组元素在同一页，并存储在磁盘的同一个扇区。请回答下列问题并说明理由。

1）P 执行结束时，R2 的内容是多少？

2）M 的指令 Cache 和数据 Cache 分离。若指令 Cache 共有 16 行，Cache 和主存交换的块大小为 32 字节，则其数据区的容量是多少？若仅考虑程序段 P 的执行，则指令 Cache 的命中率为多少？

3）P 在执行过程中，哪条指令的执行可能发生溢出异常？哪条指令的执行可能产生缺页异常？对于数组 A 的访问，需要读磁盘和 TLB 至少各多少次？

53．（2015 年统考真题）某 16 位计算机的主存按字节编码，存取单位为 16 位；采用 16 位定长指令字格式；CPU 采用单总线结构，主要部分如下图所示。图中 R0～R3 为通用寄存器；T 为暂存器；SR 为移位寄存器，可实现直送（mov）、左移一位（left）和右移一位（right）3 种操作，控制信号为 SRop，SR 的输出由信号 SRout 控制；ALU 可实现直送 A（mova）、A 加 B（add）、A 减 B（sub）、A 与 B（and）、A 或 B（or）、非 A（not）、A 加 1（inc）7 种操作，控制信号为 ALUop。请回答下列问题。

1）图 5-43 中哪些寄存器是程序员可见的？为何要设置暂存器 T？

2）控制信号 ALUop 和 SRop 的位数至少各是多少？

3）控制信号 SRout 所控制部件的名称或作用是什么？

4）端点①～⑨中，哪些端点须连接到控制部件的输出端？

5）为完善单总线数据通路，需要在端点①～⑨中相应的端点之间添加必要的连线。写出连线的起点和终点，以正确表示数据的流动方向。

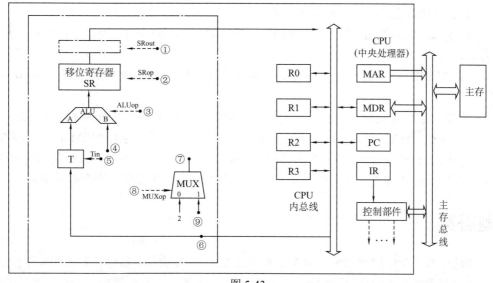

图 5-43

6）为什么二路选择器 MUX 的一个输入端是 2？

54.（2015 年统考真题）上题中描述的计算机，其部分指令执行过程的控制信号如图 5-44 所示。

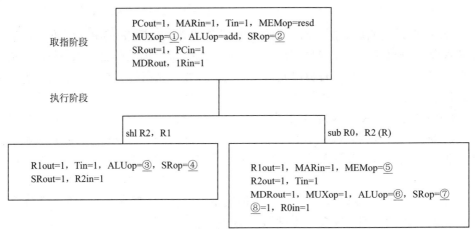

注：值为 0 的寄存器输入/输出控制信号以及值为任意的其他控制信号均未在图中标出

图 5-44

该机指令格式如下图所示，支持寄存器直接和寄存器间接两种寻址方式，寻址方式位分别为 0 和 1，通用寄存器 R0～R3 的编号分别为 0、1、2 和 3。

指令操作码		目的操作数		源操作数 1		源操作数 2	
OP	Md	Rd	Ms1	Rs1	Ms2	Rs2	

其中：Md、Ms1、Ms2 为寻址方式位，Rd、Rs1、Rs2 为寄存器编号

三地址指令：　　　　　　　　　源操作数 1　OP　源操作数 2　->目的操作数地址
二地址指令（末 3 位均为 0）：　　　　　　　OP　源操作数 1　->目的操作数地址
单地址指令（末 6 位均为 0）：　　　　　　　OP　目的操作数　->目的操作数地址

请回答下列问题。

1）该机的指令系统最多可定义多少条指令？

2）假定 inc、shl 和 sub 指令的操作码分别为 01H、02H 和 03H，则以下指令对应的机器代码各是什么？

① inc R1；R1 + 1→R1　② shl R2,R1；(R1) << 1→R2　③ sub R3, (R1),R2；((R1)) - (R2) →R3

3）假设寄存器 X 的输入和输出控制信号分别为 Xin 和 Xout，其值为 1 表示有效，为 0 表示无效（例如，PCout=1 表示 PC 内容送总线）；存储器控制信号为 MEMop，用于控制存储器的读(read)和写(write)操作。写出题图 a 中标号①～⑧处的控制信号或控制信号的取值。

4）指令"sub R1,R3,(R2)"和"inc R1"的执行阶段至少各需要多少个时钟周期？

习题答案

1. 解析：D。CPU 控制器主要由 3 个部件组成：指令寄存器、程序计数器和操作控制器。状态条件寄存器通常属于运算器的部件，用以保存由算术指令和逻辑指令运行或测试的结果

建立的各种条件码内容，如运算结果进位标志（C）、运算结果溢出标志（V）、运算结果为零标志（Z）、运算结果为负标志（N）、中断标志（I）、方向标志（D）和单步标识等。

2．解析：A。一台数字计算机基本上可以划分为两大部分：控制部件和执行部件。控制器就是控制部件，而运算器、存储器、外部设备相对控制器来说就是执行部件。控制部件与执行部件的一种联系就是通过控制线。控制部件通过控制线向执行部件发出各种控制命令，通常这种控制命令叫作微命令，而执行部件接受微命令后所执行的操作就叫作微操作。控制部件与执行部件之间的另一种联系就是反馈信息。执行部件通过反馈线向控制部件反映操作情况，以便使得控制部件根据执行部件的状态来下达新的微命令，这也叫作"状态测试"。

3．解析：A。CPU 的功能包括指令控制、操作控制、时间控制、数据加工和中断处理，其中指令控制功能即控制计算机的运行总是处于取指令、分析指令和执行指令的循环之中，指令控制功能是由控制器来实现的。故选 A。

可能有的考生会误选 B 选项，认为题目描述属于 CPU 的功能，但 CPU 的功能不仅仅是指令控制，选择控制器更准确。

4．解析：C。指令寄存器用来存放从存储器中取出的指令。

归纳总结：当指令从主存取出存于指令寄存器之后，在执行指令的过程中，指令寄存器的内容不允许发生变化，以保证实现指令的全部功能。

5．解析：D。存放指令的寄存器是指令寄存器（IR），存放程序状态字的寄存器是程序状态字寄存器（PSWR），这些寄存器都不属于通用寄存器。其次，通用寄存器并不一定本身都具有计数和移位功能。

归纳总结：通常，CPU 中设置有多个通用寄存器，通用寄存器可以由程序编址访问。通用寄存器可用来存放原始数据和运算结果，有的还可以作为变址寄存器、计数器、地址指针等。另外，通用寄存器的内容一般都是可被程序员改变的，并且改变之后并不影响机器的正常运行，所以像指令寄存器、数据寄存器、状态寄存器都不属于通用寄存器。

6．解析：B。程序的执行时间为 $1.2×4×(10^9/2)$s=2.4s，所占百分比为$(2.4/4)×100\%=60\%$。

7．解析：C。在取指周期的微指令序列里面，总会看到有 PC+1→PC，所以取指操作结束后，程序计数器存放的是下一条指令的地址。

8．解析：B。指令译码器对存放在指令寄存器中指令的操作码部分进行译码，以识别出具体要做的操作，并产生相应的控制信号。

归纳总结：指令译码器又称为操作码译码器，暂存在指令寄存器中的指令只有在其操作码经过译码之后才能识别出这是一条什么样的指令，并产生相应的控制信号提供给微操作信号发生器。

解题技巧：通常一条指令由操作码字段和地址码字段组成，指令译码器仅对其操作码字段进行译码，而不是对整条指令进行译码。

9．解析：D。微程序控制器比硬布线控制器的速度慢，所以 A 选项错；通常控制存储器采用 ROM 组成，所以 B 选项错；微指令计数器决定的是微指令的执行顺序，所以 C 选项错。

10．解析：D。指令周期指从取指令、分析、取数到执行完该指令所需的全部时间，即两条指令的间隔时间。

归纳总结：通常把一个指令周期划分为若干个机器周期，一个机器周期中又含有若干个时钟周期。

解题技巧：除去 D 选项外，其余的周期时间都小于完整地执行一条指令的时间间隔。

11．解析：A。三级时序系统包括机器周期、节拍和工作脉冲。

归纳总结：三级时序系统是小型机常用的时序系统，在机器周期间、节拍电位间、工作脉冲间既不允许有重叠交叉，也不允许有空隙，应该是一个接一个的准确连接。

12．解析：C。指令中给出了存储器地址，表明有操作数在存储器中，所以要访存，故选 C。

归纳总结：加法指令的执行周期是否需要访存，取决于操作数放在哪里，操作数在主存中就需要访存，操作数不在主存中就不需要访存。

13．解析：B。本题考查同步控制的基本概念。同步控制是由统一时序信号控制的方式。

14．解析：B。同步控制采用统一的时钟信号，以最复杂指令的操作时间作为统一的时间间隔标准。这种控制方式设计简单，容易实现。

归纳总结：同步控制方式即固定时序控制方式，各项操作都由统一的时序信号控制，在每个机器周期中产生统一数目的节拍电位和工作脉冲。这种控制方式设计简单，容易实现，但是对于许多简单指令来说会有较多的空闲时间，造成大量的时间浪费，从而影响了指令的执行速度。

15．解析：C。乘法指令属于中央控制与局部控制相结合的典型特例。

归纳总结：中央控制与局部控制相结合的方式可以将执行周期需要更多时钟周期的指令安排局部控制节拍，并将其插入到中央控制的执行周期内。

16．解析：C。微程序控制器比硬布线控制器的速度慢，所以 A 选项错；μPC 是微程序计数器，不能取代 PC 的功能，所以 B 选项错（一般来讲都不会使用μPC，而是使用 CMAR 自加 1 来实现微指令的顺序执行）；CPU 周期又称为机器周期，而不是指令周期，所以 D 选项错。

17．解析：C。计算机共有 32 条指令，各个指令对应的微程序平均为 4 条，则指令对应的微指令为 32×4=128 条,而公共微指令还有 2 条,整个系统中微指令的条数一共为 128+2=130 条，所以需要$\lceil \log_2 130 \rceil$=8 位才能寻址到 130 条微指令，故选 C。

18．解析：B。通常，一条机器指令对应一段微程序，这段微程序是机器指令的实时解释器。

归纳总结：程序最终由机器指令组成，由软件设计人员事先编制好并存放在主存或辅存中。微程序由微指令组成，用于描述机器指令，由计算机的设计者事先编制好并存放在控制存储器中。

19．解析：D。每一条机器指令对应一段微程序，微程序的入口微地址是由机器指令的操作码形成的。

归纳总结：当公用的取指微程序从主存中取出机器指令之后，由机器指令的操作码字段指出各个微程序的入口地址（初始微地址）。

20．解析：D。首先 D 选项是明显错误的。微指令结构设计的目的之一是希望能够用最短的微指令长度来实现最多的微操作，所以应该是减小控制存储器的容量才对。A、B、C 选项都是微指令结构设计所追求的目标。

归纳总结：设计微指令结构时，所追求的目标为：有利于减小控制存储器的容量；有利于提高微程序的执行速度；有利于微指令的修改；有利于微程序设计的灵活性；有利于缩短微指令的长度。

21．解析：D。

状态字寄存器用来存放 PSW，PSW 包括两个部分：一是状态标志，如进位标志（C）、结果为零标志（Z）等，大多数指令的执行将会影响到这些标志位；二是控制标志，如中断标志、陷阱标志等。

SF 符号标志位，当运算结果最高有效位是 1，SF==1；否则，SF==0。当此数是有符号数时，该数是个负数；当此数为无符号数时，SF 的值没有参考价值。

22．解析：D。由于微程序控制器增加了控制存储器，所以指令的执行速度比硬布线控制器慢。

解题技巧：微指令是存放在控制存储器中的，所以应当从控制存储器读取微指令。

23．解析：B。水平型微指令具有良好的并行性，每条微指令可以完成较多的基本微操作，但垂直型微指令接近于机器指令的格式，每条微指令只能完成一个基本微操作。

归纳总结：水平型微指令的特点包括并行操作能力强，效率高，灵活性强，执行一条机器指令所需微指令的数目少，执行时间短，但微指令字较长，同时要求设计者熟悉数据通路。

24．解析：D。本题考查了微指令编码方式中直接编码的基本概念。

25．解析：B。直接编码无须进行译码，每个微命令对应并控制数据通路中的一个微操作，所以微指令位数最多。

归纳总结：对于相同的微命令数，微指令位数按字段间接编码、字段直接编码和直接编码的顺序依次增加。

26．解析：D。组合逻辑使用的是逻辑电路来实现微操作，而微程序控制器是使用微程序来实现，所以主要的区别是微操作信号发生器的构成方法不同。

27．解析：B。单流水线处理器执行 12 条指令的时间为[3+(12-1)]Δt=14Δt。

归纳总结：一个 m 段流水线的各段经过时间均为Δt，则需要 $T_1 = m \times \Delta t$ 的流水建立时间，之后每隔Δt 就可流出一条指令，完成 n 个任务共需时间 $T = m \times \Delta t + (n-1) \times \Delta t$。

28．解析：D。此题综合考查了两个知识点。一个是指令流水线中机器周期的确定；另外一个是流水线的时间计算（上题已经总结）。首先确定指令流水线的机器周期应以最长的执行时间为准，即 2ns。流水情况如下：

2ns 2ns 2ns

   2ns 2ns 2ns

      2ns 2ns 2ns

         …

执行第一条指令要 2+2+2=6ns，以后每过 2ns 就完成一条指令，99 条共要 99×2=198ns。但是因为最后一条指令的最后一个执行操作用时 1ns，所以总时间为：2+2+2+99×2-1=203ns。

29．解析：C。数据相关类型包括 RAW（写后读）、WAW（写后写）、WAR（读后写）。设有 i 和 j 两条指令，i 指令在前，j 指令在后，则 3 种相关的含义如下。

● RAW（写后读）：指令 j 试图在指令 i 写入寄存器前就读出该寄存器的内容，这样指令 j 就会错误地读出该寄存器旧的内容。

● WAR（读后写）：指令 j 试图在指令 i 读出该寄存器前就写入该寄存器，这样指令 i 就会错误地读出该寄存器的新内容。

● WAW（写后写）：指令 j 试图在指令 i 写入寄存器前就写入该寄存器，这样两次写的先后次序被颠倒，就会错误地使由指令 i 写入的值成为该寄存器的内容。

在这两条指令中，都对 R1 进行操作，其中前面对 R1 写操作，后面对 R1 读操作，因此发生写后读相关。

30．解析：B。数据相关，指在一个程序中存在必须等前一条指令执行完才能执行后一条指令的情况，则这两条指令即为数据相关。当多条指令重叠处理时就会发生冲突。首先这两条指令发生写后读相关，并且两条指令在流水线中的执行情况如表 5-9 所示。

表 5-9

指令	时钟						
	1	2	3	4	5	6	7
I2	取指	译码读寄存器	运算	访存	写回		
I3		取指	译码读寄存器	运算	访存	写回	

指令 I2 在时钟 5 时将结果写入寄存器（R5），但指令 I3 在时钟 3 时读寄存器（R5）。本来指令 I2 应先写入 R5，指令 I3 后读 R5，结果变成指令 I3 先读 R5，指令 I2 后写入 R5，因而发生数据冲突。

31．解析：A。如图 5-45 所示，图 5-45a 为多周期指令，指令的功能由操作码被译码后产生的控制信号控制各个部件完成，通常控制信号被安排在不同的时钟周期内按照一定次序发出，也有可能同一时钟周期内发出多个时钟信号来同时控制不同部件协同工作，但无论如何，同一时钟周期内的控制信号不变。如果要用单周期指令实现图 5-45a 多周期指令的操作，可以如图 5-45b 所示，多个单周期指令，每个指令发出一种控制信号，多个指令配合完成最终的任

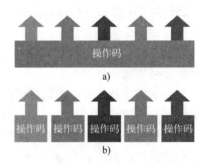

图 5-45

务，即每条指令执行过程中，控制信号不变，因此 C 对。D 明显对，一条指令占一个时钟周期，因此 CPI 为 1。由于每条指令都占一个时钟周期，且时钟周期长短一致，因此时钟周期长度的确定必须满足可以完成长指令的要求，也就是此系统时钟周期较长，所以时钟频率较低，B 对。由于某种需要存在多个控制信号同时发出来以控制不同部件协同工作的情况，而单总线结构在一个时钟周期内只能传输一种控制信号，不能满足此项要求，因此 A 不对，不能采用单总线结构。

32．解析：C。超标量流水线，如图 5-46 所示，是指在 CPU 中有一条以上的流水线，并且每个时钟周期内可以完成一条以上的指令，其实质是以空间换时间。I 错误，增加部件使得多条指令的对应功能段（取指、译码等）可以同时执行，但每个功能段的执行时间不变。所谓动态调度指在决策时刻，调度环境的部分信息可知，根据逐步获得的信息，不断更新策略的调度方法。看如下三条指令：

R1-R2→R3；

R3-R4→R5；

R5-R6→R7；

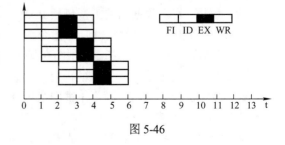

图 5-46

这三条指令显然不能安排在图 5-46 中前三条使之并行，因为第二条指令要等第一条计算结束，结果写入 R3 后才能开始。同理，第三条也要等第二条计算结束，结果写入 R5 后才能开始，

这就是数据相关。因此在这种流水方式下，需要在流水线的推进过程中不断检测当前环境，尽量挑选无数据相关的指令使之并行，方可避免错误，提高效率，也就是需要结合动态调度技术才能正确高效地流水。综上可知，II、III正确，选 C。

33．解析：B。主存储器就是我们通常说的主存，在 CPU 外，存储指令和数据，由 RAM 和 ROM 来实现。控制存储器用来存放实现指令系统的所有微指令，是一种只读型存储器，机器运行时只读不写，在 CPU 的控制器内。CS 按照微指令的地址访问，B 错误。

34．解析：A。五阶段流水线可分为取指 IF、译码/取数 ID、执行 EXC、存储器读 MEM、写回 Write Back。数字系统中，各个子系统通过数据总线连接形成的数据传送路径称为数据通路，包括程序计数器、算术逻辑运算部件、通用寄存器组、取指部件等，不包括控制部件，选 A。

35．解析：C。取指周期完成的微操作序列是公共的操作，与具体指令无关。CPU 首先需要取指令，取指令阶段的第一个操作就是将指令地址（PC 中的内容）送往存储器地址寄存器。

题干中虽然给出了一条具体的指令"MOV R0, #100"，实际上 CPU 首先要完成的操作是取指令，与具体指令没有关系。

36．解析：B。

A 选项，I_1 指令运算结果应先写入 R_1，然后在指令 I_2 中读出 R_1 内容。由于 I_2 指令进入流水线，使得 I_2 指令在 I_1 指令写入 R_1 前就读出 R_1 的内容，发生"写后读相关"。

B 选项，I_1 指令应先读出 R_2 内容并存入存储单元 M 中，然后 I_2 指令将运算结果写入 R_2 中。但由于 I_2 指令进入流水线，使得 I_2 指令在 I_1 指令读出 R_2 之前就写入 R_2，发生"读后写相关"。

C 选项，I_2 指令应该在 I_1 指令写入 R_3 之后，再写入 R_3。现由于 I_2 指令进入流水线，如果 I_2 指令减法运算在 I_1 指令的乘法运算之前完成，使得 I_2 指令在 I_1 指令写入 R_3 之前就写入 R_3，导致 R_3 内容错误，发生"写后写相关"。

37．解析：A。这个指令流水线的各功能段执行时间是不相同的。由于各功能段的时间不同，计算机的 CPU 时钟周期应当以最长的功能段执行时间为准。也就是说，当流水线充满之后，每隔 90ns 可以从流水线中流出一条指令（假设不存在断流）。

归纳总结：对于各个功能段执行时间不同的流水线，受限于流水线中最慢子过程经过的时间。

38．解析：D。
第 1 条和第 2 条指令之间关于$t2 数据相关；
第 2 条和第 3 条指令之间关于$t2 数据相关；
第 2 条和第 4 条指令之间关于$t2 数据相关；
第 3 条和第 4 条指令之间关于$t1 数据相关。

39．解析：C。由指令的流水线公式可知，当采用 4 级流水执行 100 条指令，第 1 条指令将在第 4 个时钟周期完成，以后的 99 条指令将在 1 个时钟周期内执行完成，所以在执行过程中共用 4+（100-1）=103 个时钟周期。由于 CPU 的主频是 1.03GHz，也就是说，每秒钟有 1.03G 个时钟周期，因此可以得到流水线的吞吐率（每秒执行的指令数）为

$$1.03G×100/103=1.0×10^9 条指令/秒$$

40．解析：<u>条件相对</u>转移指令，指令中给出操作码和相对转移偏移值，条件转移要依据

转移判断条件。

指令的执行步骤如下：

1）程序计数器（PC）的内容送地址寄存器。

2）读内存，读出内容送指令寄存器（IR），PC 内容自增 1。

3）执行条件转移指令时要判别指定的条件，若为真，则执行；尚未修改的 PC（自增 1 之前的值）内容送 ALU，相对转移偏移值送 ALU，ALU 执行加操作，结果送入 PC，否则顺序地进入下一条指令的执行过程。

41．解析：控制器部件是计算机的五大功能部件之一，其作用是向整机的每个部件（包括控制器部件本身）提供协同运行所需要的控制信号。计算机最本质的功能是连续执行指令，而每一条指令往往又要分成几个执行步骤才得以完成。因此又可以说，计算机控制器的基本功能是依据当前正在执行的指令和它所处的执行步骤，形成（或称得到）并提供在这一时刻整机各部件要用到的控制信号。执行一条指令，要经过读取指令、分析指令、执行指令 3 个阶段，控制器还要保证能按程序中设定的指令运行次序，自动地连续执行指令序列。

42．解析：微指令字长为 24 位，操作控制字段被分为 4 组，第 1 组 3 位（表示 5 个微命令），第 2 组 4 位（表示 8 个微命令），第 3 组 4 位（表示 14 个微命令），第 4 组 2 位（表示 3 个微命令）；判断测试条件字段 2 位，下地址字段 9 位。

1）因为下地址字段有 9 位，所以控制存储器的容量为 $2^9 \times 24$ 位。

2）微指令的具体格式如图 5-47 所示。

43．解析：在执行本条微指令的同时，预取下一条微指令。因为这两个操作是在两个完全不同的部件中执行的，所以这种重叠是完全可行的。取微指令的时间与执行微指令的时间哪个长，就以它作为微周期。

图 5-47　微指令的具体格式

1）若控制存储器选用读出时间为 30ns 的 ROM，微指令执行时序图如图 5-48a 所示。因为取第 i+1 条微指令与执行第 i 条微指令同时进行，所以取微指令的读出时间为 30ns，而微指令的执行时间需要 40ns。这种情况下微周期取最长的时间，即 40ns。

2）若控制存储器选用读出时间为 50ns 的 ROM，微指令执行时序图如图 5-48b 所示。这种情况下微周期需取 50ns。

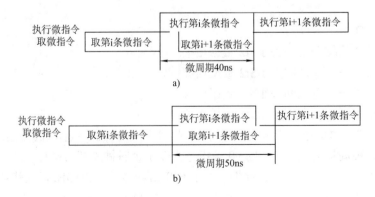

图 5-48　微指令执行时序图

归纳总结：微指令的执行方式可分为串行和并行两种方式。串行方式时，取微指令和执行微指令是顺序进行的，而并行方式时可以将取微指令和执行微指令的操作重叠起来，从而缩短微周期。

44．解析：流水线的加速比是指采用流水线技术时指令的执行速度与等效的不采用流水线技术的指令执行速度之比，理想情况加速比等于流水线的级数。吞吐率是指每秒钟能处理的指令数量。

本题中计算机采用 5 级指令流水线，所以理想情况下加速比等于 5。现在每完成一条指令的时间是 2ns，则最大吞吐率等于 1 条指令/2ns=$5×10^8$ 条指令/s。

归纳总结：若流水线各级的执行时间相同，都为Δt，则流水线的最大吞吐率=1/Δt。

45．解析：

1）指令周期包括 FI、ID、EX 和 WR 这 4 个子过程，则指令周期流程如图 5-49a 所示。

2）非流水线时空图如图 5-49b 所示。假设一个时间单位为一个时钟周期，则每隔 4 个时钟周期才有一个输出结果。

3）流水线时空图如图 5-49c 所示。由图 5-49c 可见，第一条指令出结果需要 4 个时钟周期。当流水线满载时，以后每一个时钟周期可以出一个结果，即执行完一条指令。

4）由图 5-49c 所示的 10 条指令进入流水线的时空图可见，在 13 个时钟周期结束时，CPU执行完 10 条指令，故实际吞吐率为 10 条指令/(100ns×13)≈$0.77×10^7$ 条指令/s。

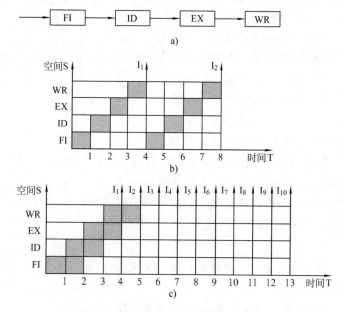

图 5-49　流水线与非流水线时空图比较

a）指定周期流程　b）非流水线时空图　c）流水线时空图

5）在流水处理器中，当任务饱满时，指令不断输入流水线，不论是几级流水线，每隔一个时钟周期都输出一个结果。对于本题 4 级流水线而言，处理 10 条指令所需的时钟周期数=4+(10-1)=13，而非流水线处理 10 条指令需 4×10=40 个时钟周期，所以该流水处理器的加速比为 40/13≈3.08。

46．解析：

1）中断屏蔽码见表 5-10。

2）中断处理示意图如图 5-50 所示。

表 5-10　中断屏蔽码

中断号	序号							
	1	2	3	4	5	6	7	8
中断 1	1	1	1	1	1	1	1	1
中断 2	0	1	0	1	0	1	1	0
中断 3	0	1	1	1	0	1	1	0
中断 4	0	0	0	1	0	1	1	0
中断 5	0	1	1	1	1	1	1	1
中断 6	0	0	0	0	0	1	1	0
中断 7	0	0	0	0	0	0	1	0
中断 8	0	1	1	1	0	1	1	1

5、6、7 级中断请求同时到达，CPU 按响应优先顺序首先执行中断服务程序⑤，在中断⑤执行完后回到现行程序，再按响应优先顺序先进入中断服务程序⑥。由于中断请求⑧的处理优先级高于中断⑥，因此中断⑥被打断，进入中断服务程序⑧。当处理中断⑧的过程中又有一个中断请求②到达，由于②的优先级低于中断⑧，因此中断服务程序⑧可继续执行。中断⑧执行完后回到被打断的中断⑥，但中断⑥又被中断请求②打断，而进入中断服务程序②。中断②执行完后才回到中断⑥，中断⑥执行完后回到现行程序，再按响应优先顺序进入中断服务程序⑦。中断⑦执行完后回到现行程序，整个中断处理完毕。

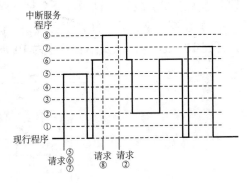

图 5-50　中断处理示意图

解题技巧：设置新屏蔽码的方法非常简单，首先写出处理级别最高的中断屏蔽码，所有位均为 1。然后按中断处理级别依次写出各级中断的屏蔽码，注意每一级屏蔽码均在比其优先级别高的位置上置 0，其余位为 1。所以，最低级别的屏蔽码中只有 1 位为 1，且这个 1 出现在自己原来级别的位置上。

47．解析：

1）在中断处理顺序改为 D>A>C>B 后，每个中断源新的屏蔽字如图 5-51 所示。

2）根据新的处理顺序，CPU 执行程序的轨迹如图 5-52 所示。

中断源	中断屏蔽码 A B C D			
A	1	1	1	0
B	0	1	0	0
C	0	1	1	0
D	1	1	1	1

图 5-51　每个中断源新的屏蔽字

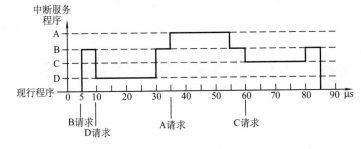

图 5-52　CPU 执行程序的轨迹

48．解析：

1）流水线操作的时钟周期 T 应按 4 步操作中所需时间最长的一个步骤来考虑，所以 T=100ns。

2）两条指令发生数据相关冲突的例子如下：

ADD　　　R1, R2, R3　　　(R2)+(R3)→R1

（将寄存器 R2 和 R3 的内容相加存储到寄存器 R1）

SUB　　　R4, R1, R5　　　(R1)−(R5)→R4

（将寄存器 R1 的内容减去寄存器 R5 的内容，并将相减的结果存储到寄存器 R4）

分析如下：

首先这两条指令发生写后读（RAW）相关。两条指令在流水线中的执行情况见表 5-11。

表 5-11　两条指令在流水线中的执行情况 1

指令	时钟						
	1	2	3	4	5	6	7
ADD	取指	指令译码并取数	运算	写回			
SUB		取指	指令译码并取数	运算	写回		

ADD 指令在时钟 4 时将结果写入寄存器堆（R1），但 SUB 指令在时钟 3 时读寄存器堆（R1）。本来 ADD 指令应先写入 R1，SUB 指令后读 R1，结果变成 SUB 指令先读 R1，ADD 指令后写 R1，因而发生数据冲突。如果硬件上不采取措施，则第 2 条指令 SUB 至少应该推迟两个时钟周期（2×100ns），即 SUB 指令中的**指令译码并取数周期**应该在 ADD 指令的**写回周期**之后才能保证不会出错，见表 5-12。

表 5-12　两条指令在流水线中的执行情况 2

指令	时钟						
	1	2	3	4	5	6	7
ADD	取指	指令译码并取数	运算	写回			
SUB		取指			指令译码并取数	运算	写回

3）如果硬件上加以改进，则只延迟一个时钟周期即可（100ns）。因为在 ADD 指令中，运算周期已经将结果得到了，可以通过数据旁路技术在运算结果得到的时候将结果快速地送入寄存器 R1，而不需要等到写回周期完成，见表 5-13。

表 5-13　两条指令在流水线中的执行情况 3

指令	时钟						
	1	2	3	4	5	6	7
ADD	取指	指令译码并取数	运算（并采用数据旁路技术写入寄存器 R1）	写回			
SUB		取指		指令译码并取数	运算	写回	

49．解析：

1）x 的值为−513，可求得[x]原=1000 0010 0000 0001B，除符号位外，各位取反加 1，可以求得[x]补=1111 1101 1111 1111B，转换成十六进制表示为：FDFFH。可以得到，指令执行前

R1 中存放的内容为：FDFFH。执行指令"SHR R1"，表示将寄存器 R1 的内容算术右移 1 位，右移 1 位之后的结果为：1111 1110 1111 1111B，将其转换成十六进制表示为：FEFFH。所以，执行指令"SHR R1"后，R1 的内容是 FEFFH。

2）除了第 1 条指令需要 5 个时钟周期输出结果外，后面的 3 条指令都只需要一个时钟周期就可以输出结果，所以至少需要 5+(4-1)×1=8 个时钟周期。

3）各条指令语句的含义如下：

I1　LOAD R1，[a]　//将[a]单元中的内容取出，送入寄存器 R1 中

I2　LOAD R2，[b]　//将[b]单元中的内容取出，送入寄存器 R2 中

I3　ADD R1，R2　//将 R1 与 R2 中的内容相加并送入寄存器 R2 中

I4　STORE R2，[x]　//将寄存器 R2 中的内容取出并送入[x]单元

很明显，指令 I3 需要指令 I1 与指令 I2 的数据，所以存在数据相关，指令 I3 必须等到指令 I1、I2 的结果分别写回寄存器 R1 和 R2，才能执行读寄存器操作，所以 I3 的 ID 段被阻塞。另外，由于指令 I3 在 ID 段被阻塞，导致指令 I4 不能完成取指令操作，因此指令 I4 的 IF 段被阻塞。

4）该条语句对应的指令序列有两种情况，因为 2x 操作有加法（对应第一种）和左移（对应第二种）两种方法实现。

第一种　　　　　　　　　　第二种

I1　LOAD R1，[x]　　　　I1　LOAD R1，[x]

I2　LOAD R2，[a]　　　　I2　LOAD R2，[a]

I3　ADD R1，R1　　　　 I3　SHL R1

I4　ADD R1，R2　　　　 I4　ADD R1，R2

I5　STORE R2，[x]　　　 I5　STORE R2，[x]

对应的执行过程见表 5-14。

表 5-14　对应的执行过程

指　令	时间单元																
	1	2	3	4	5	6	7	8	9	10	11	12	13	14	15	16	17
I1	IF	ID	EX	M	WB												
I2		IF	ID	EX	M	WB											
I3			IF			ID	EX	M	WB								
I4					IF				ID	EX	M	WB					
I5									IF			ID	EX	M	WB		

综上所述，执行这条语句至少需要 17 个时钟周期。

50．解析：

1）由题中指令序列可见，ADD 指令后的所有指令都用到 ADD 指令的计算结果。表 5-15 列出了未采用特殊处理的流水线示意，表中 ADD 指令在 WB 段才将计算结果写入寄存器 R1 中，但 SUB 指令在其 ID 段就要从寄存器 R1 中读取该计算结果。同样 AND 指令、OR 指令也将受到这种相关关系的影响。ADD 指令只有到第 5 个时钟周期末尾才能结束对寄存器 R1 的写操作，使 XOR 指令可以正常操作，因为它在第 6 个时钟周期才读寄存器 R1 的内容。

2）表 5-16 是对上述指令进行延迟处理的流水线示意。由表可见，从第一条指令进入流

水线到最后一条指令流出流水线，共需 12 个时钟周期。

表 5-15 未采用特殊处理的流水线示意

时钟周期	1	2	3	4	5	6	7	8	9
ADD	IF	ID	EX	MEM	WB				
SUB		IF	ID	EX	MEM	WB			
AND			IF	ID	EX	MEM	WB		
OR				IF	ID	EX	MEM	WB	
XOR					IF	ID	EX	MEM	WB

表 5-16 对 1）中指令进行延迟处理的流水线示意

时钟周期	1	2	3	4	5	6	7	8	9	10	11	12
ADD	IF	ID	EX	MEM	WB							
SUB		IF				ID	EX	MEM	WB			
AND			IF				ID	EX	MEM	WB		
OR				IF				ID	EX	MEM	WB	
XOR					IF				ID	EX	MEM	WB

51．解答：该题为计算机组成原理科目的综合题型，涉及指令系统、存储管理以及 CPU 三个部分内容，考生应注意各章节内容之间的联系，才能更好地把握当前考试的趋势。

1）已知计算机 M 采用 32 位定长指令字，即一条指令占 4B，观察表中各指令的地址可知，每条指令的地址差为 4 个地址单位，即 4 个地址单位代表 4B，一个地址单位就代表了 1B，所以该计算机是按字节编址的。（2 分）

2）在二进制中某数左移两位相当于乘四，由该条件可知，数组间的数据间隔为 4 个地址单位，而计算机按字节编址，所以数组 A 中每个元素占 4B。（2 分）

3）由表可知，bne 指令的机器代码为 1446FFFAH，根据题目给出的指令格式，后 2B 的内容为 OFFSET 字段，所以该指令的 OFFSET 字段为 FFFAH，用补码表示，值为-6。（1 分）

当系统执行到 bne 指令时，PC 自动加 4，PC 的内容就为 08048118H，而跳转的目标是 08048100H，两者相差了 18H，即 24 个单位的地址间隔，所以偏移址的一位即是真实跳转地址的-24/(-6)=4 位。（1 分）

可知 bne 指令的转移目标地址计算公式为(PC)+4+OFFSET*4。（1 分）

4）由于数据相关而发生阻塞的指令为第 2、3、6 条，因为第 2、3、6 条指令都与各自前一条指令发生数据相关。（3 分）

第 6 条指令会发生控制冒险。（1 分）

当前循环的第五条指令与下次循环的第一条指令虽然有数据相关，但由于第 6 条指令后有 3 个时钟周期的阻塞，因而消除了该数据相关。（1 分）

【评分说明】对于第 1 问，若考生回答：因为指令 1 和 2、2 和 3、3 和 4、5 和 6 发生数据相关，因而发生阻塞的指令为第 2、3、4、6 条，同样给 3 分。答对 3 个以上给 3 分，部分正确酌情给分。

52．解答：该题继承了上题中的相关信息，统考中首次引入此种设置，具体考查到程序的运行结果、Cache 的大小和命中率的计算以及磁盘和 TLB 的相关计算，是一道比较综合的题型。

1）R2 里装的是 i 的值，循环条件是 i<N(1000)，即当 i 自增到不满足这个条件时跳出循环，程序结束，所以此时 i 的值为 1000。（1 分）

2）Cache 共有 16 行，每块 32B，所以 Cache 数据区的容量为 16×32B=512B。（1 分）

P 共有 6 条指令，占 24B，小于主存块大小（32B），其起始地址为 0804 8100H，对应一块的开始位置，由此可知所有指令都在一个主存块内。读取第一条指令时会发生 Cache 缺失，故将 P 所在的主存块调入 Cache 某一行，以后每次读取指令时，都能在指令 Cache 中命中。因此在 1000 次循环中，只会发生 1 次指令访问缺失，所以指令 Cache 的命中率为：(1000×6-1)/(1000 ×6)=99.98%。（2 分）

【评分说明】若考生给出正确的命中率，而未说明原因和过程，给 1 分。若命中率计算错误，但解题思路正确，可酌情给分。

3）指令 4 为加法指令，即对应 sum+=A[i]，当数组 A 中元素的值过大时，则会导致这条加法指令发生溢出异常；而指令 2、5 虽然都是加法指令，但它们分别为数组地址的计算指令和存储变量 i 的寄存器进行自增的指令，而 i 最大到达 1000，所以它们都不会产生溢出异常。（2 分）

只有访存指令可能产生缺页异常，即指令 3 可能产生缺页异常。（1 分）

因为数组 A 在磁盘的一页上，而一开始数组并不在主存中，第一次访问数组时会导致访盘，把 A 调入内存，而以后数组 A 的元素都在内存中，则不会导致访盘，所以该程序一共访盘一次。（2 分）

每访问一次内存数据就会查 TLB 一次，共访问数组 1000 次，所以此时又访问 TLB1000 次，还要考虑到第一次访问数组 A，即访问 A[0]时，会多访问一次 TLB（第一次访问 A[0] 会先查一次 TLB，然后产生缺页，处理完缺页中断后，会重新访问 A[0]，此时又查 TLB），所以访问 TLB 的次数一共是 1001 次。（2 分）

【评分说明】

① 对于第 1 问，若答案中除指令 4 外还包含其他运算类指令（即指令 1、2、5），则给 1 分，其他情况，则给 0 分。

② 对于第 2 问，只要回答"load 指令"，即可得分。

③ 对于第 3 问，若答案中给出的读 TLB 的次数为 1002，同样给分。若直接给出正确的 TLB 及磁盘的访问次数，而未说明原因，给 3 分。若给出的 TLB 及磁盘访问次数不正确，但解题思路正确，可酌情给分。

53．解析：

1）程序员可见的寄存器为通用寄存器（R0～R3）和 PC。因为采用了单总线结构，因此，若无暂存器 T，则 ALU 的 A、B 端口会同时获得两个相同的数据，使数据通路不能正常工作。【评分说明】回答通用寄存器（R0～R3），给分；回答 PC，给分；部分正确，酌情给分。设置暂存器 T 的原因若回答用于暂时存放端口 A 的数据，则给分；其他答案，酌情给分。

2）ALU 共有 7 种操作，故其操作控制信号 ALUop 至少需要 3 位；移位寄存器有 3 种操作，其操作控制信号 SRop 至少需要 2 位。

3）信号 SRout 所控制的部件是一个三态门，用于控制移位器与总线之间数据通路的连接与断开。【评分说明】只要回答出三态门或者控制连接/断开，即给分。

4）端口①、②、③、⑤、⑧须连接到控制部件输出端。

【评分说明】答案包含④、⑥、⑦、⑨中任意一个,不给分;答案不全酌情给分。

5)连线 1,⑥→⑨;连线 2,⑦→④。

【评分说明】回答除上述连线以外的其他连线,酌情给分。

6)因为每条指令的长度为 16 位,按字节编址,所以每条指令占用 2 个内存单元,顺序执行时,下条指令地址为(PC)+2。MUX 的一个输入端为 2,可便于执行(PC)+2 操作。

54. 解析:

1)指令操作码有 7 位,因此最多可定义 2^7=128 条指令。

2)各条指令的机器代码分别如下:

①“inc R1”的机器码为:0000001 0 01 0 00 0 00,即 0240H。

②“shl R2,R1”的机器码为:0000010 0 10 0 01 0 00,即 0488H。

③“sub R3,(R1),R2”的机器码为:0000011 0 11 1 01 0 10,即 06EAH。

3)各标号处的控制信号或控制信号取值如下:①0;②mov;③mova;④left;⑤read;⑥sub;⑦mov;⑧Srout。

【评分说明】答对两个给分。

4)指令“sub R1,R3,(R2)”的执行阶段至少包含 4 个时钟周期;指令“inc R1”的执行阶段至少包含 2 个时钟周期。

第6章　总　　线

大纲要求

（一）总线概述

1. 总线的基本概念

2. 总线的分类

3. 总线的组成及性能指标

4. 总线的结构

（二）总线仲裁

1. 集中仲裁方式

2. 分布仲裁方式

（三）总线操作和定时

1. 同步定时方式

2. 异步定时方式

（四）总线标准

考点与要点分析

核心考点

1.（★★★★）3 种集中仲裁方式的特点

2.（★★★）同步定时方式与异步定时方式的特点

3.（★★）单总线结构、双总线结构、三总线结构的特点

基础要点

1. 总线的基本概念

2. 总线的分类

3. 总线的结构

4. 总线的性能指标

5. 总线的 3 种集中仲裁方式与分布仲裁方式

6. 总线的操作，即总线的 4 个传输阶段

7. 总线的同步和异步定时方式

本章知识体系框架图

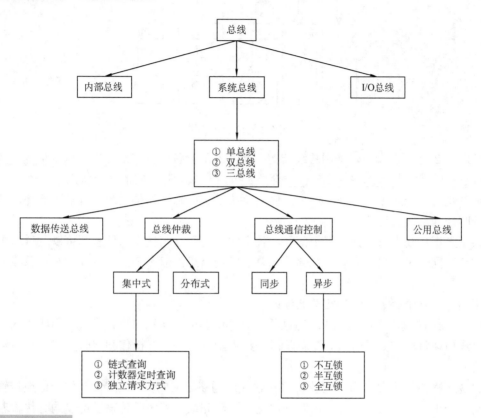

知识点讲解

6.1 总线概述

6.1.1 总线的基本概念

　　背景知识：为什么要使用总线结构？早期的计算机大都采用分散连接方式，如图 6-1 所示。它是以存储器为中心的结构，由于现在的外部设备太多，如果使用分散连接方式，则随时增减外部设备不易实现，因此衍生出了总线的结构（图 6-2 所示的单总线结构）。

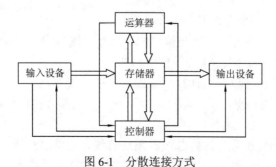

图 6-1　分散连接方式

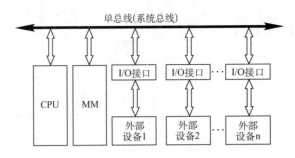

图 6-2　单总线结构

从图 6-2 中可以看出，采用总线结构，增减外部设备变得非常轻松。总线是连接多个部件的信息传输线，是各部件共享的传输介质。分时和共享是总线的两个特点。

分时是指同一时刻只允许有一个部件向总线发送信息。如果系统中有多个部件，则它们只能分时地向总线发送信息。

共享是指总线上可以挂载多个部件，各个部件之间互相交换的信息都可以通过这组线路分时共享。同一时刻只允许有一个部件向总线发送信息，但多个部件可以同时从总线上接收信息。

下面介绍几个有关总线的相关名词：

1）总线的传输周期。指 CPU 通过总线对存储器或 I/O 端口进行一次访问所需的时间，包括总线申请阶段、寻址阶段、传输阶段和结束阶段（在总线操作和定时里将详细讲解这 4 个阶段）。

2）总线宽度。总线实际上是由许多传输线或通路组成的，每条线可一位一位地传输二进制代码，一串二进制代码可在一段时间内逐一传输完成。若干条传输线可以同时传输若干位二进制代码，如 16 条传输线组成的总线可同时传输 16 位二进制代码。

生活例子助记：可以将总线看成一条高速公路，如果高速公路只有一个车道，汽车就只能一辆一辆地过去，如果有 16 个车道，就可以允许 16 辆汽车一起并行。

3）总线特性。总结如下。

① 机械特性：尺寸、形状。

② 电气特性：传输方向和有效的电平范围。

③ 功能特性：每根传输线的功能（如传送地址、还是传送数据、传送控制信号）。

④ 时间特性：信号的时序关系（哪根线在什么时间内有效）。

6.1.2　总线的分类

总线的分类非常多，下面介绍几种常见的分类：

1）按数据传送方式可以分为**并行传输总线**和**串行传输总线**。并行传输总线又可按传输数据宽度分为 8 位、16 位、32 位、64 位等传输总线。

2）按总线的使用范围可以分为**计算机总线**、**测控总线**等。

1）和 2）不是考研的重点，了解即可。以下介绍总线按连接部件的不同划分的三大分类（属于考试重点）。

3）按连接部件不同可以分为**片内总线**、**系统总线**、**通信总线**等。

片内总线：顾名思义是指芯片内部的总线，如在 CPU 芯片内部，寄存器与寄存器之间，寄存器与算术逻辑单元（ALU）之间都是由片内总线连接的。

系统总线：连接五大部件之间的信息传输线。按系统总线传输信息的不同，又可分为 3 类：数据总线、地址总线和控制总线。

① 数据总线：用来传送各功能部件之间的数据信息，它是**双向传输总线**。一般数据总线有 8 位、16 位或 32 位。数据总线的位数称为数据总线宽度。如果数据总线的位数为 8 位，而指令字长为 16 位，那么 CPU 在取指令阶段必须进行两次访问。

② 地址总线：它是**单向传输总线**。地址总线主要用来指出数据总线上的源数据或目的数据在主存单元的地址或 I/O 设备的地址，例如，欲从存储器读出一个数据，则 CPU 要将此数据所在存储单元的地址送到地址线上。又如，欲将某数据经 I/O 设备输出，则 CPU 除需要将数据送到数据总线外，还需将该输出设备的地址送到地址总线上。可见，地址总线上的代码用来指明 CPU 欲访问的存储单元或 I/O 设备的地址，由 CPU 给出。

③ 控制总线：由于数据总线和地址总线是被所有部件共享的，如何使各部件能在不同时刻占有总线使用权，还需要依靠控制总线来完成，因此控制总线是用来发出各种控制信号的传输线。

☞ **可能疑问点：控制总线到底是单向传输还是双向传输？**

解析：单看控制总线中的任意一条，都是单向传输的，如有的传输由控制器向设备发出的控制信号，有的传输由设备向控制器发出的反馈信号；而整体来看控制总线是双向传输的。

通信总线：用于计算机系统之间或计算机系统与其他系统之间的通信。通信总线按照数据传输方式可分为**串行通信和并行通信**。串行通信就是单车道的高速公路；并行通信就是多车道的高速公路。一般来说，并行通信适合近距离的数据传输，通常小于 30m；串行通信适宜于远距离传送。

【例 6-1】 （2011 年统考真题）在系统总线的数据线上，不可能传输的是（　　）。

A．指令　　　B．操作数　　　　C．握手（应答）信号　　　D．中断类信号

解析：C。指令、操作数、中断类信号都是可以在数据线上传输，而握手（应答）信号必须在通信总线中传输。

总结：总线被分为片内总线、系统总线（包括数据总线、控制总线、地址总线）和通信总线。

☞ **可能疑问点：数据总线、地址总线和控制总线是分开连接在不同设备上的 3 种不同的总线吗？**

解答：不是。总线是共享的信息传输介质，用于连接若干设备，由一组传输线组成，信息通过这组传输线在设备之间进行传送。系统总线是用来连接计算机中若干主要部件的总线，在这些部件之间传输的信息有数据、地址和一些控制信息（包括命令、定时、总线请求、总线允许、中断请求和中断允许等）。一般把这些信息分成 3 类：数据、地址和控制。所以，把系统总线也分成 3 组传输线：数据线、地址线和控制线。有时也把它们分别称为数据总线、地址总线和控制总线。因此，实际上数据总线、地址总线和控制总线只是系统总线的 3 个组成部分，它们不能分开来单独连接设备。

6.1.3　总线的组成及性能指标

1. 总线的组成

总线通常由一组控制线、一组数据线和一组地址线组成。但是也有例外，某些总线没有

单独的地址线，地址信息也通过数据线来传送，这种情况称为数据线和地址线**复用**。

2．性能指标

1）总线宽度。通常是指数据总线的根数，用位（bit）表示，如 8 位、16 位（即 8 根、16 根）等。

2）总线带宽。单位时间内总线上传输数据的位数（可以理解成某段高速公路在单位时间内所通过的车辆数）。例如，总线的工作频率为 33MHz，总线宽度为 32 位（4 个字节），则总线带宽为 $33×（32÷8）=132MB/s$。

注意：这里写的是总线的工作频率，也就是一秒可进行 33M 次的总线传输。还有一种给出的是时钟频率，表示每秒有多少个时钟周期。例子如下：

【例 6-2】 假设总线的时钟频率为 36MHz，且总线每传输一次占用 4 个时钟周期，若一个总线传输周期可并行传送 4 个字节的数据，求该总线的带宽。

解：由题意可知，每秒有 36M 个时钟周期，而每个总线传输周期占用 4 个时钟周期，所以每秒可以进行 9M 次的总线传输，而每个周期可传送 4 个字节数据，故每秒可以传输的数据量为 36MB，即总线的带宽为 36MB/s。

【例 6-3】 （2009 年统考真题）假设某系统总线在一个总线周期中并行传输 4B 信息，一个总线周期占用两个时钟周期，总线时钟频率为 10MHz，则总线带宽是（　　）。

A．10MB/s　　　　　　　　　　B．20MB/s

C．40MB/s　　　　　　　　　　D．80MB/s

解析：B。总线带宽指单位时间内总线上可传输数据的位数，通常用每秒钟传送信息的字节数来衡量，单位可用字节每秒（B/s）表示。根据题意可知，在两个时钟周期内传输了 4B 的信息。总线时钟周期=1/10MHz=0.1μs，也就是每 0.2μs 可以传输 4B 的信息，故总线每秒可以传输的信息数为：$4B/0.2μs=4B/0.2×10^{-6}s=20MB/s$。

3）总线复用：在前面讲解过，即地址总线和数据总线共用一组线。

4）信号线数：地址总线、数据总线和控制总线 3 种总线数的总和。

6.1.4　总线的结构

常用的总线结构通常可分为单总线结构、双总线结构和三总线结构。

1．单总线结构

单总线结构是将 CPU、主存、I/O 设备（通过 I/O 接口）都连接在一组总线上，允许 I/O 设备之间、I/O 设备与 CPU 之间或 I/O 设备与主存之间直接交换信息，如图 6-2 所示。由图 6-2 可知，这种总线结构简单，很容易扩充外部设备。但是缺点也是显而易见的，所有的信息传送都通过这组共享总线，即不允许两个以上的部件在同一时刻向总线传输信息，这就必然会影响系统的工作效率。所以，这类总线多数被小型计算机或微型计算机采用。另外，使用单总线结构肯定不能解决 CPU、主存、I/O 设备之间传输速率不匹配问题，故必须使用多总线结构。

<u>单总线的特点</u>：由于 I/O 设备与主存共用一组地址线，因此主存和 I/O 设备是统一编址的，CPU 就可以像访问内存一样访问外部设备。

2．双总线结构

双总线的结构特点是将速度较低的 I/O 设备从单总线中分离出来，形成主存总线与 I/O 总线分开的结构，如图 6-3 所示。但双总线结构也有问题，比如现在有三间房，主存住在最

左边，CPU 住在中间，I/O 住在最右边，每次主存和 I/O 设备交换信息都要经过 CPU，那 CPU 的工作效率就自然会降低，所以引进了三总线结构。

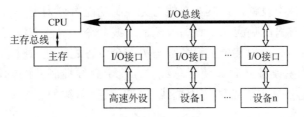

图 6-3 双总线结构

【例 6-4】（2012 年统考真题）下列选项中，在 I/O 总线的数据线上传输的信息包括（   ）。

Ⅰ. I/O 接口中的命令字

Ⅱ. I/O 接口中的状态字

Ⅲ. 中断类型号

A. 仅Ⅰ、Ⅱ   B. 仅Ⅰ、Ⅲ

C. 仅Ⅱ、Ⅲ   D. Ⅰ、Ⅱ、Ⅲ

解析：D。在程序查询方式中，向 I/O 接口发出的命令字和从 I/O 接口取回的状态字，以及中断方式中的中断类型号（确定相应的中断向量）都是通过 I/O 总线的数据线传输的。

3. 三总线结构

由图 6-4 可以看出，与双总线结构相比，三总线结构增加了一条小路（DMA 总线），专门用于 I/O 高速设备与主存之间直接交换信息。DMA 将在第 7 章的相关知识点讲解，这里只需知道这种结构即可。

图 6-4 三总线结构

注意：在三总线结构中，任意时刻只能使用一种总线。主存总线与 DMA 总线不能同时对主存进行存取，I/O 总线只有在 CPU 执行 I/O 指令时才能用到（I/O 指令也是第 7 章的内容）。

以上 3 种总线结构需要熟悉掌握（包括结构、特点等），至于另外一种四总线结构则不需要掌握。

☞ **可能疑问点：**一台机器里面只有一根总线吗？

解答：总线按其所在的位置，分为片内总线、系统总线和通信总线。系统总线是指在 CPU、主存、I/O 各大部件之间进行互连的总线。可以把所有大的功能部件都连接在一根总线上，也可以用几根总线分别连接不同的设备。因此，有单总线结构、双总线结构和三总线结构等。因此，一台机器里面应该有不同层次的多根总线。

6.2 总线仲裁（2020 年 408 新大纲已删除）

总线作为一种共享设备，不可避免地会出现同一时刻有多个主设备同时竞争主线控制权的问题。为了解决这一问题，应当采用总线仲裁部件，以某种方式选择一个主设备优先获得总线控制权。主要有两类总线仲裁方式：集中仲裁方式和分布仲裁方式。

6.2.1　集中仲裁方式

总线上所连接的各类设备，按其对总线有无控制功能可分为主设备和从设备。主设备对总线有控制权，从设备只能响应从主设备发来的总线命令，对总线没有控制权。总线上信息的传送是由主设备启动的，如某个主设备欲与另一个设备进行通信时，首先由主设备发出总线请求信号，若多个主设备同时要使用总线时，就由总线控制器的判优、仲裁逻辑按一定的优先等级顺序确定哪个主设备能使用总线。只有获得总线使用权的主设备才能开始传送数据。

☞ **可能疑问点：一根总线只能连接一对主、从设备吗？**

解答： 一根总线可以连接在若干设备上，在这些设备中，有一个或多个主控设备。在某一个总线传输周期内，一根总线只能有一个主控设备控制总线，选择一个从设备与之进行通信。

总线判优控制可分为集中式和分布式两种，考研主要考查集中式，分布式只需知道基本概念即可。下面详细讲解集中式。

常见的集中控制优先权仲裁方式有以下 3 种：

1．链式查询方式

链式查询方式如图 6-5 所示。在链式查询中，总线上的所有部件共用一根总线请求线，当有部件请求使用总线时，均需要经此线发总线请求到总线控制器。由总线控制器检查总线是否忙，若总线不忙，则立即发总线响应信号，经总线同意线（BG）串行地从一个部件送到下一个部件，依次查询。若响应信号到达的部件无总线请求，则该信号立即传送到下一个部件；

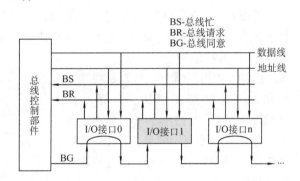

图 6-5　链式查询方式

若响应信号到达的部件有总线请求，则信号被劫持，不再继续传下去。

链式查询优先级判别方式： 离总线控制器越近的部件，其优先级越高；离总线控制器越远的部件，其优先级越低。

链式查询的优点： 只需要 **3 根控制线**就能按一定的优先级实现总线控制，结构简单，易扩充。

链式查询的缺点：

1）对硬件电路的故障敏感，也就是说，如果第 i 个设备的接口电路有故障，则第 i 个设备以后的设备都不能进行工作。

2）当优先级高的部件频繁请求使用总线时，会使优先级较低的部件长期不能使用总线。

2．计数器查询方式

计数器查询方式如图 6-6 所示。计数器定时查询方式采用一个计数器控制总线使用权（计数器在总线控制部件里面，如图 6-6 所示），相对于链式查询方式多了一组设备地址线（图 6-6 画圈的地方），少了一根总线同意线。各个设备仍共用一条请求线。

计数器查询优先级判别方式： 当总线控制器收到总线请求信号判断总线不忙时，计数器开始计数，计数值通过一组地址线发向各个部件。当地址线上的计数值与请求使用总线设备的地址一致时，该设备获得总线控制权。同时，终止计数器的计数及查询工作。

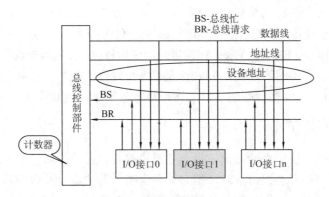

图 6-6 计数器查询方式

计数器有两种计数方式：① 计数器每次判优都从"0"开始，此时一旦设备的优先顺序被固定，设备的优先级就按 0，1，2，…，n 的顺序降序排列，永远不能改变；② 计数器也可以从上一次的终点开始计数，即是一种循环方法，此时所有设备使用总线的优先级相等。计数器的初值当然也可以由程序设置，故优先级顺序可以改变。

计数器查询方式的优点：各设备的优先级顺序可以改变，且对电路的故障不如链式查询方式敏感。

计数器查询方式的缺点：增加了控制线数（少了一根总线同意线，多了 $\log_2 n$ 根设备地址线），控制也比链式查询复杂。

☞ **可能疑问点：为什么多了 $\log_2 n$ 根设备地址线？**

解析：假设现在有两个设备，0 和 1 可以分别表示这两个设备，故只需要一根设备地址线即可；如果是 4 个设备，则 00、01、10、11 可以表示这 4 个设备，故需要两根设备地址线。以此类推，n 个设备就需要 $\log_2 n$ 根设备地址线。如果是 7 个设备，则应该也要 3 根线，所以需要向上取整数。

3. 独立请求方式

独立请求方式如图 6-7 所示。每一个设备均有一对总线请求信号 BR_i 和总线同意信号 BG_i。

独立请求优先级判别方式：当总线上的部件需要使用总线时，经各自的总线请求线发送总线请求信号，在总线控制器中排队（总线控制部件中有一个排队器）。当总线控制器按一定的优先顺序决定批准某个部件的请求时，则给该部件发送总线响应信号，该部件接到此信号就获得了总线使用权，开始传输数据。

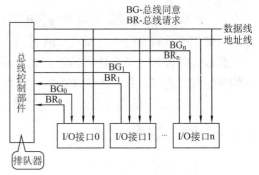

图 6-7 独立请求方式

独立请求方式的优点：响应时间很快（以增加控制线数为代价），对优先级顺序的控制相当灵活（也可通过程序来改变）。

独立请求方式的缺点：控制线数量多（n 个设备需要 2n+1 根控制线），总线控制更复杂。

☞ **可能疑问点：为什么链式查询中仅用两根线确定总线使用权属于哪个设备？那计数器查询方式和独立请求方式又用了多少根呢？**

解析：很多考生误以为链式查询中需要 3 根线确定总线使用权，其实是错误的。在链式查询中，确定总线使用权时，总线忙（BS）信号线并没有用来传输任何信号，只有当确定了总线使用权属于哪个设备，再由这个设备建立总线忙（BS）信号，所以说在确定总线优先级的过程中，只使用了 BG 和 BR 线。另外，在确定总线使用权时，计数器查询方式使用了$\lceil \log_2 n \rceil + 1$根控制线，1 是指 1 根 BR 信号线，$\lceil \log_2 n \rceil$是设备地址线的数量。而独立请求方式在确定总线使用权时，则使用了 2n 根控制线（以上均不算上数据线和地址线）。

6.2.2　分布仲裁方式

分布仲裁方式不需要中央仲裁器，每个主模块都有自己的仲裁号和仲裁器，多个仲裁器竞争使用总线。当它们有总线请求时，把它们各自唯一的仲裁号发送到共享的仲裁总线上，每个仲裁器将从仲裁总线上得到的仲裁号与自己的仲裁号进行比较。若仲裁总线上的号优先级高，则它的总线请求不予响应，并撤销它的仲裁号。最后，获胜者的仲裁号保留在仲裁总线上。

6.3　总线操作和定时

6.3.1　总线周期的概念

通常将完成一次总线操作的时间称为总线周期，其可分为以下 4 个阶段：

1）申请分配阶段。由需要使用总线的主模块（或主设备）提出申请，经总线仲裁机器决定下一个传输周期的总线使用权授予某一申请者。

2）寻址阶段。取得了使用权的主模块通过总线发出本次要访问的从模块（或从设备）的地址及有关命令，启动参与本次传输的从模块。

3）传送数据阶段。主模块和从模块进行数据交换，数据由源模块发出，经数据总线流入目的模块。

4）结束阶段。主模块的有关信息均从系统总线上撤除，让出总线使用权。

如果该系统只有一个主模块，就无须申请、分配和撤除了，总线使用权始终归它所有。

总线通信控制主要解决通信双方如何获知传输开始和传输结束，以及通信双方如何协调和如何配合。通常，总线通信方式分为 4 类：同步通信（同步定时方式）、异步通信（异步定时方式）、半同步通信和分离式通信。下面分别介绍同步定时方式和异步定时方式。

6.3.2　同步定时方式

同步定时方式是指系统采用一个统一的时钟信号来协调发送和接收双方的传送定时关系。时钟信号通常由 CPU 的总线控制器部件发出，然后送到总线上的所有部件。图 6-8 为某个输入设备向 CPU 传输数据的同步通信过程。下面分别介绍同步式数据输入和输出的时序图（这两个时序图了解即可）。

图 6-8 所示的总线传输周期包含 4 个时钟周期 T_1、T_2、T_3、T_4。记住一句话：**不管是输入还是输出，地址信号一定是全程陪伴**。具体过程分析如下：

1）CPU 在 T_1 时刻的上升沿（数字电平从 0 变为 1 的那一瞬间叫作上升沿，数字电平从 1 变为 0 的那一瞬间叫作下降沿）发出地址信息。

2）在 T_2 的上升沿发出读命令（读命令是低电平有效），与地址信号相符合的输入设备按命令进行一系列内部操作，且必须在 T_3 的上升沿到来之前将 CPU 所需的数据送到数据总线上。

3）CPU 在 T_3 时钟周期内，将数据线上的信息传送到其内部寄存器中。

4）CPU 在 T_4 的上升沿撤销读命令，输入设备不再向数据总线上传送数据，撤销它对数据总线的驱动。如果采用三态门（或称三态驱动电路），则从 T_4 起，数据总线呈高阻态（或称为浮空态）。

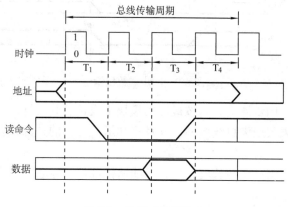

图 6-8　同步式数据输入

对于读命令，其传输周期总结如下：

T_1　　主模块发出地址信息。

T_2　　主模块发读命令。

T_3　　从模块提供数据。

T_4　　主模块撤销读命令，从模块撤销数据。

☞ 可能疑问点：上面的一个传输周期分为 T_1、T_2、T_3、T_4，为什么没有总线申请阶段？

解析：总线传输周期开始计时的前提是主设备已得到总线控制。

📖 补充知识点：什么是低电平有效？为什么读写命令总是使用低电平有效，而很少使用高电平有效？

解析：电平量可作为判断电路元件是否打通的信息。若设置为低电平有效，则低电平到来时，电路打通；若为高电平有效，则高电平到来时，电路打通。另外，使用低电平时，电路往往要比使用高电平时拥有更低的阻抗，而较低的阻抗其抗干扰能力也较强，所以一般要控制一种操作的时候尽量使用低电平有效，而不会去使用高电平有效，除非有两种操作，才会去选用高电平有效。

图 6-9 为同步式数据输出，其过程分析与图 6-8 一样，不再赘述。对于写命令，其传输周期总结如下：

T_1　　主模块发出地址信息。

$T_{1.5}$　　主模块提供数据。

T_2　　主模块发出写命令（写命令也是低电平有效），从模块接收到命令后，必须在规定时间内将数据总线上的数据写到地址总线所指明的单元中。

T_4　　主模块撤销写命令和数据等信号。

同步通信的优点：传送速度快，具有较高的传输速率。

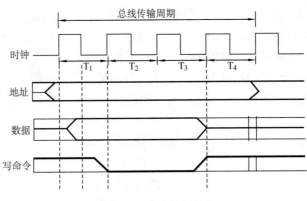

图 6-9　同步式数据输出

同步通信的缺点：同步通信必须按最慢的模块来设计公共时钟，当总线上的模块存取速度差别很大时，便会大大损失总线效率，并且不知道被访问的外部设备是否真正响应，故可靠性较低。

同步通信的使用范围：总线长度较短、总线所接部件的存取时间应该都比较接近。

6.3.3　异步定时方式

同步通信一般都是在各模块速度一致的情况下使用，不一致会造成效率大大降低，为了克服同步通信的这一缺点，异步通信允许各模块的速度不一致。异步通信没有公共的时钟标准，不要求所有部件严格地统一操作时间，而是采用应答的方式（或称握手方式），即当主模块发出请求信号时，一直等待从模块反馈"响应"信号后才开始通信。当然，这就要求主、从模块之间增加两条应答线。

异步通信的应答方式又可分为不互锁、半互锁和全互锁 3 种类型，如图 6-10 所示。

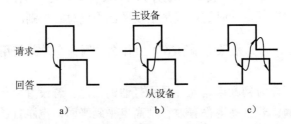

图 6-10　异步通信的应答方式
a）不互锁方式　b）半互锁方式　c）全互锁方式

1．不互锁方式

特点：主模块的请求信号和从模块的回答信号没有互相的制约关系。即主模块发出请求信号后，不必等待接到从模块的回答信号，而是经过一段时间，默认从模块已收到请求信号后，便撤销其请求信号；从模块接到请求信号后，在条件允许时发出回答信号，并且经过一段时间（这段时间的设置对不同设备而言是不同的）也默认主模块已收到回答信号后，自动撤销回答信号。从图 6-10a 中可以看出，主模块的请求信号发出，后面没有任何的确认信号。

2．半互锁方式

特点：主模块的请求信号和从模块的回答信号有简单的制约关系。即主模块发出请求信号后，必须接到从模块的回答信号后才撤销请求信号，有互锁的关系。而从模块接到请求信号后，发出回答信号，但不必等待获知主模块的请求信号已经撤销，而是隔一段时间自动撤销回答信号，不存在互锁关系。从图 6-10b 中可以看出，主模块的请求信号发出，需要等到从设备发出回答信号；而从模块发出回答信号后，不需要再等待主模块的确认信号。

3．全互锁方式

特点：<u>主模块的请求信号和从模块的回答信号有完全的制约关系。</u>即主模块发出请求信号后，必须等待从模块回答后才撤销请求信号；从模块发出回答信号也必须等待收到主模块的应答信号才撤销其回答信号。从图 6-10c 中可以看出，主模块的请求信号发出，需要等待从设备发出回答信号；而从模块发出回答信号后，也要再次等待主模块的回答信号（全互锁和计算机网络科目中的"三次握手"几乎一样）。

生活实例助解：假设 A 早上 8 点给 B 发出一箱货物，按正常情况中午 12 点可以到达。

1）不互锁：等到了中午 12 点 A 则会认为货物已经安全到达 B 所在地（其实 B 已经给 A 发了短信说收到了，但是不管 A 收到还是没有收到 B 的短信），过段时间 B 也默认交易成功。

2）半互锁：A 一定要待收到 B 的短信后才认为 B 收到了货物，而不管有没有到 12 点。一旦收到 B 的短信，A 则认为货物已经顺利收到，过段时间 B 也默认交易成功。

3）全互锁：A 一定要待收到 B 的短信后才认为 B 收到了货物，而不管有没有到 12 点。一旦收到 B 的短信，A 则认为货物已经顺利收到，且 A 还要发一条短信给 B，说你的短信收到了，此时 B 一直在等待这个短信，一旦收到，则认为交易成功。

注意：<u>异步通信可用于并行传送或串行传送。</u>

6.4 总线标准

一般总线都是各部件相互连接的"桥梁"，而总线标准就类似于一个界面。假如有 A 和 B 两个部件需要通信，此时如果有总线标准，则 A 和 B 都根据总线标准的要求完成自身一方接口的功能要求即可，而 A 和 B 两者之间不用协商标准的事情。

目前，流行的总线标准可以分为两大类：**系统总线标准**和**设备总线标准**。

系统总线标准包括以下 5 种：

1）ISA。工业标准体系结构总线（ISA）是最早出现的微型计算机的系统总线标准，应用在 IBM 的 AT 机上。

2）EISA。扩展的 ISA 总线（EISA），是为配合 32 位 CPU 而设计的总线扩展标准，EISA 对 ISA 完全兼容。

3）VESA（VL-BUS）。VESA 局部总线标准是一个 32 位标准的计算机局部总线，是针对多媒体 PC 要求高速传送活动图像的大量数据应运而生的。

4）PCI（最常用）。PCI 局部总线是高性能的 32 位或 64 位总线，是为高度集成的外围部件、扩充查办和处理器/存储器系统而设计的互连机制，支持即插即用并且可对数据和地址进行奇偶校验。

5）PCI-Express（PCI-E）。PCI-Express 是最新的总线和接口标准，这个标准将全面取代现行的 PCI 和 AGP，最终实现总线标准的统一。

设备总线标准包括以下 4 种：

1）IDE。集成设备电路（IDE）是一种 IDE 接口磁盘驱动器接口类型，用于处理器和磁盘驱动器之间。

2）AGP。加速图形接口（AGP）是一种视频接口标准，专用于连接主存和图形存储器。

3）USB 接口。这个应该是考生最熟悉的，可实现外部设备的快速连接。

4）SATA。串行高级技术附件（SATA）是一种基于行业标准的串行硬件驱动器接口，是由 Intel、IBM、Dell、APT、Maxtor 和 Seagate 公司共同提出的硬盘接口规范。

【例 6-5】（2010 年统考真题）下列选项中的英文缩写均为总线标准的是（　　）。

A．PCI、CRT、USB、EISA　　　　　B．ISA、CPI、VESA、EISA

C．ISA、SCSI、RAM、MIPS　　　　　D．ISA、EISA、PCI、PCI-Express

解析：D。CRT 是纯平显示器的缩写。CPI 是每条指令执行周期数。RAM 是随机存储器。D 中各项均为总线标准。

【例 6-6】（2012 年统考真题）下列关于 USB 总线特性的描述中，错误的是（　　）。

A．可实现外设的即插即用和热插拔　　B．可通过级联方式连接多台外设

C．是一种通信总线，可连接不同外设　　D．同时可传输两位数据，数据传输率高

解析：D。

1）即插即用。在计算机上加上一个新的外部设备时，能自动检测与配置系统的资源，而不需要重新手动安装驱动。

2）热插拔。是指不用关闭计算机就可以直接将该硬件拔除，并且可以随时再插入，而不必重启计算机就又能被计算机识别。

A 选项：U 盘无须安装任何驱动程序就可以直接使用，因为操作系统已经内置了这些常用硬件的驱动程序，所以 USB 总线是即插即用型。另外，使用 U 盘时不需要将计算机关机后再拔下来，并且 U 盘拔下之后可以随时再插入，并再次被识别，所以 USB 总线支持热插拔。

B 选项：USB 接口最多可以通过级联方式连接 127 台设备，故 B 选项正确。

C 选项：通信总线是用于计算机系统之间或计算机系统与其他系统之间的通信，很明显 USB 接口属于此种用途，故 C 选项正确。

D 选项：USB 总线属于串行总线，即一位一位地传输，不可能同时传输两位数据，故 D 选项错误。

习题

微信扫码看本章题目讲解视频

1．下列关于总线的说法中，正确的是（　　）。

Ⅰ．使用总线结构减少了信息传输量

Ⅱ．使用总线的优点是数据信息和地址信息可以同时传送

Ⅲ．使用总结结构可以提高信息的传输速度

Ⅳ．使用总线结构可以减少信息传输线的条数

A．Ⅰ、Ⅱ、Ⅲ　　　　　　　　　　B．Ⅱ、Ⅲ、Ⅳ

C．Ⅲ、Ⅳ
D．只有Ⅳ

2．控制总线主要用来传送（　　）。

Ⅰ．存储器和 I/O 设备的地址码

Ⅱ．所有存储器和 I/O 设备的时序信号

Ⅲ．所有存储器和 I/O 设备的控制信号

Ⅳ．来自 I/O 设备和存储器的响应信号

A．Ⅱ、Ⅲ
B．Ⅰ、Ⅲ、Ⅳ

C．Ⅲ、Ⅳ
D．Ⅱ、Ⅲ、Ⅳ

3．按数据传送格式，总线常被划分为（　　）。

A．并行总线与串行总线
B．同步总线与异步总线

C．系统总线与外总线
D．存储总线与 I/O 总线

4．内部总线（又称片内总线）是指（　　）。

A．CPU 内部连接各寄存器及运算部件之间的总线

B．CPU 和计算机系统的其他高速功能部件之间互相连接的总线

C．多个计算机系统之间互相连接的总线

D．计算机系统和其他系统之间互相连接的总线

5．（2012 年统考真题）某同步总线的时钟频率为 100MHz，宽度为 32 位，地址/数据线复用，每传输一个地址或数据占用一个时钟周期。若该总线支持突发（猝发）传输方式，则一次"主存写"总线事务传输 128 位数据所需要的时间至少是（　　）。

A．20ns
B．40ns
C．50ns
D．80ns

6．（2014 年统考真题）某同步总线采用数据线和地址线复用方式，其中地址/数据线有 32 根，总线时钟频率为 66MHz，每个时钟周期传送两次数据（上升沿和下降沿各传送一次数据），该总线的最大数据传输率（总线带宽）是（　　）。

A．132MB/s
B．264MB/s

C．528MB/s
D．1056MB/s

7．（2014 年统考真题）一次总线事务中，主设备只需给出一个首地址，从设备就能从首地址开始的若干连续单元读出或写入多个数据。这种总线事务方式称为（　　）。

A．并行传输
B．串行传输

C．突发传输
D．同步传输

8．（2015 年统考真题）下列有关总线定时的叙述中，错误的是（　　）。

A．异步通信方式中，全互锁协议最慢

B．异步通信方式中，非互锁协议的可靠性最差

C．同步通信方式中，同步时钟信号可由各设备提供

D．半同步通信方式中，握手信号的采样由同步时钟控制

9．（2016 年统考真题）下列关于总线设计的叙述中，错误的是（　　）。

A．并行总线传输比串行总线传输速度快

B．采用信号线复用技术可减少信号线数量

C．采用突发传输方式可提高总线数据传输率

D．采用分离事务通信方式可提高总线利用率

10．（2017 年统考真题）下列关于多总线结构的叙述中，错误的是（　　）。

A．靠近 CPU 的总线速度较快   B．存储器总线可支持突发传送方式

C．总线之间需通过桥接器相连   D．PCI-Express×16 采用并行传输方式

11．总线宽度与下列（   ）有关。

A．控制线根数   B．数据线根数

C．地址线根数   D．以上都不对

12．系统总线中的数据线、地址线、控制线是根据（   ）来划分的。

A．总线所处的位置   B．总线的传输方向

C．总线传输的内容   D．总线的材料

13．总线按连接部件不同可分为（   ）。

A．片内总线、系统总线、通信总线

B．数据总线、地址总线、控制总线

C．主存总线、I/O 总线、DMA 总线

D．ISA 总线、VESA 总线、PCI 总线

14．总线的数据传输速率可按公式 Q=Wf/N 计算，其中 Q 为总线数据传输速率，W 为总线数据宽度（总线位宽/8），f 为总线时钟频率，N 为完成一次数据传送所需的总线时钟周期个数。若总线位宽为 16 位，总线时钟频率为 8MHz，完成一次数据传送需 2 个总线时钟周期，则总线数据传输速率 Q 为（   ）。

A．16Mbit/s   B．8Mbit/s   C．16MB/s   D．8MB/s

15．某总线共有 88 根信号线，其中数据总线为 32 根，地址总线为 20 根，控制总线 36 根，总线工作频率为 66MHz，则总线宽度为（   ），传输速率为（   ）。

A．32bit   264MB/s   B．20bit   254MB/s

C．20bit   264MB/s   D．32bit   254MB/s

16．在下面描述的 PCI 总线的基本概念中，不正确的表述是（   ）。

A．PCI 总线支持即插即用   B．PCI 总线可对传输信息进行奇偶校验

C．系统中允许有多条 PCI 总线   D．PCI 设备一定是主设备

17．假设某存储器总线采用同步通信方式，时钟频率为 50MHz，每个总线事务以突发方式传输 8 个字，以支持块长为 8 个字的 Cache 行读和 Cache 行写，每字 4B。对于读操作，方式顺序是 1 个时钟周期接收地址，3 个时钟周期等待存储器读数，8 个时钟周期用于传输 8 个字。请问若全部访问都为读操作，该存储器的数据传输速率为（   ）。

A．114.3MB/s   B．126.0MB/s   C．133.3MB/s   D．144.3MB/s

18．下列关于总线仲裁方式的说法中，正确的有（   ）。

Ⅰ．独立请求方式响应时间最快，是以增加处理器开销和增加控制线数为代价的

Ⅱ．计数器定时查询方式下，有一根总线请求（BR）线和一根设备地址线，若每次计数都从 0 开始，则设备号小的优先级高

Ⅲ．链式查询方式对电路故障最敏感

Ⅳ．分布式仲裁控制逻辑分散在总线各部件中，不需要中央仲裁器

A．Ⅲ、Ⅳ   B．Ⅰ、Ⅲ、Ⅳ   C．Ⅰ、Ⅱ、Ⅳ   D．Ⅱ、Ⅲ、Ⅳ

19．在集中式总线控制中，响应时间最快的是（   ）。

A．链式查询   B．计数器定时查询

C．独立请求   D．分组链式查询

20．在计数器定时查询方式下，正确的描述是（　　）。

A．总线设备的优先级可变　　　　B．越靠近控制器的设备，优先级越高

C．各设备的优先级相等　　　　　D．对硬件电路的故障敏感

21．为了对 n 个设备使用总线的请求进行仲裁，如果使用独立请求方式，则需要（　　）根控制线。

A．n

B．$\log_2 n+2$

C．2n

D．3

22．在链式查询方式下，若有 N 个设备，则（　　）。

A．只需一条总线请求线

B．需要 N 条总线请求线

C．视情况而定，可能一条，也可能 N 条

D．以上说法都不对

23．总线的通信控制主要解决（　　）问题。

A．由哪个主设备占用总线　　　　B．通信双方如何获知传输开始和结束

C．通信过程中双方如何协调配合　D．B 和 C

24．在（　　）结构中，外部设备可以和主存储器单元统一编址。

A．单总线

B．双总线

C．三总线

D．以上都可以

25．为协调计算机系统各部件的工作，需要一种器件来提供统一的时钟标准，这个器件是（　　）。

A．总线缓冲器　　　　　　　　　B．总线控制器

C．时钟发生器　　　　　　　　　D．以上器件都具备这种功能

26．关于总线的叙述，下列说法中正确的是（　　）。

Ⅰ．总线忙信号由总线控制器建立

Ⅱ．计数器定时查询方式不需要总线同意信号

Ⅲ．链式查询、计数器查询、独立请求方式所需控制线路由少到多排序是：链式查询、独立请求方式、计数器查询

A．仅Ⅰ、Ⅲ　　　　　　　　　　B．仅Ⅱ、Ⅲ

C．仅Ⅲ　　　　　　　　　　　　D．仅Ⅱ

27．关于同步控制说法正确的是（　　）。

A．采用握手信号

B．由统一时序电路控制的方式

C．允许速度差别较大的设备一起接入工作

D．B 和 C

28．在异步通信方式中，一个总线传输周期的过程是（　　）。

A．先传送数据，再传送地址　　　B．先传送地址，再传送数据

C．只传输数据　　　　　　　　　D．无法确定

29．下列关于同步总线的说法中，正确的有（　　）。

Ⅰ．同步总线一般按最慢的部件来设置公共时钟

Ⅱ．同步总线一般不能很长

Ⅲ．同步总线一般采用应答方式进行通信

Ⅳ．通常，CPU 内部总线、处理器总线等采用同步总线

A．Ⅰ、Ⅱ　　　　　　　　　　　B．Ⅰ、Ⅱ、Ⅳ

C．Ⅲ、Ⅳ　　　　　　　　　　　D．Ⅱ、Ⅲ、Ⅳ

30．总线的半同步通信方式是（　　　）。

A．既不采用时钟信号，也不采用握手信号

B．只采用时钟信号，不采用握手信号

C．不采用时钟信号，只采用握手信号

D．既采用时钟信号，又采用握手信号

31．中断判优逻辑和总线仲裁方式相类似，下列说法中，正确的是（　　　）。

Ⅰ．在总线仲裁方式中，独立请求方式响应时间最快，是以增加处理器开销和增加控制线数为代价的

Ⅱ．在总线仲裁方式中计数器查询方式，若每次计数都从"0"开始，则所有设备使用总线的优先级相等

Ⅲ．总线仲裁方式一般是指 I/O 设备争用总线的判优方式，而中断判优方式一般是指 I/O 设备争用 CPU 的判优方式

Ⅳ．中断判优逻辑既可以通过硬件实现，也可以通过软件实现

A．Ⅰ、Ⅲ　　　　　　　　　　　B．Ⅰ、Ⅲ、Ⅳ

C．Ⅰ、Ⅱ、Ⅳ　　　　　　　　　D．Ⅰ、Ⅳ

32．在下列各种情况中，最应采用异步传输方式的是（　　　）。

A．I/O 接口与打印机交换信息　　B．CPU 与主存交换信息

C．CPU 和 PCI 总线交换信息　　　D．由统一时序信号控制方式下的设备

33．某机器 I/O 设备采用异步串行传送方式传送字符信息，字符信息格式为 1 位起始位、8 位数据位、1 位校验位和 1 位停止位。若要求每秒传送 640 个字符，那么该设备的有效数据传输速率应为（　　　）。

A．640b/s　　　　　　　　　　　B．640B/s

C．6400B/s　　　　　　　　　　D．6400b/s

34．假设一个 32 位的处理器配有 16 位的外部数据总线，时钟频率为 50MHz，若总线传输的最短周期为 4 个时钟周期，试问处理器的最大数据传输率是多少？若想提高一倍数据传输率，可采用什么措施？（注：仅可改变一个指标）

35．某总线时钟频率为 100MHz，在一个 64 位总线中，总线数据传输的周期是 10 个时钟周期传输 25 个字的数据块，试问：

1）总线的数据传输率是多少？

2）如果不改变数据块的大小，而是将时钟频率减半，这时总线的数据传输速率是多少？

习题答案

1．解析：D。使用总线结构仅仅是减少了传输线的条数，从图 6-1 和图 6-2 中可以很直观地看出。使用总线结构不可能减少信息的传输量和提高信息的传输速度。另外，总线上也不能在同一时刻传输数据信息和地址信息，不然就全部混乱了，因为在总线传送中数据和地

址都是二进制。

2．解析：D。存储器和 I/O 设备的地址码应该由地址线来传送，故 I 错误；控制线应该用来传送来自存储器和 I/O 设备的时序信号、控制信号和响应信号。

3．解析：A。并行总线是指一次能同时传送多个二进制数位的总线，而串行总线是指二进制数的各位在一条线上是一位一位传送的。所以根据传送格式，总线可分为并行总线和串行总线。

4．解析：A。如在 CPU 内部，寄存器之间以及算术逻辑部件（ALU）与控制部件之间传输数据所用的总线称为片内总线（即芯片内部的总线）。

5．解析：C。首先需要求出总线带宽，才能求得传输 128 位数据的传输时间。针对此题，由于每传输一个地址或数据占用一个时钟周期，即总线周期等于时钟周期，因此总线工作频率=总线时钟频率/1=100MHz，故总线带宽=总线工作频率×总线宽度=100MHz×32bit=3200Mbit/s=400MB/s。所以可以求得一次"主存写"总线事务传输 128 位数据所需要的传输时间为 16B/(400MB/s)=40ns。另外，突发（猝发）传输方式只需要一次地址传输，时间为一个时钟周期，即 1/100MHz=10ns。综上分析，总时间为 40ns+10ns=50ns。

☞ **可能疑问点：突发（猝发）传输方式与常规传输有什么区别？**

解析：一次传输一个地址和一个总线宽度的数据的方式称为常规传输。一次传输一个地址和一批数据的方式称为突发（猝发）传输。针对此题，由于是突发（猝发）方式，因此传输 128 位数据只需要传输一次地址即可。如果此题没有说明是突发（猝发）传输方式，则 128 位数据需要 4 次总线传输，那么就需要传输 4 次地址，也就是传输数据需要 40ns，传输地址也需要 40ns，共需要 80ns，则应选 D。

6．解析：C。数据线有 32 根也就是一次可以传送 32bit/8=4B 的数据，66MHz 意味着有 66M 个时钟周期，而每个时钟周期传送两次数据，可知总线每秒传送的最大数据量为 66M×2×4B=528MB，所以总线的最大数据传输速率为 528MB/s，故选 C。

7．解析：C。猝发(突发)传输是在一个总线周期中，可以传输多个存储地址连续的数据，即一次传输一个地址和一批地址连续的数据，并行传输是在传输中有多个数据位同时在设备之间进行的传输，串行传输是指数据的二进制代码在一条物理信道上以位为单位按时间顺序逐位传输的方式，同步传输是指传输过程由统一的时钟控制，故选 C。

8．解析：C。在同步通信方式中，系统采用一个统一的时钟信号，而不是由各设备提供，否则无法实现统一的时钟。

9．解析：A。并行总线传输通常比串行总线传输速度快，但不是绝对的。在实际时钟频率比较低的情况下，并行总线因为可以同时传输若干比特，速率确实比串行总线快。但是随着技术的发展，时钟频率越来越高，并行导线之间的相互干扰越来越严重，当时钟频率高到一定程度时，传输的数据已经无法恢复。而串行总线因为导线少，线间干扰容易控制，反而可以通过不断提高时钟频率来提高传输速率，A 错误。总线复用是指一种信号线在不同时间传输不同的信息。可以使用较少的线路传输更多的信息，从而节省了空间和成本，B 正确。突发传输是在一个总线周期中，可以传输多个存储地址连续的数据，即一次传输一个地址和一批地址连续的数据，C 正确。分离事务通信即总线复用的一种，相比单一的传输线路可以提高总线的利用率，D 正确。

10．解析：D。多总线结构用速率高的总线连接高速设备，用速率低的总线连接低速设备。一般来说，CPU 是计算机的核心，是计算机中速度最快的设备之一，所以 A 正确。突发传送方式把多个数据单元作为一个独立传输处理，从而最大化设备的吞吐量。现实中一般用支持突发传送方式的总线提高存储器的读写效率，B 正确。各总线通过桥接器相连，后者起流量交换的作用。PCI-Express 总线都采用串行数据包传输数据，故选 D。

11．解析：B。总线宽度指总线上能够同时传输的数据位数，通常是指数据总线的根数。

12．解析：C。根据数据线、地址线、控制线的定义可知，根据传输的内容不同，可将总线划分为数据总线、地址总线和控制总线。

13．解析：A。参考总线的分类总结可知，总线按连接部件不同可以分为片内总线、系统总线和通信总线。B 选项是按照传输内容不同的划分形式。C 选项是三总线结构的 3 条总线，和分类无关；D 选项是总线标准。

14．解析：D。W=16/8B=2B，N=2，f=8MHz，故 Q=[2×(8/2)]MB/s=8MB/s。

15．解析：A。总线宽度即为数据线的根数，故总线宽度为 32bit，总线的传输速率=总线工作频率×总线宽度=66MHz×32bit = 66MHz×4B = 264MB/s。

16．解析：D。A 和 B 选项在知识点讲解中列出过。另外，系统中肯定允许有多条 PCI 总线，以此来提升计算机的效率；PCI 设备指插在 PCI 插槽上的设备（如声卡、网卡、MODEM 等）；主设备指获得总线控制权的设备，所以 PCI 设备不一定都是主设备。

17．解析：C。一次总线事务传输的数据量为 8×4B=32B。

所使用的时钟周期数为 1+3+8=12，又每个时钟周期为(1/50MHz)，那么所使用的总时间为 12×(1/50MHz)=0.24s。

那么读操作的数据传输速率为 32B/[(12×(1/50MHz))s]=133.3MB/s。

18．解析：B。独立请求方式中，每个设备均由一对总线请求线和总线允许线，总线控制逻辑复杂，但响应速度快，Ⅰ正确。

计数器定时方式采用一组设备地址线（⌈log₂(n)⌉），Ⅱ错误。

链式查询方式对硬件电路故障敏感，且优先级不能改变，Ⅲ正确。

分布式仲裁方式不需要中央仲裁器，每个主模块都有自己的仲裁号和仲裁器，多个仲裁器竞争使用总线，Ⅳ正确。

19．解析：C。独立请求方式的每一个设备均有一对总线请求信号 BRᵢ 和总线同意信号 BGᵢ，故响应时间最快。D 选项属于捏造出来的，没有此查询方式。

20．解析：A。在知识点中讲过，计数器的初值可以由程序设置，故优先级次序可以改变。B 和 D 选项是链式查询的特点。C 要看情况，计数器每次判优都从"0"开始，此时一旦设备的优先顺序被固定，设备的优先级就按 0，1，2，…，n 的顺序降序排列，永远不能改变；计数器也可以从上一次的终点开始计数，即是一种循环方法，此时所有设备使用总线的优先级相等。

21．解析：C。知识点讲解中详细总结过，独立请求方式使用了 2n 根控制线。

22．解析：A。链式查询下，一共有 3 条控制线：总线请求线、总线忙线和总线同意线，故不管有多少设备，只有一条总线请求线。

23．解析：D。总线控制包括两个方面：判优控制和通信控制。A 选项属于判优控制；而总线通信控制主要解决通信双方如何获知传输开始和传输结束，以及通信双方如何协调和如何配合，故 B 和 C 选项属于总线通信控制。

24．解析：A。单总线的特点：由于 I/O 设备与主存共用一组地址线，因此主存和 I/O 设备是统一编址的，CPU 就可以像访问内存一样访问外部设备。

25．解析：C。提供时钟标准的肯定是时钟发生器。总线控制器用来进行总线判优；总线缓冲器在总线传输中起数据暂存缓冲的作用。

26．解析：D。

Ⅰ：在总线控制中，申请使用总线的设备向总线控制器发出"总线请求"信号，由总线控制器进行裁决。如果经裁决允许该设备使用总线，就由总线控制器向该设备发出"总线允许"信号，该设备收到信号后发出"总线忙"信号，用于通知其他设备总线已被占用。当该设备使用完总线时，将"总线忙"信号撤销，释放总线。所以"总线忙"信号的建立者是**获得总线控制权的设备**，故Ⅰ错误。

Ⅱ：计数器定时查询方式只需要总线忙信号线和总线请求信号线，而不需要总线同意信号线，所以Ⅱ正确。

Ⅲ：链式查询仅用两根线即可确定总线使用权属于哪个设备（BS 总线忙信号线不参加使用权的确定，所以不是 3 根）；在计数器查询中需要使用 $\lceil \log_2 n\rceil + 1$ 根线（其中 n 表示允许接纳的最大设备数）；独立请求是每一台设备均有一对总线请求线和一对总线同意线，所以独立请求方式需采用 2N 根线（其中 N 表示允许接纳的最大设备数），所以Ⅲ错误。

27．解析：B。同步控制指由统一时序电路控制的通信方式。使用公共时钟信号，不采用握手信号。同步控制一般不允许连接速度差别较大的设备，这样会降低整个通信的效率。

28．解析：B。通常将完成一次总线操作的时间称为总线周期，其可分为以下 4 个阶段：申请阶段、寻址阶段、传输阶段和结束阶段。而寻址阶段就是传送地址，传输阶段就是传送数据。

29．解析：B。同步总线的特点是各部件采用时钟信号进行同步，协议简单，因而速度快，接口逻辑很少。但总线上的每个部件必须在规定的时间内完成要求的动作，所以一般按最慢的部件来设计公共时钟。而且由于时钟偏移问题，同步总线一般不能很长。因此，一般同步总线用在部件之间距离短、存取速度一致的场合。通常，CPU 内部总线、处理器总线等采用同步总线。因此Ⅰ、Ⅱ和Ⅳ都是正确的。

Ⅲ属于异步总线的特征。

异步总线采用应答方式进行通信，允许各设备之间的速度有较大的差异，因此，通常用于在具有不同存取速度的设备之间进行通信。通常连接外设或其他机器的通信总线采用异步总线。

30．解析：D。总线的半同步方式是同步方式和异步方式的结合。

31．解析：B。

Ⅰ：独立请求方式中，每个 I/O 接口都有各自的总线请求和总线同意线，共 2n 根控制线，以此来获得高响应速度，故Ⅰ正确。

Ⅱ：计数器查询方式中，计数器有两种计数方式：①计数器每次判优都从"0"开始，此时一旦设备的优先级次序被固定后，设备的优先级就按 0，1，2，…，n 的顺序降序排列，永远不能改变；②计数器也可以从上一次的终点开始计数，即是一种循环方法，此时所有设备使用总线的优先级相等，故Ⅱ错误。

Ⅲ：总线仲裁方式是总线被争用的判优方式，从设备一般是 I/O 设备，但也可以是硬盘（外存），故Ⅲ正确。

Ⅳ：叙述正确。

32．解析：A。在异步定时方式中，没有统一的时钟，也没有固定的时间间隔，完全依靠传送双方相互制约的"握手"信号来实现定时控制。

异步定时方式能保证两个工作速度相差很大的部件或设备之间可靠地进行信息交换。I/O 接口和打印机之间的速度差异较大，应采用异步传输方式来提高效率。

33．解析：B。尽管每个字符占用 11bit，但是有效数据只有 8bit。故该设备的有效数据传输速率=8×640bit/s=640B/s。

34．解析：根据时钟频率可计算出总线传输的最短传输周期为

$$T=4/(50MHz)=80×10^{-9}s$$

对于总线宽度为 16 位的总线，最大数据传输速率为

$$16bit/T=2B/(80×10^{-9}s)=25MB/s$$

若想提高一倍数据传输速率，可采用两种方式：

1）将总线宽度扩大为 32bit，CPU 时钟频率仍为 50MHz，则数据传输速率为

$$32bit/T=4B/(80×10^{-9}s)=50MB/s$$

2）将时钟频率扩大为 100MHz，总线宽度仍为 16bit，根据时钟频率可计算出总线传输的最短传输周期为

$$T=4/(100MHz)=40×10^{-9}s$$

此时最大数据传输速率为

$$16bit/T=2B/(40×10^{-9}s)=50MB/s$$

35．解析：1）根据时钟频率为 100MHz，可以计算出时钟周期为 $10^{-8}s$，则一个总线传输周期为 $10^{-7}s$，也就是说，$10^{-7}s$ 可以传送 $64×25bit$ 的信息，即 200B。故总线的数据传输速率为

$$200B/10^{-7}s=2000MB/s$$

2）如果将时钟频率减半，可以计算出时钟周期为 $2×10^{-8}s$，则一个总线传输周期为 $2×10^{-7}s$，也就是说，$2×10^{-7}s$ 可以传送 200B 的信息，故总线的数据传输速率为

$$200B/2×10^{-7}s=1000MB/s$$

第7章 输入/输出系统

大纲要求

（一）I/O 系统基本概念

（二）外部设备

1. 输入设备：键盘、鼠标

2. 输出设备：显示器、打印机

3. 外存储器：硬盘存储器、磁盘阵列、光盘存储器

（三）I/O 接口（I/O 控制器）

1. I/O 接口的功能和基本结构

2. I/O 端口及其编址

（四）I/O 方式

1. 程序查询方式

2. 程序中断方式

中断的基本概念，中断响应过程、中断处理过程、多重中断和中断屏蔽的概念

3. DMA 方式

DMA 控制器的组成，DMA 传送过程

考点与要点分析

核心考点

1.（★★★★★）I/O 方式，其中中断方式和 DMA 方式是重中之重

2.（★★★★）I/O 接口的功能和结构（选择题）

3.（★★★）磁盘存储器的地址格式（综合题）

4.（★★）各种外部设备的性质（选择题）

基础要点

1. 输入/输出系统的基本概念

2. I/O 控制方式的基本概念

3. 各种输入/输出设备的基本性质

4. 磁盘存储器的各种性能指标

5. 磁盘的地址格式

6. 磁盘阵列的基本概念
7. I/O 接口的功能和结构及其分类
8. I/O 端口的基本概念及其编址
9. 4 种 I/O 控制方式的基本原理和区别

本章知识体系框架图

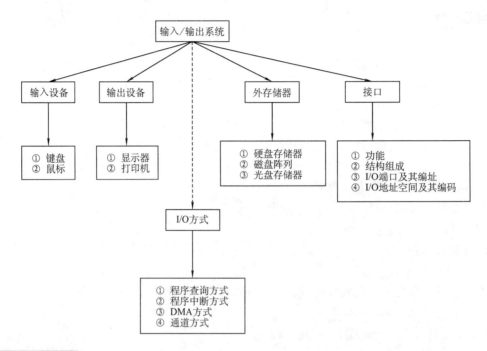

知识点讲解

7.1 I/O 系统基本概念

1. I/O 系统的历史演变过程

计算机硬件的五大组成部分已经讲过了存储器、运算器和控制器，接下来需要讲解的是输入/输出设备（或简称为 I/O 系统）。

背景知识：输入/输出系统有怎样的发展历程？

解析：输入/输出系统的发展历程主要分为以下 4 个阶段：

1）早期阶段（程序查询方式）。

2）接口模块和 DMA 阶段（中断方式和 DMA 方式）。

3）具有通道结构的阶段（大纲已删除此知识点，**了解概念即可**）。

4）具有 I/O 处理器的阶段。

注意：其中接口模块和 DMA 阶段考生务必要重视，每年考研必考。

以下阶段的内容讲解仅仅是让考生提前有个框架认识，具体的细节不涉及，后面会专门详细分析**程序查询方式、中断方式、DMA 方式**。

（1）早期阶段（程序查询方式）

每次 I/O 系统和主存交换信息时都需要经过 CPU 才能交换完成，如图 7-1 所示。可想而知，这样极其浪费时间。

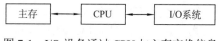

图 7-1　I/O 设备通过 CPU 与主存交换信息

程序查询方式存在的问题：

1）当 I/O 设备与主机交换信息时，CPU 不得不停止各种运算，因此 I/O 设备与 CPU 是按串行方式工作的，极其浪费时间。

2）每个 I/O 设备的逻辑控制电路与 CPU 的控制器紧密构成一个不可分割的整体，所以想增加或者删除设备是非常困难的。

改进：对于第一个问题，由于当 I/O 设备与主机交换信息时，CPU 需要停止各种运算，因此改进应该朝着这样一种方向，即 I/O 设备与主机交换信息时最好不要"打扰"CPU。对于第二个问题，由于每个 I/O 设备的逻辑控制电路与 CPU 的控制器紧密构成一个不可分割的整体，不好增减设备，那么应该想一种便于增减设备的设计方式，这里可以用到之前讲过的总线。

（2）接口模块和 DMA 阶段（中断方式和 DMA 方式）

在该阶段 I/O 设备通过接口模块与主机相连（见图 7-2），且采用了总线连接的方式。这种设计基本解决了以上的两个问题。

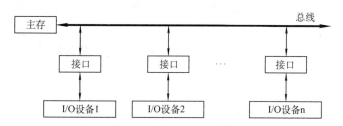

图 7-2　I/O 设备通过接口模块与主机交换信息

1）接口模块中都设有**数据通路**和**控制通路**。其中，数据通路可以缓解 I/O 设备和主存速度的不一致，起到缓冲作用；控制通路用以传送 CPU 向 I/O 设备发出的各种控制命令，或使得 CPU 接收来自 I/O 设备的反馈信号，并且接口还能满足中断请求处理的要求，使 I/O 设备与 CPU 可按并行方式工作，大大地提高了 CPU 的工作效率，小部分解决了早期阶段的第一个问题。

2）采用了总线结构，可以随时增加或删减设备，极其方便，即解决了早期阶段的第二个问题。

☞ **可能疑问点：为什么说小部分解决了早期阶段的第一个问题？因为虽然这个阶段实现了 CPU 与 I/O 设备的并行工作，但是在主机与 I/O 设备交换信息时，CPU 仍然要中断现行程序，这个怎么去理解？看下面的生活场景。**

解析： 假设今天有一个女孩约你出去玩，需要等她的电话你再出去。那早期阶段是怎么回事？既然是早期，手机就没有这么先进了，没有振动，没有铃声，你需要不断地去看手机有没有来电。这样你什么事情都不能干了，一直要拿着手机看。以上就是早期阶段，CPU 效率极其低下。而现在不一样了，你可以把电话放在客厅，去做其他事情（并行工作了），女孩来电话自然会有铃声，听到铃声之后（要传数据）你再停下自己的工作去接电话，所以在听到铃声之前是并行的（小部分解决了），听到铃声之后你还是得停下自己的工作去接电话。

由以上分析可知（以上都是中断方式的特点），CPU 与 I/O 设备还不能做到绝对的并行工作。为了进一步提高 CPU 的工作效率，又出现了直接存储器存取（DMA）技术，其特点是 I/O 设备与主存之间有一条直接数据通路（见图 7-3），I/O 设备可以与主存直接交换信息，使得 CPU 在 I/O 设备与主存交换信息时能继续完成自身的工作，资源利用因此得到了进一步的提高。

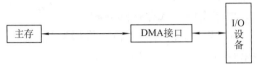

图 7-3 I/O 设备与主存直接交换信息

（3）具有通道结构的阶段

通道是用来负责管理 I/O 设备以及实现主存与 I/O 设备之间交换信息的部件，可以视为一种具有特殊功能的处理器。通道具有专用的通道指令，能独立地执行用通道指令所编制的输入/输出程序，但不是一个完全独立的处理器。它依据 CPU 的 **I/O 指令**进行启动、停止或改变工作状态，是从属于 CPU 的一个专用处理器。依赖通道管理的 I/O 设备在主机交换信息时，CPU 不直接参与管理，故提高了 CPU 的资源利用率。

（4）具有 I/O 处理器的阶段

该部分不属于计算机组成原理中的讲解内容，考研基本不会涉及。

2. I/O 系统的基本概念

I/O 系统主要由两部分组成：**I/O 软件**和 **I/O 硬件**。

（1）I/O 软件

I/O 软件的主要功能：将用户编制的程序输入主机内，将运算结果输出给用户，实现输入/输出系统与主机工作的协调。

对于采用接口模块方式，要使得 I/O 设备与主机协调工作，必须靠 I/O 指令来完成。对于采用通道管理方式，不仅需要 I/O 指令，还需要通道指令。

1）I/O 指令。首先，需要设置一个字段来作为 I/O 指令与其他指令的判别代码，在此称为**操作码**。其次，知道了这个是 I/O 指令，那到底做什么操作？是将数据从 I/O 设备输入主机，还是将数据从主机输出至 I/O 设备？所以又需要一个字段来识别做什么操作，在此称为**命令码**。现在知道了是 I/O 指令，且知道要做什么操作，那对谁操作？所以最后还需要一个字段来判别到底是对哪一个设备操作。根据以上分析，得出 I/O 指令的一般格式，如图 7-4 所示。

图 7-4 I/O 指令的一般格式

2）通道指令。通道指令又称为通道控制字，它是通道用于执行 I/O 操作的指令，可以由管理程序存放在主存的任何地方（**通道指令存放在主存里面**），由通道从主存中取出并执行。通道程序由通道指令组成，它完成某种外部设备与主存之间传送信息的操作，例如，将磁带记录区的部分内容传送到指定的主存缓冲区内。

通道指令是通道的自身指令（不属于 CPU 指令系统），用来执行 I/O 操作，如读、写等操作。而 I/O 指令属于 CPU 指令系统的一部分，是 CPU 用来控制输入/输出操作的指令，由 CPU 译码后执行（译码之后可以看出此 I/O 指令做什么操作，对谁操作等）。但是在具有通道结构的计算机中，I/O 指令不实现 I/O 数据传送，主要完成启动、停止 I/O 设备，查询通道和 I/O 设备的状态及控制通道所做的其他操作。换句话说，具有通道指令的计算机，一旦 CPU 执行了启动 I/O 设备的指令，就由通道来代替 CPU 对 I/O 设备进行管理。

同理，很容易推出通道指令的一般格式。首先，要操作的数据放在哪里？需要给出数据的**首地址**，知道了首地址，从首地址开始要操作多少数据?就必须给出**需要传送的字节数**或者是数据的**末地址**。其次，需要指明**做什么操作**。最后，需要指明**对哪个设备操作**。

（2）I/O 硬件

输入/输出系统的硬件组成是多种多样的，在带接口的 I/O 系统中，I/O 硬件包括接口模块和 I/O 设备两大部分；在具有通道或 I/O 处理器的 I/O 系统中，I/O 硬件包括通道（或称为处理器）、设备控制器和 I/O 设备等。

7.2　外部设备

7.2.1　I/O 设备分类

I/O 设备根据其特点可以分为以下 3 类：

输入设备：能将人们熟悉的信息形式变换成计算机能接收并识别的信息形式。

输出设备：能将计算机运算结果的二进制信息转换成人类或者其他设备可以接收和识别的信息形式。

输入/输出兼用设备：既可以作为输入设备，也可以作为输出设备，例如硬盘，既可以存数据，也可以取数据。

7.2.2　输入设备

1．键盘

键盘是应用最普遍的输入设备，可以通过键盘上的各个键，按某种规范向主机输入各种信息，如汉字、字母、数字、特殊符号等。

键盘输入信息分为以下 3 个步骤：

1）按下一个键。

2）查出按了哪个键。

3）将此键翻译成 ASCII 码传给计算机。

详细过程：先对键盘的每个键进行编号，将每个编号和一个 ASCII 码进行对应，并放在 ROM 中。由译码器对键盘进行扫描，一旦扫描到有键按下，就可以马上得到此键的编号，然后将此编号和 ROM 进行比较，就可以得到对应编号的 ASCII 码值，然后将此 ASCII 码值传给计算机。

2．鼠标

早期的鼠标底座装有一个金属球，在光滑的表面上摩擦，使金属球转动，球与 4 个方向的电位器接触，就可以测量出上、下、左、右 4 个方向的相对位移量。光电鼠标内部有一个发光二极管，通过它发出的光线可以照亮光电鼠标底部表面(这是鼠标底部总会发光的原因)。此后，光电鼠标经底部表面反射回的一部分光线，通过一组光学透镜，传输到一个光感应器件（微成像器）内成像。这样，当光电鼠标移动时，其移动轨迹便会被记录为一组高速拍摄的连贯图像，被光电鼠标内部的一块专用图像分析芯片（数字微处理器）分析处理。该芯片通过对这些图像上特征点位置的变化进行分析，来判断鼠标的移动方向和移动距离，从而完成光标的定位。

7.2.3　输出设备

1．显示器

按显示设备所用的显示器件分类：

- 阴极射线管（CRT）显示器（重点）。
- 液晶显示器（LCD）。
- 等离子显示器。

按所显示的信息内容分类：

- 字符显示器。
- 图形显示器。
- 图像显示器。

下面着重介绍阴极射线管（CRT）显示器的相关知识。

（1）CRT 显示器的分类

CRT 显示器按扫描方式的不同，可分为光栅扫描和随机扫描；按分辨率的不同，又可分为高分辨率和低分辨率。

光栅扫描是电视中采用的扫描方法，在电视中图像充满整个画面，因此要求电子束扫过整个屏幕。光栅扫描是从上至下顺序扫描，采用逐行扫描和隔行扫描两种方式。逐行扫描就是从屏幕顶部开始一行接一行地扫描，一直到底，再从头开始。电视系统采用隔行扫描（先扫描奇数行，再扫描偶数行）。

随机扫描是控制电子束在 CRT 屏幕上随机地运动，从而产生图形和字符，电子束只在需要作图的地方扫描，而不必扫描全屏幕，因此这种扫描方式画图速度快、图像清晰，但驱动系统较复杂，价格较为昂贵。

（2）分辨率和灰度级

分辨率是指显示器所能表示的像素个数，像素越密，分辨率越高，图像越清晰。

灰度级是指黑白显示器中所显示的像素点的亮暗差别，在彩色显示器中则表现为颜色的不同，灰度级越高，图像层次越清楚逼真。

（3）刷新和刷新存储器

CRT 发光是由电子束打在荧光粉上引起的，电子束扫过之后，其发光亮度只能维持几十毫秒便会消失。为了使人眼能看到稳定的图像显示，必须使电子束不断地重复扫描整个屏幕，这个过程称为刷新。按人的视觉生理，刷新频率大于 30 次/s 时才不会感到闪烁。

为了不断提高刷新图像的信号，必须把图像信息存储在刷新存储器（也称为视频存储器）。其存储容量由图像分辨率和灰度级决定，分辨率越高，灰度级越高，刷新存储器容量越大。假如分辨率为 1024×1024 像素、256 级灰度的图像（需要 8 位二进制数来表示），其存储容量为 $1024×1024×\log_2 256=1MB$。

【例 7-1】（2010 年统考真题）假定一台计算机的显示存储器用 DRAM 芯片实现，若要求显示分辨率为 1600×1200 像素，颜色深度为 24 位，帧频为 85Hz，显存总带宽的 50%用来刷新屏幕，则需要的显存总带宽至少约为（　　　）。

A．245Mbit/s　　　B．979Mbit/s　　　C．1958Mbit/s　　　D．7834Mbit/s

解析：D。刷新所需带宽=分辨率×色深×帧频=1600×1200×24bit×85Hz=3916.8Mbit/s，显存总带宽的 50%用来刷屏，所以需要的显存总带宽为 3916.8Mbit/s/0.5=7833.6Mbit/s≈7834Mbit/s。

2. 打印机

打印输出是计算机最基本的输出形式，与显示器输出相比，打印输出可产生永久性记录，因此打印设备又称为硬拷贝设备。

按印字原理划分，打印机有**击打式**和**非击打式**两种。

击打式打印机是利用机械动作使印字机构与色带和纸相撞击而打印字符，其特点是设备成本低，印字质量较好，但噪声大，速度慢。击打式打印机又可分为**活字打印机**和**点阵针式打印机**两种。

非击打式打印机是采用电、磁、光、喷墨等物理、化学方法来印刷字符，如激光打印机、静电打印机、喷墨打印机等。它们速度快，噪声小，印字质量比击打式打印机好，但价格较贵。

按工作方式划分，打印机有**串行打印机**和**行式打印机**。前者是逐字打印，后者是逐行打印，所以行式打印机比串行打印机速度快。

硬盘存储器、磁盘阵列、光盘存储器相关知识点讲解请参考第 **3** 章的 **3.8** 节。

📖 **补充知识点**：磁盘存储器的平均存取时间计算。

解析：平均存取时间包括寻道时间（磁头移动到目的磁道）、旋转延迟时间（磁头定位到所在扇区）和传输时间（传输数据所花费的时间）3 部分构成。其中旋转延迟时间为磁盘转速倒数的一半，即磁盘转半圈所需的时间，这是由于磁盘既可以顺时针旋转，也可以逆时针旋转，因此定位到所在扇区只需要转半圈。

7.3 I/O 接口（I/O 控制器）

7.3.1 I/O 接口基础知识

为什么要设置接口？原因分析如下。

1）前面讲过，某些 I/O 设备速度较慢，与 CPU 速度相差可能很大，通过接口可以实现数据缓冲。

2）一台机器通常配有多台 I/O 设备，它们各自有其设备编号，通过接口可以实现 I/O 设备的选择。

3）某些设备是一位位地串行传送数据，而 CPU 一般为并行传送，通过接口可实现数据串—并格式的转换。

以上三大原因足以证明接口必不可少，当然还有其他原因，在此不一一列出。

☞ **可能疑问点**：**I/O 接口就是 I/O 端口吗？**

解答：不是。I/O 接口和 I/O 端口是两个不同的概念，但相互之间有关联。I/O 接口是主机和外设之间传送信息的"桥梁"，介于主机和外设之间。主机控制外设的命令信息、传送给外设的数据或从外设取来的数据、外设送给主机的状态信息等都要先存放到 I/O 接口中。所以，接口中有一些寄存器，用于存放这些命令、数据和状态信息。把 I/O 接口中的这些寄存器称为 I/O 端口。

7.3.2 I/O 接口的功能和基本结构

每一台 I/O 设备都是通过 I/O 接口连接到系统总线上的，并且此总线包括数据线、设备选择线、命令线和状态线，如图 7-5 所示。

数据线（双向）： 用作 I/O 设备与主机之间传送数据。

设备选择线（单向）： 用来传送设备码。

命令线（单向）： 用来传输 CPU 向设备发出
的各种命令信号，如启动、停止、读、写等信号。

状态线（单向）： 将 I/O 设备的状态向主机报
告的信号线。

1．I/O 接口的功能

I/O 接口的功能如下。

（1）选择设备功能

由于 I/O 总线与所有设备的接口电路相连，
但 CPU 究竟选择哪台设备，还得通过设备选择线
上的设备码来确定，该设备码将送至所有设备的
接口，因此当设备选择线上的设备码与本设备码
相符合时，应发出设备选择信号 SEL，这种功能
可通过接口内的设备选择电路来实现。如图 7-6
所示，设备选择电路可从设备选择线上得到设备
码，若和本设备码相符合，则 SEL 信号有效，即
有输出。那么此信号便可控制这个设备通过命令
线、状态线和数据线与主机交换信息。

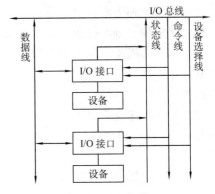

图 7-5　系统总线

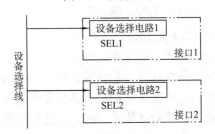

图 7-6　设备选择电路示意图

（2）传送命令功能

当 CPU 向 I/O 设备发出命令时，要求 I/O 设
备能作出响应，如果 I/O 接口不具备传送命令信
息的功能，那么设备将无法响应，故通常在 I/O
接口中设有存放命令的命令寄存器和命令译码
器，如图 7-7 所示。

命令寄存器不会随意地接收命令线上的命令
码（I/O 指令中的命令码字段）。只有当此接口的
设备选择电路输出了 SEL 信号，命令寄存器才会
接收。

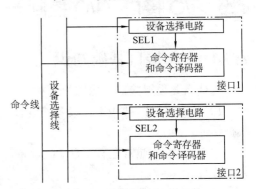

图 7-7　命令寄存器和命令译码器

（3）传送数据功能

由于 I/O 接口处于主机和 I/O 设备之间，因此主机和 I/O 设备之间传送数据必须通过接口
才能实现。这就要求接口中必须具有数据通路，完成数据传送。这种数据通路还应具有缓冲
能力，即能将数据暂存在接口内。接口中通常设有数据缓冲寄存器，用来暂存 I/O 设备与主
机准备交换的信息，其与 I/O 总线中的数据线是相连的。

（4）反映 I/O 设备的工作状态

前面举过例子，并不是数据发过来就能接收的。因为可能此时还没有准备好，所以接口
内必须设置一些反映设备工作状态的触发器。

2．I/O 接口的基本结构

以上所分析的接口功能及组成均是指通用接口所具备的。I/O 接口的基本组成如图 7-8 所示。

现代计算机一般都采用了中断技术，因此接口电路中一般还设有中断请求触发器（INTR），当其为"1"时，表示该 I/O 设备向 CPU 发出中断请求。接口内还有屏蔽触发器（MASK），它与中断请求触发器配合使用，完成设备的屏蔽功能。

图 7-8　I/O 接口的基本组成

内部接口：内部接口与系统总线相连，实质上是与内存、CPU 相连。数据的传输方式只能是并行传输。

外部接口：外部接口通过接口电缆与外设相连，外部接口的数据传输可能是串行方式，因此 I/O 接口需具有串/并转换功能。

3. I/O 接口的类型

按照不同的分类方式，I/O 接口可以分为不同的类型。

（1）按照数据传送方式分类，I/O 接口可分为并行接口和串行接口。并行接口可以同时传送一个字节或一个字的所有位，串行接口只能一位一位地传送。

（2）按主机访问 I/O 设备的控制方式可以分为程序查询接口、中断接口和 DMA 接口。

（3）按功能选择的灵活性可分为可编程接口和不可编程接口。

7.3.3　I/O 端口及其编址

1. I/O 端口

I/O 端口和 I/O 接口是两个不同的概念。端口是指可以由 CPU 进行读或写的寄存器。这些寄存器分别用来存放数据信息、控制信息和状态信息，分别称为数据端口、控制端口和状态端口。若干个端口加上相应的控制逻辑电路就组成了接口。

☞ **可能疑问点：一个 I/O 接口只能有一个地址吗？**

解析：一个 I/O 接口可能有多个地址。因为一个 I/O 接口中可能有多个用户可访问的寄存器，也就是多个 I/O 端口，而每个 I/O 端口有一个地址，所以一个 I/O 接口可能有多个地址。

2. I/O 端口的编址

I/O 设备与主机交换信息和 CPU 与主存交换信息有很多的不同点，例如，CPU 如何对 I/O 编址就是其中待解决的问题。

一般将 I/O 设备码看作地址码。I/O 地址码的编址一般采用两种方式：**统一编址**和**不统一编址**。前面讲过了存储器地址，如果能将 I/O 的地址码和主存的地址码统一起来就方便多了，即统一编址。例如，在 64KB 地址的存储空间中，划出 8KB 地址作为 I/O 设备的地址，凡是在这 8KB 地址范围内的访问，就是对 I/O 设备的访问，所用的指令和访存指令相似。显然，统一编址占用了存储空间，减少了主存容量，但无须专用的 I/O 指令。不统一编址指 I/O 地址和存储器地址是分开的，所有对 I/O 设备的访问必须有专用的 I/O 指令。不统一编址由于不占用主存空间，故不影响主存容量，但需要设置 I/O 专用指令。因此，设计机器时，需根据实际情况衡量考虑选取何种编址方式。

注意： 当 I/O 设备通过接口与主机相连时，CPU 可以通过接口地址来访问 I/O 设备。因为一个接口对应一个 I/O 设备。

7.4　I/O 方式

7.4.1　程序查询方式

编者在网上搜集资料时看到一则对于理解 I/O 控制方式非常有帮助的故事，故事概要如下：

某幼儿园中，一个阿姨照看 10 个孩子，要给每个孩子分 2 根棒冰。假设要每个孩子把 2 根棒冰都吃完，那么她应该采用什么方法？

第一种方法（类似于程序查询方式）：阿姨先给孩子甲 1 根棒冰，盯着甲吃完，然后给第二根。接着给孩子乙，其过程与孩子甲完全一样。依此类推，直到第 10 个孩子吃完第 2 根棒冰。这种方法的效率显然很低，因为孩子在吃棒冰时她一直在守候，什么事情也干不了。于是她想到了第二种方法。

第二种方法（类似于程序中断方式）：每人发 1 根棒冰各自去吃，并约定谁吃完后就向她举手报告，再发第 2 根。这种方法提高了工作效率，而且在未接到孩子们吃完棒冰报告以前，她还可以腾出时间给孩子们批改作业。这种方法还可以改进，于是她想到了第三种方法，进行批处理。

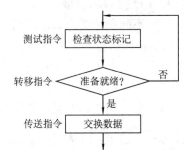

图 7-9　单个设备的查询流程

第三种方法（类似于 DMA 方式）：每人拿 2 根棒冰各自去吃，吃完 2 根棒冰后再向她报告。显然这种方式也提高了工作效率，她可以腾出更多的时间去批改作业。

第四种方法（类似于通道方式）：花钱请一个人来专门管发棒冰的事情，只是必要时过问一下。

程序查询方式又称为程序控制 I/O 方式。 在这种方式中，数据在 CPU 和外部设备之间的传送完全靠计算机程序控制，是在 CPU 主动控制下进行的。当需要输入/输出时，CPU 暂停执行主程序，转去执行设备**输入/输出的服务程序（指由 I/O 指令编写成的程序）**，根据服务程序中的 I/O 指令进行数据传送。从上面的故事中可以看出，程序查询方式的主要缺点在于每时每刻需要不断查询 I/O 设备是否准备就绪。图 7-9 为单个设备的查询流程。当 I/O 设备较多时，CPU 需要按各个 I/O 设备在系统中的优先级别进行逐级查询，其流程如图 7-10

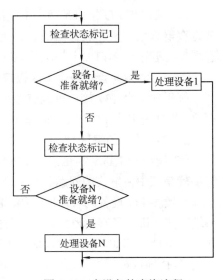

图 7-10　多设备的查询流程

所示。图 7-10 中设备的优先顺序按 1~N 降序排列。

从图 7-9 中可以看出，为了正确完成这种查询，通常要执行以下 3 条指令。

1）**测试指令**。用来查询 I/O 设备是否准备就绪。

2）**转移指令**。若 I/O 设备未准备就绪，则执行转移指令，即转到测试指令，继续测试 I/O 设备的状态。

3）**传送指令**。若 I/O 设备准备就绪，则执行传送指令。

注意：在图 7-10 中，一定是轮询查询，不会往回查，即如果设备 N-1 处理完成，即使现在设备 N-2 准备就绪也没有用，一定是往下继续测试设备 N，查询完设备 N 再查询设备 1。

下面模拟单个 I/O 设备使用程序查询方式来传送数据的完整流程，如图 7-11 所示。先大致看看图 7-11，然后看详细的文字流程。

1）使用程序查询方式传输数据肯定要用到 CPU 的寄存器来存取一些信息，但是 CPU 在执行程序的过程中肯定已经将一些重要信息存放在这些寄存器里面了，所以前期需要将 CPU 存在寄存器里面的重要信息进行保存。

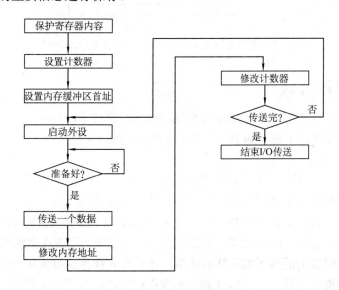

图 7-11　程序查询方式的流程

2）数据的传送都是成块传送的，因此需要给出 I/O 设备与主机交换数据的计数值。

3）给出欲传送数据在主存缓冲区的首地址。

4）启动 I/O 设备。

5）将 I/O 接口中的设备状态标志取至 CPU，并测试 I/O 设备是否准备就绪。若 I/O 设备没有准备好，则一直等待，直到其准备就绪为止。准备就绪之后，就可以传送数据了。

对于**输入**而言，准备就绪意味着接口电路中的数据缓冲寄存器已装满欲传送的数据（称为输入缓冲满），CPU 可以取走数据。

对于**输出**而言，准备就绪意味着接口电路中的数据已被设备取走（称为输出缓冲空），这样 CPU 可再次将数据送到接口，设备可再次从接口接收数据。

6）CPU 执行 I/O 指令，或从 I/O 接口的数据缓冲寄存器中读出一个数据，或把一个数据写入 I/O 接口中的数据缓冲寄存器内，并修改接口中的状态标志位。

7）由于当前主存地址的数据已经传送完毕，因此需要修改主存地址。

8）由于计数器是判断数据传完与否的唯一标志，因此每传输完一个数据之后，一定要记得修改计数值。

9）判断计数值，若计数值不为 0，则表示一批数据尚未传送完，重新启动外设继续传送；若计数值为 0，则表示一批数据已传送完毕。

10）若传送完，结束 I/O 传送，继续执行现行程序。

以上仅仅是宏观的流程，接口的实现以输入设备为例，如图 7-12 所示。

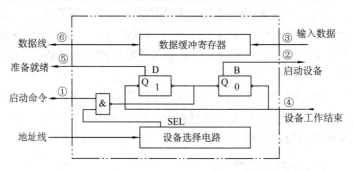

图 7-12　程序查询方式接口电路（输入）的基本组成

7.4.2　程序中断方式

中断的相关知识点在第 5 章中的中断系统已详细讲解过了，如中断响应过程、中断处理过程以及多重中断和中断屏蔽等概念。本小节主要介绍 I/O 中断。

1. I/O 中断的定义

CPU 启动 I/O 后，不必停止现行程序的运行。而 I/O 接到启动命令后，进入自身的准备阶段。当准备就绪时，向 CPU 提出请求，此时 CPU 立即中断现行程序，并保存断点，转至执行中断服务程序，为 I/O 服务。中断服务程序结束后，CPU 又返回到程序的断点处，继续执行原程序。在这种方式下 CPU 的效率得到了提高，这是因为设备在数据传送准备阶段 CPU 仍在执行原程序（**就像上面孩子吃棒冰的故事，孩子在吃棒冰的过程中老师可以改作业，而吃棒冰的过程就是准备阶段**）。此外，CPU 不像在程序查询方式下那样被一台外设独占，它可以同时与多台设备进行数据传送（**还是可以以孩子吃棒冰的故事为例，程序查询方式是为一个 I/O 设备服务完之后再去考虑下一个 I/O 设备，即老师盯着一个孩子吃完；而程序中断方式是任何小孩吃完棒冰都可以举手示意老师吃完了，即可以同时为多台设备进行服务**）。

一次中断处理的过程可简单归纳为 5 个阶段：

1）中断请求。设置中断请求触发器，第 5 章已讲。

2）中断判优。设置中断判优，用硬件或者软件都可以实现，第 5 章已讲。

3）中断响应。第 5 章已讲。

4）中断服务。下面即将介绍。

5）中断返回。第 5 章已讲。

下面以打印机为例来说明 CPU 与打印机的并行工作情况，如图 7-13 所示。

由图 7-13 可知，当打印机在准备时，CPU 仍然继续执行主程序，只有待打印机发出中断请求时，CPU 才停下自己的事情来响应中断。数据传输完毕后，中断返回，CPU 继续执行主程序。

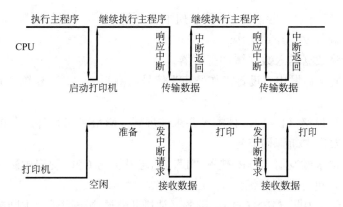

图 7-13　CPU 与打印机的并行工作情况

为了处理 I/O 中断，在 I/O 接口电路中必须配置如下相关的硬件线路：

1）中断请求触发器和中断屏蔽触发器（第 5 章已讲）。

2）排队器（第 5 章讲解的排队器是 CPU 内部设置的一个统一的排队器，知道这一种即可）。

3）中断向量地址形成部件（或者称为设备编码器）。

尽管第 5 章讲解过**中断向量地址形成部件**，但是这里还是需要提一点。中断向量地址形成部件的输入来自排队器的输出 $INTP_1$，$INTP_2$，…，$INTP_n$，很显然是一串二进制代码，而此二进制代码就是中断向量，其位数与计算机可以处理中断源的个数有关，即一个中断源对应一个向量地址。可见，该部件实质上是一个编码器。在 I/O 接口中的编码器又称为设备编码器。

2．I/O 中断的处理过程

（1）CPU 响应中断的条件和时间

第 5 章中断系统中详细讲解过。

（2）I/O 中断处理过程

程序中断方式接口电路的基本组成如图 7-14 所示。下面以输入设备为例，说明 I/O 中断处理的全过程。前提是 CPU 通过 I/O 指令的地址码已经选中某设备，则中断处理过程如下：

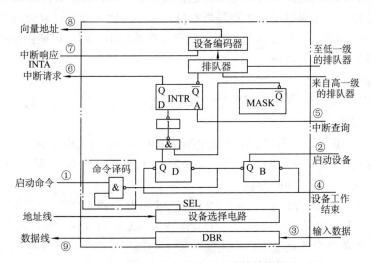

图 7-14　程序中断方式接口电路的基本组成

1）由 CPU 发启动 I/O 设备命令，将接口中的 B 置"1"，D 置"0"。

2）接口启动输入设备开始工作。

3）输入设备将数据送入数据缓冲寄存器。

4）输入设备向接口发出"设备工作结束"信号，将 D 置"1"，B 置"0"，标志设备准备就绪。

5）当设备准备就绪（D=1），且本设备未被屏蔽（MASK=0）时，在指令执行阶段的结束时刻，由 CPU 发出中断查询信号。

6）设备中断请求触发器 INTR 被置"1"，标志设备向 CPU 提出中断请求。与此同时，INTR 送至排队器，进行中断判优。

7）若 CPU 允许中断（EINT=1），设备又被排队器选中，即进入中断响应阶段，由中断响应信号 INTA 将排队器输出送至编码器形成向量地址。

8）向量地址被送至 PC，作为下一条指令的地址。

9）由于向量地址中存放的是一条无条件转移指令，因此这条指令执行结束后，即无条件转至该设备的服务程序入口地址，开始执行中断服务程序，进入中断服务阶段，通过输入指令将数据缓冲寄存器的输入数据送至 CPU 的通用寄存器，再存入主存单元。

10）中断服务程序的最后一条指令是中断返回指令，当其执行结束时，即中断返回至原程序的断点处。至此，一个完整的程序中断处理过程即告结束。

不同设备的服务程序是不相同的，一般中断服务程序的流程分为以下 4 个部分。

（1）保护现场

保护现场有两个含义：其一是保存程序的断点；其二是保存通用寄存器和状态寄存器的内容。前者由中断隐指令完成，后者可由中断服务程序完成。怎么完成？只需在中断服务程序的起始部分安排若干条存数指令，将寄存器的内容存至存储器中保存，或者用进栈指令（PUSH）将各寄存器的内容推入堆栈保存，即将程序中断时的"现场"保存起来。

（2）中断服务（设备服务）

这是中断服务程序的主体部分，不同的中断请求源其中断服务操作内容是不同的。

（3）恢复现场

这是中断服务程序的结尾部分，要求在退出服务程序前，将原程序中断时的"现场"恢复到原来的寄存器中。如果以前的"现场"存储在主存，则可以通过取数指令将信息送回到原来的寄存器中；同理，如果以前的"现场"存储在堆栈中，则可以通过出栈指令（POP）将信息送回到原来的寄存器中。

（4）中断返回

中断服务程序的最后一条指令通常是一条中断返回指令，使其返回到原程序的断点处，以便继续执行原程序。

【例 7-2】（2010 年统考真题）在单级中断系统中，中断服务程序的执行顺序是（　　）。

Ⅰ．保护现场　　Ⅱ．开中断　　Ⅲ．关中断　　Ⅳ．保存断点　　Ⅴ．中断事件处理

Ⅵ．恢复现场　　　Ⅶ．中断返回

A．Ⅰ→Ⅴ→Ⅵ→Ⅱ→Ⅶ　　　　　　B．Ⅲ→Ⅰ→Ⅴ→Ⅶ

C．Ⅲ→Ⅳ→Ⅴ→Ⅵ→Ⅶ　　　　　　D．Ⅳ→Ⅰ→Ⅴ→Ⅵ→Ⅶ

解析：A。在单级中断系统中，中断服务程序的执行顺序为：①保存现场；②中断事件处理；③恢复现场；④开中断；⑤中断返回。

归纳总结：程序中断有单重中断和多重中断之分，单重中断在 CPU 执行中断服务程序的过程中不能被再打断，即不允许中断嵌套；而多重中断在执行某个中断服务程序的过程中，CPU 可以去响应级别更高的中断请求，即允许中断嵌套。

解题技巧：B、C、D 3 个选项的第一个任务（保存断点或关中断）都是中断隐指令中的操作，由硬件来完成，与中断服务程序无关，可以马上排除。

上面讲解的 1）～10）步中，其中前面 3 步是准备工作，具体讲解从第 4）步开始。

讲解前先介绍图 7-12 中的电路和寄存器。

1）设备选择电路。接到总线上的每个设备都预先给定了设备地址码。CPU 执行 I/O 指令时需要把指令中的设备地址送到地址总线上，用以指示 CPU 要选择的设备。每个设备接口电路都包含一个设备选择电路，以判别地址总线上呼叫的设备是不是本设备。

2）数据缓冲寄存器。当输入操作时，用数据缓冲寄存器存放从外部设备读出的数据，然后送往 CPU；当输出操作时，用数据缓冲寄存器存放 CPU 送来的数据，以便送给外部设备输出。

3）设备状态标志。它是接口中的标志触发器（D 和 B），用来标志设备的工作状态，以便接口对外设动作进行监视。一旦 CPU 用程序询问外部设备时，将状态标志信息取至 CPU 进行分析。

接口工作过程如下：

1）CPU 通过 I/O 指令启动输入设备时，指令的设备码字段通过地址线送入设备选择电路。

2）若该接口的设备码与地址线上的设备码吻合，则 SEL 信号有效。

3）I/O 指令的启动命令经过"与非"门将工作触发器 B 置"1"，将完成触发器 D 置"0"。

4）由 B 触发器启动设备工作。

5）输入设备将数据送至数据缓冲寄存器。

6）由设备发设备工作信号，将 D 置"1"，B 置"0"，表示外设准备就绪。

7）D 触发器以"准备就绪状态"通知 CPU（发出 Ready 信号），表示"数据缓冲区已满"，过来取数据。

8）CPU 执行输入指令，将数据缓冲寄存器中的数据送至 CPU 的通用寄存器，再存入主存相关单元。

☞ **可能疑问点：D 触发器和 B 触发器之间的赋值是怎么回事？**

解析：D 是**完成触发器**，D="1" 表示设备准备就绪；D="0" 表示设备没有准备好。

B 是**工作触发器**，B="1" 表示启动设备；B="0" 表示停止设备。

所以一共有两种比较常见的组合（下面以输入数据为例）：一种组合是 D="0"，B="1"，表示开始启动 I/O 设备传数据（B=1）；另一种组合是 D="1"，B="0"，数据寄存器被传满，不能再传了，将 B 置"0"，然后将 D 置"1"，表示已经准备就绪，CPU 可以取数据了。

☞ **可能疑问点：为什么要通过"与非"门来给触发器赋值，这个赋值过程是如何理解的？**

解析：这个不需要知道，所以略过。

☞ **可能疑问点：禁止中断和屏蔽中断是同一个概念吗？**

解答：它们是两个完全不相关的概念。

禁止中断就是关中断，即使中断允许触发器置为"0"，此时任何中断请求都得不到响应。

屏蔽中断是多重中断系统中的一个概念，是指某个中断正在被处理的时候，如果有其他新的中断请求发生，是否允许响应新发生的中断。它反映了正在处理的中断与其他各个中断之间的处理优先级顺序，所以每个中断都有一个中断屏蔽字，其中的每一位对应一个中断的屏蔽位，为"1"则对应的中断不能被响应。响应某个中断后，就会把它的中断屏蔽字送到中断屏蔽字寄存器中，在中断排队前，其中的每一位和中断请求寄存器中的对应位进行与操作。因而，只有未被屏蔽的中断源进入排队线路，才有可能得到响应。

【例 7-3】 在程序查询方式的输入/输出系统中，假设不考虑处理时间，每一个查询操作需要 100 个时钟周期，CPU 的时钟频率为 50MHz。现有鼠标和硬盘两个设备，而且 CPU 必须每秒对鼠标查询 30 次，硬盘以 32bit 字长为单位传输数据，即每 32bit 被 CPU 查询一次，传输速率为 2MB/s。求 CPU 对这两个设备查询所花费的时间比率，由此可得出什么结论？

解析：1）CPU 每秒对鼠标进行 30 次查询，所需的时钟周期个数为

$$100 \times 30 = 3000 \text{ 个}$$

根据 CPU 的时钟频率为 50MHz，即每秒 50×10^6 个时钟周期，故对鼠标的查询占用 CPU 的时间比率为

$$[3\,000/(50 \times 10^6)] \times 100\% = 0.006\%$$

由此可以得出一个结论：CPU 对鼠标的查询基本不影响 CPU 的性能。

2）对于硬盘，每 32bit 被 CPU 查询一次，故每秒查询次数为

$$2MB / 4B = 2^{21}B / 4B = 2^{19} = 512K$$

则每秒查询的时钟周期数为

$$100 \times 512 \times 2^{10} \approx 51.2 \times 10^6$$

故对磁盘的查询占用 CPU 的时间比率为

$$[51.2 \times 10^6 /(50 \times 10^6)] \times 100\% \approx 102\%$$

由此得出结论：即使 CPU 将全部时间都用于对硬盘的查询也不能满足磁盘传输的要求，因此 CPU 一般不使用程序查询方式与磁盘交换信息。

【例 7-4】 （2011 年统考真题）某计算机处理器主频为 50MHz，采用定时查询方式控制设备 A 的 I/O，查询程序运行一次所用的时钟周期至少为 500 个。在设备 A 工作期间，为保证数据不丢失，每秒需对其查询至少 200 次，则 CPU 用于设备 A 的 I/O 时间占整个 CPU 时间的百分比至少是（   ）。

A．0.02%　　　　B．0.05%　　　　C．0.20%　　　　D．0.50%

解析：C。由于 CPU 每秒需对其查询至少 200 次，每次 500 个时钟周期。因此，CPU 用于设备 A 的 I/O 时间每秒最少为 500×200=100 000 个时钟周期。故 CPU 用于设备 A 的 I/O 的时间占整个 CPU 时间的百分比至少为

$$\frac{100\,000}{50 \times 10^6} \times 100\% = \frac{100\,000}{50\,000\,000} \times 100\% = 0.2\%$$

7.4.3　DMA 方式

1. DMA 方式的特点

DMA 方式数据传送通路如图 7-15 所示。

程序中断方式虽然减少了 CPU 的等待时间，使设备和主机在一定程度上并行工作，

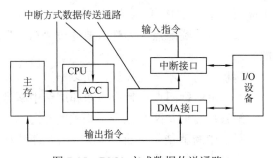

图 7-15　DMA 方式数据传送通路

但在这种方式下，每传送一个字或字节都要发送一次中断，去执行一次中断服务程序。在中断服务程序中，用户保护 CPU 现场、设置有关状态触发器、恢复现场及返回断点等操作都要花费 CPU 一定的时间。对于那些配有高速外设（如磁盘）的计算机系统，这将使 CPU 处于频繁的中断工作状态，影响了全机的效率，而且还有可能丢失高速设备的传送信息。

DMA 方式是一种完全由硬件进行成组信息传送的控制方式，具有程序中断方式的优点，即在数据准备阶段，CPU 与外设并行。它还降低了 CPU 在传送数据时的开销，这是因为信息传送不再经过 CPU，而在外设与内存之间直接进行，因此称为直接存储器存取方式。由于数据传送不经过 CPU，也就不需要保护、恢复 CPU 现场等烦琐操作。这种方式适用于磁盘、磁带等高速设备大批量数据的传送。它的硬件开销比较大，DMA 方式中，中断的作用仅限于故障和正常传送结束时的处理，如图 7-15 所示。

2．DMA 的传送方法

如果出现高速 I/O（通过 DMA 接口）和 CPU 同时访问主存怎么办？这个时候 CPU 就得将总线（如地址线、数据线等）的占有权让给 DMA 接口使用，即 DMA 采用周期窃取的方式占用一个存储周期。通常，DMA 与主存交换数据时采用以下 3 种方法。

（1）停止 CPU 访问主存

当外设需要传送一片数据时，由 DMA 接口向 CPU 发一个信号，要求 CPU 放弃地址线、数据线和有关控制线的使用权，DMA 接口获得总线控制权后，开始进行数据传送。在数据传送结束后，DMA 接口通知 CPU 可以使用主存，并把总线控制权交还给 CPU。在这种传送过程中，CPU 基本处于不工作状态或保持原始状态，如图 7-16 所示。

这种传送方式控制简单，适用于数据传输速率很高的设备成组传送。其缺点是：在访存阶段，主存的效能未充分发挥。这是因为设备在传送一批数据时，CPU 不能访问主存，而主存的速度远远高于设备的速度，即使是高速外设，在两个数据之间的准备间隔时间也总是大于一个存储周期，

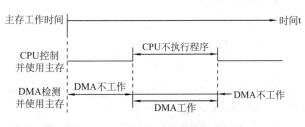

图 7-16　停止 CPU 访问主存

使相当一部分主存周期是空闲的。为了提高主存的利用率，可采用周期挪用方式。

（2）周期挪用

当 I/O 设备没有 DMA 请求时，CPU 按程序的要求访问主存，一旦 I/O 设备有 DMA 请求，就会遇到 3 种情况：第一种情况是 CPU 不在访存（CPU 正在执行加法指令），故 I/O 的访存请求与 CPU 未发生冲突；第二种情况是 CPU 正在访存，**必须等待存储周期结束后**，CPU 再将总线占有权让出；第三种情况是 I/O 和 CPU 同时请求访存，出现了访存冲突，此刻 CPU 要暂时放弃总线占有权，由 I/O 设备挪用一个或几个存储周期，如图 7-17 所示。

与停止 CPU 访问主存方式相比，它既实现了 I/O 传送，又较好地发挥了主存与 CPU 的效率，是一种广泛采用的方法。

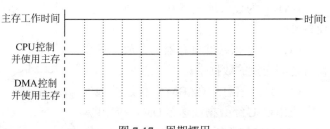

图 7-17　周期挪用

注意：I/O 设备每挪用一个主存周期都要申请总线控制权、建立总线控制权和归还总线控制权。

（3）DMA 与 CPU 交替访问

这种方式适用于 CPU 的工作周期比主存存取周期长的情况，例如，CPU 的工作周期是 1.2μs，主存的存取周期小于 0.6μs，那么可将一个 CPU 周期分为 C_1 和 C_2 两个周期，其中 C_1 专供 DMA 访存，C_2 专供 CPU 访存，如图 7-18 所示。

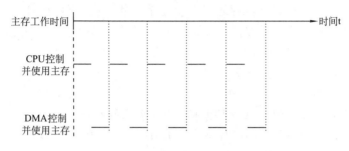

图 7-18　DMA 与 CPU 交替访问

这种方式**不需要总线使用权的申请、建立和归还过程**，总线使用权是通过 C_1 和 C_2 分时控制的。实际上总线变成了在 C_1 和 C_2 控制下的多路转换器，总线控制权的转移几乎不需要时间，具有很高的 DMA 传送效率。CPU 既不停止主程序的运行，也不进入等待状态，完成了 DMA 的数据传送。

3．DMA 接口的功能和组成

利用 DMA 方式传送数据时，数据的传输过程完全由 DMA 接口电路控制，故 DMA 接口又称为 DMA 控制器。DMA 接口应具有以下几个功能：

1）向 CPU 申请 DMA 数据传送。

2）在 CPU 允许 DMA 工作时，处理总线控制权的转交，避免因进入 DMA 工作而影响 CPU 正常活动或引起总线竞争。

3）在 DMA 期间管理系统总线，控制数据传送。

4）确定数据传送的起始地址和数据长度，并修正数据传送过程中的数据地址和数据长度。

5）在数据块传送结束时，给出 DMA 操作完成的信号。

DMA 接口的基本结构如图 7-19 所示。

AR：存放数据块在主存的首地址，有计数功能。

WC：为字计数器，存放交换数据的字数。

DAR：为设备地址寄存器，用于存放设备号。

BR：为数据缓冲寄存器，存放主存和设备之间交换的数据字。

以上这些信息均在 DMA 传送的预处理阶段由CPU经数据线送至DMA接口内。

DMA 控制逻辑：用于负责管理 DMA

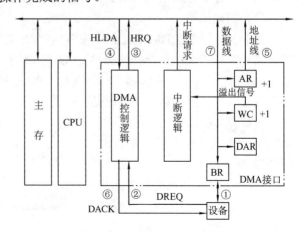

图 7-19　DMA 接口的基本结构

的传送过程，由控制电路、时序电路和命令状态寄存器等组成。

中断逻辑（中断机构）：当字计数器溢出（全"0"）时，表示一批数据交换完毕，由"溢出信号"通过中断机构向 CPU 提出中断请求，请求 CPU 对 DMA 操作进行后处理。

注意：这里的中断与程序中断方式里面的中断的技术相同，但是中断的目的不同，前面是为了数据的输入和输出，而这里是为了报告一些数据传送结束，例 7-5 将会体现出来。

下面根据图 7-19 详细讲解 DMA 的传送过程。

DMA 的传送过程分为预处理、数据传送和后处理 3 个阶段。

（1）预处理

在 DMA 接口开始工作之前，CPU 必须做如下工作：

1）指明是输入数据还是输出数据。

2）向 DMA 设备地址寄存器（DAR）送入设备号，并启动设备。

3）向 DMA 主存地址寄存器（AR）送入交换数据的主存首地址。

4）对字计数器（WC）赋予交换数据的个数。

DMA 传送过程如图 7-20a 所示。预处理完了，接下来 I/O 设备就要通过 DMA 接口向 CPU 提出占用总线的申请，很有可能多个 DMA 同时申请，所以需要由硬件排队判优逻辑决定哪个 I/O 设备拿到总线，拿到主存总线后，就可以进行数据传送了。

（2）数据传送（以输入数据为例）

DMA 是以**数据块**为单位传送的，其数据传送的流程如图 7-20b 所示。结合图 7-19，以输入数据为例，具体流程如下：

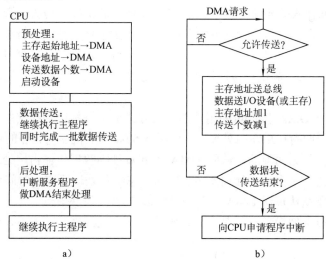

图 7-20 DMA 传送过程示意图

a）DMA 传送过程　b）数据传送的流程

1）当设备准备好一个字时，将该字读到 DMA 的数据缓冲寄存器（BR）中，表示数据缓冲寄存器"满"。

2）与此同时设备向 DMA 接口发请求（DREQ）。

3）DMA 接口向 CPU 申请总线控制权（HRQ）。

4）CPU 发出 HLDA 信号，表示允许将总线控制权交给 DMA 接口。

5）将 DMA 主存地址寄存器中的主存地址送地址总线，并命令存储器写。

6）DMA 控制逻辑告诉 I/O，CPU 已经安排了一个 DMA 周期，记住为下一个字的传送做准备。

7）将 DMA 数据缓冲寄存器的内容送数据总线。

8）主存将数据总线上的信息写至地址总线指定的存储单元中。

9）修改主存地址和字计数值。

> 📖 **补充知识点**：有些教材说当字计数值采用补码表示时，每次加 1，直到 0 为止结束传输。这个怎么理解？
>
> **解析**：准确的说法是将字数取反，得到负数，然后取补码，不断加 1，直到最高位有进位就会溢出，传输结束。

例如，字数为 5，取反为-5，补码为 1011，每次末位都加 1，所以有下列情况：

1100 第一次；

1101 第二次；

1110 第三次；

1111 第四次；

10000 第五次，溢出，传输结束。

10）判断数据块是否传送结束。若未结束，则继续传送；若已结束，则向 CPU 申请程序中断，标志数据块传送结束。

（3）后处理

当 DMA 的中断请求得到响应后，CPU 停止原程序的执行，转去执行中断服务程序，做一些 DMA 的结束工作。图 7-20a 所示的后处理部分包括：校验送入主存的数据是否正确；决定是否继续用 DMA 传送其他数据块（若继续传送，则又要对 DMA 接口进行初始化，若不需要传送，则停止外设）；测试在传送过程中是否发生错误（若有错误，则转错误诊断及处理错误程序）。

【例 7-5】 一个 DMA 接口可采用周期窃取方式把字符传送到存储器，它支持的最大批量为 400B。若存取周期为 0.2μs，每处理一次中断需 5μs，现有的字符设备的传输率为 9600bit/s。假设字符之间的传输是无间隙的，试问 DMA 方式每秒因数据传输占用处理器多少时间？如果完全采用中断方式，又需要占处理器多少时间（忽略预处理所需的时间）？

注意：假设该题默认每次 DMA 访存的时候都与 CPU 冲突。

解析：这道题看似简单，但是里面却隐藏着一个极其重要的考点，请参考后面的可能疑问点。

字符设备的传输速率为 9600bit/s，每秒能传输：9600/8=1200B，即 1200 个字符。

若采用 DMA 方式，则传送 1200 个字符共需 1200 个存取周期，考虑到每传 400 个字符需中断处理一次，因此 DMA 方式每秒因数据传输占用处理器的时间是

$$0.2μs×1200+5μs×（1200/400）=255μs$$

采用中断方式，每秒因数据传输占用处理器的时间是

$$5μs×1200 = 6000μs$$

☞ **可能疑问点 1**：为什么采用中断方式不需要加上 **0.2μs×1200**？

解析：前面讲解过，中断方式的中断和 DMA 的中断不是一回事，中断方式的中断包含数据的传输时间，而 DMA 的中断仅仅是后处理的时间，并不包含数据传输的时间，所以此

处的中断方式不需要加上 $0.2\mu s \times 1200$。

☞ **可能疑问点 2：DMA 方式下，在主存和外设之间有一条物理通路直接相连吗？**

解答： 没有。通常所说的 DMA 方式下数据在主存和外设之间直接进行传送，其含义并不是说在主存和外设之间建立一条物理上的直接通路，而是在主存和外设之间通过外设接口、系统总线以及总线桥接部件等连接，建立起一个信息可以互相通达的通路。"直接通路"是逻辑上的含义，物理上磁盘和主存不是直接相连的。

☞ **可能疑问点 3：CPU 对 DMA 请求和中断请求的响应时间是否一样？**

解答： 不一样。DMA 方式下，向 CPU 请求的是总线控制权，要求 CPU 让出总线控制权给 DMA 控制器，由 DMA 控制器来控制总线完成主存和外设之间的数据交换，所以 CPU 只要用完总线后就可以响应请求，释放总线，让出总线控制权。CPU 总是在一次总线事务完成后响应，所以 DMA 响应时间应该少于一个总线周期；而中断方式下请求的是 CPU 时间，要求 CPU 中止正在执行的程序，转到中断服务程序去执行，通过执行中断服务程序，对中断事件进行相应的处理。CPU 总是要等到一条指令执行结束后，才去查询有无中断请求，所以响应时间少于一个指令周期的时间。

☞ **可能疑问点 4：挪用周期方式下，DMA 控制器窃取的是什么周期？**

解答： 周期挪用法的基本思想是，当外设准备好一个数据时，DMA 控制器就向 CPU 申请一次总线控制权，CPU 在一个总线事务结束时一旦发现有 DMA 请求，就立即释放总线，让出一个周期给 DMA 控制器，由 DMA 控制器控制总线在主存和外设之间传送一个数据，传送结束后立即释放总线，下次外设准备好数据时，又重复上述过程，直到所有数据传送完毕。这种情况下，CPU 的工作几乎不受影响，只是在万一出现访存冲突时，CPU 挪出一个周期给 DMA，由 DMA 访问主存，而 CPU 延迟访问主存。**这里 CPU 挪出的是主存的存储周期。**

4. DMA 小结

与程序中断方式相比，DMA 方式有以下特点：

1）从数据传送来看，程序中断方式靠程序传送，DMA 方式靠硬件传送。

2）从 CPU 响应时间来看，程序中断方式是在<u>一条指令执行结束时响应</u>，而 DMA 方式可在指令周期内的<u>任意存储周期结束时响应</u>。

3）程序中断方式有处理异常事件的能力；DMA 方式没有这种能力，主要用于大批数据的传送。

4）程序中断方式需要中断现行程序，故需保护现场；DMA 方式不需中断现行程序，无须保护现场。

5）DMA 的优先级比程序中断的优先级高。

【例 7-6】（2009 年统考真题）某计算机的 CPU 主频为 500MHz，CPI 为 5（即执行每条指令平均需 5 个时钟周期）。假定某外设的数据传输速率为 0.5MB/s，采用中断方式与主机进行数据传送，以 32 位字长为传输单位，对应的中断服务程序包含 18 条指令，中断服务的其他开销相当于两条指令的执行时间。请回答下列问题，要求给出计算过程。

1）在中断方式下，CPU 用于该外设 I/O 的时间占整个 CPU 时间的百分比是多少？

2）当该外设的数据传输速率达到 5MB/s 时，改用 DMA 方式传送数据。假设每次 DMA 传送大小为 5000B，且 DMA 预处理和后处理的总开销为 500 个时钟周期，则 CPU 用于该外设 I/O 的时间占整个 CPU 时间的百分比是多少（假设 DMA 与 CPU 之间没有访存冲突）？

解析：1）此小题有以下 3 种解法。

解法一：

中断方式下，CPU 每次用于数据传输的时钟周期数：5×18+5×2=100，为达到外设 0.5MB/s 的数据传输速率，外设每秒申请的中断次数：0.5MB/4B≈125 000。1s 内用于中断的开销为

$$100×125\ 000=12\ 500\ 000=12.5M\ 个时钟周期$$

CPU 用于外设 I/O 的时间占整个 CPU 时间的百分比为

$$12.5M/500M×100\%=2.5\%$$

解法二：

每次中断需要 100 个周期，1s 可中断 $5×10^6$ 次，而实际上只要 $0.5×10^6/4=125\ 000$ 次就够了。实际所占比例是：$125\ 000/（5×10^6）×100\%=2.5\%$。

解法三：

一个时钟周期的时间为 2ns。

一次中断所需时间为 100×2ns=200ns。

一次传输允许的时间是 1s/(0.5MB/4B)≈8000ns。

中断所占时间比例为 200/8000×100%=2.5%。

2）外设数据传输速率提高到 5MB/s 时，1s 内需要产生的 DMA 次数为

$$5MB/5000B≈1000$$

CPU 用于 DMA 处理的总开销：$500×1000=500\ 000=0.5×10^6$ 个时钟周期。

CPU 用于外设 I/O 的时间占整个 CPU 时间的百分比为

$$（0.5×10^6）/（500×10^6）×100\%=0.1\%$$

说明：传输速率与每次传输数据量的比就是传输次数，每次 CPU 所用时间就是一次中断或者 DMA 的时间。注意：传输并不占用 CPU 时间。

习题

微信扫码看本章题目讲解视频

1．计算机的外部设备是指（　　　）。

A．输入/输出设备　　　　　　　B．外存储器

C．输入/输出设备和外存储器　　D．以上均不正确

2．对于字符显示器，主机送给显示器的应是显示字符的（　　　）。

A．ASCII 码　　　　　　　　　　B．列点阵码

C．BCD 码　　　　　　　　　　　D．行点阵码

3．CRT 的分辨率为 1024×512 像素，像素的颜色数为 256，则刷新存储器的容量为（　　　）。

A．256MB　　　　B．1MB　　　　　C．512KB　　　　　D．2MB

4．若每个汉字用 16×16 的点阵表示，7500 个汉字的字库容量是（　　　）。

A．16KB　　　　　B．240KB　　　　C．320KB　　　　　D．1MB

5．某计算机的 I/O 设备采用异步串行传送方式传送字符信息，字符信息的格式为：1 位

起始位、7 位数据位、1 位检验位、1 位停止位。若要求每秒传送 480 个字符，那么该 I/O 设备的数据传输速率应为（　　）bit/s。

    A．1200　　　　　　B．4800　　　　　　C．9600　　　　　　D．2400

6．各种外部设备均通过（　　）电路，才能连接到系统总线上。

    A．外设　　　　　　B．内存　　　　　　C．中断　　　　　　D．接口

7．在统一编址的方式下，存储单元和 I/O 设备是靠（　　）来区分的。

    A．不同的地址码　　　　　　　　　　B．不同的地址线

    C．不同的指令　　　　　　　　　　　D．不同的数据线

8．在独立编址的方式下，存储单元和 I/O 设备是靠（　　）来区分的。

    A．不同的地址码　　　　　　　　　　B．不同的地址线

    C．不同的指令　　　　　　　　　　　D．不同的数据线

9．设一个磁盘盘面共有 200 个磁道，盘面总存储容量 60MB，磁盘旋转一周的时间为 25ms，每个磁道有 8 个扇区，各扇区之间有一间隙，磁头通过每个间隙需 1.25ms。则磁盘通道所需最大传输速率是（　　）。

    A．10MB/s　　　　B．60MB/s　　　　C．83.3MB/s　　　　D．20MB/s

10．为提高存储器的存取效率，在安排磁盘上信息分布时，通常是（　　）。

    A．存满一面，再存另一面

    B．尽量将同一文件存放在一个扇区或相邻扇区的各磁道上

    C．尽量将同一文件存放在不同面的同一磁道上

    D．上述方法均有效

11．下列选项中，（　　）不是发生中断请求的条件。

    A．一条指令执行结束　　　　　　　　B．一次 I/O 操作结束

    C．机器内部发生故障　　　　　　　　D．一次 DMA 操作结束

12．隐指令指（　　）。

    A．操作数隐含在操作码中的指令　　　B．在一个机器周期里完成全部操作的指令

    C．隐含地址码的指令　　　　　　　　D．指令系统中没有的指令

13．在中断周期，CPU 主要完成以下工作（　　）。

    A．关中断，保护断点，发中断响应信号并形成中断服务程序入口地址

    B．开中断，保护断点，发中断响应信号并形成中断服务程序入口地址

    C．关中断，执行中断服务程序

    D．开中断，执行中断服务程序

14．在具有中断向量表的计算机中，中断向量地址是（　　）。

    A．子程序入口地址　　　　　　　　　B．中断服务程序入口地址

    C．中断服务程序入口地址的地址　　　D．例行程序入口地址

15．中断响应是在（　　）。

    A．一条指令执行开始　　　　　　　　B．一条指令执行中间

    C．一条指令执行之末　　　　　　　　D．一条指令执行的任何时刻

16．下列操作中，不属于"中断隐指令"所完成的是（　　）。

    Ⅰ．关中断　　　　　　Ⅱ．开中断　　　　　　Ⅲ．保护现场

    Ⅳ．保存断点　　　　　Ⅴ．将中断服务程序首地址送 PC

A．Ⅰ、Ⅱ　　　　　　　　　　B．Ⅱ、Ⅲ、Ⅴ

C．Ⅱ、Ⅲ　　　　　　　　　　D．Ⅲ、Ⅴ

17．中断服务程序的最后一条指令是（　　　）。

A．转移指令　　　　　　　　　B．出栈指令

C．中断返回指令　　　　　　　D．开中断指令

18．禁止中断的功能可以由（　　　）来完成。

A．中断触发器　　　　　　　　B．中断允许触发器

C．中断屏蔽触发器　　　　　　D．中断禁止触发器

19．某机有 4 级中断，优先级从高到低为 1→2→3→4。若将优先级顺序修改，修改后 1 级中断的屏蔽字为 1011，2 级中断的屏蔽字为 1111，3 级中断的屏蔽字为 0011，4 级中断的屏蔽字为 0001，则修改后的优先顺序从高到低为（　　　）。

A．3→2→1→4　　　　　　　　B．1→3→4→2

C．2→1→3→4　　　　　　　　D．2→3→1→4

20．中断屏蔽字的作用是（　　　）。

A．暂停外设对主存的访问　　　B．暂停对某些中断源的处理

C．暂停对一切中断的处理　　　D．暂停 CPU 对主存的访问

21．CPU 在中断周期中（　　　）。

A．执行中断服务程序　　　　　B．执行中断隐指令

C．与 I/O 设备传送数据　　　　D．处理异常情况

22．在 DMA 方式中，周期窃取是窃取总线占用权一个或者多个（　　　）。

A．存取周期　　　　　　　　　B．指令周期

C．CPU 周期　　　　　　　　　D．总线周期

23．DMA 方式的接口电路中有程序中断部件，其作用是（　　　）。

A．实现数据传送　　　　　　　B．向 CPU 提出总线使用权

C．向 CPU 提出传输结束　　　　D．发中断请求

24．在 DMA 传送方式中，发出 DMA 请求的是（　　　）。

A．外部设备　　　　　　　　　B．DMA 控制器

C．CPU　　　　　　　　　　　　D．主存

25．传输一幅分辨率为 640 像素×480 像素、65 536 色的图片（采用无压缩方式），假设采用的数据传输速率为 56kbit/s，大约需要的时间是（　　　）。

A．34.82s　　　　　　　　　　B．42.86s

C．85.71s　　　　　　　　　　D．87.77s

26．某计算机系统中，假定硬盘以中断方式与处理器进行数据输入/输出，以 16 位为传输单位，传输速率为 50KB/s，每次传输的开销（包括中断）为 100 个 CPU 时钟，处理器的主频为 50MHz，请问硬盘数据传送时占处理器时间的比例是（　　　）。

A．10%　　　　B．56.8%　　　　C．5%　　　　　D．50%

27．下列选项中，能引起外部中断的事件是（　　　）。

A．键盘输入　　　　　　　　　B．除数为 0

C．浮点运算下溢　　　　　　　D．访存缺页

28．在单级中断系统中，中断服务程序执行顺序是（　　　）。

a. 保护现场；b. 开中断；c. 关中断；d. 保存断点；

e. 中断事件处理；f. 恢复现场；g. 中断返回

A. a→e→f→b→g

B. c→a→e→g

C. c→d→e→f→g

D. d→a→e→f→g

29.（2013 年统考真题）下列选项中，用于设备和设备控制器（I/O 接口）之间互连的接口标准是（   ）。

A. PCI

B. USB

C. AGP

D. PCI-Express

30.（2013 年统考真题）下列选项中，用于提高 RAID 可靠性的措施有（   ）。

Ⅰ. 磁盘镜像

Ⅱ. 条带化

Ⅲ. 奇偶校验

Ⅳ. 增加 Cache 机制

A. 仅Ⅰ、Ⅱ

B. 仅Ⅰ、Ⅲ

C. 仅Ⅰ、Ⅲ、Ⅳ

D. 仅Ⅱ、Ⅲ、Ⅳ

31.（2013 年统考真题）某磁盘的转速为 10 000r/min，平均寻道时间是 6ms，磁盘传输速率是 20MB/s，磁盘控制器延迟为 0.2ms，读取一个 4KB 的扇区所需平均时间约为（   ）。

A. 9ms

B. 9.4ms

C. 12ms

D. 12.4ms

32.（2013 年统考真题）下列关于中断 I/O 方式和 DMA 方式比较的叙述中，错误的是（   ）。

A. 中断 I/O 方式请求的是 CPU 处理时间，DMA 方式请求的是总线使用权

B. 中断响应发生在一条指令执行结束后，DMA 响应发生在一个总线事务完成后

C. 中断 I/O 方式下数据传送通过软件完成，DMA 方式下数据传送由硬件完成

D. 中断 I/O 方式适用于所有外部设备，DMA 方式仅适用于快速外部设备

33.（2014 年统考真题）下列有关 I/O 接口的叙述中，错误的是（   ）。

A. 状态端口和控制端口可以合用同一个寄存器

B. I/O 接口中 CPU 可访问的寄存器称为 I/O 端口

C. 采用独立编址方式时，I/O 端口地址和主存地址可能相同

D. 采用统一编址方式时，CPU 不能用访存指令访问 I/O 端口

34.（2014 年统考真题）若某设备中断请求的响应和处理时间为 100ns，每 400ns 发出一次中断请求，中断响应所允许的最长延迟时间为 50ns，则在该设备持续工作过程中，CPU 用于该设备的 I/O 时间占整个 CPU 时间的百分比至少是（   ）。

A. 12.5%

B. 25%

C. 37.5%

D. 50%

35.（2015 年统考真题）若磁盘转速为 7200r/min，平均寻道时间为 8ms，每个磁道包含 1000 个扇区，则访问一个扇区的平均存取时间大约是（   ）。

A. 8.1ms

B. 12.2ms

C. 16.3ms

D. 20.5ms

36.（2015 年统考真题）在采用中断 I/O 方式控制打印输出的情况下，CPU 和打印控制接口中的 I/O 端口之间交换的信息不可能是（   ）。

A. 打印字符

B. 主存地址

C. 设备状态

D. 控制命令

37.（2015 年统考真题）内部异常（内中断）可分为故障（Fault）、陷阱（Trap）和终止（Abort）三类。下列有关内部异常的叙述中，错误的是（   ）。

A. 内部异常的产生与当前执行指令相关

B. 内部异常的检测由 CPU 内部逻辑实现

C．内部异常的响应发生在指令执行过程中

D．内部异常处理后返回到发生异常的指令继续执行

38．（2016 年统考真题）异常是指令执行过程中在处理器内部发生的特殊事件，中断是来自处理器外部的请求事件。下列关于中断或异常情况的叙述中，错误的是（　　）。

A．"访存时缺页"属于中断

B．"整数除以 0"属于异常

C．"DMA 传送结束"属于中断

D．"存储保护错"属于异常

39．（2017 年统考真题）I/O 指令实现的数据传送通常发生在（　　）。

A．I/O 设备和 I/O 端口之间　　　　B．通用寄存器和 I/O 设备之间

C．I/O 端口和 I/O 端口之间　　　　D．通用寄存器和 I/O 端口之间

40．（2017 年统考真题）下列关于多重中断系统的叙述中，错误的是（　　）。

A．在一条指令执行结束时响应中断

B．中断处理期间 CPU 处于关中断状态

C．中断请求的产生与当前指令的执行无关

D．CPU 通过采样中断请求信号检测中断请求

41．（2015 年中科院真题）依赖硬件的数据传送方式是（　　）。

A．程序控制　　　B．程序中断　　　C．DMA　　　D．无

42．某磁盘存储器转速为 3 000r/min，共有 4 个记录面，5 道/mm，每道记录信息为 12 288B，最小磁道直径为 230mm，共有 275 道。试问：

1）磁盘存储器的容量是多少？

2）最高位密度与最低位密度是多少？

3）磁盘数据传输速率是多少？

4）平均等待时间是多少？

5）给出一个磁盘地址格式方案。

43．有一台磁盘机，其平均寻道时间为 30ms，平均等待时间为 10ms，数据传输速率为 500B/ms，磁盘机中随机存放着 1000 块、每块为 3000B 的数据。现想把一块块数据取走，更新后再放回原地。假设一次取出或写入所需时间为：平均寻道时间+平均等待时间+数据传输时间。另外，使用 CPU 更新信息所需时间为 4ms，并且更新时间同输入/输出操作不相重叠。试问：

1）更新磁盘上的全部数据需多少时间？

2）若磁盘机的旋转速度和数据传输速率都提高一倍，更新全部数据需要多少时间？

44．图 7-21 是从实时角度观察到的中断嵌套。试问：这个中断系统可实现几重中断？请分析图 7-21 中的中断过程。

45．假设硬盘传输数据以 32 位的字为单位，传输速率为 1MB/s。CPU 的时钟频率为 50MHz。

1）采用程序查询的输入/输出方式，假设查询操作需要 100 个时钟周期，求 CPU 为 I/O 查询所花费的时间比率，假定进行足够的查询以避免数据丢失。

2）采用中断方式进行控制，每次传输的开销（包括中断处理）为 100 个时钟周期。求 CPU 为传输硬盘数据花费的时间比率。

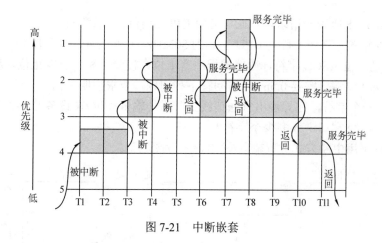

图 7-21　中断嵌套

3）采用 DMA 控制器进行输入/输出操作，假定 DMA 的启动操作需要 1000 个时钟周期，DMA 完成时处理中断需要 500 个时钟周期。如果平均传输的数据长度为 4KB，问在硬盘工作时处理器将用多少时间比率进行输入/输出操作，忽略 DMA 申请使用总线的影响。

46．假设磁盘存储器的转速为 3 000r/min，分 8 个扇区，每扇区存储 1KB，主存与磁盘存储器数据传送的宽度为 16 位（即每次传送 16 位）。假设一条指令最长执行时间为 25s。

试问：是否可采用一条指令执行结束时响应 DMA 请求的方案，为什么？若不行，应采用什么方案？

47．（2012 年统考真题）假设某计算机的 CPU 主频为 80MHz，CPI 为 4，并且平均每条指令访存 1.5 次，主存与 Cache 之间交换的块大小为 16B，Cache 的命中率为 99%，存储器总线的宽度为 32 位。请回答以下问题：

1）该计算机的 MIPS 数是多少？平均每秒 Cache 缺失的次数是多少？在不考虑 DMA 传送的情况下，主存带宽至少达到多少才能满足 CPU 的访存要求？

2）假定在 Cache 缺失的情况下访问主存时，存在 0.0005%的缺页率，则 CPU 平均每秒产生多少次缺页异常？若页面大小为 4KB，每次缺页都需要访问磁盘，访问磁盘时 DMA 传送采用周期挪用的方式，磁盘 I/O 接口的数据缓冲寄存器为 32 位，则磁盘 I/O 接口平均每秒发出的 DMA 请求次数至少是多少？

3）CPU 和 DMA 控制器同时要求使用总线传输数据时，哪个优先级更高？为什么？

4）为了提高性能，主存采用 4 体低位交叉存储模式，工作时每 1/4 个存储周期启动 1 个体，若每个体的存储周期为 50ns，则该主存能够提供的最大带宽是多少？

48．某计算机的 CPU 主频为 500MHz，所连接的某外设的最大数据传输速率为 20KB/s，该外设接口中有一个 16 位的数据缓存器，相应的中断服务程序的执行时间为 500 个时钟周期。请回答下列问题：

1）是否可用中断方式进行该外设的输入/输出？若能，在该设备持续工作期间，CPU 用于该设备进行输入/输出的时间占整个 CPU 时间的百分比大约为多少？

2）若该外设的最大数据传输速率是 2MB/s，则可否用中断方式进行输入/输出？

49．若某计算机有 5 级中断，中断响应优先级为 1>2>3>4>5，而中断处理优先级为 1>4>5>2>3。要求：

1）设计各级中断服务程序的中断屏蔽位（假设 1 为屏蔽，0 为开放）。

2）若在运行用户程序时，同时出现第 2、4 级中断请求，而在处理第 2 级中断过程中，又同时出现 1、3、5 级中断请求，试画出此时 CPU 运行过程示意图。

50．（2016 年统考真题）假定 CPU 主频为 50MHz，CPI 为 4。设备 D 采用异步串行通信方式向主机传送 7 位 ASCII 字符，通信规程中有 1 位奇校验位和 1 位停止位，从 D 接收启动命令到字符送入 I/O 端口需要 0.5ms。请回答下列问题，要求说明理由。

1）每传送一个字符，在异步串行通信线上共需传输多少位?在设备 D 持续工作过程中，每秒钟最多可向 I/O 端口送入多少个字符?

2）设备 D 采用中断方式进行输入/输出，示意图如下：

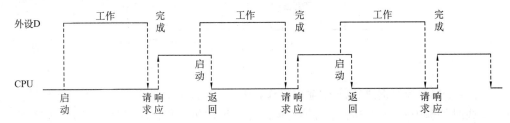

I/O 端口每收到一个字符申请一次中断，中断响应需 10 个时钟周期，中断服务程序共有 20 条指令，其中第 15 条指令启动 D 工作。若 CPU 需从 D 读取 1000 个字符，则完成这一任务所需时间大约是多少个时钟周期？CPU 用于完成这一任务的时间大约是多少个时钟周期？在中断响应阶段 CPU 进行了哪些操作？

习题答案

1．解析：C。外部设备的定义：除主机以外的硬件装置统称为外部设备，包括输入/输出设备和外存储器。

2．解析：A。在字符显示器中，主机送给显示器的只是显示字符的 ASCII 码，然后由显示器中的字库将其转换成相应字符的字形（模）点阵码。

3．解析：C。刷新存储器的容量=分辨率×表示像素颜色数的位数。由于 2^8=256，因此要 8 位来表示像素的颜色数。故刷新存储器的容量=1024×512×8bit=512KB。

4．解析：B。每个 16×16 点阵汉字需占用 32B（256bit），汉字的字库容量=7500×32B=240 000B。

5．解析：B。由于每个字符都由 10 位组成（1+7+1+1），且每秒传送 480 个字符，故该 I/O 设备的数据传输速率应为 480×10bit/s=4800bit/s。

6．解析：D。本题考查接口的基本概念。接口就是为了主机和外部设备之间传送信息而设置的硬件电路，其基本功能就是在系统总线和外部设备之间传输各种控制信号，并且提供数据缓冲等作用。

7．解析：A。在统一编址情况下，尽管存储单元和 I/O 设备共用一个存储空间，但是一般都会规定某块地址空间作为 I/O 设备的地址，凡是在这块地址范围内的访问，就是对 I/O 设备的访问。

8．解析：C。独立编址指 I/O 端口地址与存储器地址无关，独立编址方式下 CPU 需要设置专门的输入/输出指令来访问端口。

9．解析：D。每个磁道的容量=60MB/200=0.3MB，读一个磁道数据的时间等于磁盘旋转一周的时间减去经过扇区之间的间隙的时间（每个磁道有 8 个间隙），即读一个磁道数据的时间=25ms-1.25ms×8=15ms，磁盘的数据传输速率=0.3MB/15ms=0.3MB/0.015s=20MB/s。

10．解析：C。磁盘各记录面上相同编号（位置）的磁道称为一个圆柱面。当主机存放文件时，应尽可能地将它存放在同一圆柱面中。这是因为在同一圆柱面上各记录面的磁头已同时定位，换道的时间只是磁头选择电路的译码时间，速度很快。若选择同一记录面上的不同磁道，则每次换道时都要进行磁头定位操作，速度较慢。

11．解析：A。A 选项不是发生中断请求的条件，而是 CPU 响应中断的条件。

解题技巧：B 选项是产生外部中断的条件；C 选项是产生内部中断的条件；D 选项是产生 DMA 结束中断的条件。采用排除法可以方便地得到结果。

12．解析：D。隐指令不是指令系统中一条真正的指令，其没有操作码，例如，中断隐指令就是一种不允许、也不可能为用户使用的特殊"指令"。

13．解析：A。在中断周期，CPU 完成的任务就是执行中断隐指令，其主要工作有 3 个，正如 A 选项所示。

解题技巧：中断隐指令完成的操作共有 3 个，C、D 选项都只有两个操作，所以可以排除掉。而 B 选项首先要开中断，显然这个操作是没有必要的，因为 CPU 响应中断的条件之一就是开中断，只有开中断才有可能进入中断周期，因此只能选择 A。

14．解析：C。在具有中断向量表的计算机中，中断向量地址是中断向量表的地址，由于中断向量表保存着中断服务程序入口地址，因此中断向量地址是中断服务程序入口地址的地址。

15．解析：C。CPU 响应中断必须满足以下 3 个条件：

1）CPU 接收到某个中断源的请求信号。

2）CPU 允许中断，即开中断。

3）一条指令执行完毕。

16．解析：C。CPU 响应中断之后，经过某些操作，转去执行中断服务程序。这些操作是由硬件直接实现的，称为中断隐指令。中断隐指令并不是指令系统中的一条真正的指令，它没有操作码，所以中断隐指令是一种不允许、也不可能为用户使用的特殊指令。它所完成的操作如下：

● **保存断点**。为了保证在中断服务程序执行完毕后能正确地返回到原来的程序，必须将原来程序的断点（即程序计数器（PC）的内容）保存起来。

● **关中断**。在中断服务程序中，有一步操作叫保护现场（后面会讲），即保存程序状态字、中断屏蔽寄存器和 CPU 中某些寄存器的内容。在保存这些内容的时候，有可能会收到其他的中断请求，但这些内容的保存过程是不可以被中断的，必须一次性完成。如果被中断，比如某些寄存器中的内容还没有保存就去执行其他中断服务程序，这些内容就可能在执行其他中断服务程序的时候被覆盖掉，造成数据丢失。因此在保护现场之前必须关中断，禁止其他中断打断现场的保护。

● **引出中断服务程序**。引出中断服务程序的实质就是去取中断服务程序的入口地址并传送给程序计数器（PC）。

剩下就是中断服务程序的操作：

● **保护现场和屏蔽字**。进入中断服务程序后首先要保存现场，现场信息一般指的是程序状态字、中断屏蔽寄存器和 CPU 中某些寄存器的内容。

● **开中断**。这将允许更高级中断请求得到响应，实现中断嵌套。

● **执行中断服务程序**。这是中断系统的核心。

- 关中断。保证在恢复现场和屏蔽字时不被打断。
- 恢复现场和屏蔽字。将现场和屏蔽字恢复到原来的状态。
- 开中断、中断返回。中断服务程序的最后一条指令通常是一条中断返回指令，使其返回到原程序的断点处，以便继续执行原程序。

17．解析：C。这个不用多解释了，执行完中断服务程序肯定是要返回的，即中断返回指令。

18．解析：B。当中断允许触发器为"1"时，某设备可以向 CPU 发出中断请求；当中断允许触发器为"0"时，不能向 CPU 发出中断请求。所以说设置中断允许触发器的目的就是来控制是否允许某设备发出中断请求。

19．解析：C。每个中断源对应一个屏蔽字，由多个中断屏蔽触发器组成。某个中断屏蔽触发器为"1"表示屏蔽，为"0"表示开放。通过改变中断屏蔽字可以动态地改变中断处理的次序。

解题技巧：优先级别越高，屏蔽字中"1"的个数就越多。在此题中有 4 级中断，则最高优先级的屏蔽字应为 4 个"1"，接下来"1"的个数将依次减少，据此很容易确定 4 级中断的中断处理次序。

20．解析：B。每个中断源都有一个中断屏蔽触发器，当其为"1"时，CPU 不响应该中断源的请求。将所有中断屏蔽触发器组合起来，构成一个中断屏蔽寄存器，而中断屏蔽寄存器的内容即为中断屏蔽字，所以就可以通过改变屏蔽字来暂停对某些中断源的处理。

21．解析：B。CPU 在中断周期中执行中断隐指令，完成以下工作：
1）保护程序断点。
2）寻找中断服务程序的入口地址。
3）关中断。

22．解析：A。这个属于概念题。在这种方式下，每当 I/O 设备发出 DMA 请求时，I/O 设备便挪用或窃取总线占用权一个或几个存取周期（或者称为主存周期），而 DMA 不请求时，CPU 仍然继续访问主存。

23．解析：C。DMA 控制器中的中断机构用于数据块传送完毕时向 CPU 提出中断请求，CPU 将进行 DMA 传送的结尾处理。

归纳总结：DMA 控制器中的中断部件，仅当一个数据块传送完毕才被触发，向 CPU 提出中断请求，以通知 CPU 进行 DMA 传送的结尾处理。它与中断控制器中的功能不相同。

24．解析：A。在 DMA 传送方式中，首先由外部设备向 DMA 控制器发出 DMA 请求信号，然后由 DMA 控制器向 CPU 发出总线请求信号。

25．解析：D。首先计算出每幅图的存储空间，然后除以数据传输速率，就可以得出传输一幅图的时间。图片的容量不仅与分辨率有关，还与颜色数有关，分辨率越高、颜色数越多，图像所占的容量就越大。

图像的颜色数为 65 536 色，意味着颜色深度为 $\log_2 65\,536=16$（即用 16 位的二进制数表示 65 536 种颜色），则一幅图所占据的存储空间为 640×480×16bit=4 915 200bit。数据传输速率为 56kbit/s，则传输时间=4 915 200bit/(56×103bit/s)=87.77s。

26．解析：C。由于处理器的主频为 50MHz，则 CPU 时钟周期=1/(50×10⁶/s)=2×10⁻⁸s=20ns。

因此，每次进行硬盘数据传送（16 位）时，CPU 所花的时间=100×20ns=2 000ns。而硬盘传输 16 位数据的总时间=16bit/(50KB/s)=2B/(50×10³B/s)=0.000 04s=40 000ns。所以，硬盘

数据传送占处理器时间的比例=2 000ns/40 000ns=0.05=5%。

27．解析：A。在这 4 个选项中，除键盘输入以外，其余 3 个选项都不是外部事件引起的中断。选项 B 和 C 的中断源是运算器，选项 D 的中断源是存储器。

28．解析：A。在单级中断系统中，中断服务程序的执行顺序为：①保存现场；②中断事件处理；③恢复现场；④开中断；⑤中断返回。

归纳总结：程序中断有单级中断和多级中断之分，单级中断在 CPU 执行中断服务程序的过程中不能被再打断，即不允许中断嵌套；而多级中断在执行某个中断服务程序的过程中，CPU 可以去响应级别更高的中断请求，即允许中断嵌套。

解题技巧：B、C、D 3 个选项的第一个任务（保存断点或关中断）都是中断隐指令中的操作，由硬件来完成，与中断服务程序无关，可以马上排除。

29．解析：B。设备和设备控制器（I/O 接口）之间互连的接口标准为 USB 接口标准；PCI 和 PCI-Express 是新一代的总线接口；AGP 的全称为加速图像处理端口（Accelerated Graphics Port），是电脑主板上的一种高速点对点传输通道，供显卡使用，主要应用在三维电脑图形的加速上。

30．解析：B。磁盘镜像就是将磁盘的数据复制到其他磁盘，如果某个磁盘出现问题，可以通过复制的数据来恢复，以此达到提高可靠性的目的。

条带化技术<u>主要用来解决磁盘冲突问题</u>，因为条带化技术可以将一块连续的数据分成很多小部分并把它们分别存储到不同的磁盘上去。这就能使多个进程同时访问数据的多个不同部分且不会造成磁盘冲突，而且在需要对这种数据进行顺序访问的时候可以获得最大程度上的 I/O 并行能力，从而获得非常好的性能。

奇偶校验很明显可以提高 RAID 的可靠性。

增加 Cache 机制顶多是提升了访问速度，与可靠性无关。

综上所述，只有磁盘镜像和奇偶校验可以用于提高 RAID 的可靠性。

31．解析：B。首先，计算等待时间。由于磁盘的转速是 10 000r/min，于是可得转一圈的时间为 6ms，于是可以得到平均等待时间为 3ms；其次，由于磁盘传输速率为 20MB/s，因此读取 4KB 的信息需要 0.2ms。于是，可以得到读取一个 4KB 的扇区所需平均时间约为：平均等待时间+寻道时间+读取时间+控制器延迟时间=3ms+6ms+0.2ms+0.2ms=9.4ms。

32．解析：D。中断处理方式：在 I/O 设备输入每个数据的过程中，由于无须 CPU 干预，因此可使 CPU 与 I/O 设备并行工作。仅当输完一个数据时，才需 CPU 花费极短的时间去做些中断处理。因此中断申请（包含在 CPU 中断处理过程中）使用的是 CPU 处理时间，发生的时间是在一条指令执行结束之后。中断方式下数据是在软件的控制下完成传送的，如上边提到的，每一个数据传输完成时，都需要 CPU 进行一些处理，CPU 通过执行一段程序来进行这些处理，这段程序就是控制数据传输的软件。

DMA 方式与之不同。DMA 方式的数据传输的基本单位是数据块，即在 CPU 与 I/O 设备之间，每次传送至少一个数据块；DMA 方式每次申请的是总线的使用权，所传送的数据是从设备直接送入内存的，或者相反；仅在传送一个或多个数据块的开始和结束时，才需 CPU 干预，整块数据的传送是在控制器（硬件）的控制下完成的。

中断 I/O 方式一般适用于数据传输速率比较低的外部设备（不适合快速外部设备），而 DMA 方式一般适用于快速外部设备，故 D 选项错误。

33．解析：D。采用统一编址时，CPU 访存和访问 I/O 端口用的是一样的指令，所以访存指令可以访问 I/O 端口，D 选项错误，其他三个选项均为正确陈述，选 D。

34．解析：B。每 400ns 发出一次中断请求，而响应和处理时间为 100ns，其中容许的延迟为干扰信息，因为在 50ns 内，无论怎么延迟，每 400ns 还是要花费 100ns 处理中断的，所以该设备的 I/O 时间占整个 CPU 时间的百分比为 100ns/400ns=25%，选 B。

35．解析：B。存取时间=寻道时间+延迟时间+传输时间。存取一个扇区的平均延迟时间为旋转半周的时间即[(60/7200)/2]s=4.17ms，传输时间为[(60/7200)/1000]s=0.0083ms，因此访问一个扇区的平均存取时间为 4.17ms+0.0083ms+8ms=12.1783ms 即 12.2ms。

36．解析：B。在程序中断 I/O 方式中，CPU 和打印机直接交换，打印字符直接传输到打印机的 I/O 端口，不会涉及主存地址。而 CPU 和打印机通过 I/O 端口中状态口和控制口来实现交互。

37．解析：D。内中断是指来自 CPU 和内存内部产生的中断，包括程序运算引起的各种错误，如地址非法、校验错、页面失效、非法指令、用户程序执行特权指令自行中断（INT）和除数为零等，以上都在指令的执行过程中产生，A 正确。这种检测异常的工具肯定是由 CPU（包括控制器和运算器）实现的，B 正确。内中断不能被屏蔽，一旦出现应立即处理，C 正确。对于 D，考虑特殊情况，如除数为零和自行中断（INT）都会自动跳过中断指令，所以不会返回到发生异常的指令继续执行，故错误。

38．解析：A。中断是指来自 CPU 执行指令以外事件的发生，如设备发出 I/O 结束中断，表示设备输入/输出处理已经完成，希望处理器能够向设备发出下一个输入/输出请求，同时让完成输入/输出后的程序继续运行。异常也称内中断、例外或陷入，指源自 CPU 执行指令内部的事件，如程序的非法操作码、地址越界、算术溢出、虚存系统的缺页以及专门的陷入指令等引起的事件，A 错误。

39．解析：D。I/O 端口是 CPU 与设备之间的交接面。由于主机和 I/O 设备的工作方式和工作速度有很大差异，I/O 端口就应运而生。在执行一条指令时，CPU 使用地址总线选择所请求的 I/O 端口，使用数据总线在 CPU 寄存器和端口之间传输数据，故选 D。

40．解析：B。多重中断系统在保护被中断进程现场时关中断，执行中断处理程序时开中断，B 错误。CPU 一般在一条指令执行结束的阶段采样中断请求信号，查看是否存在中断请求，然后决定是否响应中断，A、D 正确。中断请求一般来自 CPU 以外的事件，外部中断与当前指令的执行无关，如来自键盘的输入中断是完全随机的，即与当前执行的程序无关，C 正确。

41．解析：C。DMA 方式依赖 DMA 控制器进行数据传送，DMA 控制器是一种硬件设备，C 正确。程序查询和程序中断方式都是由 CPU 进行控制，不需要额外的硬件设备。

42．解析：

1）每道记录信息容量=12 288B，每个记录面信息容量=275×12 288B，共有 4 个记录面，所以磁盘存储器的容量=4×275×12 288B=13 516 800B。

2）假设最高位密度为 D_1（即最内圈磁道的位密度），D_1=每道信息量÷内圈圆周长=12 288B÷（π×最小磁道直径）≈17B/mm。假设最低位密度为 D_2（即最外圈磁道的位密度），最大磁道半径=最小磁道半径+（275÷5）mm=115mm+55mm=170mm。故 D_2=每道信息量÷外圈圆周长=12 288B÷（π×最大磁道直径）=11.5B/mm。

3）磁盘数据传输速率 C=转速×每道信息容量，转速 r=(3000/60)r/s=50r/s，每道信息容量=12 288B，故 C=50×12 288B=614 400B/s。

4）平均等待时间=$\dfrac{1}{2r}=\dfrac{1}{2\times50\text{r}/\text{s}}=10\text{ms}$。

5）磁盘地址格式为：柱面（磁道）号，磁头（盘面）号，扇区号。因为每个记录面有 275 个磁道，故磁道号占 9 位，又因为有 4 个记录面，故盘面号占 2 位。假定每个扇区记录 1024 个字节，则需要 12 288B÷1024B=12 个扇区，扇区号占 4 位，如图 7-22 所示。

2位	9位	4位
盘面号	磁道号	扇区号

图 7-22　磁盘地址格式

43．解析：由于数据块是随机存放的，因此每取出或写入一块均要定位。数据传输时间=3000B÷500B/ms=6ms。

1）更新全部数据所需时间=2×1000×（平均寻道时间+平均等待时间+数据传输时间)+1000×CPU 更新信息时间=2×1000×（30+10+6）ms+1000×4=96 000ms=96s。

2）磁盘机旋转速度提高一倍后，平均等待时间为 5ms。数据传输速率提高一倍，即 1000B/ms，数据传输时间变为 3000B÷1000B/ms=3ms。更新全部数据所需时间=2×1000×（30+5+3）ms+1000×4ms=80 000ms=80s。

44．解析：该中断系统可以实现 5 重中断。中断优先级的顺序是，优先权 1 最高，而现行程序运行于最低优先权（不妨设优先权为 6）。图 7-21 中出现了 4 重中断，其中断过程如下：现行程序运行到 T1 时刻，响应优先权 4 的中断源的中断请求并进行中断服务。到 T3 时刻，优先权 4 的中断服务还未结束，但又出现了优先权 3 的中断源的中断请求，暂停优先权 4 的中断服务，而响应优先权 3 的中断。到 T4 时刻，又被优先权 2 的中断源所中断，直至 T6 时刻，返回优先权 3 的中断服务。到 T7 时刻，优先权 1 的中断源发出中断请求并被响应，到 T8 时刻优先权 1 中断服务完毕，返回优先权 3 的服务程序。到 T10 时刻优先权 3 中断服务结束，返回优先权 4 的中断服务。到 T11 时刻优先权 4 的中断服务结束，最后返回现行程序。在图 7-21 中，优先权 3 的中断服务程序被中断 2 次，而优先权 5 的中断请求没有发生。

归纳总结：多重中断在执行某个中断服务程序的过程中，CPU 可去响应级别更高的中断请求，又称为中断嵌套。

45．解析：

1）假设采用程序查询方式，则可算出硬盘每秒进行查询的次数为：1MB/4B=250K 次，而查询 250K 次需要的时钟周期数为 250K×100=25 000K，则可算出 CPU 为 I/O 查询所花费的时间比率为

$$\frac{25\,000\times1000}{50\times10^{6}}\times100\%=50\%$$

2）假设采用中断方法进行控制，每传送一个字需要的时间为 $\dfrac{4\text{B}}{1\text{MB/s}}=4\mu s$，而每次传输的开销为 100 个时钟周期，还得先计算出时钟周期，即 $\dfrac{1}{50\text{MHz}}=0.02\mu s$。所以，每次传输的开销为 2μs，故 CPU 为传输硬盘数据花费的时间比率为 $\dfrac{2\mu s}{4\mu s}\times100\%=50\%$。

3）**解法一**：假设采用 DMA 控制器进行传输，由于平均传输的数据长度为 4KB，因此可以得到传输的时间为 $\dfrac{4\text{KB}}{1\text{MB/s}}=4\text{ms}$。因为在数据传输的过程中，CPU 是不需要管的，只需要

启动和完成时的处理（即 1500 个时钟周期），所以 CPU 为传输硬盘数据花费的时间比率为

$$\frac{0.02 \times 1500}{4000} \times 100\% = 0.75\%$$

解法二：传送 4KB 的数据长度需要的时间为 $\frac{4KB}{1MB/s} = 4ms$。如果磁盘不断进行传输，每秒所需 DMA 辅助操作的时钟周期数为

$$\frac{1000 + 500}{0.004} = 375\,000$$

所以 CPU 为传输硬盘数据花费的时间比率为

$$\frac{375\,000}{50 \times 10^6} \times 100\% = 0.75\%$$

解法三：可算得每秒传输次数 1MB/4KB=250 次，所以 CPU 为传输硬盘数据花费的时间比率为

$$\frac{(1000 + 500) \times 250}{50 \times 10^6} = 0.75\%$$

46．**解析**：磁盘存储器转速为 3000r/min，即 50r/s。每转传送的数据为 $8 \times 1KB = 8KB$，所以数据传输率为 8KB×50r/s=400KB/s。16 位数据的传输时间=16 位/（400KB/s)=2B/（400KB/s)=5μs。由于 5μs 远小于 25s，因此不能采用一条指令执行结束响应 DMA 的请求方案。应采用每个 CPU 机器周期末查询及响应 DMA 的请求方案。

47．**解析**：1）题目告知 CPU 的主频为 80MHz，表示每秒包含 80M 个时钟周期。而 CPI 为 4 表明执行一条指令需要 4 个时钟周期，所以 CPU 平均每秒可以执行的指令数=80M/4=20M。由于 MIPS 的含义是每秒可执行百万条指令数，而"M"代表的就是 10^6，即百万，因此 MIPS 为 20。

由于平均每条指令访存 1.5 次，因此每秒平均访存次数为 20M×1.5 次=30M 次，而 Cache 的命中率为 99%，所以访问 30M 次 Cache 不命中的次数为 30M×(1-99%)=300K 次。当 Cache 缺失时，CPU 访问主存，主存与 Cache 之间以块为单位传送数据，块大小为 16B，所以每秒 CPU 与主存需要交换数据的大小为 16B×300K/s=4.8MB/s。所以，在不考虑 DMA 传送的情况下，主存带宽至少要达到 4.8MB/s 才能满足 CPU 的访存要求。

2）由于每秒平均需要访问主存 300K 次，而缺页率为 0.0005%，因此平均每秒"缺页"异常次数=300K×0.0005%=1.5 次。由于存储器总线带宽为 32 位，因此每传送 32 位数据，磁盘控制器就发出一次 DMA 请求，这样平均每秒磁盘 DMA 请求的次数至少为 1.5 次×4KB/4B=1.5K 次=1536 次。

3）CPU 和 DMA 控制器同时要求使用存储器总线时，DMA 请求优先级更高，因为若 DMA 请求得不到及时响应，I/O 传输数据就可能会丢失。

4）当采用 4 体低位交叉存储模式时，每 1/4 周期的时间内就可以传送 4B 数据。若每个体的存储周期为 50ns，则 4 体低位交叉存储器模式能提供的最大带宽=4B/（50ns/4)=320MB/s。

48．**解析**：

1）因为该外设接口中有一个 16 位数据缓存器，所以，若用中断方式进行输入/输出，可以每 16 位进行一次中断请求，因此，中断请求的时间间隔为 2B/20KB/s=100μs。

对应的中断服务程序的执行时间为：$(1/500MHz)×500=1\mu s$。因为中断响应过程就是执行一条隐指令的过程，所用时间相对于中断处理时间（执行中断服务程序的时间）而言，几乎可以忽略不计，因而整个中断响应并处理的时间大约为 $1\mu s$ 多一点，远远小于中断请求的间隔时间。因此，可以用中断方式进行该外设的输入/输出。

若用中断方式进行该设备的输入/输出，则该设备持续工作期间，CPU 用于该设备进行输入/输出的时间占整个 CPU 时间的百分比大约为 $1/100=1\%$。

2）若外设的最大传输速率为 2MB/s，则中断请求的时间间隔为 $10^6×2B/2MB=1\mu s$。而整个中断响应并处理的时间大约为 $1\mu s$ 多一点，中断请求的间隔时间小于中断响应和处理时间，即中断处理还未结束就会有该外设新的中断到来，因此不可以用中断方式进行该外设的输入/输出。

49．解析：

1）中断屏蔽是用来改变中断处理优先级的，因此这里应该是使中断屏蔽位实现中断处理优先级为 1>4>5>2>3。也就是说，1 级中断的处理优先级最高，说明 1 级中断对其他所有中断都屏蔽，其屏蔽字为全 1；3 级中断的处理优先级最低，所以除了 3 级中断本身之外，对其他中断全都开放，其屏蔽字为 00100。以此类推，得到所有各级中断的中断服务程序中设置的中断屏蔽字见下表。

各级中断的中断服务程序中设置的中断屏蔽字

中断处理程序	中断屏蔽字				
	第 1 级	第 2 级	第 3 级	第 4 级	第 5 级
第 1 级	1	1	1	1	1
第 2 级	0	1	1	0	0
第 3 级	0	0	1	0	0
第 4 级	0	1	1	1	1
第 5 级	0	1	1	0	1

2）CPU 运行程序的执行过程如下图所示。

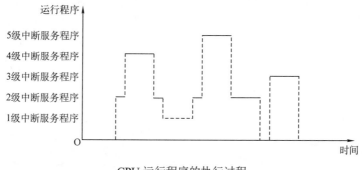

CPU 运行程序的执行过程

具体过程说明如下：

在运行用户程序时，同时出现 2、4 级中断请求，因为用户程序对所有中断都开放，所以，在中断响应优先级排队电路中，有 2、4 两级中断进行排队判优，根据中断响应优先级 2>4，因此先响应 2 级中断。在 CPU 执行 2 级中断服务程序过程中，首先保护现场、保护旧屏蔽字、设置新的屏蔽字 01100，然后，在具体中断处理前先开中断。一旦开中断，则马上响应 4 级中断，因为 2 级中断屏蔽字中对 4 级中断的屏蔽位是 0，即对 4 级中断是开放的。在执行 4 级中断结束后，回到 2 级中断服务程序执行；在具体处理 2 级中断过程中，同时发生了 1、3、5 级中断请求，因为 2 级中断对 1、5 级中断开放，对 3 级中断屏蔽，所以只有 1 和 5 两级中断进行排队判优，根据中断响应优先级 1>5，所以先响应 1 级中断。因为 1 级中断处理优先级最高，所以在其处理过程中不会响应任何新的中断请求，直到 1 级中断处理结束，然后返回 2 级中断；因为 2 级中断对 5 级中断开放，所以在 2 级中断服务程序中执行一条指令后，又转去执行 5 级中断服务程序，执行完后回到 2 级中断，在 2 级中断服务程序执行过程中，虽然 3 级中断有请求，但是，因为 2 级中断对 3 级中断不开放，所以，3 级中断一直得不到相应。直到 2 级中断处理完回到用户程序，才能响应并处理 3 级中断。

50．解析：

1）每传送一个 ASCII 字符，需要传输的位数有 1 位起始位、7 位数据位（ASCII 字符占 7 位）、1 位校验位和 1 位停止位，故总位数位 1+7+1+1=10。（2 分）

I/O 端口每秒钟最多可接收 1000/0.5=2000 个字符。（1 分）

【评分说明】对于第一问，若考生回答总位数为 9，则给 1 分。

2）一个字符传送时间包括：设备 D 将字符送 I/O 端口的时间、中断响应时间和中断服务程序前 15 条指令的执行时间。时钟周期为 1/(50MHz)=20ns，设备 D 将字符送 I/O 端口的时间为 0.5ms/20ns=2.5×10^4 个时钟周期。一个字符的传送时间大约 2.5×10^4+10+15×4=25070 个时钟周期。完成 1000 个字符传送所需时间大约为 1000×25070=25070000 个时钟周期。（3 分）

CPU 用于该任务的时间大约为 1000×（10+24×4）=9×10^4 个时钟周期（1 分）

在中断响应阶段，CPU 主要进行以下操作：关中断、保护断点和程序状态、识别中断源。（2 分）

【评分说明】

对于第一问，若答案是 25070020，则同样给分；若答案是 25000000 或 25000020，则给 2 分。如果没有给出分步计算步骤，但算式和结果正确，同样给分。

对于第三问，只要回答关中断和保护断点，就给 2 分，其他答案酌情给分。

第8章 非统考高校知识点补充

8.1 浮点数的表示范围

1．非规格化浮点数表示范围

这里讲解的浮点数表示范围是非规格化的。现假设浮点数阶码的数值位取 m 位，尾数的数值位取 n 位，当浮点数为非规格化时，可以很容易地写出其表示的最大正数、最小正数、最大负数和最小负数。

1）最大正数。要使得数最大且为正，显然需要阶码最大、尾数最大，而 m 位的定点整数可以表示的最大数为 2^m-1，n 位的定点小数可以表示的最大正数为 $0.111111\cdots$（n 个 1）$=1-2^{-n}$，故该浮点数表示的最大正数为 $2^{(2^m-1)}\times(1-2^{-n})$。

2）最小正数。要使得数最小且为正，显然需要阶码达到最小的 m 位定点整数，尾数达到最小的 n 位定点正小数，而 m 位的定点整数可以表示的最小的数为 $-(2^m-1)$（不要试图去考虑补码），n 位的定点小数可以表示的最小数为 $0.000000\cdots1$（n-1 个 0）$=2^{-n}$，故该浮点数表示的最小正数为 $2^{-(2^m-1)}\times2^{-n}$。

3）最大负数。最小正数加一个负号就是最大负数了，所以最大负数为

$$-2^{-(2^m-1)}\times2^{-n}$$

4）最小负数。最大正数加一个负号就是最小负数了，所以最小负数为

$$-2^{(2^m-1)}\times(1-2^{-n})$$

当浮点数的阶码大于最大阶码时，称为上溢，此时机器停止运算，进行中断溢出处理；当浮点数的阶码小于最小阶码时，称为下溢，此时溢出的绝对值很小，通常将尾数各位强置为零，按机器零处理，此时机器可以继续运行。

机器零的补充： 当一个浮点数的尾数为 0 时，无论阶码为何值，或者当一个浮点数的阶码等于或者小于它所能表示的最小数时，无论其尾数为何值，机器都把该浮点数当机器零处理。

2．规格化的浮点数及其表示范围

为了提高浮点数的精度，其尾数必须为规格化的数（为什么规格化数精度最高？请参考后面的可能疑问点），如果不是规格化数，就要通过修改阶码并同时左右移尾数的办法使得其变成规格化数，而规格化的尾数必须满足如下条件：

假设尾数为 W，**且基数为 2**，则当 $1>|w|\geqslant1/2$ 时，此浮点数为规格化数。

在第 2 章讲过，一般来说，浮点数的尾数常用原码和补码来表示，所以要分两种情况来分析。

情况一： 当使用原码表示尾数时，要使得 $1>|w|\geqslant1/2$，其尾数第一位必须为 1，否则其绝对值一定小于 1/2，故原码表示尾数规格化后的形式为 $0.1\times\times\times\cdots\times$ 或者 $1.1\times\times\times\cdots\times$。

情况二： 当使用补码表示尾数时，要使得 $1>|w|\geqslant1/2$，当此浮点数为正数时，和原码一样，最高位必须为 1；当此浮点数为负数时，要使得 $1>|w|\geqslant1/2$，最高位必须为 0，否则求反

加 1 回到原码时就会造成|w|＜1/2，故补码表示尾数规格化后的形式为 0.1×××…×或者 1.0×××…×。

注意两个特殊的数：

1）当尾数为-1/2 时，尾数的补码为 11.100…0。对于此数，它满足 1＞|w|≥1/2，但是不满足补码的规格化形式，<u>故规定-1/2 不是规格化的数</u>。

2）当尾数为-1 时，尾数的补码为 11.00…0，因为小数补码允许表示-1，<u>特别规定-1 为规格化的数</u>。

综上分析，以上使用原码和补码表示尾数可以总结如下：

1）使用原码表示尾数，规格化后最高位一定是 1。

2）使用补码表示尾数，规格化后最高位一定与尾数的符号位相反。

上面详细讲解了非规格化浮点数的表示范围。下面来讲解规格化浮点数的表示范围（<u>以下讨论完全不涉及原码、补码等概念，就是普通的二进制数</u>）。

现仍假设浮点数阶码的数值位取 m 位，尾数的数值位取 n 位，当浮点数为规格化时，求该规格化浮点数表示的最大正数、最小正数、最大负数和最小负数。

1）最大正数。要使得数最大且为正，显然需要阶码最大、尾数最大，而 m 位的定点整数可以表示的最大数为 2^m-1，n 位的定点小数可以表示的最大正数为 0.111111…（n 个 1）=$1-2^{-n}$。由于该尾数已经是规格化，所以该浮点数表示的最大正数为 $2^{(2^m-1)}\times(1-2^{-n})$。

2）最小正数。要使得数最小且为正，显然需要阶码达到最小的 m 位定点整数，尾数达到最小的 n 位定点正小数，而 m 位的定点整数可以表示的最小的数为$-(2^m-1)$（不要试图去考虑补码），n 位的定点小数可以表示的最小数为 0.000000…1（n-1 个 0）=2^{-n}。可惜的是，尽管数最小了，但是此数不是规格化，所以只能选择 0.1000…0（n-1 个 0），故该浮点数表示的最大正数为 $2^{-(2^m-1)}\times2^{-1}$。

3）最大负数。最小正数加一个负号就是最大负数了，所以最大负数为

$$-2^{-(2^m-1)}\times2^{-1}$$

4）最小负数。最大正数加一个负号就是最小负数了，所以最小负数为

$$-2^{(2^m-1)}\times(1-2^{-n})$$

上面说过了，不需要考虑原码、补码等概念，只考虑此数为二进制数即可，下面讨论考虑原码、补码等概念的规格化。

（1）假设机器数采用原码表示

这个不用分析了，原码和普通的二进制小数没有区别，因为数值部分一模一样，其实上面讨论的就可以看成是原码，不再重复。

（2）假设机器数采用补码表示（符号位都取 2 位）

现仍假设浮点数阶码的数值位取 m 位，尾数的数值位取 n 位，且机器数采用补码表示，当浮点数为规格化时，求该规格化浮点数表示的最大正数、最小正数、最大负数和最小负数。

1）最大正数。要使得数最大且为正，显然需要阶码最大、尾数最大，而采用补码表示的 m 位的定点整数可以表示的最大数为 2^m-1；采用补码表示的 n 位定点小数可以表示的最大正数为 00.111111…（n 个 1）=$1-2^{-n}$。由于该尾数已经是规格化，故该浮点数表示的最大正数

为 $2^{(2^m-1)} \times (1-2^{-n})$。

2）最小正数。 要使得数最小且为正，显然需要阶码达到最小的 m 位定点整数，尾数达到最小的 n 位定点正小数，而补码表示的 m 位定点整数可以表示的最小的数为 -2^m，补码表示的 n 位定点小数可以表示的最小数为 00.000000⋯1（n−1 个 0）$=2^{-n}$，可惜的是，尽管数最小了，但是此数不是规格化，所以只能选择 00.1000⋯0（n−1 个 0），故该浮点数表示的最大正数为 $2^{-2^m} \times 2^{-1}$。

3）最大负数。 要使得负数达到最大，那么前面的阶码应该尽量小，也就是 -2^m，而尾数也应该尽量最小，故为 11.011⋯1（n−1 个 1）。先假设 11.011⋯1=x，那么 $x + 2^{-n} = -2^{-1}$，所以 $x = -2^{-1} - 2^{-n}$，故该浮点数表示的最大负数为 $2^{-2^m} \times (-2^{-1} - 2^{-n})$。

这里可能需要解释一下为什么 11.011⋯1 最小。其实可以对 11.011⋯1 取反加 1 回到原码，即 11.100⋯1，这个肯定是最小的，为什么？可以用反证法，因为唯一比 11.100⋯1 小的规格化原码为 11.100⋯0，如果这个可行，则可以转换成补码，取反加 1 为 11.100⋯0，该补码不是规格化，所以补码最小的规格化负数为 11.011⋯1。

4）最小负数。 要使得负数最小，那么阶码必须最大，即 $2^m - 1$，且尾数的绝对值也要最大，既然尾数用补码表示，那么绝对值最大的肯定是−1 了，故该浮点数表示的最小负数为 $2^{2^m-1} \times (-1)$。

> 📖 **补充知识点：** 以上讨论的都是基数为 2 的浮点数，如果基数为 4、8、⋯、2^n，规格化的形式又是怎么样？
>
> **解析：** 1）当基数为 4 时，尾数的最高两位不全为 0（对于正浮点数）或者尾数最高两位不为全 1（对于负浮点数）的数为规格化数。规格化时，尾数左移两位，阶码减 1；尾数右移两位，阶码加 1。
>
> 2）当基数为 8 时，尾数的最高三位不全为 0（对于正浮点数）或者尾数最高三位不为全 1（对于负浮点数）的数为规格化数。规格化时，尾数左移三位，阶码减 1；尾数右移三位，阶码加 1。
>
> 以此类推，不难得到基数为 16、32、⋯、2^n 的浮点数的规格化过程。一般来说，基数 r 越大，可表示的浮点数范围越大；但 r 越大，浮点数的精度会下降。

☞ **可能疑问点：r 越大精度为什么会下降？**

解答： 讲解精度问题之前，首先需要知道精度的概念。很多考生犯过这样的错误，即尾数越多精度就越大，这完全是错误的结论。精度其实是和尾数的有效位数息息相关的，但不是尾数的总位数。比如 0.11 和 0.001，哪一个精度大？当然是 0.11，因为 0.11 的有效位为 2 位，0.001 的有效位只有 1 位。回到正题，假设此时 r=8，根据底数为 8 的规格化可知，只要尾数的最高三位不全为 0 即可，所以很有可能尾数最高两位为 0，即 0.001×××⋯×。而与尾数位数相同的 r=2 的浮点数相比，后者可能比前者多两位精度。因为基数为 2 的规格化数最高位一定是 1（从第一位开始就已经是有效位），而基数为 8 的规格化数可能是最高位开始为有效位或者次高位开始为有效位或者次次高位开始为有效位。这三者后面两者的有效位分别比基数为 2 的有效位少 1 和 2（精度自然小），而第一个和基数为 2 的精度相同。

所以，总体来说，精度只能下降或不降。相信看到这里，考生肯定可以理解前面为什么 1＞|w|≥1/2 时精度最高（也就是规格化数精度最高），因为第一位就是 1 了，还有比这个有效位数更多的吗？

📖 **扩展知识点**：浮点数与定点数的比较。

定点数和浮点数可以从以下几个方面进行比较：

1）当浮点数和定点机中数的位数相同时，浮点数的表示范围比定点数大得多。

2）当浮点数为规格化时，其相对精度比定点数大得多。

3）浮点数运算要分阶码部分和尾数部分，而且运算结果还要求规格化，故浮点运算步骤比定点运算步骤多，运算速度比定点运算低，运算线路比定点运算复杂。

4）在溢出的判断上，浮点数是对规格化数的阶码进行判断，而定点数是对数值本身进行判断。

【例 8-1】 （哈尔滨工业大学，2004 年）32 位字长的浮点数，其中阶码 8 位（含 1 位阶符），数符 1 位，尾数 23 位，其对应的最大正数为＿＿＿＿，最大负数为＿＿＿＿；若机器采用补码规格化表示，则对应的最小负数为＿＿＿＿。

解析：假设浮点数阶码的数值位取 m 位，尾数的数值位取 n 位，当浮点数为非规格化时，该浮点数表示的最大正数为 $2^{(2^m-1)}\times(1-2^{-n})$，该题的 m 等于 7，n 等于 23，所以该浮点数对应的最大正数为 $2^{127}\times(1-2^{-23})$。同理，可得最大负数为 -2^{-150}。若浮点数采用补码规格化表示，则根据知识点所讲，对应的最小负数为 -2^{127}。

【例 8-2】 （西安交通大学，2004 年）某机浮点数格式为：数符 1 位、阶符 1 位、阶码 5 位、尾数 9 位（共 16 位）。若机内采用阶移尾补规格化浮点数表示，那么它能表示的最小负数为（ ）。

 A．-2^{31} B．$-2^{32}\times(0.111111111)$

 C．$-2^{31}\times(0.111111111)$ D．-2^{32}

解析：A。当阶码为 5 位时，移码所能表示的最大真值与补码是一样的，即 31，故可以排除 B 和 D。上面讲过，当尾数采用补码时，最大的规格化数是 -1（1.000000000），故它能表示的最小负数为 -2^{31}。

【例 8-3】 （华南理工大学，2004 年）设浮点数的阶为 8 位（其中 1 位阶符），用移码表示，尾数为 24 位（其中 1 位数符）；用原码表示，则它所能表示的最大规格化正数是（ ）。

 A．$(2^7-1)\times(1-2^{-23})$ B．$2^{2^7-1}\times(1-2^{-23})$

 C．$2^{2^7}\times(1-2^{-23})$ D．$2^{2^7-1}\times(1-2^{-22})$

解析：B。最大正数：要使得数最大且为正，显然需要阶码最大、尾数最大，而 m 位的定点整数可以表示的最大数为 2^m-1，n 位的定点小数可以表示的最大正数为 $0.111111\cdots$（n 个 1）$=1-2^{-n}$。由于该尾数已经规格化，故该浮点数表示的最大正数为 $2^{(2^m-1)}\times(1-2^{-n})$；将题干数据代入即可。

8.2 浮点数的乘除法运算

1. 浮点数乘除法的运算规则

  第 2 章讲过定点数补码的加减运算以及定点数的乘除运算，如果这些知识都掌握了，浮点数的乘除运算那就是"小菜一碟"了。下面先介绍一下浮点乘除运算的运算规则。

  运算规则：两个浮点数相乘，乘积的阶码应为相乘两数的阶码之和，乘积的尾数应为相乘两数的尾数之积。两个浮点数相除，商的阶码为被除数的阶码减去除数的阶码，尾数为被除数的尾数除以除数的尾数所得的商，下面用数学公式来描述。

假设有两个浮点数 x 和 y：

$$x = S_x \times r^{j_x}$$
$$y = S_y \times r^{j_y}$$

那么有

$$xy = (S_x \times S_y) \times r^{j_x + j_y} \qquad\qquad (8\text{-}1)$$

$$\frac{x}{y} = \frac{S_x}{S_y} \times r^{j_x - j_y} \qquad\qquad (8\text{-}2)$$

由式（8-1）和式（8-2）可以看出，浮点数乘除运算不存在两个数的对阶问题，故比浮点数的加减法还要简单。

<u>**提醒：在运算过程中，需要考虑规格化和舍入问题。**</u>

2．浮点数乘除法的运算步骤

浮点数的乘除运算可归纳为以下 4 个步骤。

第一步：0 操作数检查。

对于乘法：检测两个尾数中是否一个为 0，若有一个为 0，则乘积必为 0，不再做其他操作；若两尾数均不为 0，则可进行乘法运算。

对于除法：若被除数 x 为 0，则商为 0；若除数 y 为 0，则商为 ∞，另作处理。若两尾数均不为 0，则可进行除法运算。

第二步：阶码加减操作。

在浮点乘除法中，对阶码的运算只有 4 种，即 +1、-1、两阶码求和以及两阶码求差。当然，在运算的过程中，还要检查是否有溢出，因为两个同号的阶码相加或异号的阶码相减可能产生溢出。

第三步：尾数乘/除操作。

对于乘法：第 2 章讲解了非常多的定点小数乘法算法，两个浮点数的尾数相乘可以随意选取一种定点小数乘法运算来完成。

对于除法：同上。

第四步：结果规格化及舍入处理。

可以直接采用浮点数加减法的规格化和舍入处理方式。主要有以下两种：

1）第一种：无条件地丢掉正常尾数最低位之后的全部数值。这种办法被称为<u>截断处理</u>，其好处是处理简单，缺点是影响结果的精度。

2）第二种：运算过程中保留右移中移出的若干高位的值，最后再按某种规则用这些位上的值进行修正尾数。这种处理方法被称为<u>舍入处理</u>。

当尾数用原码表示时，舍入规则比较简单。最简便的方法是，只要尾数的最低位为 1，或移出的几位中有为 1 的数值，就使最低位的值为 1。另一种是 0 舍 1 入法，即当丢失的最高位的值为 1 时，把这个 1 加到最低数值位上进行修正。

当尾数用补码表示时，所用的舍入规则应该与用原码表示时产生相同的处理效果。

具体规则是：

1）当丢失的各位均为 0 时，不必舍入。

2）当丢失的各位数中的最高位为 0，且以下各位不全为 0 时，或者丢失的最高位为 1，以下各位均为 0 时，舍去丢失位上的值。

3）当丢失的最高位为 1，以下各位不全为 0 时，执行在尾数最低位加 1 的修正操作。

下面我们结合实例帮助大家理解一下。

【例 8-4】 假设，分别有如下补码（尾数）：1.01110000、1.01111000、1.01110101、1.01111100，试对上述 4 个补码进行只保留小数点后 4 位有效数字的舍入操作。

解析：对于 1.01110000，由于待丢失的后 4 位全为 0，因此应该遵循规则 1），当丢失的各位均为 0 时，不必舍入。因此，舍入后的补码为 1.0111。

对于 1.01111000，待丢失的后 4 位为 1000，与规则 2）相吻合，即丢失的最高位为 1，以下各位均为 0 时，舍去丢失位上的值。因此，舍入后的补码为 1.0111。

对于 1.01110101，待丢失的后 4 位为 0101，与规则 2）相吻合，即当丢失的各位数中的最高位为 0，且以下各位不全为 0 时，舍去丢失位上的值。因此，舍入后的补码为 1.0111。

对于 1.01111100，待丢失的后 4 位为 1100，与规则 3）相吻合，即当丢失的最高位为 1，以下各位不全为 0 时，执行在尾数最低位加 1 的修正操作。因此，舍入后的补码为 1.0111+1=1.1000。

以上是补码的规则，原码一样可以按照上面的原码规则进行操作，这里不再赘述。

【例 8-5】 假设有浮点数 $x = 2^{-5} \times 0.0110011$，$y = 2^3 \times (-0.1110010)$，阶码用 4 位补码表示，尾数（含符号位）用 8 位补码表示，求 $[xy]_浮$。要求用 Booth 算法完成尾数乘法运算，运算结果保留高 8 位（含符号位），并用尾数低位字长的值处理舍入操作。

解析：阶码与尾数补码均使用双符号位，则有

$[M_x]_补 = 00.0110011$，$[M_y]_补 = 11.0001110$

$[E_x]_补 = 110011$，$[E_y]_补 = 00011$

所以，$[x]_浮 = 11011$，00.0110011，$[y]_浮 = 00011$，11.0001110。

1）阶码求和。

$[E_x]_补 + [E_y]_补 = 11011 + 00011 = 11110$，可得真值为 -2。

2）尾数的 Booth 乘法运算过程就不列出了，可以按照第 2 章讲解的原码乘法算法实现，可得结果为

$[M_x]_补 \times [M_y]_补 = [00.0110011]_补 \times [11.0001110]_补$

$\qquad\qquad = [11.10100101001010]_补$

3）规格化处理。

在讲解规格化数时，提到当使用补码表示尾数时，要使得 $1 > |w| \geq 1/2$，当此浮点数为正数时，和原码一样，最高位必须为 1；当此浮点数为负数时，要使得 $1 > |w| \geq 1/2$，最高位必须为 0，否则求反加 1 回到原码时就会造成 $|w| < 1/2$，故补码表示尾数规格化后的形式为 0.1×××…×或者 1.0×××…×。

而此时尾数为 11.10100101001010，不是规格化数，所以需要左规一次。左规一次之后为 11.01001010010100。此时阶码减 1，变为 11101，即 -3。

4）舍入处理。

题干说了运算结果保留高 8 位（含符号位），所以保留 0100101（还有 1 位符号位），但是最后还是要使用尾数低位字长的值处理舍入操作，尾数低位字长 0010100，最高位为 0，直接舍掉。

综上分析，可得最后结果为

$[xy]_浮 = 11101,11.0100101 = 2^{-3} \times (-0.1011011)$。

8.3　MIPS 指令集

1．MIPS 简介

MIPS 技术公司是美国著名的芯片设计公司，它采用精简指令系统计算结构（RISC）来设计芯片。MIPS 架构的产品多见于工作站（索尼 PS2 的 Emotion Engine 处理器）。与英特尔采用的复杂指令系统计算结构（CISC）相比，RISC 具有设计更简单、设计周期更短等优点，并可以应用更多先进的技术，开发更快的下一代处理器。

MIPS 的指令系统经过通用处理器指令体系 MIPS I、MIPS II、MIPS III、MIPS IV 到 MIPS V，嵌入式指令体系 MIPS16、MIPS32 到 MIPS64 的发展已经十分成熟。应用广泛的 32 位 MIPS CPU（包括 R2000、R3000）的 ISA 都是 MIPS I，另一个广泛使用的、含有许多重要改进的 64 位 MIPS CPU R4000 及其后续产品，其 ISA 版本为 MIPS III。龙芯 2E 微处理器是一款实现 64 位 MIPS III 指令集的通用 RISC 处理器，与 X86 指令架构互不兼容；芯片面积为 6.8mm×5.2mm，最高工作频率为 1GHz，实测功耗 5～7W。由于与 X86 指令的不兼容，龙芯 2E 无法运行现有的 Windows 32/64 位操作系统和基于 Windows 的众多应用软件。

2．寄存器介绍

MIPS 架构通常包含 32 个通用寄存器，在这里依次介绍一下这些寄存器的约定名和功能。

（1）两个特殊寄存器

$0：0 号寄存器，不管你存放什么值，其返回值永远是 0。约定名：$zero。

$31：31 号寄存器，永远存放着正常函数调用指令(jal)的返回地址。约定名：$ra。

（2）汇编保留寄存器

$at: 1 号寄存器，为汇编程序保留，由编译器生成的复合指令使用。约定名：$at。

（3）结果寄存器

$v0、$v1：分别为 2 号和 3 号寄存器，用来存放一个子程序（函数）的非浮点运算的结果或返回值。如果这两个寄存器不够存放需要返回的值，编译器将会通过内存来完成。约定名：$v0、$v1。

（4）参数寄存器

$a0～$a3：分别为 4～7 号寄存器，用来传递子函数调用时前 4 个非浮点参数。

（5）临时变量寄存器

$t0～$t7：分别为 8～15 号寄存器，用来存放临时变量。

（6）保存寄存器（堆栈寄存器）

$s0～$s8：分别为 16～23 号寄存器，类似于堆栈寄存器，用于保存函数调用之前的值，在函数调用返回时恢复数值。

（7）其他临时变量寄存器

$t18、$t19：分别为 24、25 号寄存器，用于保存其他临时变量。

（8）操作系统保留寄存器

$k0、$k1：分别为 26、27 号寄存器，为操作系统保留。

（9）全局指针

$gp：28 号寄存器，一般用作基址寻址的基地址。

（10）栈指针

$sp：29 号寄存器，MIPS 通常只在子函数进入和退出的时刻才调整堆栈的指针，sp 通常被调整到这个被调用的子函数需要的堆栈的最低的地方，从而编译器可以通过相对于 sp 的偏移量来存取堆栈上的堆栈变量。

（11）框架指针

$fp：30 号寄存器，也可使用约定名 s8，用于相对寻址。

3．指令格式

MIPS 的指令格式只有 3 种：

1）R（Register）类型的指令。该类型指令从寄存器堆（Register File）中读取两个源操作数，计算结果写回寄存器堆。

Op（6bit）	Rs（5bit）	Rt（5bit）	Rd（5bit）	Shamt（5bit）	Funct（6bit）
操作码	源操作数 1	源操作数 2	目的寄存器	偏移量	函数码

2）I（Immediate）类型的指令。该类型指令使用一个 16 位的立即数作为一个源操作数。

Op（6bit）	Rs（5bit）	Rt（5bit）	Add（16bit）
操作码	源操作数 1	目的寄存器	基址偏移量

3）J（Jump）类型的指令。该类型指令使用一个 26 位的立即数作为跳转的目的地址。

Op（6bit）	Add（26bit）
操作码	目的地址

4．寻址方式

1）寄存器寻址：MIPS 算术运算指令的操作数必须从 32 个 32 位寄存器中选取。

2）立即数寻址：以常数作为操作数，无须访问存储器就可以使用常数。因为常数操作数频繁出现，所以在算术指令中加入常数字段，比从存储器中读取常数快得多。

3）基址或偏移寻址：操作数在存储器中，且存储器地址是某寄存器与指令中某常量的和。

4）PC 相对寻址：PC=PC+Add，一般用于条件转移指令。

5）伪直接寻址：跳转地址=PC 中原高 4 位+指令中的 26 位+00（组成 32 位地址）。

参 考 文 献

[1] 白中英. 计算机组成原理[M]. 4 版. 北京：科学出版社，2008.

[2] 唐朔飞. 计算机组成原理[M]. 2 版. 北京：高等教育出版社，2008.

[3] 唐朔飞. 计算机组成原理——学习指导与习题解答[M]. 北京：高等教育出版社，2005.

[4] 袁春风. 计算机组成与系统结构习题解答与教学指导[M]. 北京：清华大学出版社，2011.